人的神经类型研究

80-8神经类型测验量表法

Nerves Type Research 80-8 Nerve Type Scaling Test

张卿华　王文英　著

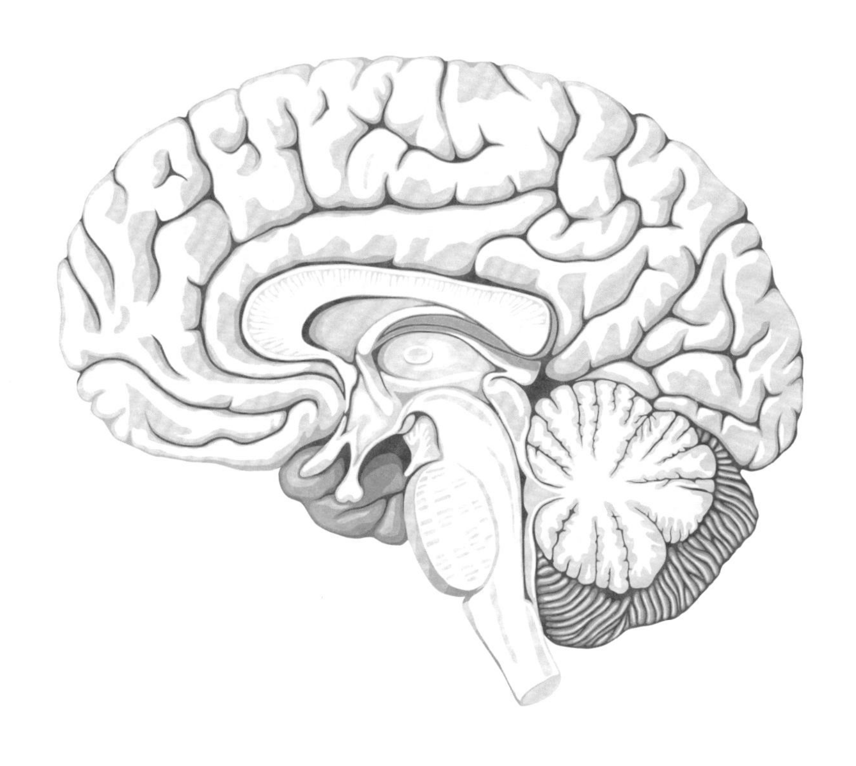

苏州大学出版社
Soochow University Press

图书在版编目(CIP)数据

人的神经类型研究：80－8神经类型测验量表法 / 张卿华，王文英著. —苏州：苏州大学出版社，2017.4
ISBN 978-7-5672-1942-7

Ⅰ.①人… Ⅱ.①张… ②王… Ⅲ.①神经系统—类型—研究 Ⅳ.①Q423

中国版本图书馆CIP数据核字(2016)第300425号

人的神经类型研究
——80-8神经类型测验量表法
张卿华　王文英　著
责任编辑　刘一霖

苏州大学出版社出版发行
(地址：苏州市十梓街1号　邮编：215006)
苏州市深广印刷有限公司印装
(地址：苏州市高新区浒关工业园青花路6号2号厂房　邮编：215151)

开本 787 mm×1 092 mm　1/16　印张 18.25　插页 8　字数 433千
2017年4月第1版　2017年4月第1次印刷
ISBN 978-7-5672-1942-7　定价：70.00元

苏州大学版图书若有印装错误，本社负责调换
苏州大学出版社营销部　电话：0512-65225020
苏州大学出版社网址　http://www.sudapress.com

张卿华教授孜孜不倦，辛勤工作

王文英教授在华人心理学家学术研讨会上主持会议

1992年7月，张卿华、王文英教授在布鲁塞尔爱琴河之滨合影

2007 年 10 月，张卿华、王文英教授在太湖之滨合影

2010 年 9 月，张卿华、王文英教授在太湖湿地公园合影

2013 年 4 月，张卿华、王文英教授在北京某学校处理心理素质测评数据

1989 年 10 月 12 日，张卿华、王文英教授在由国家体委科教司组织的专家鉴定会现场

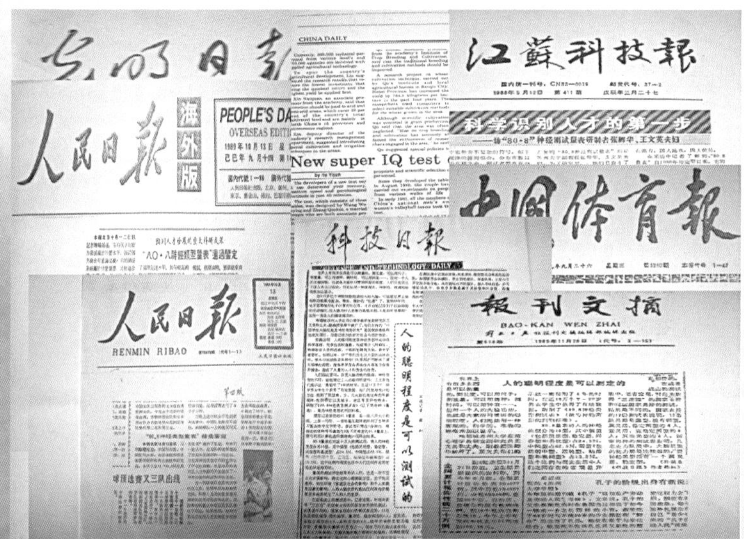

人民日報 海外版

PEOPLE'S DA

OVERSEAS EDITI

CHINA DAILY

New super IQ test

江蘇科技報

科学识别人才的第一步

——访"80-8"神经测试量表研制者张卿华、王文英夫妇

中國体育報

"八O·八神经类型量表"通过鉴定

人民日報

RENMIN RIBAO

球排选赛又三队出线

科技日報

人的聪明程度是可以测试的

報刊文摘

BAO-KAN WEN ZHAI

人的聪明程度是可以测定的

孔子的脸镜出身有新说

10 多家新闻单位对 80-8 神经类型测验量表法通过鉴定进行了相关报道

1992 年 7 月，张卿华、王文英教授在布鲁塞尔出席第 25 届国际心理学大会

1992 年 7 月，张卿华、王文英教授在布鲁塞尔出席第 25 届国际心理学大会

1992 年 7 月，张卿华、王文英教授在布鲁塞尔出席国际笔迹学研讨会

1992 年 8 月，张卿华、王文英教授与荆其诚、张厚粲教授在北京香山出席第二届亚非心理学大会时合影

1993 年 10 月，张卿华、王文英教授接待美国加州心理学家访华代表团时，给代表团成员介绍自行设计编制的 80-8 神经类型测验量表法

1994 年 7 月，张卿华、王文英教授接待台湾心理学同仁，王文英教授正在给他们介绍自行设计编制的 80-8 神经类型测验量表法

1995 年 5 月,国际心联主席在亚太地区心理学大会上同张卿华、王文英教授等合影

1995 年 4 月(台北),王文英教授出席第一届华人心理学家学术研讨会

1997 年 12 月(香港),张卿华、王文英教授出席第二届国际华人心理学家学术研讨会

2002 年 5 月，张卿华教授正在给美国教育心理学访华代表团成员详细介绍自行设计编制的 80-8 神经类型测验量表法和一般能力测验量表法

张卿华、王文英教授参观比利时王国国家博物馆

2004 年 8 月(北京)，张卿华、王文英教授出席第 28 届国际心理学大会

2011 年 8 月(上海),张卿华、王文英教授出席第十三届全国心理学学术大会

2015 年 8 月(上海),张卿华、王文英教授出席第九届全球华人心理学家学术研讨会

应用研究案例

案例 1：为苏州工业园区中外企业选拔中高层管理人员

从 1994 年至今一直为苏州工业园区中外企业选拔合格的中高级管理人才，为园区的建设与发展做出了积极的贡献。

工业园区有关单位领导在听取心理素质测评汇报

园区应聘人员心理素质测评现场

园区应聘人员心理素质测评现场

案例 2：美铝渤海铝业有限公司——人力资源盘点

美铝(亚洲北京办事处)铝业有限公司对渤海铝业 800 多名员工进行了全方位的素质测评。测评结果为收购后的人岗配置提供了客观有效的参考依据，获得美铝领导层的高度评价。

美铝渤海铝业有限公司工程技术人员心理测评现场

公司管理人员心理素质测评现场

公司工人心理素质测评现场

案例 3：为超常教育实验班选拔智能潜力超常学生

从 1987 年至今，为全国多所学校超常实验班选拔智能潜力超常学生，其中包括北京八中、北京人大附中、北京育民小学、东北育才学校、上海建平学校、上海进才学校、天津耀华中学、江苏天一中学、西安高新一中、深圳耀华中学、中国科大少年班、南方科技大学、西安交大少年班等。

2012 年北京八中心理素质测评现场

2012 年东北育才学校心理素质测评现场

2012 年西安高新一中心理素质测评现场

案例 4：为学校建立学生心理档案，实施素质教育

对普通学生施测，了解学生的个性特点、智力水平及其潜能，建立学生心理档案，以利于进行因材施教和开展教育、教学研究工作，促进学生素质的全面提高。

北京育民小学心理素质测评现场

苏州实验小学心理素质测评现场

昆山实验小学心理素质测评现场

案例 5：80-8 神经类型量表法被列入“Mars500”研究课题

2010 年 6 月 3 日，人类首次模拟火星载人航天飞行正式实施。俄罗斯、中国、美国、德国和欧空局的研究机构共有 100 多个项目参与这次试验。值得自豪的是中国航天中心经专家论证，将 80-8 神经类型测验量表法确定为测试项目之一。我国自主研发的心理测验走向国际，并首先运用于最尖端的航天领域，其意义是十分重大而深远的。

从“神州五号”航天员开始，一直到“神州九号”航天员的选拔与训练都应用了我们的成果。根据航天中心的要求，经专家认证，将 80-8 神经类型测验量表法编入“神州九号”航天员手册中。按照实验要求，航天员在太空进行了多次实验，实验结果用以分析、研究航天员在太空特殊环境状态下大脑机能及情绪稳定性的变化。这一研究无疑是国际上最尖端、最前沿的课题之一，对发展我国的航天科学技术有着重大的现实意义。

2011 年 6 月，张卿华、王文英教授应邀赴中国航天中心进行合作交流、研讨活动。会后，由航天中心航天员选拔与心理训练研究室吴主任陪同参观了航天中心各个部门，并进行了现场模拟实验

案例 6：运动员科学选材

1984 年，国家体委在上海举办的全国运动员科学选材会议上推广应用 80-8 神经类型量表法，一度掀起了“80-8 热”，全国许多省、市体工队及业余体校选材时都将 80-8 神经类型测验量表法作为心理素质测评的首选指标。

由于 80-8 神经类型测验量表法在运动员科学选材中的应用实效显著，1990 年 4 月，国家体委办公厅委托苏州大学承办80-8 神经类型量表法培训班。经过三期的培训，在全国体育系统内培养了一批骨干，使他们能正确理解神经类型的有关理论知识，掌握 80-8 量表法测评的具体规则，使测评工作做到了规范化、标准化，对运动员的科学选材发挥了重要作用。

某市少体校羽毛球队在进行 80-8 神经类型测验量表法测验

前 言

Preface

高级神经活动类型学说，由苏联生理学家巴甫洛夫创立于20世纪20年代。近百年来，巴甫洛夫的学生伊万诺夫-斯莫林斯基及捷普洛夫等做了大量的研究工作，为人的神经类型学的建立奠定了基础。但由于对人的生物性研究长期遭到机械社会观的错误批判，人的神经类型研究受到严重的阻碍，该领域的研究至今仍然处于初始阶段。

1978年，我国迎来了科学发展的春天。在全国科学会议精神的激励、鞭策与鼓舞下，为了适应运动员科学选材的需要，笔者于1979年涉足于这个长期被严密封锁的"禁区"。心理学过去被批判为伪科学，特别是对人的研究与评价，强调人的社会性、阶级性，而忽略人的生物性、遗传性。当时，学术界对开展人的心理研究课题都心有余悸。笔者为了探索真理，冲破"禁区"，敢为天下先，原创设计、编制出我国心理学第一个心理测量量表与评价工具——神经类型测验量表法，对人的大脑机能能力和机能特性（人的个性）进行测量与评价。经过多次反复修订和小试，于1980年8月定稿，并命名为"80-8神经类型测验量表法"。

为了推动我国神经类型学的研究与发展，为了将我国本土化的测评工具更广泛地应用于全社会，我们必须建立全国性常模。当时，由于运动员科学选材的需要，这项建模的工作得到了国家体委的大力支持，并于1985年将笔者申报的"中国学生大脑机能及神经类型研究"课题列为国家体委重点科技项目。此后，我们在全国27个省、自治区、直辖市（不含福建、云南、海南、台湾和重庆）的405所大、中、小学布点抽样，采用80-8神经类型测验量表法施测了10万多名学生，获得了近10万人的有效测验数据，经数理统计处理，制定出我国7—22岁城乡各类学校及大学文、理科的男、女学生大脑机能发育水平的有关参数值，研究并建立了我国7—22岁男、女学生各年龄组的神经类型判别常模及软件系列，在国内外首次将人的神经类型划分为16种。我们还研究了我国学生神经类型的分布状况及不同群体的差异特点，为我国人力资源的开发、管理与评价提供了有关生理、心理学的理论依据和科学、实用的测评方法。

人的神经类型是人的心理素质的生理基础，它与人的先天性遗传素质密切相关，开展这方面的测评工作，认识和了解国民的基本素质状况及特点，对于提高我国的国民素质，科学地选拔各类人才，提高生产和工作效率，加快我国经济建设的发展速度，有着十分重大的意义。

"中国学生大脑机能及神经类型研究"课题研究成果于1989年10月12日在北京

通过了由国家体委组织的专家鉴定。当时新华社发了通稿，各大报纸(《人民日报》《光明日报》《中国日报》《中国体育报》《科技日报》《报刊文摘》等10多家新闻单位)、中央人民广播电台及中央电视台新闻联播节目等都做了相关报道。

成果鉴定意见：80-8神经类型量表法，经过近十年的研究，被证实不受被试者文化水平的影响，适用于6岁以上个人和团体施测，省时、省力、经济、简便、科学、客观，具有很高的信度和效度，在国内外同类量表法中具有独特性和优越性。

采用该量表法对我国学生大脑机能及神经类型的研究，取样合理，代表性好，揭示了我国青少年大脑机能发育的年龄规律、性别特征以及城、乡、地区等的差异性特点。

该成果填补了我国体质调研有关青少年大脑机能及神经类型科学资料的空白，对我国神经类型学的研究做出了开创性的贡献，为运动员的选材及人力资源的开发提供了一种有价值的测试工具和评价方法，并对我国的教育、体育、国防、交通、卫生等方面的工作都具有较大的实用价值。

我们的研究成果力求对人进行客观、科学的评价，这是一件很严肃而谨慎的工作。30多年来，在成果应用过程中，我们始终坚持以获得社会效益为最高应用价值的原则，遵守测评的公平性、真实性、客观性，为人才走向市场，公开、平等竞争创造洁净的环境，为用人单位真正选拔到合格人才、优秀人才提供保障。

30多年来，该测评系统在全国多个领域、数百个单位和部门推广应用，受测人数达100多万人次。例如，中国人才研究会超常人才专委会、北京市第八中学、中国科技大学、南方科技大学、西安交通大学、八一体工大队、上海体育科学研究所、吉林省体育科学研究所以及北京、上海、苏州工业园区的中外知名企业等都应用该测评系统作为选拔人才的重要手段和方法；特别是在特殊岗位人员的选拔与配置、公务员的招聘、中外企业管理人员的甄选、运动员的科学选材、航天员的选拔、超常教育班的招生以及特殊群体的心理分析等方面该测评系统得到了广泛的推广应用，收到了非常显著的社会效益和一定的经济效益。

《人的神经类型研究——80-8神经类型测验量表法》一书汇集了笔者30多年来的主要研究成果，不仅介绍了有关神经类型研究的基本理论，而且重点阐述了"80-8神经类型测验量表法"的设计机理、测验方法及多年来的应用性研究成果。本书内容丰富，具有较强的科学性和实用性，对教育、心理、卫生、体育、国防、航天、航空、人事等部门的工作人员以及高等院校、研究院所攻读相关专业的硕士、博士研究生具有较大的参考价值。

张卿华　王文英

2016年8月

目 录
Contents

神经系统类型学研究的进展

■ 张卿华　王文英

神经系统类型学是研究神经系统的基本特性的本质及这种特性在个体间表现出的差异特点和规律的科学。它属于生理心理学——个性心理学的科学范畴。人体生理学是研究生命现象及生命活动规律的科学(包括研究人体各器官、系统的生理功能、发生机制及功能调节)。神经系统的活动是生命活动的最高形式,是生命现象中最复杂的现象。在神经中枢内,神经活动过程的一般规律包括兴奋与抑制过程的扩散、集中、后作用及相互诱导。神经活动过程的动力特征表现为强度、平衡性、灵活性和动力性。人的神经系统的活动与人的心理活动紧密相连,也就是说神经系统的活动是人的心理活动、心理现象的生理基础,而人的认知、情感、意志等心理现象以及个性特征只是神经系统活动的外在表现。因此,神经系统类型学是脑科学的一个分支,是研究神经活动过程的特点、规律及人的心理活动表现的科学。

巴甫洛夫创立的高级神经活动类型学说是脑科学中最重要的理论之一。有充分的根据证明,就是在当代,巴甫洛夫创立的高级神经活动的基本原理仍然是阐明心理活动过程和个性心理的最成功的理论。

一、巴甫洛夫神经系统类型学

(一) 巴甫洛夫神经系统类型学简史

神经系统类型这一概念,是苏联生理学家巴甫洛夫在 1909—1910 年期间首次提出来的。但当时他没有对这一概念做进一步的阐明。

1910 年,他的学生尼基弗洛夫斯基在其博士论文中描述了神经系统的三种类型,类型的划分是以神经活动过程的平衡性为主要标准。通过观察狗在实验室中最初表现的行为,划分出下面三种类型特征:兴奋强于抑制的神经系统类型、抑制强于兴奋的神经系统类型和平衡型神经系统类型。

1925 年,巴甫洛夫在关于神经系统类型的论文中,仍然把神经活动过程的平衡性作为划分类型的标准。

1927 年,伊万诺夫-斯莫林斯基以巴甫洛夫的思想为基础,提出了神经系统类型的另一种分类方法。他以条件反射形成的速度与敏捷性等来分类,将神经活动过程的灵活性与平衡性作为分类的主要标准,把神经系统类型划分为灵活型、迟钝型、兴奋型和抑制型。

1935 年,巴甫洛夫在他的《人和动物的高级神经活动的一般类型》一文中,详细论述了神经系统的各种特性和判断其类型的方法。从 1927 年到 1935 年,巴甫洛夫多次重新审查了高级神经活动类型的分类原则，并力图探究神经系统基本特性的本质以及它们之间的相互关系。巴甫洛夫在探究神经系统类型的学说中表现出不倦的创造性。在1935年的分类法中，巴甫洛夫首先把神经系统的强度当作最重要的特性，这与1927年的分类法有原则上的不同。但是，1927年到1935年的八九年间仍然将神经系统的类型划分为四种典型的类型。以后，神经系统类型学说在应用于人（特别是医学、教育学方面的研究）的过程中出现一些问题，如有许多人不能归到四种类型中，由此，还必须划分一种“过渡型”。

1939年，克拉斯诺高尔斯基根据皮质与皮质下相互关系原则，将神经系统类型划分为中间型、皮质下型、皮质型和无力型。这个分类法与巴甫洛夫的分类法没有任何共同之处，由于当时它在理论上的不成熟和实验依据的不足，所以，并未得到人们的足够重视。

1952年，克拉斯诺高尔斯基提出了四分法的新方案，虽然其一般格式仍与巴甫洛夫分类法相仿，但其中划分出一个类型——皮质下占优势（对皮质而言）为特征的类型，这是巴甫洛夫没有注意到的。将皮质与皮质下的相互关系作为高级神经活动的一项重要特性，这应该说是克拉斯诺高尔斯基的一个功绩。

我们认为，巴甫洛夫对于神经系统基本特性的发现，对人的个别差异的研究具有特别重大的意义，而绝不是他对四个传统的基本类型的划分。因为，“四种类型”的划分并不是科学实验的结果，巴甫洛夫最初仅仅是按这四种典型的类型来对动物的行为表现做定性的描述。但这四种类型又恰好与传统的“气质类型”相吻合，因此，这传统的“四种类型”长期影响着人们的思想。

（二）巴甫洛夫神经系统类型学说的基本理论

巴甫洛夫通过大量的实验资料，总结归纳并提出了神经系统的三种基本特性，即神经系统兴奋和抑制过程的强度、平衡性和灵活性。对这些基本特性的研究构成了神经系统类型学说的基本内容。

1. 神经系统的兴奋强度

巴甫洛夫把神经系统的强度看成是神经系统最重要的特性，特别是兴奋过程的强度，它常在应付环境的非常事件——极强的刺激中表现出来。兴奋强度系指皮质细胞的工作能力，以及这种能力所达到的极限。例如，同一强度刺激（极强的刺激），有的人能承受，并能迅速做出相应的反应；而有的人则承受不了，由此导致超限抑制的发生；有的人甚至还会因过强的刺激而引起神经分裂症。

神经系统的强度越强，即对于强刺激的适应越强，引起兴奋的阈值越高。神经系统的强度表现为一种活动能力，即神经系统对长期的或者对短而过强的兴奋的耐受程度。兴奋强度可通过有机体对不同刺激强度、频率的反应来评定。

2. 神经系统的抑制强度

巴甫洛夫不仅提到了兴奋强度，也提及了抑制强度。巴甫洛夫将建立抑制性条件反射的难易程度及其稳定性作为条件抑制的指标，特别是作为抑制强度的指标。建立各种抑制性条件反射（包括分化抑制、延缓抑制、消退抑制和条件抑制）速度越快，说明其抑制过程的强度也相对越强；相反，建立这种抑制的速度很慢或根本不能建立，可视为神经抑制过程的强度很弱。

巴甫洛夫曾写道：弱型者的内部抑制也很弱，相反，其外部抑制（负诱导）占优势，这对动物行为有较大影响。

在分化抑制建立后，阴性刺激的效果较高，这是抑制过程强的表现；相反，阴性刺激的效果减弱，阴性条件反射消退，这是抑制过程弱的表现。也就是说，强而集中的抑制过程可引起正诱导现象，使其阳性条件反射的效果提高和加强；而弱的抑制过程易发生扩散，发生抑制的解除，使已建立的分化抑制条件反射发生消退或降低阴性刺激的效果。

3. 神经活动过程的平衡性

神经活动过程的平衡性（或称均衡性）系指皮质细胞兴奋与抑制过程强度的对比关系，巴甫洛夫将其作为神经系统基本特性的一个重要指标。如果兴奋与抑制过程都相对强而集中，达到一种动态平衡状态，说明这两个过程保持均衡。如果一个特别强，而另一个相对较弱，则说明不均衡。例如，有的人皮质细胞兴奋强度占优势，对各种刺激很容易发生反应，甚至表现出不可抑制的情感、言行；而有的人则相反，表现为抑制强度占优势，对各种刺激不易发生兴奋反应，条件反射建立的速度较慢。

巴甫洛夫认为，在人和动物的生活中，为了对环境中的新刺激发生某种反应，抑制一定的兴奋过程是十分必要的。也就是说，有机体要对环境中某一刺激（具有生物学意义的刺激）发生特定的反射活动，必然要对环境中其他各种刺激发生较强的抑制作用才能实现。

总之，神经系统的兴奋与抑制过程是彼此相互联系、相互影响、相互加强、相互制约的诱导关系，而这种关系又主要取决于兴奋与抑制过程强度的比率，这二者强度的比率反映了神经系统的基本特性——平衡性。

4. 神经活动过程的灵活性

神经活动过程的灵活性系指皮质细胞由兴奋转入抑制或者由抑制转入兴奋过程的速度快慢。例如，对一个阳性条件反射不予强化，使它转变为阴性条件反射，或对阴性条件反射不予强化，使它转变为阳性条件反射，转变速度快者，说明神经活动过程灵活性高，反之，则说明灵活性低。

根据巴甫洛夫的观点，灵活性实质上是指"根据外部状态，在一种冲动之前释放另一种冲动，或者在抑制过程之前释放兴奋过程的能力，或者是这种相反的能力"。由于环境是不断变化的，所以个体为了更好地适应不断变化的环境，就必须不断改变自己的神经过程以适应这些变化。

判别神经系统灵活性特性，可根据消退抑制建立的速度、分化抑制的建立和改造的速度（两种刺激信号意义转换）以及破坏已建立的动力定型并建立新的动力定型的速度。

神经活动过程灵活性高者，必然其兴奋与抑制过程强度强而集中，均衡性好，其行为表现为反应敏捷，对环境刺激发生变化的适应速度快，并能做出适当反应。而弱型者

(灵活性差)则表现为反应迟钝,不能或较难适应新的意义的刺激,或条件反射活动随即消失。

按照上述神经过程的三个基本特性,巴甫洛夫将动物和人的神经系统类型划分为典型的四种类型:

(1) 活泼型(灵活型)。表现为神经过程强度强、均衡性好、灵活性高。

(2) 安静型(惰性型)。表现为神经过程强度较强、均衡性好、灵活性较差。

(3) 兴奋型(不可遏制型)。表现为神经过程强度强、均衡性差、兴奋过程占优势。

(4) 弱型(抑制型)。表现为神经过程强度弱、均衡性差,抑制过程占优势、灵活性差。

巴甫洛夫认为神经系统类型是先天的,并在一定程度上受到环境的影响。

(三) 巴甫洛夫神经系统类型学与传统的气质类型学的关系

巴甫洛夫提出的上述四种典型的神经系统类型与古希腊学者希波克拉底提出的四种“气质”学说有许多相似之处。巴甫洛夫在1927年就把“气质”和神经系统类型看作是同一个东西。他认为:“显然,这些类型在人身上就是我们称之为气质的东西。气质是每个个别人的最一般的特征,是他的神经系统的最基本的特征,而这种最基本的特征给每个个体的所有活动都打上这样或那样的烙印。”

巴甫洛夫到晚年时期,认为神经系统类型是气质的生理基础,而气质是神经系统类型的心理表现。

关于神经系统类型以及它们的各种特性对有机体适应环境的作用,巴甫洛夫有过许多阐述,现将四种神经系统类型与气质类型对应关系概述如下:

1. 灵活型(多血质)

这是一种健康、顽强的、充满活力的神经系统类型。灵活型者很容易建立各种条件反射(特别是建立阴性和抑制性条件反射),对已建立的动力定型易改造,适应环境的能力强,反应敏捷、灵活。巴甫洛夫认为这是一种最完善的类型。这种类型的个体处在不良环境中也难以出现神经性疾病。

2. 安静型(黏液质)

这是一种健康、稳定的神经类型。它与灵活型特点有相同之处,这种类型的个体兴奋与抑制过程强度较强,均衡性好,对环境的适应需要一个过程,较易建立阳性与阴性条件反射。这种反射一旦建立就较稳定、巩固。但是,这种类型的个体由于神经过程的惰性较大,因此其对快速变化的环境适应较困难,在不良环境中也不易出现神经性疾病。

3. 兴奋型(胆汁质)

这种类型容易建立阳性条件反射,而很难建立抑制性条件反射;兴奋过程占绝对优势,均衡性差,具有兴奋强于抑制的特点。这种类型的个体易出现神经质状态。在一般情况下,其个体活动很难控制。在困难情境中,这种类型的个体倾向于抑郁和昏沉,或者相反表现出具有攻击性或难以遏制的行为。

4. 弱型(抑郁质)

这种类型的个体,神经活动过程强度和神经细胞工作能力均很弱,对正常强度刺激也会引起超限抑制(由于超强度刺激引起的保护性抑制)。弱型者对抑制性刺激也很难做出反应,对环境的适应能力极差,特别是对环境中的快速、经常性变化的刺激会发生行为错乱,这种类型的个体常出现神经官能症。

以上内容简要地介绍了巴甫洛夫神经系统类型学的发生、发展过程及其有关的基本概念和论点。巴甫洛夫对神经系统基本特性的发现,对于人的个性研究具有重大的意义。

我们的任务不仅要继承巴甫洛夫关于神经系统类型的学说以及把它应用于人类,而且要创造性地发展这个学说。神经系统的基本特性并不是人的行为或性格的特征,它们不能被直接观察到,必须采用专门的研究手段才能将其“揭露”。而我们能够直接观察到的是“类型特征和由外部环境决定的变化的合金”,我们的任务是从这种“合金”中分出“类型特征”,即神经系统的基本特性。用当今的研究成果来解释,某一个体的遗传基因型结构是恒定的,当他起源于一个受精卵的时候就已经定下来了。而表型(外部表现)则是能变的,它是基因型和它的非基因型环境之间的相互作用的结果。所谓从“合金”中分出“类型特征”,就是要将每一个体神经系统的结构和功能所表现出的恒定的遗传性特征分离出来,因为这些遗传性特征是个体行为功能差异的本质所在。

我们把神经系统的特性看作“天赋的特性”是因为这些特性可能在胎内就发展形成,也可能是早期生活环境影响的结果。巴甫洛夫强调,起决定性作用的首先是遗传因素,其次才是环境因素。

二、新巴甫洛夫神经系统类型学

在中国,比较系统、深入地开展神经系统类型学的研究是从1979年开始的。近年来,西方一些心理学家(如雷格、艾森克等)也对神经系统类型方面的研究产生了浓厚的兴趣,开展了这方面的研究工作。特别值得一提的是波兰华沙大学心理学教授简·斯特里劳,他在促进东西方有关这方面研究的合作方面做出了显著的贡献。

在苏联,有关巴甫洛夫神经系统类型学的研究主要是在三个中心进行的。第一中心是列宁格勒研究小组,其代表人物有库帕洛夫、克拉索斯基和菲道罗夫。他们一直遵循巴甫洛夫的传统思想,继续对动物的神经系统类型进行研究。第二中心是莫斯科研究小组,最具代表性的人物是捷普洛夫、涅贝利岑,人们称之为新巴甫洛夫类型学派。第三中心是乌拉尔研究小组,其代表人物是米尔林。这个学派在神经系统类型学的研究方面有其独到之处。下面对后两者的研究成果进行简要介绍。

(一) 捷普洛夫—涅贝利岑学派的主要贡献

1. 提出神经系统类型研究的几个方法论原则

(1) 最初探讨一定要注意神经系统特性,他们认为,必须从“特性”走向“类型”,而不是从“类型”走向“特性”。

(2) 主要研究的不是特定的特性,而是利用数理统计,用因素分析法来测定各种变量间的相互依赖性，研究人的哪些神经系统基本特性可作为神经系统类型分类的“参数”。

(3) 重要的研究不是通过观察而是通过实验来进行。

(4) 通过实验考察不随意运动表现出来的特点来发现神经系统的一般特性。

(5) 判定神经系统特性时，不仅要注意条件反射过程，还要注意心理、生理活动的测量。

(6) 研究要放弃评价的态度，要认识神经系统特性无好坏之分，每种特性仅仅与有机体适应环境的特定形式有关。

(7) 每种神经系统特性都与其相互关联的指标相复合。

2. 阐述了兴奋强度维度的两极性

神经细胞的耐受性或感受性是神经系统强度特性的两个方面。

3. 阐述了神经系统灵活性的两种特性

神经系统灵活性的两种特性：一种是刺激信号意义的转换速度，称之为灵活性；另一个是易变性，它表现在神经过程的启动与终止的速度上。

4. 阐述了神经活动过程的第四种特性——动力性

神经活动过程的动力性(包括兴奋动力性与抑制动力性)，特别是兴奋与抑制过程的动力平衡性，是皮质—网状结构相互作用的机能。

5. 阐述了神经活动过程的平衡性

平衡性作为第二特性，包括强度、灵活性、易变性和动力性。这个“平衡性”概念较以前具有更广泛的意义。

6. 对神经系统其他独立特性做一些探索、尝试

神经系统特性究竟包括多少，捷普洛夫—涅贝利岑学派并没有得出最后结论。该学派在研究神经系统的基本特性方面做了大量的卓有成效的工作，对神经系统类型学的发展有着较大的促进作用。

(二) 乌拉尔学派研究的主要成果

乌拉尔学派特别强调研究神经系统特性对人类行为的影响。米尔林和他的学生们并不注意了解神经系统特性的本质，而重视研究神经系统特性与气质特点的关系，即把巴甫洛夫类型学与心理学联系起来研究。这个学派研究的主要成果有以下几个方面：

1. 神经系统类型与活动方式

米尔林和他的学生们认为，神经系统类型决定了个体活动方式。克里莫夫(1959年)研究了纺织工人的活动方式与神经系统的灵活性水平的关系。其实验证明，纺织工人的工作效率并不依赖于他们的神经系统的灵活性。但是神经系统的灵活性与工作方式有一定的关系：“灵活型”的纺织工喜欢快速的工作；“迟缓型”的纺织工则避免工作的不规律性，不愿意花费许多时间进行控制和定向活动。

科帕托娃(1964年)特别注意神经系统的强度与活动者工作效率的关系。她的研究发现：① 神经系统弱型者的活动较强型者在无应激情境中(在常态环境中)更易表现出控制性和预防性。由于这个原因，弱型者工作效率较高，能避免和消除有危险的情境。② 在有威胁的情境中，神经系统弱型的个体的定向、控制和执行活动受到了抑制，

而强型者通常在这种情况下表现出较好的应变行为。③ 一般情况下,神经系统强型与弱型个体在职业活动的有效性方面并没有差异,但神经系统强型的个体执行活动较定向活动多,或者这两种活动是平衡的。而弱型个体的定向活动较执行活动多。

2. 神经系统类型与活动效率

乌拉尔学派在实验的基础上提出,神经系统强度会影响学生的学业活动。神经系统弱型的小学生在应付困难情境时表现出的活动效率下降更为突出(如成绩低分),而神经系统强型者在这种情境下的表现则相反,可以看到其活动效率增加。

他们对15—23岁的艺术体操运动员进行了研究,结果表明,其活动效率依赖于情绪紧张水平和神经系统强度。在能引起情绪高度紧张的竞赛中,神经系统弱型,具有较高程度的焦虑和情绪激活性水平高的个体,表现出运动水平下降。训练可以提高弱型个体的活动效率。而强型个体在这种情况下(当动机水平很高时)却往往表现出更高的活动效率,取得良好的运动成绩,并能在比赛中获胜。

他们提出,从事某些十分紧张工作的人,必须具有一定的个人特质,特别是其神经系统类型应是强型。如消防队员神经系统的强度应较强,强型人数要多于弱型人数。

乌拉尔学派研究的特点是注重神经系统特性对人的活动的影响,特别是对工作和职业活动的影响。乌拉尔学派的这些研究无疑是将巴甫洛夫的神经系统类型学研究向前推进了一步。

3. 神经系统类型特点与气质结构

乌拉尔学派还提出了神经系统类型特点与气质的联系以及气质结构问题。米尔林和他的学生们提出了一个与巴甫洛夫的神经系统类型学不同的气质研究新体系。他们特别注意在神经系统类型的基础上产生的气质。例如,焦虑、内外倾、行动僵化、冲动、情绪激动性和情绪稳定性等气质特点。

乌拉尔学派根据气质特点,结合神经系统的兴奋强度和抑制的动力性,在因素分析的基础上分离出两种因素,即所谓的“症候结”:① 兴奋强度的内外倾。包括神经系统的强度、焦虑、行动僵化和内倾性。② 情绪性。它由抑制的动力性决定,包括抑制的动力性、情绪的激动性和稳定性。

乌拉尔学派在探讨气质类型不变性时,首先假设无论这些特性之间是否存在相关,它们的生理机能是不同的,它们在人类适应行为中的补偿作用也是不同的。他们通过各神经类型及其气质特点关系的统计分析(回归方程),研究出以不变模式为基础的气质特点结构,区分出S_1和S_2类气质特点与神经系统强度。S_1类被试具有的特点是神经系统类型为强型、低焦虑、低行为僵化、外倾、高度情绪激活水平。这种类型被称为A型。S_2类被试具有的特点是神经系统类型为弱型、焦虑、僵化、内倾、低度情绪激活水平。这种类型被称为B型。

但是,乌拉尔学派的该项研究成果未能被其他气质研究者完全接受。有人提出疑问,认为米尔林提出的气质特点——焦虑、内外倾、行为僵化、冲动、情绪激动性和情绪稳定性等还没有一项实验能证实,即对他们采用的心理测量原则和方法表示不解。

三、神经系统类型学在中国的进展

我们的祖先远在数千年前就已对人的个性差异进行了详细的观察与分析，运用朴素的唯物辩证法——阴阳学说，将人们的形态、体质、禀性归纳为五种类型——太阴之人、少阴之人、太阳之人、少阳之人与阴阳平和之人，称之为五态之人。又运用五行归类的法则，归纳为木形之人、火形之人、土形之人、金形之人与水形之人。在五大类型中再按木、火、土、金、水分类，总共可分为25种不同类型，称之为阴阳25种人。这种分类方法在医学上对疾病的诊断或治疗具有重要的参考和应用价值。例如，性情急躁者多属火形之人，性好劳心者属木形之人，等等。这样医生就可以根据病人的性情（个性）特点，了解其精神活动的趋向，从而分析诊断疾病发生的原因与变化趋势。

到20世纪50年代，巴甫洛夫的神经系统类型学理论才被传入我国。当时在部分高等医学、体育院校的生理学教材中，增添了神经系统类型的有关章节，其基本内容是介绍巴甫洛夫根据皮质兴奋过程与抑制过程的强度、均衡性与灵活性的特征，将狗的神经系统类型分成四个基本类型（图1）。

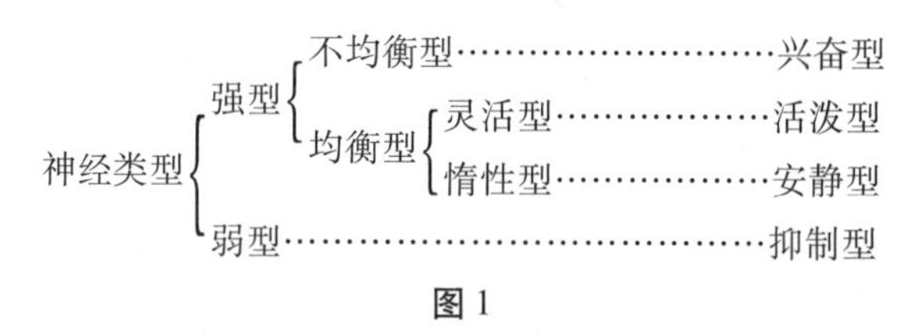

图1

巴甫洛夫根据人类高级神经活动的特性，通过观察和推理，将人类划分出了三种常见的类型：思想型、艺术型和中间型。思想型的人，第二信号系统活动占优势，即抽象的语言思维占优势。艺术型的人，第一信号系统活动占优势，即形象的情感活动占优势。中间型的人，两个信号系统的活动较为均衡。

巴甫洛夫认为，动物的神经类型并不是一成不变的，而是在一定程度上可以改变的。神经类型的形成，一方面取决于先天的遗传特性，另一方面也取决于后天的生存条件。

关于神经系统类型学的研究，在我国长期被列为“禁区”，其理论也一直被视为脱离人的社会性、阶级性的纯生物学观点，并受到批判。党的十一届三中全会以后，笔者于1979年春，开始了人的神经系统类型的有关研究。30多年来，所取得的研究成果主要有以下几个方面：

（1）研究人的神经系统类型，首先解决了方法论问题。我们重视神经系统特性的探讨，强调必须从“特性”走向“类型”。在这一点上，我们与捷普洛夫的观点相吻合。但不同的是，我们不是采用单一的生理指标研究某一单一的特性，而是采用整体水平的研究方法，即建立随意的条件反射方法（行为生理心理学的方法）；并且运用数理统计的原理和方法，将相互间具有依赖关系的特性各变量进行分析、综合评定，然后根据各指标参数划分类型。

（2）我们自行原创设计、编制出了80-8神经类型测验量表法。神经系统类型是气质(个性)的生理、心理基础,它与先天的生理素质有着十分密切的关系。80-8神经类型测验量表法的设计思想尽量排除后天学习的影响,测验方法简单易行,适用于6岁以上任何种族、任何年龄的人测验,可个别进行,也可团体施测。80-8神经类型测验量表法不仅可判别受试者的神经系统类型,而且还可对被试的一般智力发育水平(包括观察力、分化能力、集中注意力、记忆力和反应能力等)以及大脑功能的稳定性等进行定量分析。

实践证明,80-8神经类型测验量表法优于国内外同类性质的量表法,它不受被试文化知识水平的影响,并杜绝被试之间的抄袭现象,客观地揭示了人的某些天赋素质特征。它以科学实验法代替了一般问卷法。

(3) 我们采用80-8神经类型测验量表法在全国27个省、自治区、直辖市的405所大、中、小学校布点施测,受测人数达10万多人,获得了近10万人的有效测验数据,统计出我国7—22岁(汉族)学生大脑机能发育水平的参数,研制出评定神经系统类型的科学标准,在国内外首次将人的神经系统类型划分为16种。该项成果填补了我国生理心理学有关科学资料的空白,并为我国的教育、卫生、体育、国防、交通等事业的发展提供了重要的生理心理学理论依据,为神经系统类型学丰富了新的内容。

(4) 80-8神经类型测验量表法有着广阔的应用前景。30多年来,80-8神经类型测验量表法已被全国上千个单位应用于教学、科研、体质研究、运动员选材、超常少儿的选拔培育、人事录用、特种职业人员的选拔(包括航天员、飞行员、特殊兵种等),以及精神病患者与罪犯的神经系统类型特点分析等方面。

我们一方面重视神经系统类型学的理论探讨,另一方面更强调重视实际应用,强调神经系统类型学为社会、生产、学习、生活服务,为科学选拔、培育和合理使用人才服务,为发展个性(发展积极的个性)、完善自我(克服消极个性)、充分发挥人的天赋潜力提供科学依据。我们在研究内容及其特点方面与乌拉尔学派有许多共同之处,但与之相比,我们应用的领域更广。我们相信,随着我国神经系统类型学的发展,80-8神经类型测验量表法的应用前景会更深广,并将取得更为显著的社会效益。

人的神经系统特性是个性发展的生理基础

■ 张卿华　王文英

一、个性心理概述

对人类个性心理特征的差异性本质——生物学机制的研究有着悠久的历史。远在2500多年以前,古希腊医学家就认为,人的生理与心理状态主要取决于人体体液(血液、黏液、胆液、胃液)的数量比例关系,不同的体液比例形成了不同个性的气质特点,此后又提出了各种各样的极为不同的观点和见解。例如,19世纪德国心理学家赫尔巴特以感情和运动的激动性强弱作为四种气质类型的基本特色。他认为,多血质的人主要表现为愉快的情感,抑郁质的人表现为不愉快的情感;胆汁质的人表现为情感强烈和运动的激动性强,而黏液质的人则表现为情感和运动的激动性弱。现代心理学奠基人冯特以情感的强度和速度、深度和广度以及态度与活动来作为区分四种气质类型的基本特征。例如,冯特认为,胆汁质的人表现为情感强而快、情感深而广、态度不愉快、活动紧张,黏液质的人表现为情感弱而慢、情感浅而狭、态度愉快、活动安静;多血质与抑郁质的人亦表现为相反的特点。德国精神病学家克雷西曼根据体型特点,将人分为四种基本的气质类型:肥胖型(躁狂型)、瘦长型(分裂型)、运动型(强壮型)和畸残型(异常型)。到了20世纪40年代,克氏理论为美国心理学家谢尔顿所继承。谢尔顿根据个体胚胎期内、中、外三个胚叶层把人的气质分为三种类型,分别称为内胚叶型(亦称内脏型)、中胚叶型(亦称躯体型)、外胚叶型(亦称大脑型)。日本学者谷川竹二根据人类的血液主要有O、A、B、AB四种类型,提出不同血型的气质类型。也有学者根据内分泌腺素分泌量水平的不同对人类行为特征的影响,将人分为五种气质类型:甲状腺型、脑下垂体型、肾上腺型(皮质素型)、副甲状腺型和性腺异常活动型。20世纪20年代,生理学家巴甫洛夫创立的高级神经系统类型学说,从唯物主义的立场,阐明了个性心理活动的生理基础。巴甫洛夫神经系统类型学说对气质的实质给予了一定的科学的解释。

巴甫洛夫认为,他在动物实验中发现的神经活动类型完全可以运用到人类。他说:"我们有权力把从狗的神经系统所得到的事实应用到人类。这些神经系统类型,当存在于人类时,就是我们所称的气质。气质是每个人最普通的特点,是他的神经系统最基础的本质。"巴甫洛夫把神经系统一般类型称为遗传类型。人的气质的遗传类型不仅是一般行为的基础,也是健康个性和心理疾病(包括精神病)的生理条件。

综上所述,有关高级神经活动的类型特性是个性心理的生理基础的这一理论,可认为是迄今为止所提出的有关理论当中最为成功的一种。这是因为,神经系统是人类机体的主要调控系统,神经系统的基本特性直接影响到人的个性心理活动和行为特征。

为了进一步了解个性差异的生理基础及其对个性形成和发展的作用,我们首先应对个性的概念和个性的结构有一个粗略的认识。

关于个性概念存在着众多的定义。

“特质”说。不少心理学家把个性视为人的特质,认为个性是一种控制行为的内部机制,正是这种内部机制的特质决定了一个人的个性。心理学家盖茨认为,个性是“具有社会意义兼可影响他人的特质”。

“人的内在本质”说。认为个性是个人在人生舞台上的行为模式表现出来的内心活动,即人的内在具有本质意义的个性。

“遗传”说。认为人的生理特征与个性特征都是遗传决定的。许多人格(个性)心理学家都接受这种遗传的观点,至少认为遗传是惯常行为产生的部分根源。几乎所有的人格(个性)理论都是以某些遗传因素为理论基础的。

“社会文化因素决定”说。认为文化因素决定个性的形成。文化因素强烈地影响着人们的行为方式、人际交往以及与之联系的道德、规范、信仰等。所以,个性是人们扮演的各种角色的综合。

“个人”说。个性心理学家谢里万诺夫认为:“整个苏联心理学界对个性不是当作‘一般的人’来解释,而是当作跟别人处于复杂的相互联系中的一定的社会成员的具体的个体。”苏联心理学教科书认为:“个体的概念包含着人类所固有的事实。我们既可以把成年的、正常人和新生儿叫作个体,也可以把不能掌握语言和仅能掌握最简单语言的白痴叫作个体。但是,只有前一类个体才是个性,也就是参与社会关系并成为社会发展的活动者的社会生物。”个性是社会历史范畴,是指作为社会成员的人。

“总和”说。苏联心理学家鲁宾斯坦提出:“个性是人的内部条件的总和。”有的心理学家提出:“个性是各种心理特征的综合。”也有心理学家提出,个性是“遗传、学习、社会文化、自我意识、特质、潜意识机制”各种因素的综合。朱智贤教授主编的《心理学大词典》中,对个性的定义是“指一个人的整个精神面貌,即具有一定倾向性的心理特征的总和”。

关于个性的定义,由于不同的学者研究的侧重面不同、层次不同、对象不同、方法不同,所以,个性的定义的内涵也就大不相同。据粗略统计,有关个性的定义不下 50 种,但概括起来,大致有三种不同的个性本质观:

其一:个性的生物观。这种观点把人的个性看成纯生物范畴的现象。用身体的形态结构、生理机能、体质及代谢特点去说明个性的差异。

其二:个性的机械社会观。这种观点认为,个性的形成与人的个体的生物学特点丝毫无关,不应该从人的生物性中去寻找个性的根源,主张个性是周围社会环境直接作用的结果。

其三:个性的生物社会观。这种观点认为,人的个性既受生物因素制约,也受社会因素影响,二者共同决定个性。

科学的个性心理学是以马克思主义关于人的本质的学说为出发点的。马克思在强调个性受历史条件制约的时候,从来没有忽视个性的自然特性,因而从来没有把人的个性不正确地归结为“社会关系的总和”。在马克思看来，个人既是社会存在物，又是一个特定的自然存在物，人的个性表现出人的社会性与自然性的辩证统一关系。根据马克思主义关于人的本质的学说，笔者认为，所谓个性系指人的生物性与社会性的结合。个性最突出的特点就是它的个别性、独特性和差异性，个性是在一定历史条件下的个人所具有的意识倾向性、无意识倾向性以及经常出现的比较稳定的心理特征的总和。(见图1)

个　性
- 个性意识倾向性：需要、动机、兴趣、理想、信念、世界观
- 自我意识倾向性：自我认识、评价、调节
- 个性心理特征：气质、性格、能力
- 个性无意倾向性：反应性、情绪性、定型行为

图1

根据上述个性的定义，可以把个性结构表达为：人的个性结构始于生物心理特点，表现于自我意识活动过程和个性心理特征，终于社会意识倾向性目标等四个层次。生物心理特点(低层次)主要受生物因素的制约和调节，它是通过人类所具有的本能的反射活动来适应，并达到与周围环境的平衡。个性心理特征(中间层次)受社会因素与生物因素的双重影响和制约。也就是说，人的气质、性格和能力的形成与发展，既有生物遗传的基础、天赋条件的作用，同时也受后天的教育、训练的影响。自我意识倾向性(高层次)是指对自己的思维、情感、意志等心理活动的意识，如自我观念、自我知觉、自我评价、自我体验、自尊心、自豪感、自我监督、自我调节、自我控制等。自我意识的发展过程是个体不断社会化的过程，也是意识的倾向性(最高层次)，主要是指个人的社会意识，几乎很少受到生物因素的直接影响，它的形成决定于社会生活条件及受教育的条件，通过对社会需要(高层次需要)的正确反应转化为一定的个体的自觉的需要，从而产生获得成就的动机，并为实现自己的理想、信念，达到预定的目标而奋斗，直到目的得以实现，需要得到满足。当旧的需要满足后，又将会产生新的需要，由此不断地发展个人的成就，推动社会文明的进步与发展。有关个性结构层次，为便于比较、联系，列表1。

表1　个性结构层次一览表

层次	水平	亚结构	次亚结构	社会因素与生物因素的关系	形成方式
最高层次	社会心理水平	个性意识倾向性	需要、动机、兴趣、理想、信念、世界观	几乎没有生物因素的直接作用	家庭、学校、社会教育
高层次	个体心理水平	自我意识倾向性	自我认识、自我评价、自我调节	由生物性逐渐向社会性发展	教育、反省
中间层次	生理心理水平	个性心理特征	气质、性格、能力	生物因素、社会因素相互渗透、影响形成“合金”	遗传与训练
低层次	生物心理水平、神经心理水平	个性无意识倾向性	反应性、情绪性、定型行为	几乎全部受生物因素决定	遗传

个性结构由低层次向高层次和最高层次发展，体现了个体心理活动由生物自然属性向社会化发展的过程。个体的社会化是经过个体与社会环境的相互作用而实现的一个极为复杂的过程。个体的社会化既受其自然实体的生物因素的影响，又受其社会实体的社会因素的影响。低层次的个性心理活动及特征较多地反映出生物属性的活动规律。所以，研究个性心理的生物学基础，对深入研究个性特征的机制和个性形成与发展的规律，自觉地培养、发展健康的个性，具有重要的理论意义和应用价值。

二、个性形成的起源（无意识倾向性）

个性无意识倾向性系指个体所具有的一些惯有的、本能的、低级的心理活动特征及固有的行为模式。它是个性结构中的生物基础部分，其功能是保证个体实现基本的生理需要，与环境保持平衡（有限的）。无意识的心理活动及行为可以不需大脑皮质的参与，而由皮质下中枢及网状结构的调节、控制实现。

（一）反应性

一切有生命的机体在受到周围环境条件改变的刺激时，有发生反应的能力。反应性、兴奋性、感受性等可作为同义概念。在完整的人体身上对刺激发生反应的能力是借助“反射”的机制来实现的。个体对特定的刺激能否引起反应，反应的起始速度快慢，反应的强度大小，反应的持续时间长短等，都取决于神经系统工作的特点和个性特征。

个体对特定的刺激发生反应的阈值（一般称为感觉阈值）与感觉器官的感受性（敏感性）及神经系统的强度有密切关系。捷普洛夫实验的研究资料表明：绝对感受性与神经系统强度之间存在着规律性的联系。这种联系表现为神经系统强度和感觉机能的兴奋阈限之间存在正比例关系。即神经系统强度增加，其感觉机能的兴奋阈限也增加（而感受性、兴奋性却降低）。相反，当神经系统强度减弱，其兴奋阈限也降低（而感受性、兴奋性却提高）。

上述理论阐明了神经细胞的强度概念包含两种属性：一种是神经细胞的感受性，（敏感性）即神经系统对最低水平的刺激也就是对阈限水平的刺激的敏感性。另一种是神经细胞的耐受性，即神经系统对其机能极限上的作用的耐受性（承受最大强度刺激极限的能力）。

通常神经系统强度强的个体（神经系统强型），其特点表现为低感受性、低敏感性，对其刺激的值小时，产生的生理反应量不大，但具有承受大强度刺激的能力，并较晚地达到最大机能极限。而弱型神经系统的个体，其特点表现为高感受性、高敏感性，对其刺激的值小时，产生较大的生理反应，较快地接近极限。此外，神经系统强度的两种属性的一致性关系同时起作用，其表现有两种情况：一种是既具有感受性高（低兴奋阈值）的特点，又具有耐受性强的特点，这种类型的个体对小的刺激反应敏感、迅速，同时又能承受强刺激，并较晚地达到最大机能极限。另一种则相反，表现为感受性低，耐受性也低的特点，这种个体对小的刺激反应迟钝，反应量小（甚至不反应），也不能承受强刺激，并较早地达到机能极限。

由此可认为，不同个体接受同一强度的刺激所产生的反应量大小和特点的不同与其神经系统特性有着十分密切的关系。也就是说,神经系统强度特性是区分强型(低反应—高极限)、弱型(高反应—低极限)、最强型(高反应—高极限)、最弱型(低反应—低极限)个体的神经生理基础。

当然,个体的反应性实际上已不单纯为无意识的非条件反射的性质,但从其神经生理机制来分析,可以说,一切复杂的个性心理活动和行为都起源于机体的反应性本能。

(二) 情绪性

人类的情绪包括生理基础、表情行为、主观体验和高级情感四个方面的内容。所谓情绪性,系指情绪的生理基础及先天性的表情行为反应特点,即人类的情绪本能。

情绪是人及动物所具有的一种心理活动,人类的复杂情感也是起源于原始的、简单的情绪本能。例如,刚出生的婴儿对疼痛、饥饿刺激会发生哭、闹等情绪反应,而当吸吮奶汁时,会发生喜悦情绪反应。不同的婴儿表现出的情绪反应的强度、持续时间及方式各不相同。婴儿的这种原始的情绪反应是以无条件反射为主的,以后随着人的自我意识的发展,情绪反应会逐渐转化为以条件反射为主。

从情绪的神经机制分析,情绪活动是大脑皮质和皮质下中枢共同作用的结果。其中,皮质下中枢(下丘脑及脑干网状结构)对情绪的调节占明显的地位,大脑皮质的调节则起着主导作用。法尔别尔的电生理研究材料证实,新生儿只具有原始反射,乃是不受高级神经中枢控制的"皮质下的人"。随着年龄增长,大脑皮质机能逐渐发育成熟,皮质下结构在个体发育过程中也在同步发展。7—8 岁儿童情绪方面所谓难控制的皮质下表现,以及儿童的高情绪特征,说明在这个年龄阶段皮质下中枢对情绪的调节占优势,也说明在这个年龄阶段大脑皮质还没有成熟。当然,皮质自身活动水平越低,皮质对皮质下结构的抑制影响程度越小。10—12 岁,大脑两半球皮质形态机能达到成熟水平,"无控制"的皮质下的情绪和行为受到大脑皮质的抑制作用。所以,12 岁以后至成人阶段,人类的情绪在大脑皮质与皮质下的相互作用下逐渐趋于稳定。当然,这种情绪稳定性是相对而言的,因为情绪除了受年龄因素影响外(年龄越小,情绪越不稳定),还受到机体内外环境其他因素变化的影响。例如,在个体发育的性成熟期,下丘脑结构与内分泌系统的紧密联系引起皮质与皮质下相互作用的某些变化,使皮质下的活动占优势,产生不稳定情绪。人到更年期表现出情绪易波动,其神经机制也是由于内分泌的暂时性失调引起皮质下活动亢进,大脑皮质调节、控制作用减弱等。

不同个体的情绪反应的强度、稳定性及深刻性存在着明显的个体差异。有的人情绪难控制、狂躁、应激性高、强度大;有的人情绪稳定、热情、强度适宜;有的人情绪低落、平淡、应激性低;有的人情绪变化无常、表现极端、强度大而浅等。由此可认为,皮质与皮质下的相互作用及其特点对人的个性类型特点、气质和性格的形成有着重大的影响。

(三) 定型行为

所谓定型行为是指动物与人类先天具有的本能的运动形式。这一套固定动作是遗传的,可以说在中枢神经系统中有固定的行为程序。这些行为(包括摄食、攻击、防卫和性行为等)是个体为求得生存、实现基本的生理需要而发生的。虽然不同的个体都在执行这一套固定动作,但在行为表现特征上各有所异,如凶狠、温顺、攻击性强、怯弱、迅猛、迟缓等。正是这些本能运动行为构成了人类复杂的高级行为的基础。而这些本能运动行为特征的痕迹将永远地反映在复杂的高级行为之中。所以,在某种程度上可以把人的个性看作一种惯常行为,即个性可以根据一个人的一贯行为模式加以描述。在各种复杂的情况下,人们反应定势的差异形成了各人不同的个性特征。正是这些惯常行为模式使我们有可能对人们的未来行为特点做出较为准确的预测。

定型行为的另一种含意是指人类后天习得的并已巩固建立的动力定型行为。即行为动作达到自动化程度,表现出意识的倾向。人类一切随意运动都必须在大脑参与下才能实现,但是,在大脑皮质参与下能实现的反射活动并不一定都是有意识的(可以是无意识的反射活动)。换言之,在无意识完成自动化动作时,仍然有大脑皮质参与,只不过是意识活动的减弱和迁移。所以,自动化动作可以在皮质兴奋性极低的情况下顺利完成。分析自动化定型行为的神经机制,笔者认为,经常反复、严格按一定顺序、时间、方式出现的刺激作用于人体,开始具有明确的动机、目的和意向,大脑皮质处于高度激活状态,由于反复作用的结果,动作本身的意向性作用消退,皮质意识发生迁移,将意识集中于创造性活动中(新的动机、目的和意向)。例如,一位书法家在书写时,无须将意识集中于一笔一画的运笔上;一位钢琴家在演奏时,无须将意识集中于琴键和手指的指法上;一个优秀的体操运动员在比赛时,也无须将意识集中在完成每个基本动作上。也就是说,意识活动(第二信号系统活动)可以从具体的动作行为(第一信号系统活动)中解放出来,而集中于创作活动之中。所以,自动化定型行为(无意识行为)给意识创造活动创造了条件。人类所特有的这种意识活动与无意识活动的相互转化的规律,说明了皮质与皮质下相互作用、相互转化理论的正确性。可以设想,大脑皮质意识区对具有明确动机、目的和意向的刺激进行分析、定位、鉴别并将其储存在有关的信息库中(皮质储存器),如果多次重复同样的刺激,其动机、目的和意向作用将逐渐减弱,直至消失,此时说明皮质中的运动程序已转移到皮质下储存器中,而产生的行为反应已具有无意识倾向特征了。在人类的个体发育过程中,许多惯常行为暂时失去明确动机、目的和意向,但它们的运动程序都储存于皮质下中枢之中,在特定情况下会无意识地表现出来。例如,在强烈的激情爆发时,意识控制能力减弱,个体某些动作与腺体的分泌表现出无意识活动,酗酒使意识控制能力减弱而发生失控的动作行为等就是皮质下中枢活动占优势——无意识活动行为的佐证。

同样,在另一种特定情况下,无意识活动又可能转化为有意识活动,受到意识的调节和支配。当无意识活动(自动化动作)受到阻碍、环境刺激发生变化时,皮质激活水平又会迅速增高(紧张度提高,兴奋性提高),自动化动作变成有意识的活动。例如,人们步行的自动化动作在过独木桥时就变成有意识的动作,篮球运动员在对方抢球时自动化动作就变成有意识的动作,汽车驾驶员在遇到突发事件时掌握方向盘及脚踏动作就变成有意识的动作。综上所述,意识与无意识相互作用即皮质与皮质下相互作用的神经机制反映出人的心理活动是由多层次、多水平的形式构成的。人的个性及心理活动是由有意识的和无意识的错综复杂的活动形成的。巴甫洛夫认为:“心理学研究薄弱的原因之一,就在于这种研究只以意识现象为限,因此,心理学家在他研究的时候,便成为一个在黑暗中提着灯笼走路的人,可是灯笼只能照亮很小的一块地方。"我们应该加强个性研究的薄弱环节,开展对个性的最低层次即无意识心理活动的研究。因为个体的反应性、情绪性及定型行为都包含个性的特质成分(如个性心理活动的强度、速度、灵敏性、耐受性、稳定性等),而这些特质成分在一定程度上反映其个性心理的神经生理本质。

三、个性心理特征的生理学基础

个性心理特征系指一个人在性格、气质和能力等心理方面稳定的特征总和。个性心理特征影响着个体的举止言行,反映出一个人的基本精神面貌、意识倾向和行为特点,集中地体现了人的心理活动的独特性。个性心理特征是个性发展的中间层次,是人类由生物性向社会性过渡的一个层次,它由人的生物性与社会性的相互渗透、相互作用、相互影响和相互制约的错综复杂关系所决定,并以"合金"的构型表现于完整的人体的思维与行为之中。也就是说,个性心理特征是以一定的先天素质为前提,在后天实践中逐步形成和发展起来的。至今,个体心理特征仍是个性心理学研究的核心问题,如果弄清了个性心理特征形成的生理生化机制以及社会条件所给予的作用,那么将大大促进对个性心理本质的认识。这对于塑造健康的个性、发挥个性之所长具有深远的意义。

(一)性格与神经系统类型

性格就是一个人对现实的稳定态度以及与之相适应的习惯了的行为方式,也就是一个人在生活实践过程中形成的对待事物和认识事物的特殊的心理行为风格。那种偶然的情境性心理特征不能称为一个人的性格特征。性格是较稳定的心理特征,它经常明显地体现在人的行为态度和活动方式中,正如恩格斯所说的:"人物的性格不仅表现在他做什么,而且表现在他怎样做。"例如,具有坚忍不拔性格的人,为了追求事业的成功,为了实现远大的理想,无论遇到什么困难和阻力,都能坚定不移、坚持不懈的努力奋斗;而缺乏理想或意志薄弱者,当遇到困难和挫折时,将表现出怯弱、心灰意冷,也就一事无成。

有时个人对现实的态度和行为方式也有不完全一致的情况。例如,有的人一贯很诚实,偶尔说了谎话;有的人一贯表现为处事很果断,偶然表现出优柔寡断。这种偶然的态度和一时的行为方式不能构成人的性格特征。

1. 性格的生理基础

性格同其他的心理现象一样,也是脑的机能。巴甫洛夫认为,性格的生理机制就是高级神经活动类型与动力定型的"合金"。巴甫洛夫提出的所谓"合金"包括两方面的含义:一是个体在现实生活环境下所建立的暂时性神经联系是受其神经系统类型特征制约的,二是暂时性神经联系又能掩盖或改变神经系统类型的基本特征。正是由于"合金"中成分的组成不同,人对外界环境影响的态度和行为才具有个性特色。

应该承认,不同个体在建立暂时性神经联系时所表现出的神经活动过程强度、灵活性及动力平衡性等的差异是形成不同性格特征的生理基础和前提。神经系统类型对性格形成的影响和制约体现在以下两个方面：一方面表现为神经系统类型对一定性格特征的形成起着促进或阻碍作用。例如，强型的人较容易形成自信、自豪、好胜的性格，而弱型的人要培养自信心强的性格就比较困难。另一方面，在相同的情境下，个体表现出的行为方式也明显地受神经系统类型的影响。例如，同样是接待友好的客人，兴奋型的人往往积极主动、满腔热情，安静型的人常常彬彬有礼、从容不迫，灵活型的人表现出既热情又周到，抑制型的人则表现出不动声色、表情平淡。

当然，神经系统类型不能决定一个人最终形成什么样的性格，也就是说，不同神经系统类型的人可能形成相同的性格特征，而同一神经系统类型的人也可能形成不同的性格特征。因为人的性格除了受先天的神经系统类型特点影响、制约外，更主要的还受其后天的环境因素（家庭、社会教育）的影响。

在人的发展过程中，由于生活环境和教育、训练的影响，人对事物的稳定的态度和习惯化的行为方式构成了复杂而牢固的暂时性神经联系系统，而建立的这一套巩固的动力定型系统成为一种自动化的心理装置。这种心理装置，一方面受其神经系统类型的影响，另一方面还在一定程度上掩盖或改变原有神经活动过程的特性。例如，一个神经系统类型强而灵活的小孩，如果停止给他任何刺激，那么，他将会变成一个迟钝、胆怯、弱型的人，相反，社会环境长期作用也可以把一个有着弱的神经系统类型的孩子造就成活泼的、灵活的、具有自信心的孩子。由此可见，环境的长期作用所建立起来的巩固的自动化心理装置（皮质的动力定型系统）是以一定的形式（"内容"或"倾向"）来影响人的性格的形成、发展和改造。

2. 性格的结构分析

性格是十分复杂的心理构成物。它包含各个侧面，具有各种不同的特征。它是个性心理特征中的核心，对人的其他个性心理特征起支配作用。这里根据人对现实的态度、对行为的自觉调节方式、情绪状态及理智程度等心理特征来分析阐明性格的结构。

(1) 对现实的态度的性格特征（在性格中占主导地位）。人对现实的态度的系统的特点是性格特征的重要部分。人对现实的态度是多方面的，形式是多种多样的，概括起来主要表现在对人、对事、对己三个方面：第一，对社会、对集体、对他人的态度的性格特征。例如，爱祖国、爱集体、廉洁奉公、助人为乐、富于同情心、热情、正直、诚实、礼貌待人等，或自私自利、奸狡、虚伪、孤僻、冷淡、粗暴等。第二，对劳动、工作、学习的态度的性格特征。例如，勤劳、认真负责、细心踏实、改革创新、爱护公物、勤俭节约等，或懒惰、马虎、粗枝大叶、墨守成规、浪费奢侈等。第三，对自己的态度的性格特征。例如，谦虚、自信、自豪、自尊、善于自我批评等，或自满、自负、自卑、虚荣、文过饰非等。这些特征从各自的侧面反映出人的特点，而多方面特点的综合便能体现人的性格特征。这些特征所涉及的内涵多数与道德品质相关联，是性格的核心部分。

(2) 性格的意志特征（对行为的自觉调节方式特征）。一个人的行为方式往往反映出性格的意志特征。意志特征是性格特征的重要部分，是指一个人在自觉调节自己的行为方式和水平上表现出来的心理特征。主要包括四个方面：第一，对自己行为目的的明确程度及受社会规范所约束的意志特征。如自觉性、独立性、组织性和纪律性，或盲目性、冲动性、依赖性、散漫性等。第二,对行为的自觉控制水平的意志特征。如主动性、自制力,或被动性、任性等。第三,在紧急和困难情境下表现出的意志特征。如镇定、果断、勇敢、顽强,或惊慌失措、优柔寡断、胆怯、畏难、灰心丧气等。第四,对长期坚持工作、学习的意志特征。如任劳任怨、坚忍不拔、有恒心、有忍耐性,或叫苦连天、半途而废等。

性格的意志特征与性格结构中的其他特征是相互联系、相互影响的。性格的意志特征受世界观、道德观所制约。因此,在人的社会化过程中,有计划地、科学地进行社会道德的教育、世界观的教育和行为规范的教育对人性格的形成有着十分重要的作用。

(3) 性格的情绪特征(对情绪的控制和情绪状态特征)。一个人的情绪状态影响着他的全部活动和行为方式。情绪特征包括情绪活动的强度、稳定性、持久性和主导心境等四个方面。① 情绪活动的强度,指情绪感染和支配的强度以及情绪受意志控制的程度。有的人情绪一经引起就比较强烈,对情绪的控制能力较差,情绪活动对身体状态和工作生活有较大的影响;而有的人情绪体验比较微弱,不易受到感染,情绪活动对身体状态和工作生活产生的影响较小。② 情绪活动的稳定性,指情绪的起伏和波动的程度。有的人易激动,有时为一件小事就引起强烈的情绪冲动,而有的人情绪比较稳定。③ 情绪活动持续的时间。有的人情绪活动持续时间长,对身体、生活与工作影响很大;而有的人情绪活动较短暂,一经发泄,就烟消云散。④ 主导心境。有的人总是保持愉快乐观、精神饱满、奋发进取的心境,而有的人经常表现出多愁善感、抑郁消沉、萎靡不振的心境。不同的主导心境,鲜明地反映出人们不同的精神状态和性格特征。

(4) 性格的理智特征(认知的性格特征)。性格的理智特征表现在感觉、知觉、记忆、思维和想象等认知方面的个人特点。人的理智活动(即认知活动)的特点与风格构成了性格特征的重要成分。性格的理智特征主要表现在以下四个方面:① 感知方面的特征,可分为主动观察型和被动观察型两类。前者能根据自己的爱好、兴趣进行观察,不易受环境刺激干扰;后者则明显易受环境刺激的影响,易受暗示。此外,还可分为详细分析型和概括型、快速型和精确型、记录型(描述型)和解释型(理解型)等。② 思维方面的特征,可分为独创型(能独立思考、善于提出问题)和依附型(搬用现成答案)。③ 记忆方面的特征,可分为主动记忆型和被动记忆型、快速记忆型和深刻记忆型。④ 想象方面的特征,可分为广阔想象型和狭窄想象型、创造想象型和再造想象型。

3. 性格形成的条件

(1) 性格形成的生物学条件。人的神经系统类型是性格形成的自然前提。性格的情绪特征和理智特征在很大程度上受神经系统的结构、机能以及遗传性特征的影响。而人的性格的遗传性特征和性格的心理特征亦是这样,如果离开了人的遗传基础,根本无法谈及人的性格的形成与发展。

性格形成的自然素质基础主要包括以下四个方面:

① 神经系统的基本特性及皮质与皮质下相互关系。神经活动过程的强度、灵活性、平衡性、易变性、动力性,皮质兴奋的集中性,皮质与皮质下激活性等,所有这些特征的不同组合形成了神经系统的不同类型。同样,这些特征也是不同个体所表现的情绪

强度、情绪的稳定性、情绪的易变性、情绪的持久性以及情绪的自控性等差异的神经生理学基础。

② 第一信号系统与第二信号系统的相互关系。人除了具有与动物共有的第一信号系统之外,还有人所特有的第二信号系统。不同的人,这两种信号系统的相互关系是不同的。有的人第一信号系统的活动占优势,构成了他的高级神经活动的艺术型特点,其具体思维、形象思维能力较强;有的则是第二信号系统活动占优势,构成了他的高级神经活动的思维型特点,其抽象思维、想象思维能力较强;大多数人两者较平衡,构成了高级神经活动的中间型。这两个信号系统的差异可能是构成职业性格的生理基础。

③ 分析器的解剖生理特点。分析器是由感受器(感觉器官)、传导神经(传入与传出神经)以及皮质—皮质下(神经中枢)的相应部位这三个部分构成的。人的分析器(包括视觉、听觉、嗅觉、皮肤感觉、本体觉以及内脏器官的分析器)在结构上具有较为明显的个别差异,而每个人的分析器都具有其自身的解剖生理特点,它们对感觉阈限、反应时、知觉、注意、记忆、分析、综合及表象能力等心理现象都有影响。毫无疑问,这些分析器的解剖生理特点也是性格的理智特征形成的重要基础。

④ 神经系统类型特征与内分泌的关系。内分泌腺的活动是受神经系统调节的,而人的一切生理、心理活动及行为都是通过神经—内分泌调节而实现的。刚出生的婴儿在反应活动中就已表现出很大的个体差异,这与神经系统的类型特征和内分泌腺的活动有关。有的婴儿反应灵活,有的较迟钝。有的反应强度很大,哭闹很凶,动得也厉害;有的反应强度不大,不哭不闹,很安静。在婴儿身上表现出的这种个体心理活动及行为的差异,如果不用生物进化的科学观点解释,不从心理活动产生的心理学基础进行分析,那将出现种种荒谬的论点。

目前已有研究资料证明,内分泌腺活动失调可以改变一个人的性格,例如:甲状腺激素分泌不足,会引起儿童身体发育不良,智力低下、反应迟钝、抑郁;甲状腺激素分泌过多,则易激动、性情暴躁、情绪极度紧张;去甲肾上腺素分泌量多的人,表现为兴奋占优势,精力充沛、富有活力、反应快、充满激情。可见,一个人性格的形成是以一定的遗传素质为生物学前提的。

不过,还应该承认,对性格形成起决定性作用的并非是生物遗传因素,而是社会条件。因此,如果能真正了解并掌握人的性格和个性的起源及其生物学变化规律,对人们自觉地培养良好的性格、健康的个性将有着重大的理论意义和实际意义。

(2) 性格形成的社会条件。社会生活实践是性格形成的决定因素。没有先天具有的、一成不变的性格,人的勇敢或胆怯、开朗或拘谨、诚实或虚伪、自信或自卑、勤劳或懒惰等,都不是天赋俱生的,而是在后天的社会实践条件下,通过自身的体验、学习、培养才逐渐形成的。

人的生活环境主要包括家庭教育、学校教育、社会教育(社会信息、社会关系、社会团体及工作关系等人际交往方面的影响),周围环境中各种人际关系、生活条件及方式,生活经历及事件等。人的生活环境会影响一个人对人、对事、对己的态度及其行为方式,从而形成某种特定的性格特征。

（3）自我教育在性格形成中的作用。在性格发展的一定阶段上，主体对自己在性格上的自我培养是一个人性格形成发展中由被动转变为主动的一个极大的飞跃。一个人实现这个飞跃的年龄越小（儿童、少年早期），其自我意识也就越强，这对建立一个正确的心理倾向（需要、动机、信念、理想等）和形成良好的性格模式具有十分重要的作用。

（二）气质与神经系统类型

心理学中的气质概念内涵较窄，是指人们心理活动动力方面特征的总和，是人们最为稳固、最为典型的个性心理特征。所谓心理活动的动力性特征，主要是指心理活动的速度（如知觉与思维的快慢、注意力集中时间长短）、强度（如情绪的强、弱，皮质工作能力的强、弱和意志力强、弱）、稳定性（如心理活动倾向于外物还是倾向于自身的心理体验）等。这种特点使个体在全然不同的环境或活动中显示出同样的风貌和色彩。气质不依赖于活动的内容、动机和目的，而是顽强地、无意识地表现出它的天赋特性和遗传的“痕迹”。

一个人的举止言行、风格，怎样跟别人交往，怎样表达自己的情感，怎样工作和休息，怎样对事物做出反应等，都体现出气质的特点。气质是每个人的独特的个性心理特征，它是人的神经动力特点和心理动力特点的结合。所以气质既是遗传的、先天决定的，又不是一成不变的。在个体生活进程中，由于年龄、环境、教育等情况的变化，特别是受社会生活、经历中所发生的重大事件的影响，气质在一定程度上也会发生变化。但是这种变化比起个性的其他方面，如性格、能力等，要困难得多。俗话说“江山易改，禀性难移”，就是针对人的气质而言。

1．气质的生理学基础

从古到今，有关气质的理论学说众多，但都没有从根本上（本质上）解决人的气质的生理心理机制问题。从20世纪开始，巴甫洛夫通过大量的动物实验对高级神经活动类型的研究，从神经动力学水平解决了有关人的气质的一些理论问题，在某个侧面、某种程度上揭示了气质的生理机制。20世纪50年代以后，捷普洛夫和涅贝利岑等进一步发展了巴甫洛夫学说，从神经动力学和心理动力学水平提出高级神经活动特性学说，为解释人的气质的生理、心理机制开辟了切实有效的途径。

神经系统类型是气质的生理基础，气质是人的神经系统类型特征的心理活动的外在表现。反映气质心理活动的动力性指标（包括心理活动的速度、强度、稳定性及灵活性等）都是与神经系统特性有密切联系的，只不过表现形式不同。神经系统特性是以单一的神经过程活动的强度、速度、灵活性、易变性、平衡性等动力性指标反映其神经系统的活动规律及特征，而气质是从多维的角度，以人的复杂的心理活动的强度、速度、稳定性及灵活性等动力性指标反映其个性心理活动的特征。所以，气质并不依赖于某一神经系统特性，而依赖于神经系统各种特性的组合，也就是说，神经系统的同一种特性可能存在于不同的气质之中。例如，一个神经活动过程强而灵活的人，其气质也表现为活泼、好动、热情、反应迅速、精力充沛、兴趣易转移、具有外倾性等特点；一个神经活动过程弱而不均衡的人，其气质则表现为反应迟缓、注意力易分散、对环境的适应能力差、具有内倾性等特点。但气质与神经系统基本特性又存在非直接的依赖关系。例如,一个神经活动过程强而灵活的人,其气质也可能表现为好静、精力充沛、具有内倾性;一个神经过程弱而不均衡的人,其气质也可能表现为好动、具有外倾性。

神经系统特性与气质表现的不一致性可能是由于个体生活和教育条件的巨大变化造成气质的某种个别特性的变化。这种提法并不是说神经系统特性及其类型就一成不变,相反,神经系统类型在特殊条件作用下也是可变的。在一般情况下,神经系统特性及其类型的变化影响气质的变化。气质变化的原因,一是气质的先天特征为后天因素所加强、发展、稳固;二是气质的先天特征为后天因素所减弱、抑制、变化;三是气质的先天特征为人的心理倾向和性格所掩盖或改造。

2. 气质的作用

对一个健康的人(无脑残疾)来说,气质类型无好坏之分,任何一种气质类型在一般情况下可能具有积极意义,而在另一种情况下可能具有消极意义。气质不能决定一个人活动的社会价值和成就的高低,只能使智力活动具有一定的风格。它影响着人的活动方式,但不能决定其才能的发展和智力水平,各种气质的人都有成才的可能性。在社会对人的选择中,各种气质的等值观体现得更加明显。不同性质、特点的职业,需要选择不同气质的人。例如,宇航员、飞行员、汽车司机、消防队员、运动员、报务员、外交人员、企业家等职业,需要神经活动过程强、灵活、均衡性好的人,即表现为精力充沛、工作能力强、反应快、适应能力和应变能力强、情绪稳定、自控能力强的人,其气质属于外倾性的多血质类型;而有些职业人员,如科研工作者、档案管理人员、工艺制作人员、护理人员、保育员等,则不要求其神经活动过程太强,但其均衡性要好,对待工作有耐心、责任心强,情感细腻而稳定,其气质应属于内倾性的黏液质类型。不同气质的人在一起合作共事,有利于发挥每个人气质之所长,弥补气质之消极成分。传统的气质类型理论广为世界各国心理学、生理学工作者所承认,具有广泛的群众基础。它对于指导人们如何生活、学习、工作,如何体现自身的价值与社会需要相一致等具有重要的社会实践意义。

气质类型在实践中具有较大的实用价值,但是对人的气质类型的测定还是一个尚未解决的问题。最初,许多心理学者往往凭直接观察印象来判断气质类型,但这种方式难免粗糙、不准确。近年来,国内外有些心理学者采用编制的气质量表法(问卷式),通过被试答卷(自我评定)的结果,分析、评定、判别气质类型,但这种方法仍然存在较大的主观性。

长期以来,传统的气质理论已被人们接受,但是由于气质的本质问题尚未弄清,气质类型的测定、判别也未解决,所以,在实践应用中人们往往将巴甫洛夫的神经类型学理论演变成气质类型理论。巴甫洛夫本人在1927年也曾把“气质”和神经系统类型看作是同一个东西。由于受这种看法的影响,后来人们逐渐把气质和神经系统类型混为一体。这也说明,目前只有神经系统类型学的理论能比较客观地、相对科学地阐明气质的生理机制问题。如果我们把神经系统类型作为人的气质类型的同义词,那么,气质类型的客观测定方法(实验法)也就基本解决了(至少目前是这样)。如果不是持这种观点，而是相反的观点：气质类型与神经系统类型不能等同起来、视为一体，前者是心理表现，后者是基础，两者虽然有密切的联系，但又有本质的区别，那么有关气质形成的生物学机制（生理、生化机制）需要进一步探讨，气质类型的测定方法也待进一步解决。

（三）能力与神经类型

能力是直接影响活动的效率，使活动顺利完成的个性心理特征。能力可分为一般能力和特殊能力。一般能力是顺利完成各种活动所必须具备的基本能力，其中包括注意力、观察力、记忆力、思维力、想象力等。在认识活动中表现出来的这些一般能力通常称为智力或一般智力。一般能力与遗传关系较密切，故称为天赋智力（流体智力）。智力不是一种单一的能力，而是一种综合的整体结构，其中抽象思维能力是智力的核心。培养良好的思维能力是提高智力水平的关键。特殊能力是顺利完成某种特殊活动所必备的专门能力，如音乐的节奏感、听觉能力、绘画能力、操作能力、运动能力等。

一般能力与特殊能力在活动中有着辩证统一的关系：一般能力在某种专业活动中得到发展，可能成为特殊能力的组成部分；而特殊能力的发展，同时也会促进一般能力的发展。能力是在遗传基础上逐渐形成、发展的。能力发展到一定阶段（能力成熟阶段），即多种能力的完备结合，称为才能。如音乐才能、绘画才能、运动才能、数学才能、文学才能、教学才能、管理才能等。才能在某一方面或某些方面高度而完善的发展便称为天才。

1. 能力形成和发展的自然素质基础

影响能力形成和发展的因素有很多，除了先天的遗传素质外，主要包括后天环境、教育（包括早期教育、学校教育、社会教育等）、实践活动和主观努力。能力的遗传素质是指人先天具有的某些解剖、生理特点，特别是智力器官——大脑的结构和生理机能以及某些感觉器官、运动器官的结构和生理机能的特点。遗传素质是能力形成和发展的前提，为能力的形成和发展提供了物质基础。没有这个前提和基础，任何能力都是无法产生的。

提高遗传素质必须提倡优生、优育。人脑发育研究证明，脑细胞的分裂增殖从受精卵开始到出生后两周岁为止，大脑机能发育的关键时期在出生后 5 个月至 10 个月之间，到两周岁末就基本具备了主要的生理机能，5 岁时脑的重量达到成人脑重的 95%，5 岁前是智力发展最为迅速的时期。所以重视胎教和出生后早期教育，对促进智力的发展有着十分重要的意义。

另外，据有关双生子研究的资料证明，遗传因素对智力发展有一定的影响。北京心理学工作者在对 37 对同卵双生子和 43 对异卵双生子进行研究的基础上，选择了在相同或类似环境中长大的 24 对同卵双生子和异卵双生子，从学习成绩、运算能力、智力品质、语言发展几方面进行对照研究，得出的结论是：遗传对儿童智力发展的影响是明显的。他们对被试进行运算能力测验，同卵双生子的相关系数为 0. 89，异卵双生子的相关系数为 0. 66，也就是说同卵双生子的智力比异卵双生子的智力有更大的相似性，这表明了遗传在智力发展中的作用。

可以这样认为，人的天赋的自然素质是各种才能形成的原始起点，人的素质与能力之间绝没有一条不可逾越的鸿沟，有些素质特点，如绝对高音、视觉灵敏度、非凡的听力，神经活动过程的强度、灵活性、平衡性，以及数学创造能力等，都是人的天赋的自然力，它在才能与天才的形成中是一种重要的内部条件。

2. 才能发展与神经系统类型

才能的形成和发展与神经系统类型有着十分密切的关系。可以这样说，神经系统类型是才能形成和发展的重要生理基础。但是，人的才能形成和发展更离不开后天的学习和实践活动。众所周知，婴儿出生后，未能表现出任何学习过的行为，如写诗、唱歌、绘画、运算等。只依靠生理成熟，决不能产生人类的能力。但生理基础的差异在才能的形成和发展上起着不可估量的作用。新生婴儿对刺激的反应性所表现出的差异在某种程度上就是成人气质、才能的个别差异的发展基础。神经系统类型灵活、稳定的人，能够迅速地接受来自内外环境的信息，并能产生明显的"定向反射"，可排除一切干扰，使大脑产生一个强大的"兴奋中心"，并保证这个"兴奋中心"以最高效率活动，因而注意力集中、记忆迅速、思维敏捷、判断准确。

巴甫洛夫的研究发现，思维过程的高度灵活性与抽象和概括能力之间有着不可分割的联系，而思维过程的惰性（"停滞"在某些特征上）就会使概括不全或发生错误。所以，神经系统类型弱型者其神经活动过程的灵活性差、惰性大，不仅在接受信息的量和速度上不如神经系统类型强而灵活型者，而且，其对信息的分析、概括、思维抽象能力也明显不如神经系统类型强而灵活型者。

我们认为，神经系统类型弱型者，如果不加倍勤奋努力，以良好的非智力因素优势弥补先天的智力因素不足，其大脑智能潜力的开发前景将远不及灵活、稳定型者。

我们对 149 名大学生的神经系统类型特点进行了分析，其中：属灵活、稳定型者有 38 人，占 25.50%；弱型者有 7 人，占 4.70%。统计发现，灵活、稳定型和弱型学生的学习成绩、接受能力、思维能力都表现出显著的差异。凡学习成绩优良、智力发展水平较高的学生几乎都是灵活、稳定型；而学习成绩差、智力较低的学生全部为弱型，其中有的学生多门课程不及格，有的虽然十分勤奋努力，但学习成绩仍属中等。

再分析中国科技大学少年班学生（第三、四期，1981 年 5 月测试）的神经系统类型，属灵活、稳定型者占 73.07%，弱型无一人。他（她）们不仅表现出智力非凡出众，并且还具有一些不同于一般少年的个性心理特点，如兴趣广泛，求知欲极强，进取心切，记忆力、接受力、理解力强，思维敏捷，想象力丰富，并具有专注的精神和锲而不舍的毅力。这些与神经系统类型密切相关的个性心理品质使他们的智能潜力得到充分的发挥。追踪调查的事实证明，这批少年班学生全部以特别优异的成绩考取了国内外研究生，有的在国外获得最年轻的博士学位，有的成为杰出的人才。

这就说明，超常少年大学生智能的形成和发展，一方面依赖于本人的天赋素质（先天的内在因素），另一方面也是更重要的方面依赖于环境、教育及个人勤奋等外部条件（后天的外部因素）。

小 结

本文侧重阐明个性形成和发展的生理基础。有关个性形成和发展的社会化条件及其规律在许多个性心理的著作中已有详细论述,故不再赘述。

本文阐明的观点与传统观点的不同之处在于:

(1) 提出了个性结构的四个层次的观点,特别是把个性无意识倾向性列为个性结构的低级层次。

(2) 有关个性形成的起源问题,传统的观点认为,人的个性是社会化的产物,刚出生的婴儿不存在个性。笔者对这种观点不能苟同。如果说初生的婴儿没有个性,那么个性的起源到哪里去找呢?从生物进化的观点来看,人脑是由低级阶段发展演变到最高级阶段,人的思维、意识活动也是由低级意识(下意识、潜意识、无意识)逐渐发展到高级意识。同样,人的个性心理活动也是由低级层次向高级层次发展。一个完整、健康的人的一切活动行为(包括无意识行为和意识行为)都是在大脑皮质与皮质下相互作用的情况下实现的,而神经系统的这种调节功能既受到遗传基因的影响和制约,又受到胎教环境及婴儿出生后生活环境的影响和制约。如果把人的个性仅看成是出生后的儿童到一定阶段才具有的社会化属性的东西,而抛弃了人的生物属性的自然基础,那么人的个性只不过是一种所谓"社会框架"之物。其实道理很简单,不仅出生的婴儿存在个性,就是较高等的哺乳动物如狮、豹、狗、猫等也都存在个性,有的凶猛,攻击性、占有欲强,有的温顺、胆怯、谦让、逃避。

故本文之内容主要是强调人的生物属性的自然基础是个性形成的起源点。这个科学、辩证、进化的论点对于指导优生、优育,塑造、培养具有良好个性(良好的素质、良好的性格、良好的智能、良好的品德)的人,对于提高人口质量和民族素质、推进人类文明进步,不仅有着深刻的理论意义,而且具有广泛的实践意义。

神经系统特性及类型实验方法简介

张卿华 王文英

由于随意运动反应是人类行为最主要的特征,因此对人的神经系统特性的研究主要采用条件反射的实验方法。人们很早就采用这种方法来判定神经系统特性。但是,判定神经系统特性所采用的刺激性质不同(光或声,化学的或电的,文字的或非文字的等),对实验结果影响很大。人们不仅要问,运用随意方法能在多大程度上了解皮质和皮质下有关神经系统基本特性的本质?笔者认为,问题的实质不在于随意方法本身,而在于采用的条件刺激物的性质,因为具有某种性质的条件刺激物只能引起特定的感受器官活动及部分脑细胞的特定反应,而这部分特定区域的脑细胞的反应性与另外部分特定区域的脑细胞的反应性有明显差异。采用不同性质的条件刺激物所进行的实验,其结果是不同的,这正好证明了随意方法的科学性。某一种具体实验手段,由于实验设计不同、条件不同,因而采用的刺激性质也不相同。它只能从不同角度、不同层次和在一定程度上反映神经系统的某种基本特性。而对各种实验手段必须进行深入的研究和探讨,从行为反应方法的研究,进入生理、生化基础的研究,而不是力图去寻找各种实验手段之间的相互关系。

由于对随意条件反射法提出的疑问,捷普洛夫—涅贝利岑学派强调,必须以不随意反应为基础来考察神经系统特性,从而可避免由于环境的影响真相被掩饰。当然,捷普洛夫—涅贝利岑学派提出的这种观点有其可取之处。但是,在一个完整的人身上,单纯的不随意反应是不可能存在的。特别是在重复实验时,随意反应的意识活动将起主导作用。相反,在注意力高度集中的情况下所进行的随意条件反射活动可以排除环境因素的一切干扰,而一套十分巩固的随意条件反射活动(巩固的动力定型)往往会伴随出现一些不随意的反应(无意识活动)。我们认为,不仅不应该反对采用不随意反应方法来研究神经系统的基本特性,而且还应该肯定捷普洛夫—涅贝利岑学派采用脑电图及诱发电位判定神经系统强度所做的许多有益的研究工作。这里必须强调指出,任何一种科学实验方法,都具有反映客观规律的一面,也同时存在其局限性的一面,不应简单地对其持否定态度。下面介绍几种有关研究神经系统类型的实验方法。

一、"语言强化"运动法

伊万诺夫、斯莫林斯基在1926年首次采用了"语言强化"运动法来研究人的神经系统类型特性。所谓"语言强化"运动法,是指当阳性条件刺激物出现时给予被试命令"按一下",当阴性条件刺激物出现时给予被试命令"不要按",用语言强化建立分化条件反射的方法。伊万诺夫、斯莫林斯基对这种方法做了这样的解释:请你设想一下,在这种场合下给铃声，紧接着就是命令“按一下”，被试按了几次后，以后就对铃声发生按压反应了。

从心理学角度来看，这种实验方法造成了非常不稳定的情境。什么时候被试应该按，是在命令语之后按，还是在阳性信号出现之后、命令语之前就立刻按呢？这样被试在实验中要思考、推论、判断、猜测，给自己提出问题，给自己做出决定，而所有这些心理过程影响到实验结果。

二、“联想实验”法

“联想实验”法早在1879年由加里东首先提出，并在冯特实验室中开始广泛地应用。之后，云格把它作为测定人的类型的基本实验方法。该实验方法在国外心理学界得到了大力推广。“联想实验”法有两种基本变式：① 被试应该用他脑中所出现的第一个词来回答主试所说的词。② 被试应该说出在脑中出现的一系列词来回答主试所说的词。后来这种方法又发展为“联系性联想”法，即被试应该按指导语中所规定的要求用固定的那些词来回答主试说出的词，如“部分—整体”“开花—结果”“物种—分类”，或者规定被试用反义词来回答，主试记录语言回答的潜伏期以及回答的词的性质、确切性等，以此来做评定。

伊万诺夫、斯莫林斯基建议采用上述方法来研究人的高级神经活动。以后，苏联许多学者根据“联想实验”法的原理设计了多种特殊的测试方法，用来测定人的高级神经活动类型。

“联想实验”法与“语言强化”运动法所引起的心理过程很复杂，而每个被试所引起的反应也很不相同，而且无论怎样严格地控制实验条件，也无法解决被试主观因素（心理过程）所造成的实验误差。另外，“联想实验”法还受后天文化学习、生活经历体验等多种因素的影响。因此，对测定神经系统的天赋特性来说，“联想实验”法存在一定程度的盲目性和不客观性。

三、运动反应潜伏期（反应时）测试法

刺激物出现与回答反应开始的时间间隔称为反应的潜伏期（反应时）。反应时这个指标比较稳定（在一定的实验条件下对每个被试来说都比较稳定）。因为要求被试“尽可能快”地反应这一实验条件是最为相似的，并减少了由偶然刺激引起的外抑制影响。

（一）简单反应时（视、听反应时）

很多学者把运动反应时作为接受刺激的皮质某一特定部位的兴奋性程度的特征，视为兴奋比抑制占优势的机能。反应时短说明兴奋性程度高，反应时延长则说明兴奋性程度降低。所以，根据这个观点，反应时对神经系统类型特性来说，可以作为均衡性参数指标。

（二）分化及改造反应时

反应时可以作为神经系统类型特性的灵活性指标。其方法有：① 在已建立分化抑

制的基础上,改造刺激物信号的意义(阳性刺激物与阴性刺激物互换),在这种情况下测定反应时。② 在定型的建立和改造的情况下测定反应时。在刺激物信号意义改造的情况下,被试易建立分化条件反射,其反应时变化不大,说明灵活性较好。相反,分化条件反射建立的速度慢,其反应时大大延长,则说明灵活性差(惰性大)。同理,动力定型建立的速度及破坏旧定型建立新定型的速度(即被试适应环境的应变能力)亦是反应神经系统的灵活性的适宜指标。

(三) 反应时曲线斜率

根据强度—反应法则,在一定阈限内,随着刺激强度的增加,其反应量增加(简单的反应时会缩短)。感觉阈限低的个体由低强度刺激唤起的兴奋水平较感觉阈限高的个体要高。根据涅贝利岑的观点,前者神经系统类型为弱型,表现为神经系统反应水平高,当低强度刺激出现时其反应时较强型个体明显短,因为强型个体具有较高的感觉阈限。

所采用的刺激强度越强,强型与弱型个体的反应时之间的差异就越小;在一定的刺激强度下,差异会完全消失。涅贝利岑解释这个事实时指出,在高强度刺激下两种类型均可达到神经系统有限的活动能力,但两种类型的个体对不同强度刺激的反应时有较为明显的差异,其反应时曲线的斜率,神经系统类型强型的较弱型的要大。例如:在听觉实验中,刺激强度从 45 到 120 分贝变化,每种强度的刺激以 12 ~ 30 秒的间隔随机呈现 15 ~ 25 次。在呈现刺激前 2 秒时呈现警告信号(光、声或“注意”信号),根据呈现刺激的数量,整个实验可以持续 20 ~ 60 分钟,然后计算对不同强度刺激的反应时的均值。

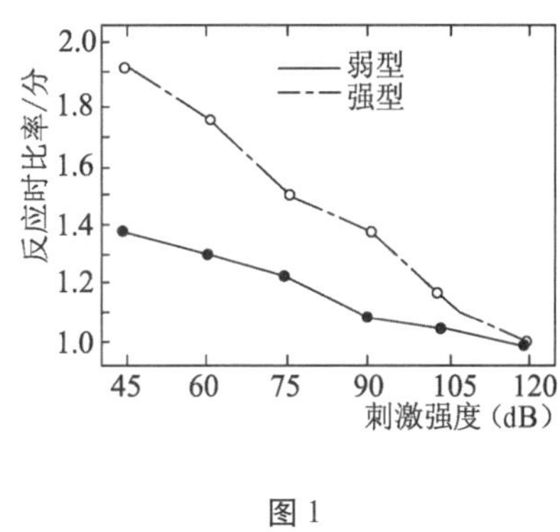

图 1

但是,反应时曲线斜率仅用于测量神经系统强度,而不能用于测量神经系统的一般特性,故近年来采用此方法进行测验的较少。

四、闪光融合临界频率测定法

闪光融合临界频率测定法是利用神经活动过程停止速度的测量判定神经系统的易变性(易变性是从灵活性分离出来的神经系统的一种独立特性)。捷普洛夫—涅贝利岑学派以增、减刺激频率,达到一定的时间间隔,使被试这时恰好把这种闪烁光刺激感受为一个连续刺激(增加呈现频率),或被试恰好把它感受为间断的闪烁光(降低呈现频率)。这时,这个刺激频率恰好是闪光融合临界频率。若被试感受为不连续光点的频率越高(闪光融合临界频率越高),则神经系统的易变性也就越高;反之,闪光融合临界频率低,标志着神经系统易变性差(惰性大)。

另外,神经系统易变性还可通过测量视觉感受性恢复速度来评定。不同个体,在呈现一个强光之后,其视觉阈限的恢复速度是不同的。这种速度与某个神经中枢的易变性有关,与这些中枢的神经细胞快速改变其活动状态的能力有关。呈现强光刺激后,视感受性恢复速度快,标志着神经系统具有较高的易变性;反之,则说明易变性差。同理,由于不同个体对暗适应的能力不同,可将视感受阈限的恢复速度作为反映易变性的指标。

五、强化消退法

强化消退法是巴甫洛夫实验室在动物实验中所确定的,其试验原则可应用于对人类神经系统强度的基本特性的研究中。神经系统强度是指神经细胞工作能力的极限,对这种能力的测量有两种基本方法: ① 测量神经细胞对持久的、多次重复刺激的兴奋集中的耐受能力(耐受性)。② 测量能引起超限抑制的条件刺激物的强度界限。

巴甫洛夫认为,可以采用强化性消退法进行重复刺激,测量神经系统的耐受性。通常重复刺激会引起神经系统衰竭,导致产生保护性抑制。神经系统越弱,越容易产生保护性抑制。

神经系统衰竭和超限抑制的产生不仅依赖于神经系统的强度,也依赖于条件刺激—无条件刺激的配对数量、时间间隔和条件刺激与无条件刺激的强度。所采用的刺激数量越多(重复刺激),时间间隔越短,则刺激强度就越高,越容易降低神经系统的耐受性(易产生衰竭和超限抑制)。

强化消退法是在进行条件刺激—无条件刺激时,观察记录消除条件反射所需要的刺激配对数量,以此来评定神经系统强度。研究发现,唤起保护性抑制所需要的刺激配对数量可反映神经系统强度。如果消除条件反射所需刺激的配对数量越多,则其神经系统强度就越强;反之,消除条件反射所需刺激的配对数量越少,则神经系统强度越弱。

六、敲击实验

我国心理学家杨博民等曾用敲击实验来确定高级神经活动的强度,并认为,高级神经活动的特性贯穿于全部心理活动之中。人在完成一项工作的过程中也一定会反映出高级神经活动的特性,这主要表现在完成工作的速度、准确性和持久性等方面。因此,在实验条件下,根据被试完成一项作业的效率等情况也可以确定其高级神经活动的特性。

敲击实验方法比较简单,令被试用优势手持金属棒连续、迅速地轮换敲击两块金属板,记录被试每分钟的前 30 秒和 60 秒的敲击次数,比较开始和结束时敲击速度的变化。若被试敲击实验中速度较快,结束时的速度高于或等于最初的速度,则评定为强型;如果结束时其敲击速度比开始时低,即不能坚持原来作业的效率,较早出现疲劳,则属弱型。

杨氏等对 55 名青少年运动员的实验证实,其测定结果与教练员平时观察相符合的达 75%,且与运动成绩有一定的关系,强型的比弱型的运动成绩好。

七、附加刺激对感受性的影响的测定

苏联心理学家索科洛夫等人曾通过测定附加刺激对感受性的影响来确定个体的高

级神经活动的强度特性。他们分别在以下两种实验条件下测定被试对光和声的感受性。

(1) 先测定暗适应30分钟后对光感受性的基础水平,然后附加声音刺激(节拍器声音)持续30分钟,在此期间,多次测定感受性水平。

(2) 先测定声音频率为100Hz的响度感受性基础水平,然后附加闪光刺激,在此条件下,多次测定对响度的感受性水平。

根据附加刺激对视觉感受性和听觉感受性的不同影响,可将被试分为两组。一组被试在附加刺激的作用下,开始感受性降低,后来又提高;另一组被试则相反,在附加刺激的作用下,开始感受性提高,后来则降低。结果表明,在附加刺激的影响下,感受性的不同变化并不由于分析器的不同而引起,而是与个体有关,即同一被试的视觉和听觉感受性的变化过程是一致的。

索科洛夫等认为,附加刺激对感受性的影响取决于神经系统的强弱。在高级神经活动的强度较强的被试身上,附加刺激可以强化优势兴奋灶,其表现是对直接刺激物的感受性提高;在高级神经活动的强度较弱的被试身上,附加刺激对优势兴奋灶起到了解除抑制的作用,表现为对直接刺激物感受性的降低。

由于附加刺激对感受性变化的测定比较复杂,要求的条件比较高,因此不便于推广运用。

八、脑电图法

捷普洛夫—涅贝利岑学派认为,脑电图法能够使我们划分出神经系统的一般特性,而对其特殊的特性则需要另一些方法。自20世纪60年代中期开始,莫斯科学派就采用了脑电图指标在实验室条件下判定神经系统特性。

克里金(1974年)提出利用脑电图的振幅变化大小判定神经系统的强度。他认为神经系统强型与弱型的个体差异不仅仅是神经系统耐受性不同,同时还表现在能量存储的范围与水平上。这种生理特性上的差异会表现在脑电图振幅的变化上。研究者发现,神经系统强型的个体的脑电图的振幅变化较弱型者大得多。这种强度可以利用反应时曲线斜率和强化性消退(脑电图变化)法加以测量。

人们还企图利用诱发电位(EP)来判定神经系统强度。诱发电位振幅与感觉刺激强度有密切关系,不断增加刺激强度直至反应不再表现出增强,在这个过程中会表现出神经系统特性。巴兹列维奇(1974年)从这样一个事实出发,采用身体感觉诱发电位(SEP)来测量神经系统特性。邱普莉科娃(1977年)提出使用听觉诱发电位(AEP)来判定神经系统强度特性。

但是,这些研究目前尚未取得一致性的结论。

九、划线实验

高级神经活动的平衡性是指大脑皮质神经细胞兴奋过程和抑制过程两者之间的相互关系。如有的人兴奋过程和抑制过程在强度、持续性等基本性质方面相当,处于平衡状态;有的人兴奋与抑制过程处于其中某一过程占优势的不平衡状态。平衡特性也表现在个人的外部活动中。可将某器官的活动开始或加强作为兴奋过程的标志,而该活动的停止或延缓则是抑制过程的标志。因此,在相同的条件下观察不同人的活动特点,就可了解个体的平衡性差异。

划线实验是让被试看着7mm长的标准线条,在排除视觉监督的条件下,用钢笔划出在感觉上和标准线条长度相等的线条。为了保证视觉不监督划线动作,令被试在划线时用左手拿一块硬纸板挡住其右手和笔尖。每划定一条线,主试都告诉被试其划得准确与否,是划长了还是短了。主试告诉被试其动作准确程度、错误性质就是对被试该动作感觉的强化。被试依据主试的不同强化(准确、长了、短了)对自己划线动作感觉逐渐进行分化,在其大脑皮质的运动分析器相应部位确立兴奋过程和抑制过程之间的一定平衡关系。因此,在划线熟练过程中,随着被试准确性的提高,可根据共划长了和划短了的次数变化趋势,了解被试高级神经活动的平衡性属于哪种状态。

划线结果可分为三种:一种结果是在划长了的线条数量减少和划短了的线条数量增加的同时,划线的准确程度也随之提高,而在划长了的线条数量增加和划短了的线条数量减少的同时,划线的准确程度则随之降低。这样的被试其兴奋过程具有相对优势,因为其随着抑制过程的增强(划短的比例增加),兴奋和抑制过程才达到准确划线动作所需的相应平衡。反之,相应平衡的破坏则是由于抑制过程削弱(划短了的次数减少)所致。另一种结果与前一种结果正好相反,要提高划线的准确性,必须削弱抑制过程和加强兴奋过程。即在划短了的线条数量减少和划长了的线条数量增加的同时,划线准确性提高;反之,随着划短的次数增多和划长的次数减少,划线准确性下降。这说明该被试是抑制过程占优势。还有一种结果是找不出准确程度的变化和错误动作性质的变化之间的一致性关系,对其兴奋过程和抑制过程二者中哪一种占优势无法做出判断。因此,可认为这样的被试的两种过程处于平衡状态。

十、安菲莫夫矫正法

安菲莫夫矫正法由苏联的安菲莫夫于1917年首创。这种方法自20世纪50年代传入我国以来曾被运用于教学科研中。通过该法测定,可以了解人的高级神经活动的机能状态,同时也可以测定人的神经系统类型。

安菲莫夫矫正法也被称为安菲莫夫量表法,该量表是由俄文字母(从33个俄文字母中选用了其中22个)排列组合而成。实验分两个步骤进行:

(一)不带抑制的实验

给被试准备好笔和量表,主试发令"准备、开始",被试立刻自左向右一行行地在表上看下去,凡是看见预先指定的字母(如"H")便划掉,要求划得又快又准确。当主试报告"第一分钟到",被试便在所看到处用笔做一记号,以后再继续看下去,依次每分钟做一个记号,直到"第五分钟到"实验结束止。

(二)带抑制的实验

此实验方法比前种实验法难度增加了,即除了"H"这个字母仍需划掉外,凡遇到有

“ИН”在一起出现时,“Н”就不再划掉。其他实验要求同上。

实验结束后,计算出两次实验每分钟阅读的字母数和各5分钟阅读的字母总数,以及错划数。

实验结果分析:

(1) 5分钟阅读总数反映神经系统强度。在5分钟实验中,被试阅读的总字母数,超过1400字以上者为强度大,1200~1400字者为强度中等,1200字以下者为强度小。

(2) 将5分钟内每分钟阅读的字母数依次列成曲线(纵坐标为阅读数,横坐标为时间),可根据曲线的坡度变化,分析被试属于何种神经类型(按传统划分为活泼型、安静型、兴奋型和弱型四种类型)。

(3) 由错误的多少来分析。凡错误在5个以上者属于不好,错误在3~5个者属于中等,错误在3个以下者属于良好。

(4) 最后总的评定。两份统计资料,根据总数及每分钟数字看其强度及均衡性,由错误多少及其性质看灵活性高低,然后对被试神经类型做初步结论。有时无法确定某一种类型,只能评定其介于两种类型之间。

安菲莫夫矫正法是以建立条件反射为基本原理,通过实验(行为心理实验)观察、测量、分析人的神经系统的基本特性,判定其神经系统类型。采用随意条件反射方法研究人的神经系统活动规律及特性,这是无可非议的。特别是在20世纪20年代前期,能设计出这种实验方法,可以说是对神经系统类型学说的一大贡献。但是,由于安菲莫夫矫正法还存在许多不足之处,因此这种方法未能得到广泛推广和应用。我们根据多年的教学、科研实践,认为该方法存在的主要问题是:

其一,不能排除后天学习的影响。以文字符号(俄文字母)作为阳性和阴性条件刺激物,必然会因文化学习程度不同影响实验的效果,造成较大的实验条件误差。

其二,评定标准粗糙,缺乏科学性。此种实验方法没有考虑到神经系统发育的年龄、性别规律,即没有制定不同年龄、性别的标准常模,而仅仅是按绝对数量(阅读数和错误数)的多少来进行评定,没有充分利用实验提供的那些能反映神经系统基本特性的信息,也就是说未能进行综合分析评定,故对类型的评定易出现一定的误差。

其三,实验指标中对漏划的字母(“Н”)数量没做统计,没有将其作为评定类型的重要指标。

其四,理论上不完备。实验对如何揭示(反映)神经系统基本特性未做理论上的阐述,类型的划分不是从“特性”走向“类型”,而是从“类型”走向传统的“类型”。

十一、数字划消实验

高级神经活动的灵活性的个体差异是很明显的。例如,在相同条件下完成同一作业,不同的被试完成工作的效率会有一定的差别,当工作条件变化后,不同被试完成工作的效率差别就会更大。有的工作效率明显下降,有的仍能保持原来的工作效率,有个别的甚至比原来的工作效率还有所提高。在条件变化后,工作效率的这些变化可作为评定高级神经活动灵活性的一种指标。

数字划消实验规定被试在随机排列的数字表上先划掉某一个数字，然后在有一定限制的条件下再划，例如，规定先划掉“3”，2 分钟后又规定凡紧跟在“8”后的“3”不能划掉，其余的“3”仍要划掉。在这种限制条件下，有的被试仍能保持较高的划消效率，甚至还有所提高，这些被试可确定为灵活的；有的被试不能保持原来的效率，甚至在一段时间一直明显下降，这些被试可确定为欠灵活的。

由于被试对数字熟悉，易记住，所以数字划消实验难度较低，重复实验学习效应明显。

十二、内田—克列别林测算法（精神检查量表）

德国的克列别林自 1895 年论述了连续加算可适用于精神医学的诊断以来，就开始研究运用该检查方法对容易出现精神疲劳者或异常性格的人进行检查。日本学者内田勇三将该检查法引入日本国内，并有所发展。克列别林的方法是将一行数列连续相加。而内田规定每 1 分钟要改变数列，并将每分钟加法所得的尾数联合起来，由此制出曲线，然后根据此曲线判断被试的性格。这种方法是内田独创之处，所以一般称之为内田—克列别林测算法。

测试方法：主试简要地讲明测试目的、意义和要求，然后讲解测试步骤和方法。主试充分利用板书演示教法，在黑板上写上“59468……”，并说明，测试量表上的数字排列是无序和无规律的。测试从第一行左端开始，以相邻的两个数字进行加算，并将加算的结果的个位数填写在两个数字之间的下方空格内。以黑板上的数列为例，首先是 5 加 9 等于 14，就将 14 的个位数 4 写在 5 与 9 之间的下方空格内，然后计算 9 加 4 等于 13，将 3 写入相应的空格内，再接下去做 4 加 6 等于 10，将 0 写入相应的空格内，如此往下继续进行，直至主试发出命令“好！做下一行”时，被试立即换行，仍从左端开始进行加算。每 1 分钟到时，主试发出换行的命令。直到最后主试发出“停！”的命令时，被试立即停笔。

整个测试分前、后两个部分，每个部分测试（加算）15 分钟（15 行），两次测试中间休息 5 分钟。

测试时要求被试不慌张，尽力做到快而准确，注意不要跳行，发生错误可将这个数字划一线，然后在边上写上正确答案。

内田—克列别林测算法测试简便，可反映被试大脑皮质数字运算中枢的一般机能及表现出的某些性格特征，但反映的问题较局限，受文化学习及数字训练的影响，没有不同年龄、性别评定标准（常模）。另外，阅卷及评定工作太繁，费时、费力，不宜大面积推广应用。

十三、DSG－6 动作神经过程测试仪

DSG－6 动作神经过程测试仪是保定地区体委冯云生同志设计、保定地区无线电厂生产的一种多功能的心理、生理测试仪器。它可以准确记录被试的瞬时反应、简单反应（声和光信号）、被动反应和综合反应的时间，以及错误动作的次数和改错时间，精度达

到千分之一秒。

（一）简单反应

此项测验可测定先天性的反应速度。

方法：被试用优势手握住手动开关，拇指轻轻接触开关上的小按钮，信号出示后立即下按。声信号和光信号均各出示5次（间隔时间不等），取中等成绩的3次计算平均数，以剔除由于延缓和抢按造成的失误。

（二）被动反应

本项测验可以测应变能力和动作的协调性。

方法：被试的两手和脚各控制一个开关，对仪器屏幕上无规律出现的光信号做出准确的按键动作（如：光信号出现在右上角，右手按键；信号出现在左下角，左脚按键）。被动反应只测一组。在本项测验中，因为光信号在屏幕的4个角上无规律的出现24次，所以将被动反应时间被24除以后派生出来的指标值作为评定应变能力的指标。被动反应时/24的值越接近简单反应时（光信号），应变能力越强。

（三）综合反应

此仪器的多种功能主要通过测试综合反应来体现。

测试时，被试根据仪器屏幕上出示的符号，相应的手和脚按压控制的开关。一旦按错开关，仪器就发出响声，但不指示错在何处，靠被试自己改正（注意力稍不集中，就不知道错处）。若改对了，响声立即停止。一般的测法是令被试在听懂讲解后试测一组图形，然后正式测5组。

测试数据和派生指标反映的素质如下：最优组的反应时间反映被试思维过程的灵活性，综合反应测验时5组的极差（最优组和最劣组之差）反映注意的波动性和自制力的强弱；错误次数反映胆量和细致程度，派生指标错时/错次（改错的快慢）反映被试注意力的集中程度，以及头脑的冷静和清醒程度等。

十四、80-8神经类型测验量表法

80-8神经类型测验量表法是笔者根据巴甫洛夫高级神经活动类型学说理论，按大脑皮质机能系统的发育水平和皮质神经细胞兴奋与抑制过程活动的规律，以视—动条件反射实验原理为基础，运用现代统计分析方法和计算机技术，创造设计、编制出的一种神经系统类型测验方法。经过30多年的应用性研究，证实了其不受被试文化背景的影响，适用于6岁以上个人和团体施测，省时、省力、经济、简便、科学、客观，具有较高的信度和效度，在国内外同类量表法中具有其新颖性、独特性和优越性。

80-8神经类型测验量表法的设计机理及编制

■ 王文英 张卿华

按大脑皮质高级神经活动的基本特征划分的一些类型，简称为神经类型。神经类型学说由生理学家巴甫洛夫于20世纪20年代创立。近一个世纪以来，有关神经类型研究的理论和方法一直在探索中。笔者从1979年开始对人的神经类型进行研究，1980年8月创造设计、编制出适用于6岁以上个体、团体测验的神经类型测验量表法，称为“80-8神经类型测验量表法”（简称“80-8量表法”）。1985年笔者对量表法做了修订（第三代量表法），并组织全国27个省、自治区、直辖市协作，制定出我国7—22岁男女各年龄组学生的神经类型判别常模。多年的应用实践证明，80-8量表法不受被试文化、种族的影响，测验可个别进行，也可团体施测，省时、省力，结果量化，评价客观。80-8量表法应用在运动员的科学选材，航天员、飞行员、驾驶员的选拔，超常少儿的招生，公务员、企业管理人员的招聘以及各类人才的岗位配置等方面均取得了良好的效果。

一、设计思想及机理

巴甫洛夫学派对于动物和人脑的反射活动进行了长期的科学研究，创立了神经系统类型学说，为科学地解释神经系统的基本特征——个性心理活动的生理机制提供了理论基础。但巴甫洛夫学派片面强调四种典型是神经系统类型的定性描述，并与传统的气质理论机械地合二为一，忽视了神经系统各基本特征的相互影响、相互联系及它们之间相关的定量分析。而以捷普洛夫—涅贝利岑为代表的新巴甫洛夫学派却强调神经系统特征的研究，至目前仍然把这种单一特性的研究局限于实验室之中。20世纪50年代初期，波兰简·斯特里劳教授利用非实验方法判定神经系统特性及类型，开始他采用谈话法和观察法，但未能得到满意的信度，而后转向采用调查表法，编译了涉及各种行为和多种情绪的134个问卷题目，对神经活动过程的特性进行判定。但由于文字的问卷量表法易受调查对象文化背景影响，该方法的应用范围受到一定限制。

鉴于上述情况，笔者认为测验法将是值得采用的，因此力图编制出一套既科学又简便的神经类型测验量表法。量表的设计应采用非文字的简单图形，其测验方法应简单易行，施测时间不宜过长，正确答案要独一无二，测量尺度标准要统一，结果解释需客观。

80-8量表法的设计机理是根据人的大脑皮质机能系统的发育水平和皮质细胞兴奋与抑制过程的活动规律设计的。人的大脑皮质机能系统的发育从出生到成人，随着年龄的增长逐渐趋于完善，它主要表现为皮质内抑制过程的发展及不断完善的过程。

内抑制的形成保证了大脑皮质机能系统对具有生物学意义的信号刺激具有选择性机能，即对信息的接受、加工和储存具有综合分析的机能。内抑制在实现调节和控制有目的的运动行为中起着重要作用。80-8 量表法的机理就是通过建立不同难度的“视—动条件反射”活动（分化抑制、消退抑制、条件性抑制），将被试表现出的思维反应速度、兴奋和抑制过程的扩散及后作用以及兴奋和抑制的相互诱导等机能特性量化，经数理统计分析，间接地评定大脑皮质机能系统的活动能力和机能特性。

二、量表编制

80-8 量表是用一些简单相似的图形（称为符号）编制而成的。被试对这些符号既能识别，又难免发生错误和遗漏。开始选用 18 种符号（第一代量表）；经筛选，第二代量表选用 14 种符号；再经修订，第三代量表选用如下 10 种符号：

前 8 种符号比较相似，用以建立精细的分化抑制，一般被试在快速识别时容易将它们相互混淆。后两种符号（⚹、✳）与前 8 种符号有明显差别，在一般测验中，对神经活动过程强的被试将成为一种无关刺激，而对神经过程弱的被试则会引起新异动因的效应（发生负诱导）；而这两种符号之间又十分相似，根据测验目的可规定其中的一种符号（⚹或✳）含特殊意义，施测时反映被试的抗干扰能力。

量表共计 30 行，每行 50 个字符，顶线上及右边线外均标有编号，10 种符号在每行中出现的个数相等，每行每种符号均为 5 个，按照符号的相似性及彼此的区别程度，根据大脑皮质中兴奋过程与抑制过程的扩散、后作用以及相互诱导的关系的规律进行排列。每行边线左侧设有两个符号，称为标志符，根据测验的目的选用。每行边线右侧设有 3 个空白栏，对应为“O”“X”“E”，分别统计被试在每行符号识别中的“漏”“一般错”“特殊错”的符号个数，便于分析被试在整个测验过程中大脑机能系统能力的变化和心理活动过程的特点。

三、施测方法

80-8 量表的施测方法可简可繁，至少可进行 10 种以上不同难度的测验。根据被试的年龄及测验的不同目的，可单独选用某一种方法，也可选用几种方法联合进行。每一种方法测验时间均为 5 分钟。联合测验时，一种测验结束后，间隔 5 分钟再进行下一种测验（间隔期间讲解下一种测验方法）。一般采用的常规联合测验由 3 种难度组成（测验难度逐渐增加），整个测验约 40 分钟完成。

测验时要求：环境安静、光线明亮、座位舒适、桌面平整；被试机能状态正常，备笔一支；主试事先将 80-8 量表按每份 3 张叠好，在黑板上画好演示用的符号，并备秒表一块。

表1 第3代80-8神经类型测试量表

单位 姓名 性别 出生年月 文化程度 测试日期 编号

1 2 3 4 5 6 7 8 9 10 11 12 13 14 15 16 17 18 19 20 21 22 23 24 25 26 27 28 29 30 31 32 33 34 35 36 37 38 39 40 41 42 43 44 45 46 47 48 49 50 O X E

A D O X E 苏州大学工业心理学研究所 1996 10

施测前,被试将相同的3张量表分别编号1、2、3,备做3种难度测验用,并认真填写1号表表头各栏目内容。主试按统一的指导语组织测验,除用语言讲解外,还必须采用板书演示,帮助被试领悟测验方法。常规联合测验的3种难度是:

(1)规定某一行的2个标志符号为全表的阳性符号,即每行要找的符号不变(主要建立分化抑制条件反射)。

(2)规定每行2个标志符号为本行的阳性符号,即每行要找的符号都在变换(主要建立分化抑制、消退抑制条件反射)。

(3)除规定每行2个标志符号为本行的阳性符号外,还规定1个特殊符号,凡在特殊符号后紧跟的1个阳性符号需做特殊反应(主要建立分化抑制、消退抑制、条件抑制条件反射)。

每种测验均为5分钟,以秒表准确计时,命令被试在听到"时间到"口令时,立即在所阅到的最末那个符号上打"√"标记(详见本书该量表法施测评定细则)。

四、统计计算

认真审核,正确批阅和统计是测验成功的重要环节。80-8量表法有它的审核标准、批阅规则和独特的计算公式。试表是否有效,需经认真审核。每表需统计总阅符号数、应找符号数、漏找符号数、一般错找符号数,3号表还有特殊错找符号数。因此,联合测验(1、2、3号表)共计13个原始数据。代表各试表成绩的指标是得分数、错百分率、漏百分率。得分数表示神经系统的强度和灵活性指标,错百分率表示神经系统兴奋的集中和扩散及后作用程度的指标,漏百分率表示神经系统抑制的集中和扩散及后作用程度的指标。代表联合测验总成绩的指标是加权平均得分数、加权平均错百分率、加权平均漏百分率。采用加权平均是为了对联合测验的三种难度给予相应的权重,使计算结果更准确。计算公式如下:

(一) 得分

$K_1 = D_1 - O_1 + 0.125(A_1 - D_1 - X_1)$

$K_2 = D_2 - O_2 + 0.125(A_2 - D_2 - X_2)$

$K_3 = D_3 - O_3 - 0.5E + 0.125(A_3 - D_3 - X_3)$

$K = (0.8K_1 + K_2 + 1.2K_3)/3$

K_1、K_2、K_3表示第1、2、3号试表的得分数。

K 表示联合测验加权平均得分数。

A_1、A_2、A_3表示第1、2、3号试表的总阅符号数。

D_1、D_2、D_3表示第1、2、3号试表的应找符号数。

O_1、O_2、O_3表示第1、2、3号试表的漏找符号数。

X_1、X_2、X_3表示第1、2、3号试表的一般错找符号数。

E 表示特殊错找符号数。

(二) 错百分率

$G_1 = \frac{X_1}{A_1 - D_1} \cdot 100\%$　　$G_2 = \frac{X_2}{A_2 - D_2} \cdot 100\%$

$G_3 = \frac{X_3 + E}{A_3 - D_3 + E} \cdot 100\%$　　$G = (0.8G_1 + G_2 + 1.2G_3)/3$

G_1、G_2、G_3表示第1、2、3号试表的错百分率。

G 表示联合测验加权平均错百分率。

(三) 漏百分率

$H_1 = \frac{O_1}{D_1} \cdot 100\%$　　$H_2 = \frac{O_2}{D_2} \cdot 100\%$

$H_3 = \frac{O_3}{D_3} \cdot 100\%$　　$H = (0.8H_1 + H_2 + 1.2H_3)/3$

H_1、H_2、H_3表示第1、2、3号试表的漏百分率。

H 表示联合测验加权平均漏百分率。

以上计算均由计算机进行,可打印出个体或群体的结果。

五、判别常模

要对个体测验结果做出客观评价,首先要有代表性好的参照标准。为了使80-8量表法在全国范围内推广使用,在国家体委的大力支持下,我们组织全国性大协作,经过4年多努力,终于建立了全国(汉族)7—22岁男、女学生各年级组神经类型判别常模及23—35岁普通人参考常模。

（一）标准化样组的组成

1. 受测对象的来源

采用分层抽样的方法，将全国27个省、自治区、直辖市的所在市各分为城、乡两片。

城区片：凡户口在该城区的汉族7—17岁男、女在校生，均有可能作为受测对象。按随机取样的原则，确定好、中、差①的小学、中学各3所为施测点。每所小学随机抽取7—11岁男、女学生各20名；每所中学随机抽取12—17岁男、女学生各20名。凡本省籍非特殊专业的高校汉族学生，年龄在18—22岁的均有可能作为受测对象。按随机取样原则确定3所高校为施测点，每所高校按年龄组随机抽测文、理科男、女学生各20名。

乡村片：凡户口在该市农村的汉族7—17岁男、女在校生，均有可能作为受测对象，中、小学施测点及受测对象人数的确定同城区片。

全国27个省、自治区、直辖市总计施测十万余人。经严格审核，符合要求、实际参加统计运算的有效人数总计为83780名，测得的数据按年龄、性别、类别上机处理。

2. 年龄计算

以1岁为1个年龄组，以公历按测验日期计算实足年龄，公式如下：

实足年龄（测验时已过生日者）= 测验年份 - 出生年份

实足年龄（测验时未过生日者）= 测验年份 - 出生年份 - 1

3. 标准化样组的人员

全国27个省、自治区、直辖市每1年龄性别的有效测验结果均按随机化原则输入计算机存盘。根据大数定律，在全国有效数据盘中（7—22岁共16个年龄组）男、女学生按随机机械抽样的方式，抽取不少于400人的受测数据，组成全国男、女学生各年龄组的标准化样组。

（二）标准化取样的过程

1. 组建各省测验队伍

确定各省子课题负责人，组建、培训主试人员队伍，分工落实施测学校。

2. 调查确定受测对象

在随机确定施测学校后，随机抽取施测班级，凡符合受测条件的学生一一造册，随机抽取被试名单，在班主任协同下，做好施测准备工作。

3. 按统一指导语组织测验

以班级为单位，由经过严格培训的专门人员担任测验主试，认真执行施测规则，测验按统一指导语进行。多数省的测验工作在1985年12月前完成，少数省在1986年3月完成。

4. 仔细审阅和批阅试卷

全国各省将施测资料按审核细则进行初审、复核，将合格的试卷按规定整理、包装

---

① “好”中学指省、市、县的重点，“好”小学指市、区、县的重点；“中”指教育质量中等的中、小学校；“差”指教学设备条件差、教育质量较差的中、小学校。

寄至苏州大学。然后组织培训专门人员对全国十万余份(每份 3 张)试卷用模板(标准答案)统一进行批阅,并对已批阅的试卷由专人进行审查、验收。

(三) 全国性常模的建立

验收合格的数据输入计算机,经认真核对后存盘。全部统计工作均在 APPLE-II 计算机上进行。根据随机化原则抽取的男、女学生各年龄标准化样组,共统计 1、2、3 号表的得分、错百分率、漏百分率等 9 个变量及其下列 3 项指标:

1. 加权平均得分数的均值、标准差

它表示某标准化样组每个被试联合测验的 1、2、3 号表加权得分数之和的均值、标准差。

2. 加权平均非错百分率的均值、标准差

它表示某标准化样组每个被试联合测验的 1、2、3 号表加权平均非错百分率之和的均值、标准差。

3. 加权平均非漏百分率的均值、标准差

它表示某标准化样组每个被试联合测验的 1、2、3 号表加权平均非漏百分率之和的均值、标准差。

上述 3 项指标被视为 80-8 量表法联合测验的全国常模,作为评判同年龄、同性别个别差异的依据和比较标准。

(四) 神经类型的判别

80-8 量表法联合测验的 3 种难度可考察被试在建立分化抑制、消退抑制、条件抑制等条件反射活动中神经系统功能的基本特征,以加权的得分、错百分率、漏百分率 3 项指标来反映。鉴于标准化样组个体加权成绩变换后的数据能通过 Kojimoropob 正态性检验,根据概率理论,选择标准正态分布的 5 个代表点,将此 5 个代表点对应的概率作为划分点的依据,给出 5 个等级水平的界限。这样 3 项指标各 5 个等级可出现 125 种组合。经归纳分类确定为 16 种类型(见《中国学生的神经类型研究》一文)。

个体神经类型的判别由计算机进行,只要将批阅出的 13 个原始数据输入计算机,即可打印出 3 种难度测验的得分和错、漏百分率,3 项指标在同年龄、同性别人群中所处的等级水平、标准分数及神经类型。这些打印结果简明、直观,可作为对被试进行心理咨询的依据。

有关 16 种神经类型的生理、心理特点描述请参见本书的《中国学生的神经类型研究》一文。

六、信度、效度

经过对全国范围内 7—22 岁男、女学生十万余人的施测,以及在小团体范围内组织的重复测验,大量的资料足以较全面地总结80-8 量表法的信度和效度。

(一) 信度

所谓测验的信度,是指测验的可靠程度。它表现为测验结果的一贯性、一致性、再现性、稳定型。80-8 量表法的可靠程度可通过复测信度和内部一致性信度来表示。

1. 复测信度

施测对象为苏州大学某系1985级专科班10名学生(5男,5女)。在严格控制测验条件的前提下(每次测验地点、座位、时间、主试等均不变动),经过一年多时间的重复多次施测,统计不同间隔时间重复测验的得分信度系数(表2),多次复测信度系数均达0.80以上。这表明80-8量表法得分复测信度较高。

表2　80-8量表法多次重复测验得分信度系数(r值)

	1986.4.7	1986.4.8	1986.4.9	1986.4.10	1986.4.18	1986.6.3
1986.4.8	0.9670					
1986.4.9		0.9045				
1986.4.10			0.9477			
1986.4.18				0.9411		
1986.6.3					0.9107	
1987.5.18						0.8092

另外,分别对北京八中和沈阳育才中学超常教育实验班学生及苏州十二中初一年级部分学生进行了重复测验,其得分和错、漏百分率的重复测验信度系数(表3)经检验均达到非常显著程度。

表3　80-8量表法重复测验信度系数

测验对象	n	测验间隔	量表得分	量表错%	量表漏%
			信度系数	信度系数	信度系数
北京八中超常班	60	1年4个月①	0.8284***	0.4934***	0.6530***
沈阳育才超常班	61	1年2个月②	0.7936***	0.4682***	0.5249***
苏州十二中初一	72	2个月③	0.7820***	0.4390***	0.7030***

注:① 1988.1—1989.5; ② 1988.6—1989.6; ③ 1989.5—1989.7。

2. 内部一致性信度

将80-8量表法联合测验的3种难度反应的一致性程度作为其内部一致性信度,按克龙巴赫α系数计算公式算得。

全国7—22岁男、女学生样本组含量均足够大,算得80-8量表法联合测验得分的内部一致性信度系数(表4)。其信度系数除21岁女生组为0.6943外,其余各年龄组均在0.7以上,说明内部一致性信度较高。

表4　80-8量表法三种难度得分与总分的信度(克龙巴赫α系数)

年龄	n	男	n	女
7岁	2379	0.7362($P<0.001$)	2513	0.7421($P<0.001$)
8岁	2528	0.7119($P<0.001$)	2858	0.7054($P<0.001$)
9岁	2688	0.7290($P<0.001$)	2751	0.7395($P<0.001$)

续表

年龄	n	男	n	女
10 岁	2780	0.7432($P<0.001$)	2969	0.7441($P<0.001$)
11 岁	2733	0.7351($P<0.001$)	2880	0.7599($P<0.001$)
12 岁	2922	0.7575($P<0.001$)	2954	0.7582($P<0.001$)
13 岁	2849	0.7524($P<0.001$)	3021	0.7458($P<0.001$)
14 岁	2921	0.7503($P<0.001$)	3165	0.7540($P<0.001$)
15 岁	3096	0.7548($P<0.001$)	3149	0.7381($P<0.001$)
16 岁	2906	0.7376($P<0.001$)	3005	0.7167($P<0.001$)
17 岁	2966	0.7436($P<0.001$)	2922	0.7266($P<0.001$)
18 岁	1985	0.7062($P<0.001$)	2113	0.7159($P<0.001$)
19 岁	2199	0.7324($P<0.001$)	2314	0.7170($P<0.001$)
20 岁	2155	0.7047($P<0.001$)	2126	0.7254($P<0.001$)
21 岁	1959	0.7085($P<0.001$)	2123	0.6943($P<0.001$)
22 岁	1889	0.7126($P<0.001$)	1962	0.7120($P<0.001$)

另外，随机抽取一所普通中学初一 50 名学生施测，算得 3 种难度测验的得分、错百分率、漏百分率的内部一致性信度系数（见表 5）。检验证明，得分和错、漏百分率 3 项指标均具有较高的内部一致性信度。

表 5　80-8 量表法三种难度测验与总测验的信度（克龙巴赫 α 系数）

测验对象	n	指标	信度系数 r 值
普通中学初一学生	50	得分	0.8510($P<0.001$)
		错%	0.7614($P<0.001$)
		漏%	0.8357($P<0.001$)

（二）效度

所谓测验的效度，是指测验对所要测量的事物能确实地测量到什么程度。即一个测验所要测量的某种行为特征的准确度或正确性。因此，测验的效度就是指测验的有效程度。80-8 量表法联合测验的效度以一致性效度、预测效度和结构效度来表示。

1. 一致性效度

测验对象为苏州某中学初一年级 50 名学生，按随机抽样原则确定。采用双盲法，由笔者主试，用 80-8 量表法联合测验，按常模统计分数等级，由班主任评判被试学生各种能力等第，二者均按"5、4、3、2、1"5 级记分等第评判，算得它们的相互关系见表 6。检验证明，80-8 量表法得分与注意力、接受能力、思维能

表 6　80-8 量表法得分的效度（$n=50$）

内　容	r 值	P 值
注意力	0.8199	$P<0.001$
接受力	0.7740	$P<0.001$
思维力	0.7551	$P<0.001$
反应力	0.7393	$P<0.001$
记忆力	0.7031	$P<0.001$

力、反应能力、记忆力等多种能力呈显著正相关。同样,在双盲的情况下,对重复施测多次的10名大专学生,由班主任评判其各种能力,然后按多次重复测验的平均得分与各种能力得分求相关系数,其结果(表7)表明,在通常情况下可用80-8量表法得分的高低估计其多项能力强弱。

表7　多次测验平均得分与能力评价相关

内　容	r值	P值	内　容	r值	P值
灵活性	0.892	$P<0.001$	准确性	0.783	$P<0.001$
诸种能力[①]	0.861	$P<0.001$	反应力	0.740	$P<0.001$
理解力	0.845	$P<0.001$	创造力	0.737	$P<0.001$

注:① 诸种能力评价分的总和。

韦氏智力量表(WAIS-RC)分言语测验和操作测验两大类,又可分为A、B、C 3个因子。63名被试系苏州大学某系1985级本科和1986级专科学生,经统计检验表明,80-8量表法得分与韦氏量表法言语IQ、操作IQ、总IQ正相关系数达到非常显著意义。与B因子、C因子得分呈正相关,也达到非常显著意义,尤其是反映记忆、集中注意力的C因子得分与80-8量表法得分相关程度更高。而反映言语理解的A因子得分与80-8量表法得分相关程度很低。这可能与C因子在较大程度上由个体素质决定,而A因子则更大程度受文化背景影响有关。80-8量表法得分与WAIS-RC得分相关程度见表8。

表8　80-8量表法得分的效度检验

效度类型	效标	n	$r(xy)$	
同时效度	与WAIS-RC智力量表	63	言语IQ	0.37($P<0.01$)
			操作IQ	0.45($P<0.001$)
			总IQ	0.43($P<0.001$)
			A因子	0.13($P>0.1$)
			B因子	0.40($P<0.001$)
			C因子	0.68($P<0.001$)
同时效度	与瑞文标准推理测验	76	0.40($P<0.001$)	
预测效度	与期终学习成绩	50	0.77($P<0.001$)	

瑞文标准推理测验(R·SPM)为非文字的智力测验,80-8量表法得分与R·SPM得分之间正相关程度达到非常显著意义(表8)。76名被试系报考沈阳育才中学奥林匹克数学班学生。由此可认为,80-8量表法得分与数学成绩有一定的正相关关系。

上述结果证明,80-8量表法得分在通常情况下可反映被试的一般智力水平。对我国超常教育的部分学生施测的结果表明,10岁超常生得分显著高于城市14岁常模值。由此可进一步证明80-8量表法得分与智力发展水平的一致性关系(表9)。

表 9　超常生 80-8 量表得分与常模比较

年龄(岁)	城市常模	n	超常生	t 值
10	50.00 ± 12.59	204	85.87 ± 12.55	14.00***
11	55.97 ± 14.57	47	92.91 ± 17.77	14.25***
12	64.17 ± 15.24	37	101.62 ± 17.65	12.91***
13	71.73 ± 17.35	44	111.73 ± 19.25	13.78***
14	77.87 ± 17.76	35	131.85 ± 25.03	12.76***

2. 预测效度

笔者用 80-8 量表法于 1989 年 5 月 10 日对苏州某中学 50 名初一学生施测，其得分等级与 7 月初期终成绩等第的相关系数达 0.77（见表 8）。此结果表明 80-8 量表法的预测效度较高。

1988 年 6 月沈阳育才中学超常教育实验班招生考试，80-8 量表法被列为预测考生是否属智力超常生的主要方法。被录取的 26 名新生中，年龄最小的只有 8 岁，年龄最大的为 12 岁，其原有学历为小学四五年级的占大多数。经 80-8 量表法施测，他们入初中超常班学习 2 年多来，均表现出很强的学习能力，尤其是自学能力更为突出，表现了很大的智能潜力。由此可证明，80-8 量表法对于判别智力发育水平（智龄）具有较好的实际效果。

中国人民解放军 83110 部队自 1986 年 3 月起，连续 5 年采用 80-8 量表法选拔汽车驾驶员，已有 5 批学员结业，实验组学兵合格率为百分之百，优秀率达 92% 以上。该部队科学选材和训练取得这样优异的成绩是前所未见的，因此，多次受到上级机关的嘉奖。

3. 结构效度

结构效度是指测验能测验理论上的概念或心理特性的程度。80-8 量表法的结构效度可从大量测验结果来论述，还可用联合测验的 3 种难度间相关程度来分析。

全国 7—17 岁男、女学生各 11 个年龄组，检验证明，其测验得分随年龄增长而显著增高，其增长规律为年龄越小增长速度越快，这符合智力在未成年前具有随年龄增长而呈现负加速度递增的心理特征。检验还提示，男、女性别间的差异在某些年龄阶段比较显著，而有差异的年龄段正是男、女性发育阶段，这说明男、女两性智力发展的年龄差异完全符合生理学的规律。某坦克部队 4 种职别人员得分的差异性结果表明（表 10），坦克车车长、驾驶员、炮长和炮手之间，80-8 量表法得分具有显著性差异，其中车长得分最高，其次为驾驶员，而炮手最低。此测验结果符合上述 4 种职别人员的智力及职业素质特点。

表 10　某坦克部队 4 种人员 80-8 量表法得分比较

职别	n	80-8 量表得分	F 检验
车长	176	84.16 ± 16.95	$F = 514 \quad P < 0.005$
驾驶员	221	82.31 ± 24.44	S 法检验结果：车长、驾驶员得分均显著高于炮手
炮长	170	81.41 ± 18.53	
炮手	91	74.20 ± 16.68	

不同群体神经类型百分率的统计结果表明：智力超常学

生的神经系统机能的基本特征为灵活性高、强度强、均衡性好，属最佳型，其中灵活型、稳定型的百分率特别高，弱而不均衡的百分率为零；普通学生及一般成人群体，16 种类型各占一定的百分率，其中以中间型占的百分率最高。此统计结果符合不同层次群体的智能结构及个体特征的分布规律。

利用 80-8 量表法对 50 名普通学生及 48 名超常学生进行测验，结果表明由易到难的 3 种测验难度间相关显著（表 11），从而可确认 80-8 量表法联合测验的结构效度相当高。

表 11　80-8 量表法联合测验的结构效度

测验难度	普通初一生（$n=50$）		超常生（$n=48$）	
	r 值	P 值	r 值	P 值
1 表	0.9073	$P<0.001$	0.8522	$P<0.001$
2 表	0.9039	$P<0.001$	0.8843	$P<0.001$
3 表	0.8538	$P<0.001$	0.8164	$P<0.001$

上述资料足以证明，80-8 量表法具有较高的信度和效度，采用 80-8 量表法评定人的大脑机能能力及神经类型，其结果是可靠的，其准确性也是很高的。

七、应用前景

据研究，80-8 量表法在以下 4 种功用方面将有广阔的应用前景。

（1）辨别智慧。为招生、分班、因材施教提供评定智力水平及个体差异的指标。尤其为超常少儿的早期发现，不失时机地施以特殊教育提供科学的依据。

（2）选拔人才。需聘用或选拔智力较高、具有某些个性特征的人才时，例如在选拔飞行员、各类驾驶员、调度指挥员、报务员、运动员等时，80-8 量表法可发挥良好的作用。由于该量表法适宜团体施测，省时、省力、经济、实效，对短时期内完成大规模招生、招工、招干更为适用。

（3）指导就业。不同的职业要求从事者具备不同的智能结构和个性特征。让人们了解自我，并根据其能力、特点选择适宜的职业，对社会和个人都是非常有益的。80-8 量表法可以为职业选择者提供指导性咨询。

（4）实验研究。例如，为了加强职工的卫生保健工作，需研究工作疲劳对脑功能的影响，或者为了研究缺氧对人脑工作能力的影响及个体对缺氧的耐受性，均可以采用 80-8 量表法通过前后对比实验加以探讨。

总之，80-8 量表法在我国许多领域将有着广阔的应用前景，它将在我国的教育改革、人才成长、工作效率的提高等方面发挥良好的作用。

为了适用于大面积推广应用，有的单位一次性测试数百人甚至千余人，并且要在短时间内出结果（一天之内）。为此，必须将人工批阅量表处理数据改为机器阅读处理数据。自 2001 年初到 2002 年秋，我们花了近 2 年的时间，设计出第 4 代 80-8 神经类型测验机读量表，后又花了近 3 年的时间，于 2005 年改进设计出第 5 代 80-8 神经类型测验机读量表,并申请了商标专利。由于量表完全实现了机阅化,将过去人工批阅处理数据的效率提高了几十倍,而且大大减少了人工的误判性,提高了数据的准确性,满足了客户的需求。

表 12　第 5 代 80−8 神经类型测验量表

小　结

(1) 笔者经过多年努力,编制出仅由 10 种简单图形组成的 80−8 神经类型测验量表。实践证明,80−8 量表法不受文化背景的影响,对 6 岁以上任何人均适用。

(2) 在全国大协作下,80−8 量表法建立了 7—22 岁男、女学生各年龄组的全国常模。检验证明,其信度和效度均较高。它可评判人的大脑机能能力发育水平及神经类型特征。

(3) 80−8 量表法的编制为我国体质调研、运动员选材、超常教育班招生、特殊职业人员录用提供了团体测验的工具,它简便、经济、科学、实用。

80-8神经类型测验量表法施测、评定细则

■ 王文英　张卿华

80-8神经类型测验量表法(简称"80-8量表法")属于实验法,施测时对测验条件、环境、主试、被试均有严格的要求,测验方法必须规范,对试卷的审核、批阅须按统一的规则,将数据按序输入计算机,运用已编译的软件系统(计算公式,全国有关常模及神经类型判别标准)计算各项成绩及判别神经类型,计算机所打印的结果须经专门培训的人员分析、评定。

一、实验条件

(一) 主试

要想组织好一场心理测验,关键要有称职的主试。80-8量表法测验的主试必须经过专门的培训,须熟练掌握测验指导语,并能正确、清楚地讲解和演示,工作态度认真,计时、报时准确,测验前在黑板上画好演示用的两行符号。

(二) 被试

身体机能状态正常,测验前避免过度劳累和剧烈运动,忌饮酒。矫正视力者需戴好眼镜,每位被试备2B铅笔1支。

(三) 场所

环境安静,光线明亮,配备有足够数量的桌椅(最好是每位被试一人一套桌椅),室内备有黑板。如有多媒体设备,可采用80-8量表法课件,播放测验指导语。

(四) 仪器和材料

80-8量表,每份3张,备秒表一块,红、白粉笔2支。

(五) 测试时间

组织测验时间根据人体生物节律,一般安排在上午7:00—11:00,下午2:00—5:00,每张测表时间为5分钟。若联合测验,每张表测验之间间隔5分钟,共计40分钟左右。

二、施测程序(含指导语)

(一) 讲解实验目的要求

主试以简短、通俗的语言向被试介绍80-8量表法是一种有效的心理测验,通过测验可帮助大家了解自己的反应能力、观察能力、注意力集中程度和心理稳定性等指标的水平、特点,对提高心理素质、完善自我有参考作用。为了搞好测验,必须做到:① 严肃认真,实事求是,不能有半点虚假。② 注意力集中,认真听讲解,不理解的问题在答疑

时间及时提问。③ 一切行动听指挥，按统一的要求、规则、方法进行测验，不可自行其是。

（二）填写试表有关栏目

将叠好的3张1份的80-8量表发给被试，让大家检查一下，是否得到相同的3张试表，如果发现不是3张或其中有质量问题，应立即举手。在每位被试都得到质量好的3张试表后，让被试在3张试表的右上角“编号”处依次写上1、2、3字样，认真填写编号为1的试表的表头各栏目（单位、姓名、性别、出生年月、民族、文化程度、职业、测试日期等），而在编号为2、3的两张试表上仅填写姓名，其他栏目不需填写。

（三）介绍80-8量表

先请被试将2、3号表放到抽屉里，1号表放在桌面上，并要仔细阅看，如看不懂也没关系，可听随后的具体介绍。

80-8量表是由许多符号组成的，其中有些符号完全相同，有些符号相似而不相同，它们之间仅有很小的差别。测验时要求被试认真、快速、准确地将规定要找的符号按照一定的规则找出来，并要求在5分钟内找出的符号尽量多，并尽可能不漏找、不错找，错了不准涂改，涂改了仍然算错。

（四）正式测验

在讲解1号表的测验方法前，规定被测将笔放下并将表反面朝上（为了防止个别被试提前行动）。

1. 1号表测验

规定两种符号为全表应找的符号，即每一行要找的都是这两种符号。应注意的是，这两种符号中的任何一种符号都是要找出的，即这两种符号不论是单个还是同时出现都属于要找出的。找的方法是，每行须从左向右逐行逐个快速准确地查阅要找的符号，找到后用笔在该符号中间划一横。查完一行，再按上述方法查阅下一行，直至规定时间结束。应注意测验时只从表的纵线内从左向右逐行逐个符号查阅，纵线外的符号与1号表测验没有什么关系。介绍方法时可以利用黑板写上举例的两行符号，按介绍的方法、规定进行练习，在找到规定的两种符号中的任何一种符号时，大家可以说“是”，主试即在该符号中间划一横。如果把未规定找的符号或有差别的符号也划了横，为错划，错了不得涂改，涂改了仍旧算错；如果查阅过程中未将应该找的符号划出来，即为漏划，漏了不要返回去补划。当听到“时间到”口令时，要立即在所查阅到的最末一个符号中间打上“√”标记，并立即停笔。

待被试对黑板上的练习明白后，主试即公布应找的两种符号，此时应检查被试的1号表是否反面朝上，笔是否放在桌子上。在公布规定要找的符号后，主试要讲解所规定的两种应找符号的特点。在听到“预备”口令后被试才能翻表、拿笔。当听到口令“开始”时，被试开始进行测验（在实验开始后主试应将黑板上两行符号中演示时划上的横擦干净）。当5分钟时间到时，主试立即发出“时间到”的口令，被试即在所查阅到的符号处打“√”，并立即停笔，然后将表翻到反面放到抽屉里，同时将2号表拿到桌面上，并将表的反面朝上，休息片刻。

2. 2 号表测验

2 号表的测验方法比 1 号表的要难些,难在每行应找的符号在变换。1 号表是全表都找规定的两种符号;2 号表却是每行按规定找两种符号。2 号表的每行左边纵线外都有两种符号(标志符),即应找的符号,每行的应找符号也相应地在变换。因此要求被试对每行应找符号的特点仔细观察。找的方法、规则、要求与 1 号表方法相同。主试带领大家一起做练习(演示),待被测对 2 号表的测验方法清楚以后,即可进行正式测试。

主试发出指令"预备! 翻表、拿笔";当发出"开始"口令时主试开动秒表计时,被试即按要求查阅 2 表;当 5 分钟时间到时,主试立即发出"时间到"的口令,被试即在所查阅到的符号处打"√",并立即停笔,将表翻到反面,放到抽屉里,同时将 3 号表拿到桌面上,将表的反面朝上,稍休息一下(约 1 分钟左右)。

3. 3 号表测验

3 号表的测验方法比 2 号表还要难些。仍然规定每行左边边线外的两种符号为该行应找的符号,另外还规定一个特殊符号。主试在黑板上划上⚹、∗两种符号,并向大家指明这两种符号之间的差别仅在于一种是横的,一种是竖的。规定这两种符号中一种为特殊符号(例如,∗为特殊符号),那么另一种则仍为一般符号,并随即将其擦掉。规定的特殊符号起什么作用呢? 当特殊符号后紧跟着的 1 个符号为本行应找的符号时,这个应找符号不能划横杠,而应划圈。其他位置的应找符号仍然划横。被试按照规则,先对黑板上的两行符号进行练习。主试应提醒被试,当阅完一行换行时,要注意应找符号也在变换,且找错了不能涂改,漏了不再补找。

当被试对 3 号表的测验方法没有疑问后,主试发出口令"预备""开始"(开动秒表计时)。当 5 分钟时间到时,主试立即发出口令"时间到"。此时被试在所查阅到的符号处"打√"并停笔,然后将 1、2、3 号表依次整理叠好,放在桌面上。测验到此结束。

三、试表审查

(一) 审查每份试表是否有效

当有下列情况之一者为无效。

(1) 1、2、3 号表不全者。

(2) 纵向查阅者。

(3) 由右往左查阅者。

(4) 违反规则乱查者: ① 未按规定查阅;② 满表随意查阅。

(二) 审查结束的标记是否清楚、真实

(1) 情绪紧张者结束时往往忘记标记"√",则最末有标记(划横杠或划圈)的符号作为结束符号;若被试将"√"标记错打在上一行或下一行,应根据实际情况确定结束符号。

(2) 爱慕虚荣者往往打了"√"标记又涂掉,然后又接着往下查阅几个符号,打上第二个"√"标记,此时应以前一个"√"为结束标志。

四、试表批阅

批阅时采用模板，简便、省时、省力、准确。批阅的指标有总阅符号数、应找符号数、错(含特殊错)找符号数及漏找符号数，每名被试测验3张表，总计原始数据13个。试表批阅按如下顺序进行。

(一) 漏找符号数

每行的应找阳性符号未划出(特殊阳性符号未圈出)的数量计入表右侧“O”对应栏，总计全表“O”数填入表底下有关栏内。

为使批阅准确无误，在批阅1、2号表时，首先检查每行错找符号数，记入右侧“X”对应栏；然后对该行的已划符号计数，此数减去错找符号数，即为该行找对的符号数。每行应找符号数与找对符号数之差，即为该行的漏找符号数，该数记入表右侧“O”对应栏。

(二) 错找符号数

(1) 一般的错找数(X)：凡是阴性符号上有笔迹(无论是划横杠还是划圈)的，均算错找，每行的错找数记入试卷右侧“X”对应栏，全表总计“X”数填入底线下对应栏。

(2) 特殊的错找数(E)：3号表中规定的特殊符号(条件性抑制符号)后紧接着出现的本行阳性符号，凡遇到它不能划横杠，而必须划圈，若未划圈而仍划了横杠，则判特殊错，若阅到与特殊符号相似的那个阴性符号后紧跟着出现的阳性符号未划横杠而划了圈也算特殊错。每行的特殊错数记入表右侧“E”对应栏，全表总计“E”数填入表底线下对应栏。除上述情况外，在一般位置的阳性符号上划圈则判一般错。其数计为一般错找符号数。

(三) 总阅符号数

将结束标记“√”所在行数减1乘50，再加“√”标记所在的列数(垂直向上所见的数字)，所计数字则为该表的总阅符号数，记在试表底线下对应栏内。假如有整行符号未作标记(漏行)，则扣除该行符号数。

例如，“√”打在第12行第10列的符号上，其总阅符号数为$(12-1)\times 50+10=560$(个)。

(四) 应找符号数

每种阳性符号每行5个，现规定每行的阳性符号为两种，则每行应找阳性符号均为10个，全表应找符号数的计算以结束标记所在行减1乘以10，再加所查阅末行结束标记前的应找符号数。

例如，1号表“√”标记在第12行第10个符号上，则该表应找符号数为113个，因为，11行应找符号数为110个，第12行第10个符号前应找符号有3个。

再例如，1号表若规定第三行的2个标志符为本表的阳性符号，其结束“√”标记在第15行第30个符号上，而其中第5行和第11行漏找了，则该表应找符号数为124个，因为，需扣除漏找的2行，实际查阅12整行，应找符号数为120个，第15行第30个符号前应找符号有4个。

在批阅3号表时,首先检查每行特殊符号后紧接着出现的阳性符号是否划圈,如未划圈而划了横杠则计特殊错,接着检查与特殊符号相似的那个阴性符号后紧接着出现的阳性符号是否划杠,若划了圈则也算特殊错,每行的特殊错数计入本行"E"对应栏。

特殊错检毕则检查每行的一般错圈符号数及错杠符号数,将两数之和计入本行"X"对应栏,最后对每行所有划横杠及划圈符号计数,此数减去一般错找(不含一般位置应找符号错圈)符号数,则为该行找出的阳性符号数,该数与应找符号数(每行10个)之差就是该行的漏找符号数,其数计入本行"O"对应栏。

在计结束标记"√"所在行时,"√"后的符号不计在内。

五、测验结果评定

表示每种方法测验结果的指标有得分数、错百分率和漏百分率。表示3种方法联合测验结果的指标有加权平均得分数、加权平均错百分率和加权平均漏百分率。将上述数据分别与常模对照可评定出每个指标所处的等级水平、对应的标准分数以及被试的神经类型。测验结果的计算及判别均由计算机进行,既可屏幕显示也可打印。

例1:FM13MC 1 028 414 327 280 84 66 56 4 2 6 3 3 6 4

120.88 96.25 75.25 0.91% 1.15% 4.39% 4.76% 3.03% 10.71%

97.46 41.34 32.92 25.74

$K_{\#}=1.485$ $G_{\#}=0.214$ $H_{\#}=1.394$

TYPE:9(535)

例2:FM14MC 1 019 471 217 227 95 44 45 32 7 10 1 1 0 1

109.88 58.50 57.25 0.27% 0.58% 0.55% 33.68% 15.91% 22.22%

75.21 48.70 25.93 25.37

$K_{\#}=-.039$ $G_{\#}=.983$ $H_{\#}=-.235$

TYPE:10(353)

80-8量表法测验结果以上述数字化的格式打印,通过对这些数字进行分析,可对被试复杂多样的心理特征进行定量的评价。首先从总体上分析其神经类型,该类型的特征即皮质神经活动过程基本特征的一些特点,以及与其有关的主要行为表现特点;然后,较具体、仔细地评价其在不同难度作业下心理发展与变化的基本规律。

在对测验结果进行分析评价时,应贯彻全面性、综合性、相对性、动态性原则,防止片面地、孤立地、绝对地、静止地对测验结果进行评定,切忌"贴标签"的简单做法。

上述5行数字代表的内容是:第一行前6个字符代表被试的基本情况,依次是被试的单位、年龄、性别、部门(年级或其他)、班组(或其他)、被试的编号,后13个数字是测验试卷批阅出的原始数据。第二行为9个数据,依次是1、2、3号表测验的得分数、错百分率、漏百分率。第三行的第1个数据为联合测验的平均得分,后3个数据分别为1、2、3号表得分占总分的百分比。第四行是1、2、3号表得分数、错百分率、漏百分率加权平均数的标准分数,第五行是神经类型的型号(1—16型),其后括号内的3个数字依次代表加权平均的得分、错百分率、漏百分率的等级(1—5分)。

需要强调指出以下几点：

（一）1—16 型并非以优劣排序

80-8 量表法是通过被试联合测验所表现出的行为特点，经统计分析，间接地评定大脑皮质高级神经活动的基本特征，其 1—16 型就是根据基本特征的不同而划分的。从上述例 1、例 2 的数据可以看出，例 1 的被试是 13 岁男生，例 2 的被试是 14 岁男生，同在一个学校一个班级学习，例 1 的神经类型为 9 型（535），例 2 的神经类型为 10 型（353）。例 1 被试表现为神经活动的强度很强，抑制过程集中程度高，但兴奋过程集中程度一般，在难度大的作业负荷下兴奋过程不易集中；而例 2 被试表现为神经活动的强度中等，兴奋过程集中程度高，尤其在难度大的作业负荷下，其兴奋过程仍能高度集中，但其抑制过程集中程度中等。因此，对类型不能仅看型号，必须全面、综合、具体详尽地分析。值得注意的是，即使是同一类型，由于其各等级、标准分数等实际水平的不同，其所表现出的皮质高级神经活动的基本特征也有较大差异。

（二）得分与年龄等有关

80-8 量表法的得分是评定被试大脑机能及其神经类型最为重要的指标。

（1）从生理角度分析，得分可反映神经系统的强度、灵活性、动力性特征，这些特征的发展表现出明显的年龄特征，有它的阶段性、波动性、相对稳定性。

（2）从心理角度分析，得分可以反映认知能力，即一般智力、接受能力、理解能力等。在一定年龄阶段，这些能力的发展与年龄的增长呈正相关。

评价得分数高低时，应首先看被试的年龄。不同年龄的被试其得分数绝对值是不可比的。那么被试年龄不同，其得分高低如何评价呢？这就要看标准分数，因为标准分数是根据被试同性别、同年龄群体的参数统计得出的，它反映被试的得分在群体中的水平。而即使标准分数近似的被试，在不同难度负荷下所表现出的生理、心理特征也会有一定的差别。一般来说，负荷难度较小时，表现出神经活动的强度强；而当负荷难度大时，所表现出的神经活动强度，有的仍很强，有的却明显减弱。上述例 1、例 2 两名被试的加权平均得分数的标准分数相比较，例 1 明显高于例 2，1、2、3 号表得分也都是例 1 高于例 2，但两者 1、2、3 号表得分的下降趋势很不相同。例 1 被试表现为随着负荷难度增大神经活动的强度相应逐渐下降；而例 2 被试却表现为在负荷难度小时，神经活动的强度较强，当负荷难度稍增大时，其神经活动的强度却明显地减弱，而当负荷难度再增大时，其神经活动的强度并非明显下降。因而对得分值的高低，必须辩证、相对、动态地进行分析评价。

（三）还需深入分析试表信息

80-8 量表法的 3 张试表上会有被试复杂多样的心理特征和千变万化的心理活动的信息，因此，除对打印结果做分析评价外，还需对 3 张试表做系统、周密、深入的研究分析，充分利用试卷上保留的心理信息。

（1）作答时划的横杠形态。作答时划的横杠其粗细、平斜、长短反映被试不同的性格特征。一般划的横杠粗些、平直、长短适中的被试性格比较温和，工作责任心强，认真踏实，有的还非常谨慎，但他们对突然的变化适应不快；若划的横杠细些、短些则反映被试性格不豁达;若划的横杠粗而上斜而且长些,这类被试多数富于激情,性格外向。

(2) 错找、漏找符号的位置。80-8 量表法虽然每张表仅测验 5 分钟时间,但从每行批阅的结果可以看出被试心理活动的变化规律。心理紧张的被试往往在初始阶段出现错、漏找符号数较多,而心理耐受性差的被试在测试快结束阶段易出现较多的错、漏找符号数。那些心理稳定性好、适应能力强的被试,每行出现的错、漏找符号数极少,其波动也很有规律。不仅通过对各行之间的错、漏找符号数分析可评价被试的心理特征,而且对每行中出现错、漏找符号位置的观察也有助于对被试性格的评定。据研究,有的被试对每行的前几个符号中的应找符号往往易漏找,而后面的应找符号一般都找出来了;有的被试在每行的中间部分往往易漏找符号;也有的总是在每行的最后部分漏找符号。分析上述情况,其原因可能都与注意力的集中性和注意力的起伏有关,它反映了被试的适应能力和持续工作的效力。

(3) 笔迹出现涂改情况。在测试过程中,被试偶尔错找了符号,感到很遗憾,这种心情是非常正常和普遍的。但有个别被试当发现错找了符号就竭力掩饰错误进行涂改,将符号进行修改。还有的被试当听到"时间到"口令时,即在其所阅到的最末一个符号上打上了"√"结束标记,但为了表现其能力强,竟不听指挥,继续往下查阅符号,待主试警告时,其在所阅到的符号上又打上"√"标记。这些现象均反映了被试虚荣心强、不够诚实的心理品质。

(四) 辩证地肯定长处和指出不足

80-8 量表法测验的结果既不可能十全十美,也不会一无是处。因此,对被试评价咨询时,应谨慎负责,一定要讲究职业道德,态度必须既严肃认真又和蔼可亲,对被试的长处要充分肯定,增强其自信心,尤其对长处较少或长处不特别明显的被试,心理学工作者更应该鼓励和帮助他。应尽量挖掘被试的积极因素,发扬其光点,同时也指出其不足之处,指导其如何努力改正。对具有较多长处的被试,在肯定其优越素质的同时,对其存在的不足之处要明确地指出,并强调非智力因素对成才的决定性作用,使其克服骄傲自满情绪,为争取学习、工作更大的成功不断锤炼自己,塑造健康的个性。

人脑功能特性
——神经类型的探讨

■ 张卿华　王文英

由于科学技术的飞跃发展,人类对于自身的研究已有明显的加强。如果说 20 世纪 80 年代的带头学科是生物学科,那么对于人脑的研究,则成为这个学科领域中最核心、最有意义、最富有魅力的课题。

人脑是世界上结构和功能最为复杂、精巧、微妙的“机器”,揭开人脑的奥秘,这是人们早就梦寐以求的宏愿。运用多学科的先进理论和技术,对人脑进行综合性观察、测量、实验等多方面的研究,一定能够搞清楚人的思维、记忆、智力、情绪、行为等生理心理活动产生的机制。

已被无数事例所证实,人群中客观存在着巨大的个体差异。有的运算能力非凡,而语言表达不清;有的词汇丰富,而数字概念模糊;等等。我们认为,选材工作的核心就是对个体间这些思维能力、行为方式、性格特点等差异的科学鉴别。为了观察人们表现出来的反应快慢、记忆力好坏、注意力集中程度、判断分析能力的强弱,以及工作能力的稳定性等高级神经活动的总体行为特征,我们于 1980 年 3 月设计出了由 18 种符号组成的 80－3 神经类型测验量表(简称“80－3 量表”),获得了近 27000 人的有效数据。在此基础上,我们于同年 8 月进行了改进,设计出了由 14 种符号组成的 80-8 神经类型测验量表(简称“ 80-8 量表”)。自 1981 年 5 月以来,我们用 1 年多时间,运用 80-8 测试表获得了中国科技大学少年班、中国科技大学数理系和江苏师院数理系与体育系等 1979、1980 级学生,苏州市第十六中学初三、高一部分学生,国家级部分运动员以及 83110、83114 部队战士共计 2831 人的有效数据(男 2099,女 732 人)。全部数据(原始数据为 36803)经我院数学系 DJS-130 型电子计算机处理。大量实验数据证明,我们自行设计的简单量表可以用来测量对非语言文字的视觉图像的识别能力,从而间接地反映出大脑的某些功能特性。我们发现: 人的大脑机能能力随年龄增长而提高,一般可分为 3 个快速增长期,到 17 岁左右人脑功能趋于完善;人脑功能个体差异显著,优秀人才的神经类型大多灵活、稳定。我们通过对一些人才的分析研究,提出了人的最佳神经类型模式,探讨了神经类型与才能的关系,论述了遗传和初生环境对神经类型形成的决定性影响。我们认为,大力开展人神经类型的研究,不仅有助于当前的选材工作,而且将有益于中华民族的优质化。

一、人脑机能发展的阶段性

我们以得分数和错、漏百分率作为评定被试大脑机能能力的客观指标。统计时,将幼儿园大班(6—7 岁)的得分均值定为基准值。我们发现男女各组的定基比值均随年级(年龄)递增,至高中二年级(17 岁)左右趋于稳定;年平均增长率,男、女无显著性差异(男$\overline{X}=1.1214$,女$\overline{X}=1.1269$),而逐年增长率曲线,男女既有一定的差别,又有相同的波动规律(图 1)。

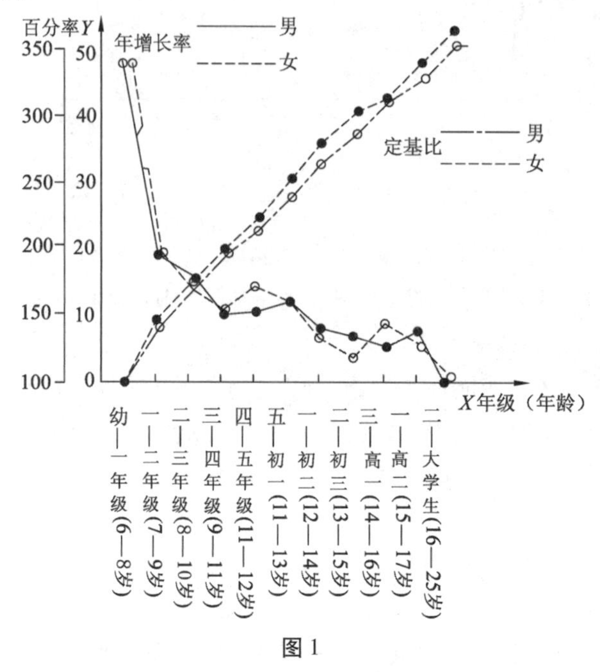

图 1

我们发现男、女儿童、少年大脑机能能力的年增长速度具有阶段性特点,可分为三个快速增长期:第一次快增期,男、女均以幼儿园大班至小学一年级(6—8 岁)间增长幅度最大,男、女相比,女略大于男;第二次快增期,男子以小学五年级至初中一年级(11—13 岁)、女子以小学四年级至小学五年级(10—12 岁)增长幅度较大,仍是女子比男子增长幅度大;第三次快增期,男子以高一至高二(15—17 岁)、女子以初三至高一(14—16 岁)增长幅度较大,还是女子比男子增长幅度大。另外,我们还发现大脑机能能力增长的一个减慢期,即男子在初三至高一(14—16 岁)、女子在初二至初三(13—15 岁)增长幅度最小,女子减慢更为明显。

人脑机能与身高、体重等生长发育指标一样,随年龄增长而表现出一定的波动性、阶段性变化。我国心理学家研究发现,2—3 岁、6—7 岁、14—15 岁是关键的转变年龄。美国一些心理工作者认为,从出生到 7 岁是智力发展的最快时期。刘氏曾对 1800 多名 4—20 岁儿童、青少年的脑电图进行了研究,其结果表明:儿童脑的发展有连续性与不可逆性,但又不是等速直线的,在 4—20 岁年龄阶段存在着两次明显的加速期,第一次是在 5—6 岁之间,第二次是在 13—14 岁之间。刘氏还指出,儿童思维的发展存在着两个较显著的质变时期或加速期,第一个加速期发生在 6 岁左右,第二个加速期发生在 11 岁左右。美国布鲁姆多年来对 1000 多个被试进行长期跟踪研究后认为,假如以 17 岁少年的智力发展水平为 100,那么儿童长到 4 岁就已经具有了 50% 的智力,到 8 岁时有了 80% 的智力,剩下的 20% 是从 8 岁到 17 岁的将近 8 年里获得的。我们的实验结果与上述专家的结论或推理基本一致,所不同的是,我们还发现大脑机能的发育还有一个第三次快增期以及第二、第三次快增期之间出现的一个慢增期。

男、女大脑机能增长速度的差异很可能与性发育的各个阶段其体内各种内分泌激素水平有关。青春发育期是由儿童发育到成年的过渡时期，一般定为10—20岁，分为前后两期；但也有定为8—25岁，分为初期、中期、后期。青春期是决定一生的体格、体质、心理和智力发育的关键时期，10—14岁是发育迅猛阶段，15—20岁发育逐渐缓慢。青春期的开始年龄、发育速度、成熟年龄以及发育的程度都有很大的个体差异。生长发育各指标的年增长值和年增长率的高峰年龄，一般女子为10—12岁，男子为12—14岁，即女子比男子早2岁，而结束也早2岁。

我们所观察到的人脑机能发育增长速度的性别差异恰巧也反映了上述规律，即大脑机能发育的第二、第三次快增期速度均是女子比男子早1~2年，而且慢增期也是女子比男子明显。整个年增长率曲线显示，女子快慢起伏明显，而男子波动幅度较小。

二、人脑功能个体差异的显著性

由于先天遗传、初生环境（家庭及社会的影响、教育）、个人实践等因素的综合影响，人大脑皮质功能比任何其他官能更多地表现出人和人的差异。我们以驻苏州部队随机测得的862名战士的得分均值和错、漏百分率作为一般男性成人的标准，经方差分析和多重比较的s法检验发现，不同对象大脑机能能力差异显著（表1、2）。不同单位对象比较，科大少年班、科大数理系的男女学生得分数最高，而错、漏百分率最低；国家运动员与战士相比，得分数和错、漏百分率均无显著性差异，但他们同科大少年班、科大数理系学生相比，得分数显著地低，错、漏百分率显著地高。

表1　不同对象（男性）大脑机能能力比较

单位	n	80-8量表得分	80-8量表错百分率	80-8量表漏百分率
科大少年班	45	36.6564 ±4.0832	0.3076 ±0.3077	7.0151 ±4.4977
科大数理系	143	37.1125 ±5.0713	0.2127 ±0.1736	8.0127 ±4.9748
苏大数理系	216	35.0666 ±5.2059	0.4884 ±1.4913	8.0300 ±4.9686
体育院、系	486	34.3977 ±5.9125	0.6064 ±1.2316	10.8358 ±6.5499
国家集训队	147	32.2460 ±5.3886	0.6642 ±1.2990	11.9805 ±6.7878
一般人	862	32.8349 ±6.1592	0.6513 ±1.1073	13.3806 ±6.9772
F值		21.3078***	10.7646***	3.7684**

表2　不同对象（女性）大脑机能能力比较

单位	n	80-8量表得分	80-8量表错百分率	80-8量表漏百分率
科大少年班	7	38.7597 ±4.8604	0.1651 ±0.1367	6.5273 ±4.1314
科大数理系	25	39.3614 ±5.1781	0.2585 ±0.2016	7.4052 ±3.1917
苏大数理系	63	34.8974 ±5.2211	0.4860 ±1.1681	8.0779 ±4.2438
体育院、系	321	35.7481 ±8.3007	0.5024 ±0.9107	11.0231 ±5.3671
国家集训队	103	31.8808 ±5.1902	0.4061 ±0.3546	11.1940 ±5.4389
F值		8.2964***	1.8473	6.0244***

部分战士中大脑机能能力的比较(表3),高考复习班的战士和通信兵比一般战士得分高,错、漏百分率低。

表3　部分战士的大脑机能能力的比较

单位	n	80-8量表得分	80-8量表错百分率	80-8量表漏百分率
一般战士	737	32.5296 ± 6.2218	0.6767 ± 1.1067	13.8895 ± 6.9282
通信兵	85	34.1169 ± 5.0919	0.4810 ± 1.1154	11.1504 ± 7.1037
高考复习班	40	35.7333 ± 6.2415	0.5393 ± 1.0223	8.7438 ± 4.7338
F值		7.2640***	5.3614**	87.3992***

科大少年班与高一学生年龄差不多,但他们的得分数和错、漏百分率相差均显著,男、女生均以科大少年班得分高,错、漏百分率低(表4、5)。

表4　同年龄男少年大脑机能能力的比较

单位	n	年龄	80-8量表得分	80-8量表错百分率	80-8量表漏百分率
科大少年班	45	16.36 ± 0.83	36.66 ± 4.08	0.31 ± 0.31	7.02 ± 4.50
某中学高一	57	16.27 ± 0.56	31.32 ± 4.49	0.80 ± 1.60	8.85 ± 5.04
F值		0.4764	40.7643***	6.3880***	4.8583*

表5　同年龄女少年大脑机能能力的比较

单位	n	年龄	80-8量表得分	80-8量表错百分率	80-8量表漏百分率
科大少年班	7	16.43 ± 0.53	38.76 ± 4.08	0.17 ± 0.14	6.53 ± 4.13
某中学高一	85	16.18 ± 0.49	31.97 ± 4.76	0.63 ± 1.71	10.27 ± 5.24
F值		1.6954	12.9964***	2.2758	4.1169*

我们随机地测试了2040名幼儿园大班儿童,对得分高,错、漏百分率低的64人(简称好组)和对实验要领不清、分化能力差的44人(简称"差组")以双盲法又进一步做了视觉—运动反应潜伏期、踏跳支撑时间、高抬腿频率以及脑电图等指标的测试。两组相比,好组儿童比差组儿童不仅反应迅速、运动能力强,而且脑电图变化也较大,在由闭眼到睁眼实验时,a能量降低幅度大($P<0.1$)。刘氏认为脑电波的表现在某种程度上和大脑结构的发展与成熟相平行,同样也与儿童的行为发展相平行。我们进一步调查了两组儿童的学习成绩及老师对他们思维能力的评价,结果显示:好组学习成绩优良者占94.34%,学习成绩一般者占5.66%;差组学习成绩一般者占15.22%,学习成绩差者占84.78%。

我们认为,上述这些差异主要是由神经系统的结构和功能决定的。有人研究发现,信息传递主要发生在轴突与树突区接近处,树突区里的树突刺越多,接受轴突信息的机会也就越多,接受信息的可能性就越大,就可能接受更多的信息。而树突刺的多少是因人而异的。有人研究发现,智力落后儿童的树突刺一般都比较小,有些甚至在一段树突体上根本没有刺，而且有的刺呈现萎缩状态或已经死亡。还有人研究发现，正常和智力落后的学龄儿童对速示器上呈现出的实物图形的认知反应不同，前者迅速产生“对象”知觉，而后者看到的只是一些线条和斑点。有人发现，智商较高的儿童会花较多时间观看荧光屏上与教学目的有关的部分，而智商较低的儿童会花较多时间观看荧光屏上令人分散注意力的部分，或者干脆不看荧光屏上的图像。大脑结构和功能的天赋差异也就导致了人智力的高低之别。由于科大少年大学生的大脑天赋优越，他们能够快速、准确地接受更多的信息，因此表现出记忆力强、学习效率高、才气过人等特点。

神经系统在各系统中处于支配地位，起着主导作用。大脑功能好的儿童表现出反应灵巧、动作协调、思维敏捷，而大脑功能差的儿童则笨手笨脚。个体间客观存在着脑功能的显著差异，而对这些差异的科学鉴别就是选材的基础。80-8 量表法用同一把尺度，基本上排除了后天所学得的知识、技能的影响，在一定程度上可揭示人的智力天赋差异，为选材工作提供科学简便的方法。

三、才能发展与神经类型

巴甫洛夫把神经活动类型定义为“神经系统基本特性的某种复合体”。我们用查阅符号的简单方法观察人的高级神经活动的总体行为特征，划分出 16 种神经类型。

我们以 18—25 岁的 862 名战士神经类型百分率作为一般成年男子类型分布概率，经 X_Z检验发现，不同单位人员的类型百分率差异显著（表 6、表 7）。灵活型、稳定型百分率，男、女均以科大少年班最高，最有趣的是科大少年班及科大数理系（女）竟没有发现一个神经类型弱者，而在一般成人中弱型者占 15.42%。我们随机测试了国家体委表彰的 1981 年创造优异成绩的 21 名运动员，其中属 1—4 型者有 14 人，占 66.67%，而体育院系运动员属于这四型者占36.83%，一般人属于这四型者只占 24.47%。优秀运动员属好的类型的百分率显著高于体育院系运动员和一般人（$P<0.001$）。

表 6　不同群体男子神经类型（%）比较

对象	n	1 型	2 型	3 型	4 型	5 型	6 型	7 型	8 型	9 型	10 型	11－14 型
科大数理	143	18.18	9.79	13.99	25.17	0.00	0.00	1.40	9.79	19.58	0.70	1.40
科大少	45	20.00	4.44	31.11	17.78	0.00	0.00	2.22	4.44	20.00	0.00	0.00
苏大	216	7.41	5.09	11.81	33.33	1.85	0.46	0.93	1.39	30.55	0.93	3.24
中学生	165	3.64	6.06	15.76	24.85	1.82	0.61	1.82	6.67	27.88	1.21	9.70
体育院系	485	4.94	6.17	12.14	13.58	2.88	0.21	2.88	7.20	43.42	1.23	5.35
少体校	30	3.33	0.00	13.33	33.33	0.00	0.00	0.00	0.00	30.00	0.00	20.00
国家队	152	1.32	2.63	8.55	12.50	1.97	1.32	1.97	6.58	44.08	2.63	16.45
一般人	862	3.36	4.18	4.52	12.41	1.28	0.23	3.94	7.89	46.75	0.46	14.96
χ^2检验		79.87***	13.1	69.16***	79.18***	9.02	6.81	9.83	16.52**	74.80***	8.44	57.28***

表7　不同群体女子神经类型(%)比较

对象	n	1型	2型	3型	4型	5型	6型	7型	8型	9型	10型	11-14型
科大数理	25	20.00	16.00	16.00	24.00	0.00	0.00	0.00	4.00	20.00	0.00	0.00
科大少	7	28.57	0.00	42.86	0.00	0.00	0.00	0.00	0.00	28.57	0.00	0.00
苏大	63	7.94	4.76	12.70	31.75	3.17	0.00	0.00	0.00	36.51	0.00	3.17
中学生	174	6.32	4.60	9.77	14.37	0.57	0.00	2.30	2.30	52.30	0.00	7.46
体院系	321	4.05	8.10	5.30	20.56	1.56	0.00	3.43	5.30	46.73	0.00	4.99
少体校	36	11.11	0.00	30.56	19.44	0.00	0.00	2.78	2.78	25.00	0.00	8.34
国家队	106	2.83	0.94	13.21	14.15	0.00	0.00	2.83	7.55	44.34	1.89	12.26
χ^2检验		21.91**	15.86*	35.24***	12.92*	5.52	0.00	3.48	3.53	18.88**	11.84	26.51***

上述数据表明,才能的形成和发展与神经类型有着十分密切的关系,可以这样说,神经类型是才能发展的重要的生理基础。人的才能形成和发展离不开后天的学习和实践。众所周知,婴儿出生后,未能表现任何学习过的行为,例如写诗、唱歌、绘画,只依靠生理成熟绝不能产生人类的能力。但生理基础的差异在才能的形成和发展上起着不可估量的作用。新生婴儿对刺激的反应性所表现出的差异在某种程度上就是成人气质、才能的个别差异的发展基础。好的神经类型(灵活型、稳定型)有利于发掘大脑的巨大智能潜力,因为具有好的神经类型的人,能够迅速地接受来自内外环境的各种信息,并能产生明显的“定向反射”,排除一切干扰,使大脑产生一个强大的“兴奋中心”,并保证这个“兴奋中心”以最高效力活动,因而记忆迅速、思维敏捷、判断准确、推理严密。卡耳梅科娃的研究指出,那些能迅速形成概括性联系的学生的特点是分化迅速、精确,换算敏捷。巴甫洛夫的研究发现,思维过程的高度灵活性与抽象和概括的广泛可能性之间有着不可分割的联系,而思维过程的惰性(“停滞”在某些特征上)会使概括不全或发生错误。我们认为弱的神经类型的人,其神经系统活动过程的灵活性差、惰性大,如果不加倍勤奋努力,其大脑智能潜力的开发前景将远不及灵活型、稳定型者。

我们对某系1978、1979级两个年级149名学生的神经类型分布特点进行了分析,其中灵活型、稳定型者有38人,占25.50%;弱型有7人,占4.70%。我们发现,灵活型、稳定型学生和弱型学生的学习成绩、接受能力差异非常显著。灵活型、稳定型者学习成绩显著优于弱型者,接受能力也显著强于弱型者。据我们系统地观察了解及对各课程学习成绩的统计,凡学习成绩优秀、智力发达的学生几乎都包括在灵活型、稳定型名单中;而学习成绩差、智力较低的学生其神经类型全部为弱型,其中有些学生多门课程不及格,有的虽然十分勤奋努力,但学习成绩仍属中等。

分析中科大14、15岁少年大学生的情况,他们的智能形成和发展存在着这样一些特点:天赋高(是先天的内在因素)、勤奋(是后天的内在因素)、受到环境的影响及帮助(是很重要的外部原因)。从测试材料中得知,科大少年大学生的神经类型属灵活型、稳定型的比例很高,并具有一些不同于一般少年的心理特点,如兴趣广泛,求知欲旺盛,进取心强,记忆力、接受力、理解力强,善于思考,思路敏捷,并具有专注的精神和锲而不舍的毅力。这些与神经类型密切相关的心理品质能使他(她)们的聪明才智得到充分的发挥,在未来的事业中取得卓越的成就。

我们认为,一个优秀运动员的成才受诸方面因素的影响,而其天赋优越的身体形态、生理机能和心理品质是成才的主要因素。运动员高难度复杂动作的掌握、灵活多变的战术意识的形成、高超技术水平的发展与其本身的神经类型有着密切的关系。灵活型、稳定型者具有形成和发展运动才能的许多生理、心理素质,如反应准确、分化能力强、动作协调、注意力集中、善于思考、意志顽强、自控能力和适应环境能力强、工作能力稳定等。这些与神经类型密切相关的因素是任何一个获得成就的运动员所必备的条件。由此可见,在选材中决不能忽视运动员的神经类型特点,我们若能选拔和造就一大批“运动灵活型”与“智慧灵活型”并茂的运动员,那么,我国的竞技体育的发展将取得更大的进步。

四、遗传、初生环境与神经类型

美国遗传学家斯特恩指出,人类在他们的遗传结构上的差别是广泛的。每一个体的遗传性状都是通过各种蛋白质的不同结构和功能而表现出来的,而蛋白质又是由20种氨基酸按各种不同的顺序联结起来的肽链所组成。由于基因作用的原始产物是多肽链,所以基因可在不同水平上产生其效应:在各个细胞内部,在器官的某个形态和生理上,或者取决于中枢神经系统的结构和功能的智力表现。但先天遗传仅是物质基础,只是提供了一种可能性。要把可能性变成现实性,关键就在于早期的开发。斯特恩研究指出,基因型这个名词用来说明基因的结构,表现型则用来说明外部表现。一个人的基因型是恒定的,当他起源于一个受精卵的时候就已经定下来了;表现型是能变的,是基因型和它的非基因环境之间相互作用的结果。从受精时算起,最初两个月无疑是一个新的人发育中最重要的时期。美国生物学家亨德莱认为,人类的生物学潜势在很大程度上是在它出生前的生活时期和出生后早年的经历中确定的。根据科学家的研究,人体大部分脑细胞在出生前就已分裂形成,这就是说,脑的基本构筑在婴儿出生一年后基本形成。汤普森和梅尔扎克研究发现,早期生活中一种丰富的有刺激的环境是正常发育的一个重要条件,特别在早期生命塑造期,在他们的环境中必须有大量的刺激作用。如果没有,机体就有可能永远停留在不成熟阶段。美国心理学家丹尼士在20世纪40年代初曾做了一项极端惨无人道的实验。他从孤儿院挑选一批新生婴儿置于暗室中,只给他们机械式的援助,以保证他们既能存活,又避开任何社会刺激。这项实验发现,起初被试婴儿在生理上像正常婴儿一样,随后机能逐渐分化,直至愚蠢的地步。后来这些被试婴儿虽然经过长期的耐心教育、艰苦训练,但只有极少数恢复了正常人的饮食衣着等行为模式,其他大多数婴儿始终未能恢复正常人的天性而成为终生痴傻。心理学家黑希特研究发现,假若一个活泼、灵活的孩子生活在单调的缺少欢愉情绪的环境中,他就可能变成一个迟缓的、畏缩的、不均衡的人;然而社会环境也可以把一个有着弱的神经系统类型的孩子造就成活泼、灵活、和蔼可亲的孩子。

我们对幼儿园大班儿童和大学生的神经类型进行测试发现,二者的神经类型百分率基本相等(表8)。这表明幼儿在六七岁前,其神经类型已基本定型。

表8　幼儿与大学生神经类型(%)比较

对象	n	灵活型	安静型	兴奋型	易扰型	中间型	中下型	迟缓型	泛散型	抑制型	模糊型
幼儿园大班(男)	901	4.22	9.43	2.89	7.33	63.49	4.11	0.89	2.55	3.55	1.55
大学生	2215	3.84	8.26	3.21	8.04	66.50	3.79	0.81	0.27	5.01	0.27
幼儿园大班(女)	829	5.91	8.56	3.38	4.95	64.05	5.07	1.09	2.05	3.74	1.21
大学生	1094	3.75	8.23	2.01	13.44	65.54	1.56	0.37	0.18	4.66	0.27

上述资料说明,人的神经类型由先天遗传和早期环境等综合因素决定。为了养育更多的神经类型灵活型、稳定型的早慧人才,应特别强调双亲遗传基因的优质。从受精卵起营养物质的充足,生活环境的安定(包括胎儿期间母亲愉快的心情和积极的思维活动,出生后各种色彩、乐声、实物、图片等),语音、词汇、数字教育的早期化,作息制度的规律化以及塑造美的心灵知识的普及化,这些都是很重要的因素。另外,还要努力改善幼儿园的设备条件,编写大批高质量的幼儿教材,培养更多优秀的幼儿教师。

目前,世界各国把培养早慧科学人才当作科学教育的一项重要任务。神经类型的进一步研究将有助于早慧人才的选拔培养。

中国学生大脑机能
发育水平的现状、特点和某些规律研究

■ 张卿华　王文英　张斌涛

人们在很早以前就提出过这样的问题,脑能了解脑吗？脑能了解其本身的功能——思维、记忆、智能以及复杂的心理活动吗？随着神经生物学的快速发展,使人类对脑的了解有了长足的进展。尽管如此,有关脑的研究仍然还处于初始阶段。

对于脑的研究主要途径有：研究它的各个组件（神经元),这属于细胞、分子水平的研究,即神经生物学的研究。这方面的研究西方国家进行得较深入、细致,取得了举世瞩目的成果。但是,对于极端复杂的脑,单凭研究它的各部分来预言它的行为,其可能性是极小的。因此,人们必须考虑另辟一条研究途径,这就是研究各个组件如何组合在一起,以研究整个神经系统进行的机能活动,并研究其机能活动特征。这属于系统和整体水平的研究,即观察总体行为反应——行为生理心理学的研究。

用观察总体行为反应的方法研究脑只能是在粗轮廓上了解皮质机能联合区的机能和分类,并从行为的定量和定性两个方面去揭示大脑的某个方面机能特性以及它所表现出来的个体差异。对个体这种差异进行科学的鉴别,对于科学地选拔、培养人才,合理地使用人才,提高人口素质,促进教育、体育、国防和科技的发展有着重大意义。

本课题组采用80-8神经类型测验量表法（简称“80-8量表法”）对全国27个省、自治区、直辖市7—22岁男、女学生十万余人进行了大脑机能的测验,对了解中国学生大脑机能发育水平的现状、特点及其规律有一定的参考价值,为今后开展有关方面的研究工作提供了重要的科学资料。现将测验结果归纳分析如下。

一、大脑机能发育的阶段性特点

（一）大脑机能发育的年龄特征

统计时,以全国成人大学生平均得分最高值（基准值）为100%,计算绘制出各年龄组得分值占基准值的百分比（定基比）曲线。由图1可知,男、女学生组的定基比值均随年龄的增长而递增,至17—18岁接近或达到成人最高水平,18岁以后趋于稳定。

从年龄增长曲线分析,年龄越小大脑机能能力呈现出增长速度越快的趋势,而随着年龄的增长呈现出阶段性的波动变化规律。儿童、少年期大脑机能发育呈现两次高峰期（快速增长期）。第一次高峰期,男、女均在7岁阶段,其增长速度最快,随后增长速度逐渐减慢；至青春发育初期（女性在11—12岁,男性在12—13岁）大脑机能发育明显加速,呈现第二次发育高峰；大约在14岁以后增长速度又明显减慢,直到17岁左右稳

定到一般成人水平。这个结果与作者 1982 年的研究结果一致。图 1 中,18 岁期间还呈现出一个高峰,这是因为大学生属于智能发展的高层次群体。

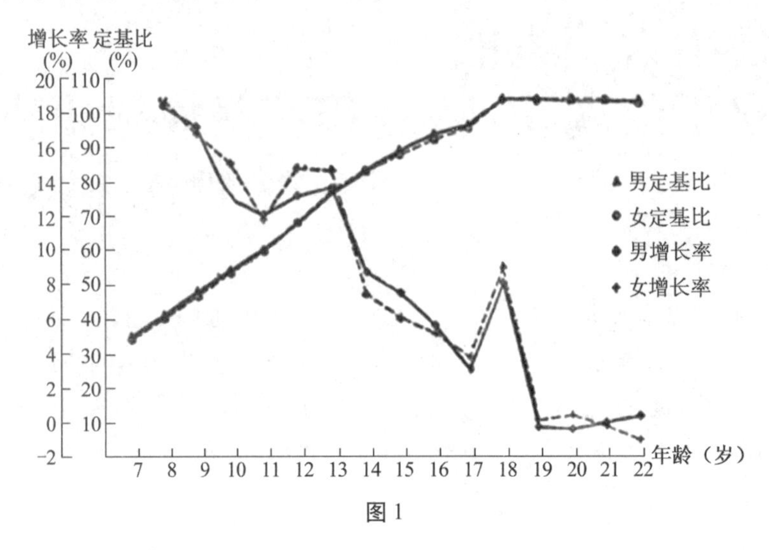

图 1

人脑机能的发育与身高、体重等生长发育指标一样,随着年龄增长而表现出一定的波动性、阶段性变化规律。国外许多心理学家认为,一般智力生长曲线呈负加速度增长趋势,在婴儿和儿童期智力增长速度快,以后逐渐减慢。美国一些心理学家认为,从出生到 7 岁是智力发展的最快时期,大约在 14 岁以后,智力生长速度趋于下降。韦克斯勒认为,智力停止生长的年龄在 18—20 岁,甚至更晚的年龄。我国学者刘氏曾对 1800 多名 4—20 岁儿童、少年的脑电图进行了研究,其结果表明,4—20 岁年龄阶段存在着两次明显的加速期,第一次在 5—6 岁,第二次在 13—14 岁。刘氏还提出儿童思维的发展存在着两个较显著的质变时期或加速期,第一个加速期在 6 岁左右,第二个加速期在 11 岁左右。苏联莫斯科大脑研究所提供的资料证明,在个体发育过程中,脑皮质系统的逐渐分化和各皮质区脑结构发育的不平衡性根据不同皮质区面积扩大程度得到证实。这些从机能上来说最重要的皮质层面积到儿童 3—3.5 岁时增长得特别迅速,并且在某些特别复杂的皮质中,它的扩大要继续到 7 岁,甚至 12 岁。这充分说明,综合功能越高级、心理活动越复杂的皮质机能系统,其发育得越晚。

笔者的研究结果与上述国内外资料和结论基本一致。

（二）大脑机能发育的性别特征

从总趋势上分析,我国男、女学生大脑机能的发育随年龄增长而相应发展,但在不同发育阶段出现二次交叉。从平均得分值看,7—9 岁阶段男性儿童略高于女性儿童。到 10 岁阶段女性大脑机能发育速度开始加快,其得分值略超过男性,男女得分值曲线出现第一次交叉。随后女性进入第二次发育阶段高峰期,其大脑机能发育速度明显加快。在此阶段,女性得分值明显超过同龄的男性,13 岁以后,女性发育速度逐渐减慢。而男性在 12—13 岁进入第二次发育高峰期,其发育速度开始加快,到 15 岁阶段得分值曲线与女性得分值曲线出现第二次交叉,16 岁以后,男性发育速度逐渐平稳（图 2）。此结果与《中国青少年儿童身体形态、机能与素质的研究》所发现的男女形态发育指标的二次交叉的规律基本一致。

男、女大脑机能发育速度的差异，与性发育的各个阶段其体内各种内分泌激素水平有关，也与男、女两性思维发展变化的差异性特点有关。国内外学者的研究资料表明，男、女两性思维在婴幼儿期没有什么差别，到了学龄初期，男性较好，到了少年期，女性一般超过男性，到了青年初期，男性再次领先，18 岁以后男、女两性思维无明显差异。20 世纪 20 年代，美国心理学家桑代克曾以实验证明，女性在语言表达、短时记忆方面优于男性；而男性在空间知觉——分析综合能力和实验观察、推理能力等方面则优于女性。

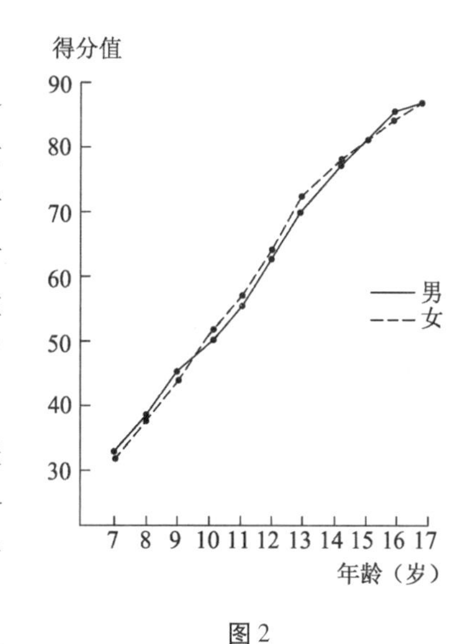

图 2

本文揭示的规律是：大脑机能能力 7—9 岁阶段男性稍优于女性，10—11 岁阶段女性稍优于男性，12—14 岁阶段女性显著优于男性（$P<0.01$），15—16 岁阶段男性再度稍领先，18—22 岁成人阶段女性优于男性。

（三）大脑皮质机能系统活动特征

从平均错、漏百分率两项指标分析，随着年龄的增长，错、漏百分率呈现逐年下降的趋势，错百分率较漏百分率逐年下降的趋势明显（图 3）。

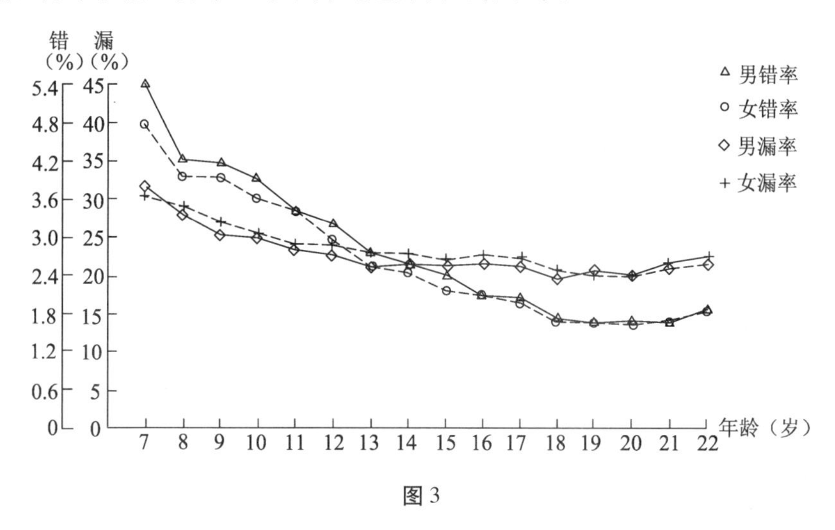

图 3

错、漏百分率均以 7 岁男、女儿童最高，8—13 岁阶段逐年下降的速度较快，13 岁以后出现缓慢下降的趋势，至 18 岁以后趋于平稳。

上述结果表明，年龄越小，其皮质内抑制过程的强度越弱，皮质兴奋性水平越高。可以这样认为，年龄越小其皮质下部位（网状结构上行系统）在皮质的激活（兴奋）作用中起决定性作用，表现出分化能力差（错百分率高）、注意力集中程度差（漏百分率高）。而到 12—14 岁阶段（尤为典型的在 13 岁期间），皮质机能发生质的变化，皮质内抑制过程强度得到迅速的发展，错、漏百分率均明显下降，特别是漏百分率基本接近成人水平。

男、女两性相比，16—17岁以前男性皮质兴奋水平高于女性，易发生兴奋过程的扩散及后作用（错百分率高于女性）；而女性皮质抑制强度高于男性，易发生抑制过程的扩散及后作用，注意力集中程度不及男性（漏百分率高于男性）。17—18岁以后上述皮质活动特征仍基本保持，但男、女两性的差异程度在减小。

二、城、乡学生大脑机能发育的差异

身体各器官的生长发育受遗传、社会环境、生活条件、体育运动以及营养水平的影响，而脑的生长发育除受上述因素影响外，初生环境（丰富的刺激源）、早期教育等因素对其有着重要的作用。由于历史原因，长期以来在政治、经济、文化、科学、教育和生活诸方面，城、乡之间都存在着明显的差异，而这些差异都将直接或间接地对人体的生长发育、生理素质以及心理特征产生作用和影响。现将本次测验所得的我国27个省、自治区、直辖市城、乡儿童、少年大脑机能发育状况的资料分析如下。

（一）城、乡男生差异性特点

从总体上分析，城市男生大脑机能发育水平明显高于同年龄的乡村男生（图4），其差异具有非常显著性意义（$P<0.001$）。特别是在十二三岁以后，其差异程度明显增大。

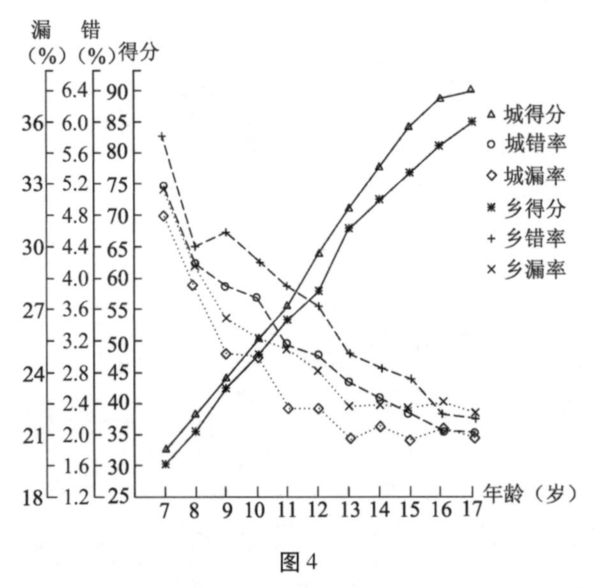

图4

错、漏百分率，城市男生明显低于乡村男生，其差异也具非常显著性意义（$P<0.001$）。

（二）城、乡女生差异性特点

从总体上分析，城市女生大脑机能发育水平明显高于同年龄的乡村女生（图5），其差异具有非常显著性意义（$P<0.001$）。尤其在十至十一岁以后，其差异程度明显增大。

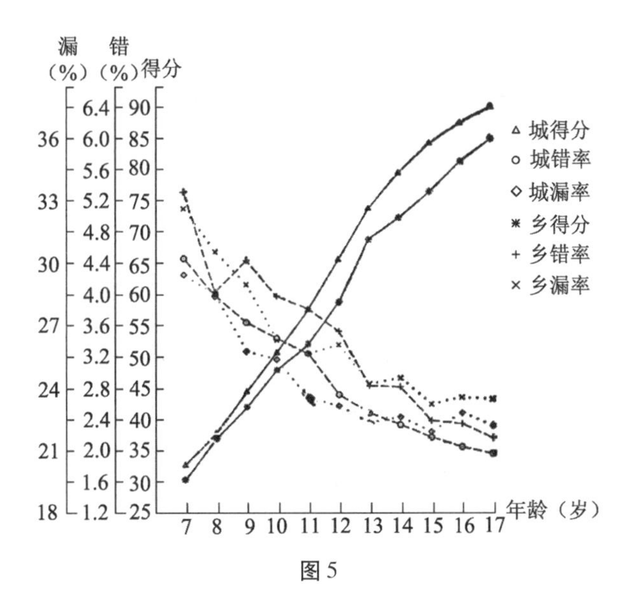

图 5

错、漏百分率，城市女生明显低于乡村女生，其差异同样具有非常显著性意义（$P<0.001$）。

男、女两性相比，城、乡之间差异程度明显增大的年龄女性比男性早 2 年左右，这说明儿童、少年开始进入性发育阶段，城、乡之间存在的诸因素差别对于脑的发育所产生的影响更加明显地表现出来。

三、不同类别学校学生大脑机能发育的差异

遗传因素为大脑的形成、发展提供了物质基础，而环境的作用仍是促进大脑机能发育的决定性因素，不同类别的学校（好、中、差）对促进学生智能的发展起到不同的作用。例如，一所好学校（1 类学校）具备较强的师资队伍、良好的教学仪器设备、足够的图书资料、系统正规的大纲教材、良好的校园环境和校风以及较好的学生来源等。而一所差学校（3 类学校）则师资短缺、教学质量不高、设备条件差、学校纪律松散、生源质量差等。因此，从某种程度上讲，不同类别学校的差异主要是办学条件的差异（包括客体和主体两方面条件）。

本次施测的城、乡 1、2、3 类学校共计 324 所，参加测验的学生共计近 8 万人，现将其结果分析如下。

（一）不同类别学校男生差异性特点

从总体上分析，城、乡 1、2、3 类学校相比（图 6），除 11 岁组的 2 类外，其他各年龄组男生大脑机能发育水平均具有显著性差异，即城市 1、2、3 类学校的男生大脑机能发育水平高于乡村同类学校的男生。

城市 1、2、3 类学校之间比较，除 10 岁组 1、2 类，12 岁组 2、3 类外，其他各年龄组男生大脑机能发育水平均具有显著性差异，即 1 类高于 2 类，2 类高于 3 类。

乡村 1、2、3 类学校之间比较，除少部分年龄组 1、2 类，2、3 类间无显著性差异外，大多数年龄组男生大脑机能发育水平均具有显著性差异，即 1 类高于 2 类，2 类高于

3类。

不同类别学校男生差异性特点表现为：

（1）城市1类学校学生大脑机能发育水平显著高于其他各类学校学生，而乡村3类学校学生大脑机能发育水平最低。

（2）11岁以前，乡村1类与城市2类，乡村2类与城市3类学校学生大脑机能发育水平曲线发生重叠，即乡村1类学校学生大脑机能发育水平相当于城市2类学校学生的水平，乡村2类学校学生大脑机能发育水平相当于城市3类学校学生的水平。

（3）11岁以后，各类学校的差异程度明显增大，特别是城、乡同类别学校间差别更加明显。

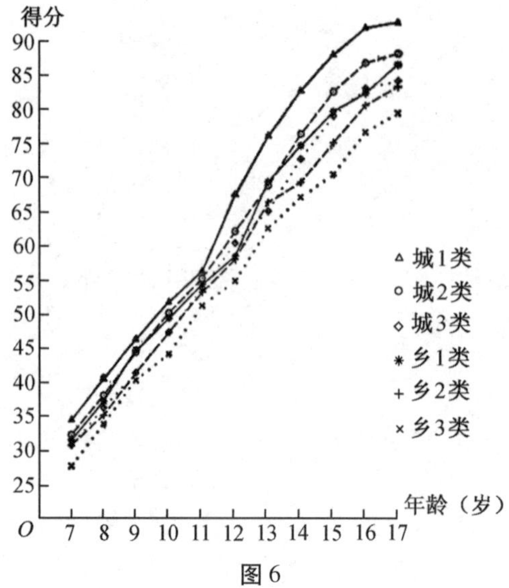

图6

从图7看，城、乡1、2、3类学校男生的平均错百分率均具有非常显著性差异（$P<0.001$）。城、乡1类学校错百分率最低，3类学校错百分率最高；11岁以前，城、乡各类学校错百分率曲线之间出现重叠交叉现象较多，11岁以后，城、乡各类学校之间差异明显增大。

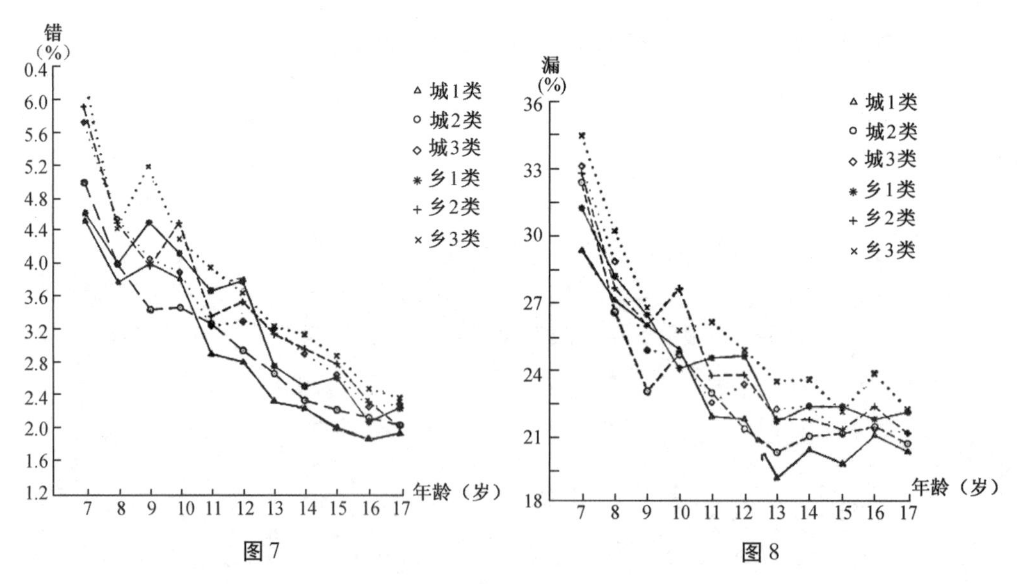

图7　　图8

从城、乡1、2、3类学校男生的平均漏百分率分析（图8），城、乡各3个类别间，除城市10岁、16岁，乡村9岁以外，各年龄组均有非常显著性差异（$P<0.001$）。城、乡各类学校漏百分率曲线之间出现的重叠交叉现象，其基本规律与平均错百分率曲线类同。

（二）不同类别学校女生差异性特点

从总体上分析，城、乡1、2、3类学校相比（图9），除7岁组2类，8岁组1、2类外，各年龄组女生大脑机能发育水平在城、乡各类学校间均具有显著性差异，其变化规律和差异性特点与男生类同。

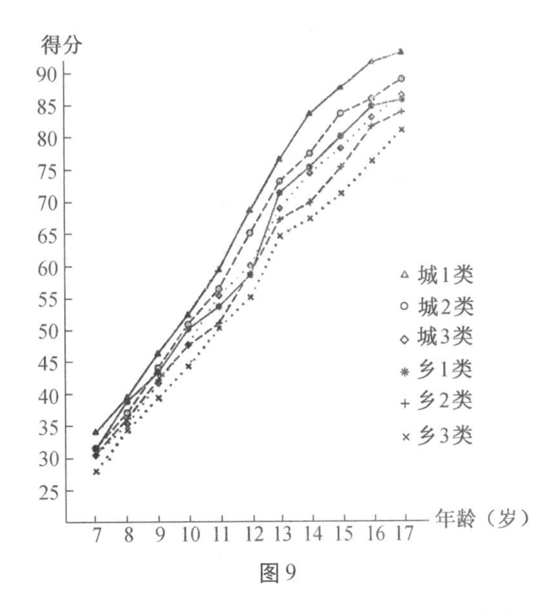

图9

平均错百分率，城市1、2、3类学校女生间均有非常显著性差异（$P<0.001$），1类学校最低，3类学校最高。乡村1、2、3类学校女生间亦有非常显著性差异（$P<0.001$），其规律与城市1、2、3类学校基本一致（图10），但有些年龄组的波动性较大（尤其以乡村1类波动明显）。

平均漏百分率，城、乡1、2、3类学校女生间（图11）均有非常显著性差异（$P<0.001$），其变化规律和特点与平均错百分率类同。

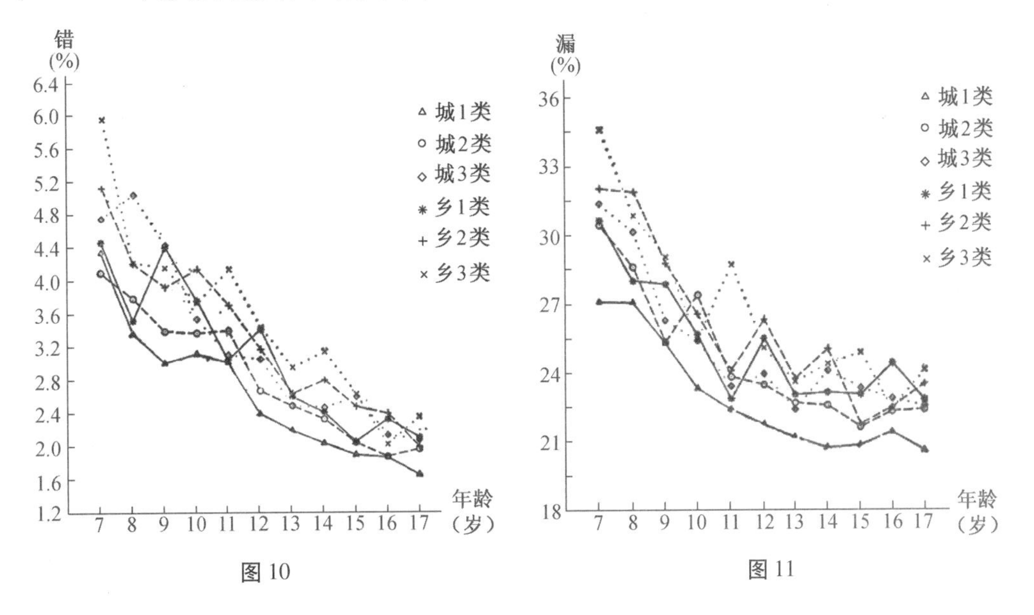

图10　　图11

四、文、理科学生大脑机能能力的特点

经过高考筛选，大学生进入了智能发展水平较高层次的一个群体，智力发育较高三学生有质的飞跃。文、理科大学生之间的差异有何特点？一般来说，文、理科学生专业方面的选择与其个性特征、思维特点、学习兴趣和社会生活环境等因素密切相关。因此，文、理科学生在智能结构上的差异可以认为是自然形成的。

本研究施测高校近百所，受测学生两万余名，现将测验结果分析如下。

(一) 文、理科男生大脑机能能力的差异

文、理科男生相比(图12):

平均得分值,理科非常显著地高于文科($P<0.001$)。

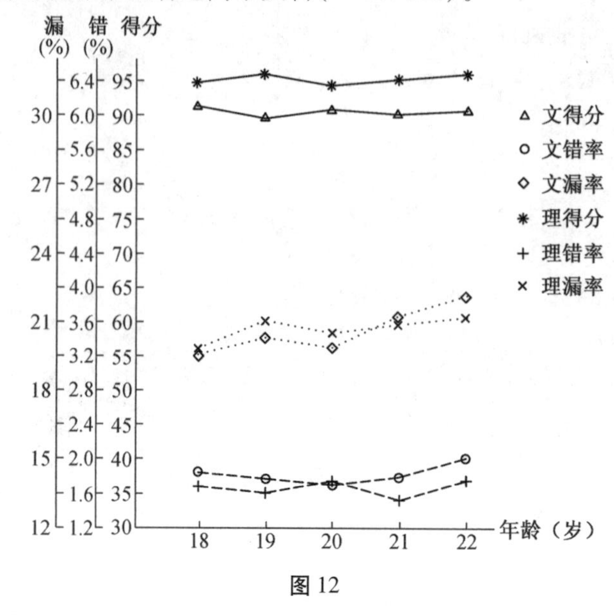

图12

平均错百分率,理科男生(除20岁组外)非常显著低于文科男生($P<0.001$)。

平均漏百分率,男生18岁、19岁、20岁3个年龄组,文科显著低于理科,而男生21岁、22岁年龄组,文科又显著高于理科。

(二) 文、理科女生大脑机能能力的差异

文、理科女生相比(图13):

平均得分值,理科女生非常显著地高于文科女生($P<0.001$)。

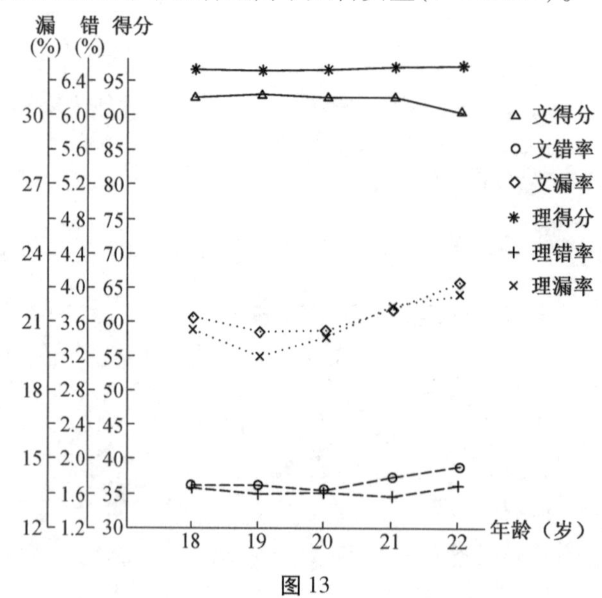

图13

平均错百分率，理科女生（除 18 岁、20 岁组外）显著低于文科女生。

平均漏百分率，理科女生（除 21 岁组外）显著低于文科女生。

上述结果表明，文、理科大学生大脑机能能力（一般智能）的差异有以下特点：

（1）理科男、女学生的大脑机能能力非常显著地较文科男、女学生强，即在反应能力及思维敏捷性、灵活性等方面，理科学生优于文科学生。

（2）理科男、女学生的平均错百分率显著地较文科男、女学生低，即在观察判断能力、空间思维能力、短时记忆力等方面，理科学生优于文科学生。

（3）文、理科学生在平均漏百分率指标上，男生其一致性的规律不明显，而女生则以理科明显比文科的低。所以，从总体上看，理科学生注意力集中程度、抗干扰能力较文科学生稍高。

五、大脑机能发育的区域性特点

我国是一个幅员辽阔、人口众多的国家，北方与南方、各行政区之间、省与省之间的自然环境（地理、气候、水质、食物等）、社会生活环境（政治、经济、文化、教育、习俗等）以及历史条件等都存在着一定的差异。而这些差异将通过遗传与环境的长期作用对脑的形成和发展产生深远的影响。

（一）六大行政区的差异

六大行政区男生平均得分值（图 14），经 F 检验及多重笔记（S 法）表明，在 7—22 岁 16 个年龄组中，除 9 岁、10 岁组外，各年龄组六大行政区间均具有非常显著性差异（$P<0.001$），其中 7—8 岁阶段以华东区、中南区居上，华北区、西北区居中，西南区居下；11—13 岁阶段差异程度明显增大，其中华北区、东北区增长较快，其增长曲线与华东区、中南区出现交叉现象，西南区仍最低；14—17 岁阶段东北区增长速度加快，与华东区、中南区出现交叉现象，华北区居中，西北区、西南区居下；18 岁以后华东区、华北区、中南区居上，西南区、华北区居中，西北区居下。

女生平均得分值，六大区之间（图 15），除 9 岁、10 岁组外，各年龄组均有非常显著性差异（$P<0.001$），其变化规律和差异性特点与男生类同。

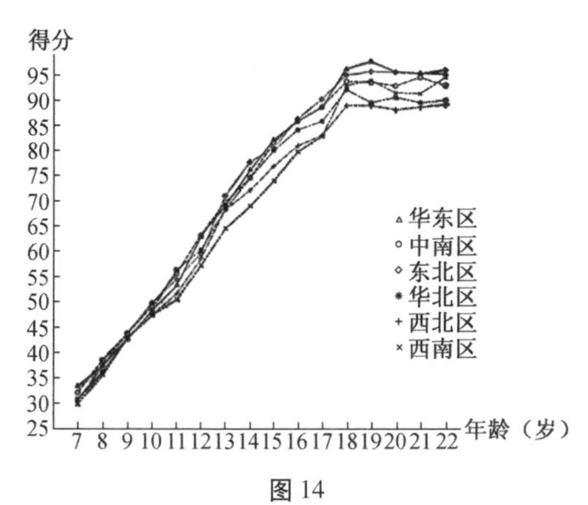

图 14

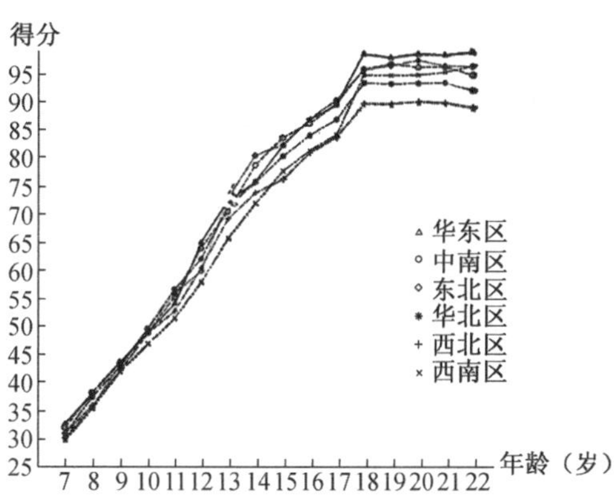

图 15

男生平均错百分率(图16),六大区之间各年龄组经χ^2检验,均具有非常显著性差异($P<0.001$)。其特点表现为:年龄越小其差异程度越大,13岁以后差异程度趋于减小,18岁以后其差异程度又稍有回升。平均错百分率以华东区、华北区最低,西南区、东北区最高。

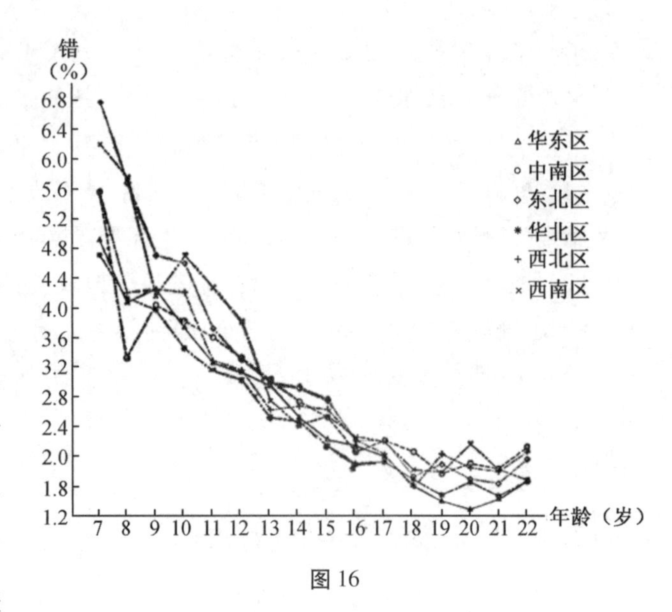

图16

女生平均错百分率(图17),六大区之间各年龄组经χ^2检验,也均具有非常显著性差异($P<0.001$)。其特点基本与男生类同。

男生平均漏百分率(图18),六大区之间各年龄组经χ^2检验,均具有非常显著差异($P<0.001$)。其特点表现为:年龄越小其差异程度越大;从总趋势看,东北区、西南区平均漏百分率最高,中南区、华北区、西北区、华东区较低,并相互有交叉现象。

女生平均漏百分率,六大区之间各年龄组经χ^2检验,均具有非常显著性差异($P<0.001$)。其特点基本与男生类同。

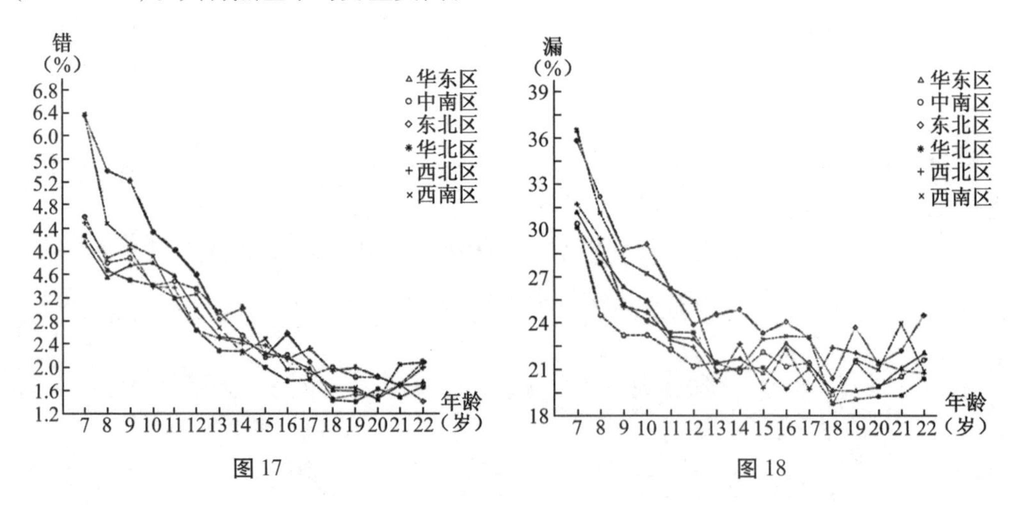

图17　　图18

根据上述结果分析,六大区之间儿童、少年大脑机能发育的差异性特点可归纳如下:

(1)儿童初期(7—8岁):华东区、中南区的儿童其大脑机能发育速度比其他区稍快。

(2)儿童中期(9—10岁):各大区之间无显著性差异。

(3)儿童晚期、少年初期(11—13岁):华北区、东北区的儿童、少年大脑机能发育速度加快最为明显。

(4) 少年中期、晚期(14—17岁):华东区、中南区、东北区、华北区交叉起伏,大脑机能发育水平差距有所缩小,而西北区、西南区更加明显地落后于华东、中南、东北、华北四区。

(5) 青年期(18—22岁):大脑机能发育水平趋于稳定阶段。其大脑机能以华东区、东北区、中南区居上,华北区、西南区居中,西北区居下。

(二) 27个省、自治区、直辖市之间的差异

经差异性检验表明,27个省、自治区、直辖市之间儿童、少年大脑机能发育水平存在着明显的不平衡,其差异性特点归纳如下:

(1) 儿童初期(7—8岁):广东、上海、江苏、浙江、山东等的儿童大脑机能发育稍快,吉林、贵州、内蒙古、甘肃、西藏的儿童大脑机能发育稍慢,其他各省、自治区、直辖市居中。

(2) 儿童中期(9—10岁):广东、上海、江苏、浙江、山东等的儿童继续保持一定的优势,但其他各省、自治区、直辖市的儿童发育速度都迅速加快,各省、自治区、直辖市之间的差异减小。

(3) 儿童晚期、少年初期(11—13岁):广东、上海、江苏、浙江、山东、湖南、湖北、四川、陕西、辽宁、黑龙江、北京、天津、河北、山西等的儿童、少年大脑机能发育水平几乎并驾齐驱,其他各省、自治区、直辖市发育速度也在加快。此阶段,特别是北方各省的少年大脑机能发育加速更为明显。

(4) 少年中期、晚期(14—17岁):上海、广东、江苏、浙江、山东、湖南、湖北、河南、辽宁、黑龙江、吉林、陕西等省、自治区、直辖市的少年大脑机能发育水平居上,北京、天津、河北、山西、四川、内蒙古、安徽、江西、广西、宁夏、甘肃等居中,青海、新疆、贵州、西藏居下。

(5) 青年期(18—22岁):广东、江苏、浙江、山东、四川、黑龙江、吉林等的高校学生大脑机能发育水平居上,青海、新疆高校学生稍差,其他各省、自治区、直辖市居中。

小 结

我们采用自行编制的80-8量表法对全国27个省、自治区、直辖市的男、女学生进行了大规模的测验,获得了近10万人的测验数据,经统计计算,得出我国7—22岁男、女学生大脑机能发育水平的“参数值”,揭示了大脑机能发育水平的年龄规律和性别特征,并反映出城、乡不同类别学校以及不同区域学生大脑机能发育水平的差异性特点。

(1) 我国学生大脑机能发育水平随年龄的增长而递增,至17—18岁接近或达到最高水平,18岁以后趋于稳定。在7—17岁阶段,大脑机能发育速度呈现两次高峰期:第一次高峰期男、女均在6—7岁年龄阶段;第二次高峰期,女性在11—12岁,男性在12—13岁年龄阶段。

(2) 男、女性发育在时间上的差异对其大脑机能发育有一定的影响。我国学生大脑机能发育水平,在7—9岁阶段男性儿童略高于女性儿童,10岁阶段女性略超过男

性,出现第一次交叉,随后女性大脑机能发育速度明显加快,而男性到 13 岁后才开始加速,到 15 岁阶段与女性出现第二次交叉,男性略高于女性。

(3) 我国城市学生大脑机能发育水平普遍高于乡村学生,1 类学校学生高于 2 类学校学生,2 类学校学生高于 3 类学校学生。

(4) 不同自然环境、社会生活环境以及历史条件等因素对大脑的形成和发展产生深远的影响,造成不同区域的人大脑机能发育呈现出某些差异性特点。

大量的测验数据及应用实践证明,80-8 量表法是目前国内评价大脑机能发育水平(即一般智力)较为科学客观、简便易行,信度和效度较高的一种生理心理测量方法。但是,任何一种测量工具都有一定的局限性。80-8 量表法仅能在某种程度上、某个维度上反映大脑机能发育水平的一般性规律,而不是整个大脑的全部机能。

中国学生的神经类型研究

■ 王文英　张卿华　张斌涛

遗传和早期生活环境的不同使人的个性具有不同的特征,然而,有关人的个性差异的生理本质,以及对这些差异如何通过科学的手段加以鉴别并指导人们更好地工作、生活、改造自我、完善自我等问题,是生理心理学工作者需要专门进行研究和探讨的重要课题。巴甫洛夫曾给自己提出这样的任务:不局限于分析"伴随"心理活动的生理过程的间接指标,而是寻找直接研究心理活动的生理机制的道路。他给自己提出的任务是用客观的生理学研究方法揭示心理现象的本质。80 多年来苏联心理学家在研究个性心理差异的神经生理学基础问题上做出了较大的贡献,尤为突出的是以捷普洛夫—涅贝利岑为代表的新巴甫洛夫学派对神经系统基本特性的研究,无论是在理论上还是在方法上都取得了较大的进展。但是,新巴甫洛夫学派偏重于采用实验室内纯生理学(非条件反射)的实验方法研究神经系统的基础特性,这样的实验方法脱离现实生活环境,不可能真正揭示人的个性差异的本质,因为排斥社会环境之外的个性心理活动是不存在的。

80-8 神经类型测验量表法(简称"80-8 量表法")既不固守传统的巴甫洛夫学派对于4 种典型的神经类型的划分,也不仿效新巴甫洛夫学派从"特性"走向"特性"的纯生理学的定量分析方法,而是吸取各派之所长,把研究人的个性差异建立在神经生理学的基础之上,置于现实生活环境之中,即采用随意调节反射法——生理心理行为学实验法对被试在整个实验过程中所表现出的行为特点和心理活动特征进行量化和综合分析,并评定其类型。换句话说,80-8 量表法的方法论原则是从"特性"走向"类型",再从"类型"走向"特性",最后走向"应用"。

一、16 种神经类型的划分及命名

巴甫洛夫学派将神经类型划分为4 种典型的类型,这4 种类型的命名与神经系统的基本特性相一致:将神经系统强而均衡的划分为两类,分别称为活泼型和安静型;强而不均衡的类型称为不可抑制型;将强度弱、不均衡的类型称为弱型。实际上神经类型远远不止这4 种,巴甫洛夫也曾认为,如果要细分,至少有24 种类型。但是,巴甫洛夫本人以及他的学生在神经类型的分类问题上虽然进行过许多研究和探索,却始终未能跳出传统的4 种类型的圈子。笔者采用80-8 量表法在我国组织大规模测验,首次在国内外将人的神经类型科学地划分为16 种类型,并研制出判别神经类型的数学常模。这16 种类型不仅可划分出神经系统的强、弱与均衡、不均衡的典型类型,而且还将强弱程度、不均衡的特点以及一些过渡类型均区分出来,相比更为合理、科学,即更能反映出人们不同个性的差异性特点。

80-8 量表法是通过联合测验，让被试建立分化抑制、消退抑制和条件性抑制等条件反射活动，将被试在完成各种条件反射过程中所提供的生理、心理等方面的多种信息（包括建立条件反射的速度、效率、反应量以及注意力、观察力、记忆力、应变能力、反省能力、工作能力的稳定性等）综合反映在各种难度测验的总阅符号数、应找符号数、漏找符号数、错找符号数和特殊错找符号数等变量上，通过对上述变量的定量、定性分析，即按公式算得加权平均得分、错百分率和漏百分率三项综合指标，反映个体行为特征差异的生理基础——神经系统的基本特性。

1. 得分指标

80-8 量表联合测验得分与被试完成作业的数量及质量有密切关系，它是反映皮质细胞工作能力（耐受性）的指标，即神经系统的强度指标。联合测验得分还能反映被试对不同信号刺激（阳性符号与阴性符号）发生相应反应的速度能力以及阳性条件反射与阴性条件反射不断更换时的速度能力，所以，它又是评价神经系统灵活性的指标。尤其是联合测验中的改造法和冲突法（第二和第三种难度测验），要求被试大脑皮质两种相反的神经过程——兴奋与抑制过程不断迅速地转换，并与不断变化的环境刺激相适应。因此，可以认为，第二、第三种难度的测验得分值更能反映被试的灵活性水平。此外，联合测验得分也是反映神经活动过程的动力性指标，即表示条件反射形成过程中兴奋与抑制过程产生的敏捷性和速度。

总之，80-8 量表法联合测验得分可作为反映神经系统强度、灵活性和动力性的综合指标。形成条件反射的速度不仅与神经系统的灵活性有关，而且与神经活动过程的动力性也有直接的关系。得分在划分神经系统类型时是反映神经系统基本特性的最重要的指标。

2. 错、漏百分率指标

联合测验加权平均错、漏百分率是反映神经系统特性的均衡性指标。被试在建立各种条件反射过程中，其皮质兴奋过程强度过强（兴奋占优势）易发生兴奋过程的扩散和后作用，出现阳性条件反射的泛化现象，错误率会大大增加。同样，抑制过程强（抑制占优势），也易发生抑制过程的扩散和后作用，造成漏率大大增加。相反，在另一种情况下，即兴奋与抑制过程的强度都较弱，也易发生兴奋和抑制过程的扩散作用。而只有在神经系统兴奋和抑制过程的强度均处于适宜的情况下，兴奋与抑制过程才表现为强而集中的动态平衡性即均衡性。80-8 量表法以错百分率和漏百分率以及两者之间的对比关系表示神经过程的均衡性。它在划分神经系统类型时将作为反映神经系统基本特性的第二位重要指标。

将 80-8 量表法联合测验的得分和错、漏百分率三项指标经过一系列的统计运算、程序分析各分为 5、4、3、2、1 共 5 个等级。总计这三项指标的 5 个等级之间可出现 125 种组合。按照各种组合所反映的神经系统基本特性进行归纳、分类，划分为 16 种神经类型。我们遵循直观通俗的原则，根据神经系统的基本特性和类型相应的行为特征，对 16 种神经类型进行了命名（见表 1）。

表1 16种神经系统类型的划分

型 号	类型名称	三项指标各项等级分的组合
1	最佳型	555
2	灵活型	554 545 544
3	稳定型	455 454 445 444
4	安静型	355 354 345 344
5	兴奋型	515 514 525 524 415 414 425 424
6	亚兴奋型	315 314 325 324
7	易扰型	551 541 552 542 451 441 452 442
8	亚易扰型	351 341 352 342
9	上中型	553 543 533 523 513 532 522 512 531 521 535 534 511 435 434 453 443 433 423 413 432 422 412 431 421 411
10	中间型	335 334 353 343 333 323 313 332 322 312 331 321 311
11	下中型	235 234 253 243 233 223 213 232 222 212 231 221 211
12	低中型	135 134 153 143 133 123 113 132 122 112 131 121
13	谨慎型	255 254 245 244 155 154 145 144
14	泛散型	215 225 214 224 115 125 114 124
15	抑制型	251 252 241 242 151 152 141 142
16	模糊型	111

二、各种神经类型的主要特征

神经类型的主要特征表现在生理、心理两个方面，可从神经过程的强度、均衡性、灵活性、大脑皮质机能能力、注意力、反应速度、观察力、接受能力、细心程度、思维品质、反省能力、心理稳定性及天赋素质等方面描述。由于反映神经系统基本特性的三项指标所处的等级在同一类型中有所不同，而且即使某指标的等级相同，其所处的水平也往往有一定的差异，因此，在对某类型的被试做生理、心理特征描述时，应根据三项指标等级及其对应的标准分数全面、辩证地分析，切忌生搬硬套、“贴标签”的做法，谨防产生不良影响。

1. 最佳型(555)

生理特点：神经系统兴奋与抑制过程的强度强而集中(感受性高、耐受性高)，均衡性好，灵活性高。皮质细胞工作能力很强，能承受强刺激，个体自控能力强，应变能力和适应新环境能力强，具有优越的天赋素质和才能的基础。

心理特点：智力超群，聪明过人，思维敏捷，富于想象，具有创造性才能，观察力、记忆力强，反应迅速，接受能力强，理解能力强，学习和掌握知识、技能快。好胜心强，自信心强，具有充沛的精力，行为果断，活泼、热情，具有外倾性，喜欢快节奏的工作方式和不断变换的活动内容。但要注重强化自我意识，如果自我实现的需要得不到满足，将会出现心理的极端不平衡，易产生消极情绪。

若个人勤奋努力并有良好的教育条件，智能潜力将得以充分发挥，日后在事业上有可能取得重大成就。

2. 灵活型(554 545 544)

生理特点：神经系统兴奋与抑制过程的强度强而集中，均衡性好，灵活性高。皮质细胞工作能力很强，能承受强刺激，自控能力、应变能力和适应能力强，具有较优越的天赋素质和才能基础。

心理特点：智力高或智力超群，聪明伶俐，思维敏捷，富于想象，具有创造性思维能力。注意力集中，观察力、记忆力强，接受能力、理解能力强，学习和掌握知识、技能速度快。好胜、自信，具有较强的活动能力，活泼、热情，具有外倾性。行为果断，喜欢快节奏、灵活多变的活动方式和活动内容。但不安心于单调、刻板的工作方式和内容，应加强脚踏实地品格的锻炼和修养。

若个人勤奋努力并有良好的教育条件，日后在学习、工作中有可能取得优异的成绩。

3. 稳定型(455 454 445 444)

生理特点：神经系统兴奋与抑制过程较强而集中，均衡性好，灵活性一般。皮质细胞工作能力强，能承受较强的刺激，自控能力强，判断准确，对环境适应需有一个过程，应变能力不及灵活型者，具有较优越的天赋素质和才能基础。

心理特点：智力好，思维深刻、准确，富于条理，肯钻研，注意力集中，观察力、记忆力较强，反应较快，接受能力、理解能力较强，学习和掌握知识、技能较快而牢固。自信、有能力，意志力强，有韧性，具有长时间稳定的工作能力，情绪稳定，喜欢按部就班、较稳定的工作方式及活动内容。需加强应变能力和适应能力的锻炼。

在良好的教育条件下，通过后天的勤奋努力将会在学习、工作中取得优异成绩。

4. 安静型(355 354 345 344)

生理特点：神经系统兴奋与抑制过程强度中等，均衡性好，灵活性一般。皮质细胞工作能力较强，一般能承受较强的刺激，自控能力较强，判断较准确，应变能力与适应能力一般，惰性较大。

心理特点：智力居中，思维较深刻、准确，富于条理，肯钻研，学习和掌握知识、技能不快，但较牢固，具有稳定的工作能力，喜欢较固定的工作方式及工作环境，一般具有内倾性。需加强应变能力和适应能力的锻炼。

通过后天的勤奋努力，能在学习和工作中取得优异的成绩。

5. 兴奋型(515 514 525 524 415 414 425 424)

生理特点：神经系统兴奋与抑制过程的强度强，不均衡，动力性兴奋过程占优势，易发生兴奋过程的扩散和后作用，皮质细胞工作能力强或较强，能承受强或较强的刺激，具有强或较强的工作能力，但工作能力不稳定，易失误，易紧张。

心理特点：智力高或较高，注意力集中或较集中，思维敏捷，反应迅速，富于激情，易激动，有时不易控制情感，反应不够准确，学习掌握知识、技能快，但易出现差错，接受能力强，好胜心强，充满活力，一般具有外倾性。应注重理智地处人处事，加强自控能力的锻炼。

通过勤奋和努力，可在适合本人特点的工作岗位上取得优异成绩。

6. 亚兴奋型(315 314 325 324)

生理特点：神经系统兴奋与抑制过程强度中等，不均衡，兴奋占优势，易发生兴奋的扩散和后作用，皮质细胞工作能力居中。

心理特点：智力居中，注意力比较集中，富于激情，好胜，有时不易控制情感，反应有时不准确，学习和掌握知识、技能的速度一般，接受能力、理解能力一般，应培养沉着冷静处理问题的能力，加强自控力的锻炼。

通过勤奋努力，加强自我控制力的修养，在适合自身发展的工作岗位上可取得优异成绩。

7. 易扰型(551 541 552 542 451 441 452 442)

生理特点：神经系统兴奋与抑制过程的强度强，不均衡，动力性抑制过程占优势，易发生抑制的扩散和后作用。皮质细胞工作能力强或较强，能承受强或较强刺激，工作能力不稳定，易失误、失常。

心理特点：智力高或较高，思维较广阔，反应迅速，富于联想，学习和掌握知识、技能快或较快，接受能力、理解能力强或较强，掌握的知识和技能较易消退，注意力不易长时间集中，易受干扰。工作能力(活动能力)强，但起伏较大，粗心，应注重培养细心、耐心、踏实的品格。

通过后天勤奋努力，克服粗心的缺点，在学习、工作中能取得优异成绩。

8. 亚易扰型(351 341 352 342)

生理特点：神经系统兴奋与抑制过程强度中等，不均衡，动力性抑制过程占优势，易发生抑制的扩散和后作用。皮质细胞工作能力一般，工作能力不稳定，易失误、失常。

心理特点：智力居中，反应一般，反应较准确，学习、掌握知识和技能的速度一般。接受能力、理解能力较强，有一定工作能力，但粗心大意，不够耐心、踏实，易受干扰。应注重培养细心、耐心、踏实的品格。

通过后天勤奋努力，克服粗心的缺点，在学习、工作中能取得优良成绩。

9. 上中型(553 543 533 523 513 532 522 512 531 521 535 534 511 435 434 453 443 433 423 413 432 422 412 431 421 411)

其生理、心理特点有的接近灵活型，有的接近兴奋型，有的接近易扰型，有的接近稳定型，故对这一类型要做具体分析。

10. 中间型(335 334 353 343 333 323 313 332 322 312 331 321 311)

其生理、心理特点有的接近安静型，有的接近亚兴奋型，有的接近亚易扰型，故对这一类型要做具体分析。

11. 下中型(235 234 253 243 233 223 213 232 222 212 231 221 211)

其生理、心理特点有的接近谨慎型,有的接近泛散型,有的接近抑制型,故对这一类型应做具体分析。

12. 低中型(135 134 153 143 133 123 113 132 122 112 131 121)

其生理、心理特点有的接近谨慎型,有的接近泛散型,有的接近抑制型,有的接近模糊性,故对这一类型应做具体分析。

13. 谨慎型(255 254 245 244 155 154 145 144)

生理特点:神经系统兴奋与抑制过程强度不强或较弱,均衡性好,惰性较大。皮质细胞承受强刺激的能力较差,但对适宜强度或较小强度刺激表现出很好的耐受性。

心理特点:智力一般,反应较慢,思维深刻、细致,长时记忆好,学习、掌握知识和技能速度慢,但掌握后特别牢固。细心、踏实,小心谨慎,学习、生活、工作富于条理,喜欢慢节奏的工作方式。忍耐性好,情绪稳定、持久,具有内倾性。

通过后天勤奋努力,日后在科研等工作中可取得优异成绩。

14. 泛散型(215 225 214 224 115 125 114 124)

生理特点:神经系统强度较弱,兴奋与抑制过程不均衡。动力性兴奋过程相对占优势,易发生兴奋扩散和后作用,惰性较大。动力性抑制过程集中程度高或较高,皮质细胞工作能力不强,较难承受强的刺激。

心理特点:智力一般或较差,注意力较能集中,反应较慢,理解能力、接受能力不强,学习、掌握知识技能不快,分化、判断不够准确,有时不易控制情感,易紧张。

应加强自控能力和智力活动的锻炼,处事要沉着冷静,在一般工作中能取得好成绩。

15. 抑制型(251 252 241 242 151 152 141 142)

生理特点:神经系统强度较弱,均衡性较差,动力性抑制过程相对占优势,易发生抑制的扩散和后作用,动力性兴奋过程集中程度高或较高。皮质细胞工作能力一般或较差,较难承受强的刺激。

心理特点:智力一般或较差,反应慢。准确性较好,接受能力、理解能力不太强,学习、掌握知识技能不快,迟钝,易受干扰,注意力不易集中,工作能力的稳定性较差。

应加强培养细心、耐心、踏实的品格,提高反应速度,在一般工作中能取得好成绩。

16. 模糊型(111)

生理特点:神经系统强度弱,均衡性差,灵活性差。兴奋与抑制过程都处于扩散状态,皮质细胞工作能力较差。

心理特点:智力差,反应慢。接受能力、理解能力差,注意力难以集中,不能控制情感,学习掌握知识、技能很困难。

应加强智力活动的训练,加倍地勤奋和努力,完成力所能及的工作。

神经类型的主要特征仅仅是从神经系统的基本特性出发,结合个性特征的各种心理现象加以概述,而有关情感、兴趣、动机、意志等与后天教育关系密切的那些个性心理特征，本文尚未进行研究。另外，神经系统的属性同中枢神经系统的不同部分有各种关系，实验中使用的感觉通道不同则有明显的差异。本研究采用视—动随意条件反射的实验法，而对非语言的视觉图像的感知和分析主要针对大脑右半球的功能。据研究证明，人类的视觉几乎与神经系统的绝大多数部位有着广泛的联系，它担负着人类80%以上的信息量的接受和处理工作。从某种意义上讲，视动行为反射活动能够反映神经系统的一般功能和基本特性。当然，还必须看到，视觉通道仅仅得到脑的一部分神经活动信息，只能揭示脑的局部的、一般的活动规律。所以，上述各类型的概述并非全面，仅供评价个性特征时参考。

三、中国学生神经类型的分布

我们对全国7—22岁男、女学生各年龄组，按随机抽样原则，均抽取400名以上被试的数据组成标准化样组，经统计分析，建立神经类型判别常模，根据建立的常模逐一判别各样组个体的神经类型。总计判别了13155名学生（男6510名，女6645名）的神经类型。（见图1）

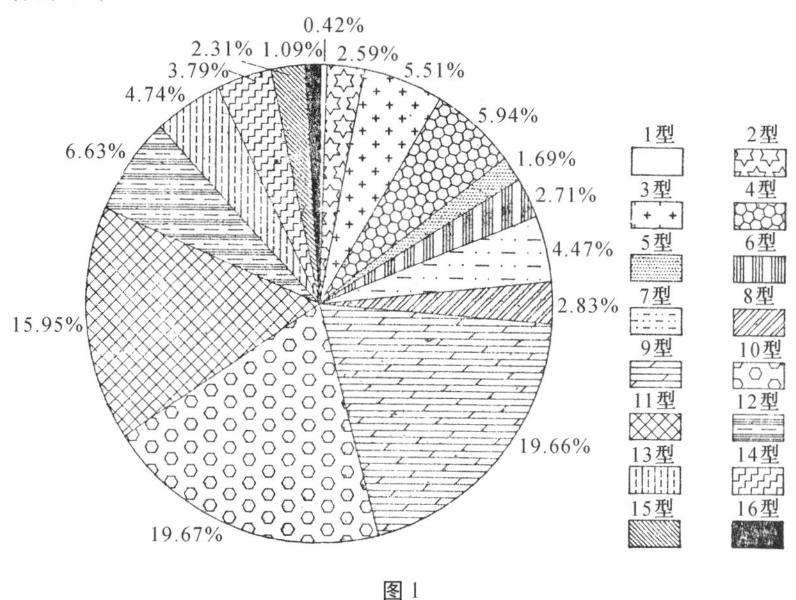

图1

对中国学生标准化样组各种神经类型的百分率差异性检验（表2）结果表明，16种类型间各占的百分率的差异是非常显著的。由图1可直观地看出，1型（最佳型）、16型（模糊型）所占的百分率最低，最佳型占0.42%，模糊型占1.09%。据有关资料统计，儿童、少年的思维能力、智力发育属超常者占3‰~1%，低常者占0.5‰~3%。尽管本文的研究方法与上述研究报告皆不相同，但得到的统计结果基本一致。另外，9—12型属中间过渡类型，这4种类型占的百分率最高，合计占61.91%。新巴甫洛夫学派的代表人物涅贝利岑强调指出，在大样本研究条件下，绝大多数被试属于所谓神经系统基本类型的变型。他指的变型实际上就是中间的过渡类型。事实上，中间多、两端少的分布现象在自然界中极为普遍，它是客观规律的反映。

表2　中国学生各种类型的分布(%)

性别	1型	2型	3型	4型	5型	6型	7型	8型	9型	10型	11型	12型	13型	14型	15型	16型
男	0.40	2.66	5.07	6.04	1.83	2.73	4.36	2.86	19.92	19.56	16.25	6.71	4.38	3.59	2.58	1.06
女	0.45	2.53	5.94	5.85	1.57	2.68	4.57	2.80	19.40	19.79	15.65	6.55	5.09	3.97	2.05	1.11
合计	0.42	2.59	5.51	5.94	1.69	2.71	4.47	2.83	19.66	19.67	15.95	6.63	4.74	3.79	2.31	1.09

男 $n=6510$　女 $n=6645$　总计 $n=13155$　χ^2检验　总计16种类型间卡方值=12645.99　$P<0.001$

χ^2检验表明,中国男、女学生之间其类型百分率仅在3型及15型中存在性别差异,3型(稳定型)百分率女生高于男生,而15型(抑制型)百分率则男生高于女生,其余14种类型百分率性别之间均未发现显著性差异。

对男、女间各年龄组16种类型百分率(表3、4)进行差异性检验发现,8岁、12岁、22岁的9型和17岁的10型百分率均是男生显著高于女生,而22岁的7型百分率却是女生显著高于男生,其他年龄组各类型百分率均未发现性别差异。

表3　中国男生神经类型各型百分率(%)

年龄	1型	2型	3型	4型	5型	6型	7型	8型	9型	10型	11型	12型	13型	14型	15型	16型
7岁	0.75	2.75	4.50	7.00	2.00	3.00	5.25	3.50	17.00	19.75	14.75	6.50	4.25	4.00	3.50	1.50
8岁	0.50	1.75	3.50	7.50	2.75	3.00	3.25	4.50	21.50	19.50	16.00	6.25	3.50	3.75	1.75	1.00
9岁	0.00	3.75	5.25	6.25	1.50	2.50	2.50	2.75	19.25	22.25	17.50	6.50	3.50	3.00	2.25	1.25
10岁	0.50	3.00	5.75	5.50	2.50	3.50	6.00	3.25	17.50	18.50	15.00	7.50	3.75	2.75	3.00	2.00
11岁	0.75	2.50	6.00	4.00	1.25	2.25	3.00	2.25	22.50	21.50	14.75	6.25	3.75	3.75	4.25	1.25
12岁	0.00	2.50	5.50	6.00	0.75	1.75	4.50	4.75	20.25	20.50	14.75	6.00	3.00	5.25	3.50	1.00
13岁	0.25	2.50	6.00	6.50	1.50	3.00	4.25	1.75	19.75	19.50	15.25	7.25	5.00	3.50	2.25	1.75
14岁	0.50	3.75	5.25	4.75	1.75	2.50	4.25	2.25	20.00	18.25	19.25	6.75	4.75	2.25	2.75	1.00
15岁	0.49	1.95	5.61	4.15	2.68	2.68	3.90	1.95	20.24	22.44	14.88	6.34	5.61	4.15	1.71	1.22
16岁	0.68	2.27	4.55	5.23	1.36	2.50	4.77	1.59	21.14	17.95	20.23	5.45	4.77	3.87	2.73	0.91
17岁	0.23	2.09	4.88	6.05	1.40	3.49	4.42	2.33	19.53	22.79	14.88	7.21	3.95	3.49	2.56	0.70
18岁	0.50	2.00	6.00	6.50	2.50	2.75	5.00	3.00	19.50	17.25	15.50	6.50	5.00	4.25	2.75	1.00
19岁	0.24	3.41	4.88	7.56	2.68	2.20	4.63	3.66	20.49	15.37	19.51	6.59	3.17	3.17	1.71	0.73
20岁	0.48	2.14	4.76	7.14	0.95	3.10	5.48	2.86	20.48	17.38	15.70	9.05	4.05	4.05	2.14	0.24
21岁	0.00	3.25	5.25	5.25	1.75	3.75	5.50	3.50	17.00	19.50	16.25	5.75	6.75	3.50	2.00	1.00
22岁	0.50	3.00	3.50	7.25	2.00	1.75	3.00	2.00	22.50	20.50	15.50	7.50	5.25	2.75	2.50	0.50

表4　中国女生神经类型各型百分率(%)

年龄	1型	2型	3型	4型	5型	6型	7型	8型	9型	10型	11型	12型	13型	14型	15型	16型
7岁	0.50	3.25	5.50	6.00	2.25	2.25	4.75	2.50	15.25	23.75	17.75	6.50	3.00	4.75	1.25	0.75
8岁	0.50	3.00	6.00	6.00	1.25	4.00	5.00	4.00	15.75	19.75	15.50	6.50	4.75	4.25	2.50	1.25
9岁	0.73	2.44	7.32	6.34	1.46	1.71	5.12	3.66	17.32	18.54	16.59	7.32	4.88	3.41	1.95	1.21
10岁	0.25	2.00	4.00	7.25	3.25	2.25	5.00	3.25	19.50	18.75	15.00	6.50	4.75	4.75	2.75	0.75
11岁	0.73	1.95	3.66	5.61	0.49	1.71	4.63	2.44	22.93	22.44	14.63	6.10	7.07	4.15	0.73	0.73
12岁	1.25	2.50	7.50	4.25	0.25	3.50	4.50	1.50	19.75	19.50	16.25	7.00	5.25	3.50	1.75	1.75
13岁	0.25	2.50	7.00	4.75	0.75	2.50	3.25	2.00	22.50	19.00	17.75	6.00	5.25	2.75	2.75	1.00

续表

年龄	1型	2型	3型	4型	5型	6型	7型	8型	9型	10型	11型	12型	13型	14型	15型	16型
14岁	0.22	2.00	5.56	7.33	1.33	2.67	3.78	2.67	21.11	17.56	16.22	5.77	5.77	3.56	2.67	1.78
15岁	0.93	1.86	6.51	5.58	0.93	2.33	3.95	2.33	21.63	19.53	15.35	6.51	4.42	4.65	1.63	1.86
16岁	0.00	2.53	6.20	5.06	0.23	2.30	4.37	3.45	20.92	22.07	13.56	6.90	6.20	3.68	1.84	0.69
17岁	0.23	3.49	7.67	4.88	1.63	3.02	4.19	2.56	19.77	16.74	19.30	6.51	3.49	4.19	1.63	0.70
18岁	0.25	1.75	5.75	6.00	1.75	1.50	3.75	3.00	20.75	21.75	13.50	7.75	6.25	3.50	2.00	0.75
19岁	0.50	3.00	4.75	6.75	1.75	3.25	5.50	2.25	21.00	17.50	14.75	6.50	5.75	4.75	1.75	0.25
20岁	0.48	2.86	6.19	5.71	2.62	1.90	5.00	3.10	18.33	20.24	15.71	5.00	3.75	4.76	2.86	1.67
21岁	0.23	2.95	5.23	6.14	2.05	3.18	3.86	2.95	19.32	20.68	12.95	5.68	6.82	3.41	2.73	1.82
22岁	0.24	2.38	6.19	5.95	3.10	4.76	6.67	3.10	14.29	19.05	15.71	8.33	4.05	3.75	1.90	0.71

上述结果从总体上分析，可能与我国传统的教育方式有关。长期以来，社会和家庭期望女孩子成为“闺秀”，注重培养她们的细心、稳重的心理品质。所以，在一般活动中，较多的女孩子表现为认真、谨慎、细心、踏实、有耐心等个性特征。而男孩子通常不受严格的管教，在一般活动中较多表现出较强的能力，但稍粗心。至于22岁大学生7型（易扰型）百分率女生显著高于男生的结果，也许与女生在这个年龄阶段考虑问题较多、心理张力增加、注意力不易长时间集中有关。以上分析是否合适，有待进一步探讨。

四、不同群体学生的神经类型

人的神经类型是在遗传的基础上，通过后天环境和教育（特别是初生环境和教育）的长期影响而形成的，它是人的个性的神经生理学基础。神经类型对人的个性风格的形成起着重要的作用。据研究，在人生活的头4年里，其先天素质和外部环境的影响形成“合金”，在6岁前就为人的个性发展和心理健康打下了基础。据统计，中国科技大学少年班学生中70%来自知识分子家庭，良好的早期教育和丰富的精神营养使具有优质遗传基因的脑细胞加速发育，这对塑造良好的个性心理素质所起的作用无疑是极为重要的。

本研究的研究对象不仅有普通小学一年级学生、普通中学初一学生、普通高校学生，还有我国各类超常班学生以及部队战士。除普通高校1000名学生的数据是从江苏省样本中随机抽取外，其余对象均由笔者亲自组织施测，数据由计算机处理，根据全国常模判别个体神经类型，并统计出不同群体各种类型的百分率。经χ^2检验，发现在不同群体中各种神经类型百分率存在着非常显著性差异。

普通教育学校的学生（苏州某实验小学一年级，苏州某中学初一年级，南京、苏州高校）各种神经类型分布（图2、3、4）与全国标准化样组的统计结果（图1）基本一致，呈现出强而均衡、灵活的类型和弱而不均衡、迟钝的类型占的比例均较低，而中间类型占的比例很高。其中图3显示出2、3、4型百分率较低，而9型—12型合计高达74.30%，16型占的比例也较高，其原因与被试学校生源条件差、师资力量不足、学校设施简陋等状况有关。

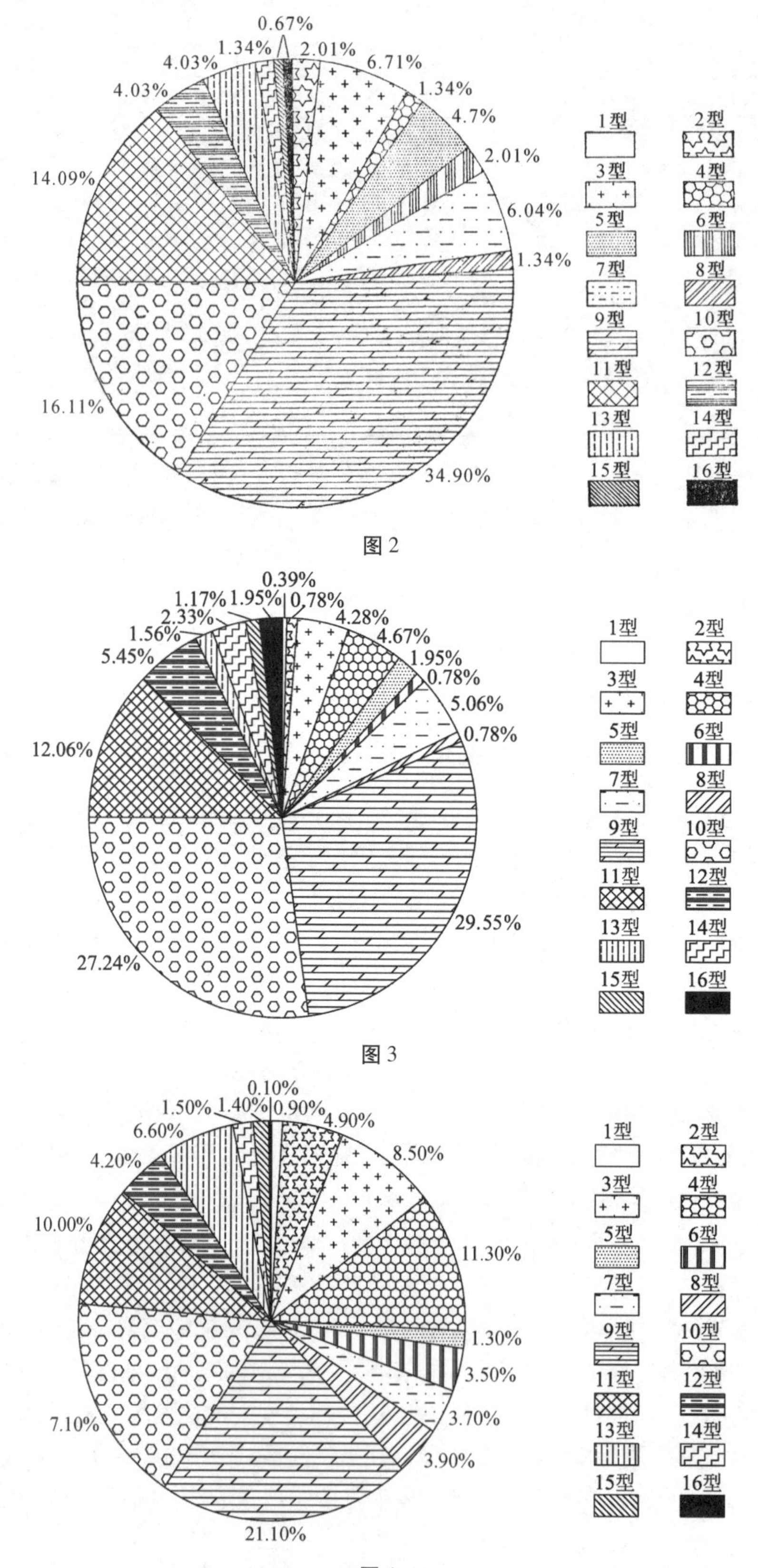
0.67%
1.34%
2.01%
6.71%
4.03%
1.34%
4.03%
4.7%
2.01%
14.09%
6.04%
1.34%
16.11%
34.90%
1型
2型
3型
4型
5型
6型
7型
8型
9型
10型
11型
12型
13型
14型
15型
16型
0.39%
1.17%
1.95%
0.78%
2.33%
4.28%
1.56%
4.67%
5.45%
1.95%
0.78%
5.06%
0.78%
12.06%
29.55%
27.24%
1型
2型
3型
4型
5型
6型
7型
8型
9型
10型
11型
12型
13型
14型
15型
16型
0.10%
1.50%
1.40%
0.90%
4.90%
6.60%
8.50%
4.20%
10.00%
11.30%
1.30%
3.50%
3.70%
7.10%
3.90%
21.10%
1型
2型
3型
4型
5型
6型
7型
8型
9型
10型
11型
12型
13型
14型
15型
16型

图 2

图 3

图 4

从某部队658名坦克兵的神经类型分布状况分析(图5),其特点为弱型的比例特别高,11—16型合计高达43.92%;强、均衡、灵活类型的比例很低,1—4型合计仅占8.36%;并且9型比例也较低,而10型比例较高。从大脑机能发育水平指标来看,坦克兵的平均得分值相当于全国17岁乡村3类学校男生的水平,这个测验结果完全符合我国目前兵源主要来自于农村的实际状况。

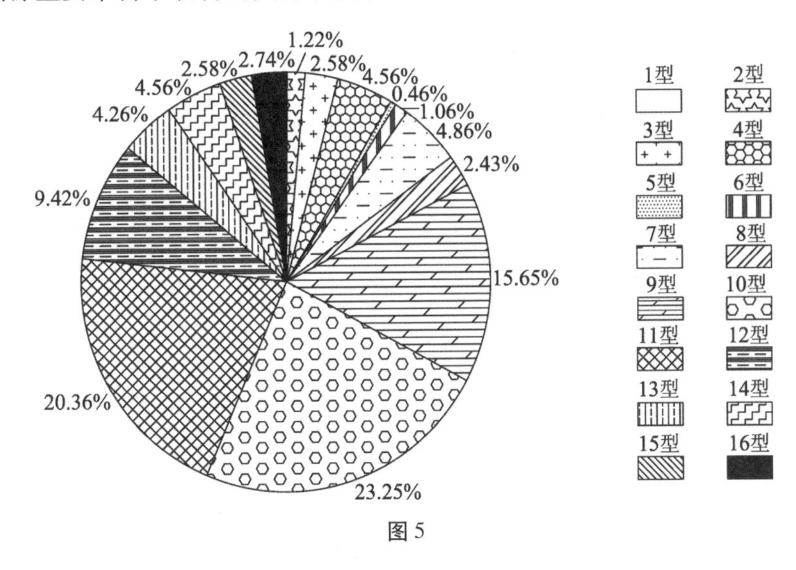

图5

表5 不同群体神经类型百分率(%)

序号	1型	2型	3型	4型	5型	6型	7型	8型	9型	10型	11型	12型	13型	14型	15型	16型
1	0.00	2.01	6.71	1.34	4.70	2.01	6.04	1.34	34.90	16.11	14.09	4.03	4.03	1.34	0.67	0.67
2	0.39	0.78	4.28	4.67	1.96	0.78	5.06	0.78	29.55	27.24	12.06	5.45	1.56	2.33	1.17	1.95
3	0.90	4.90	8.50.	11.30	1.30	3.50	3.70	3.90	21.10	17.10	10.00	4.20	6.60	1.50	1.40	0.10
4	0.00	1.22	2.58	4.56	0.46	1.06	4.86	2.43	15.65	23.25	20.36	9.42	4.26	4.56	2.58	2.74
5	16.18	29.41	4.41	0.00	1.47	0.00	10.29	0.00	33.82	2.94	0.00	0.00	1.47	0.00	0.00	0.00
6	17.57	32.43	10.81	1.35	0.00	0.00	12.16	0.00	25.68	0.00	0.00	0.00	0.00	0.00	0.00	0.00
7	7.32	15.85	1.22	0.00	4.88	0.00	21.95	0.00	47.56	1.22	0.00	0.00	0.00	0.00	0.00	0.00
8	4.29	28.57	0.00	0.00	0.00	0.00	34.29	0.00	31.43	1.43	0.00	0.00	0.00	0.00	0.00	0.00
9	0.00	50.00	9.09	0.00	0.00	0.00	27.27	0.00	13.64	0.00	0.00	0.00	0.00	0.00	0.00	0.00
10	2.36	8.78	6.76	4.90	2.87	1.35	10.64	0.68	42.06	10.47	4.90	1.01	1.01	1.86	0.17	0.17
11	1.73	11.82	10.37	4.03	5.19	0.86	6.63	0.86	42.36	10.09	3.75	0.58	0.58	0.58	0.29	0.29
χ^2检验 $\chi^2=1487.09$ $P<0.001$																

注:1. 苏州某实验小学一年级($n=149$);2. 苏州某中学初一($n=257$);3. 南京、苏州高等院校($n=1000$);4. 某部队坦克兵($n=658$);5. 北京八中学超常实验班($n=68$);6. 沈阳育才中学超常实验班($n=74$);7. 南京大学少年班($n=82$);8. 南京大学少年预备班(南师附中,$n=70$);9. 科大少年预备班(苏州中学,$n=22$);10. 报考北京八中超常班考生($n=592$);11. 报考东北育才学校超常班及奥数班考生($n=347$)。

从超常班学生(北京八中、东北育才学校、南大少年班、南师附中和苏州中学共计316名)各种神经类型分布状况分析(图6、图7、图8、图9、图10),其特点是:第一,类型的分布比较集中,其中6型、8型、11型、12型、14型、15型、16型7种类型占的比例均为零;第二,1型和2型合计占的比例很高,非常明显高于仅占3.01%的全国样组;第三,9型的比例明显高于19.66%的全国样组,而10型的比例又明显低于19.67%的全国样组;第四,4 型和 13 型的比例极低,而全国样组分别占 5.94% 和 4.74%;第五,7 型的比例明显高于 4.47% 的全国样组。上述统计资料充分证明,超常班学生的大脑机能能力及神经类型的分布状况非常明显地不同于一般人。

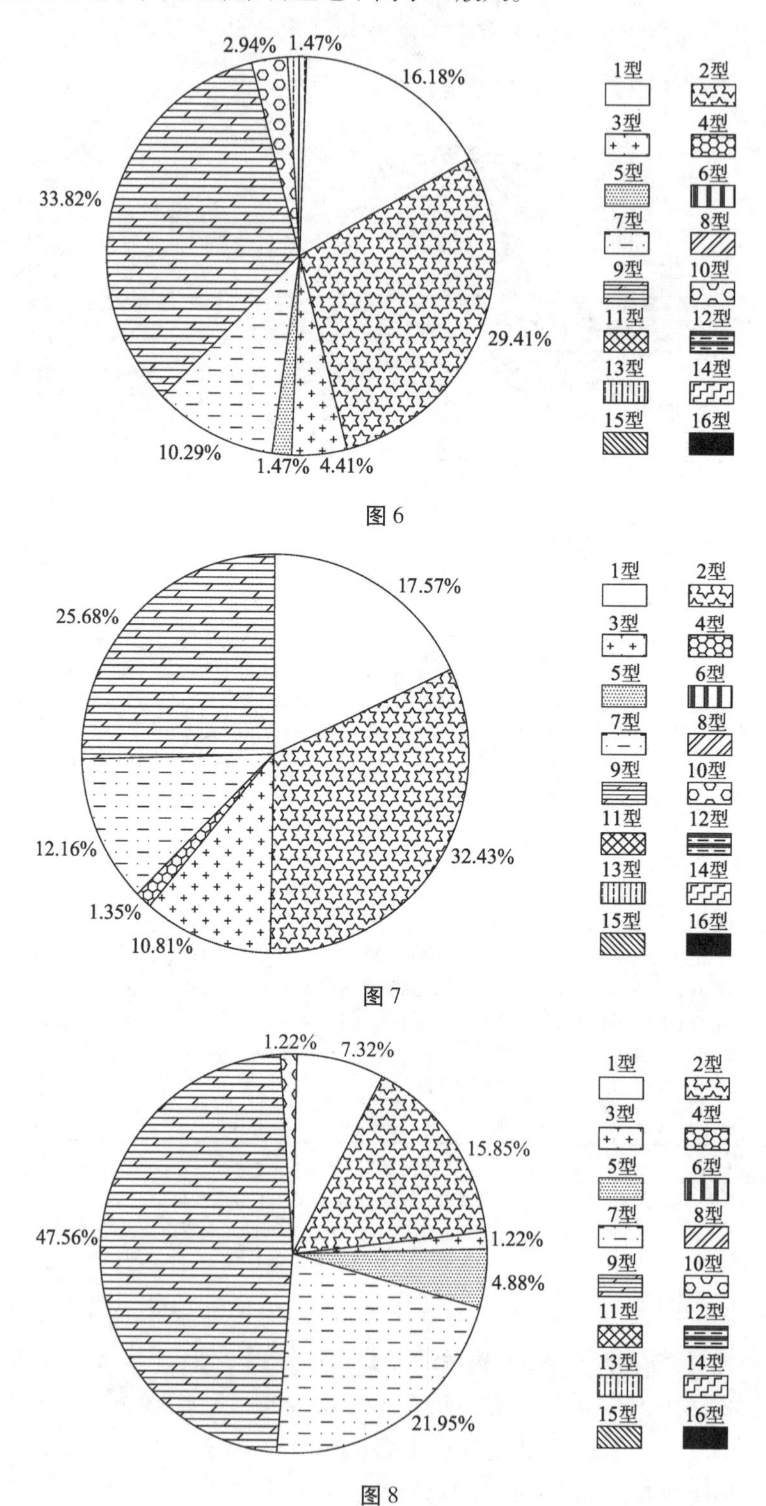

图 6

图 7

图 8

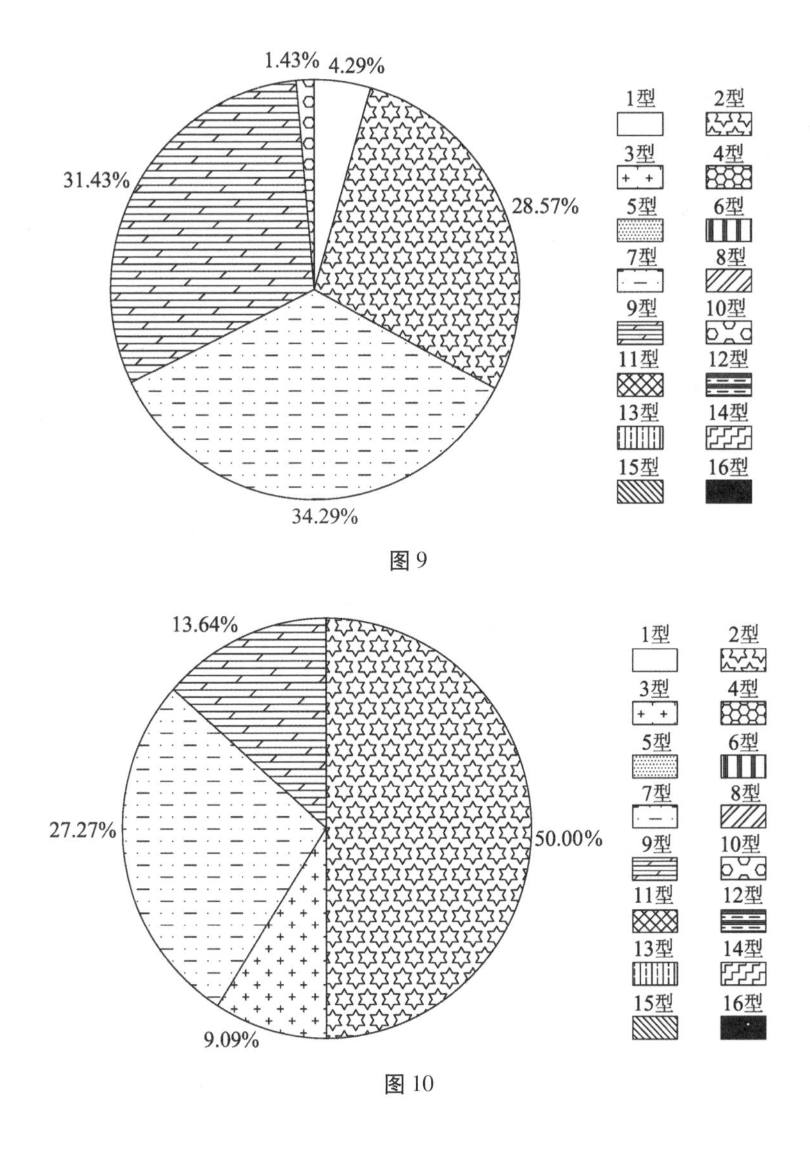

图 9

图 10

再从报考北京八中超常班的 592 名考生(测验时间：1989 年 5 月 21 日)各种神经类型的分布情况看(图 11),1 型和 2 型合计的比例为 11.14%,明显高于 3.01%的全国样组,而低于 38.29%的超常组;弱型比例(11—16 型)合计为 9.12%,明显低于 34.51%的全国样组,高于 0.32%的超长组;9 组高达 42.06%,10 型占 10.47%,均明显高于超常组,低于全国样组。

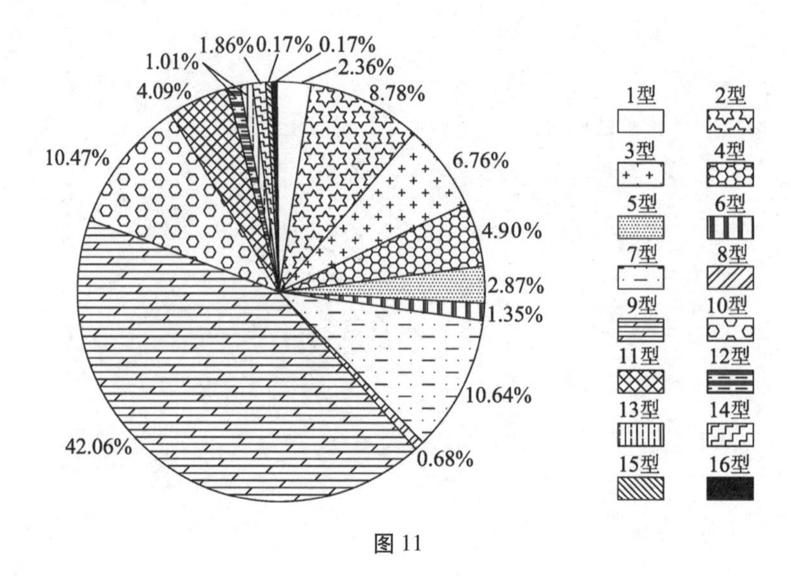

图 11

再从报考东北育才学校超常班及奥林匹克数学班(测验时间：1989 年 6 月 25 日)的 347 名考生的神经类型分布情况看(图 12)，这批考生与北京八中超常班的考生各种神经类型的分布十分相似，类型 1—2 型占 13.55%，稍高于北京八中；11—16 型占 6.07%，稍低于北京八中；而 9 型占 42.36%、10 型占 10.09%，这两种类型占的比例与北京八中几乎相同；其他类型的比例和北京八中的也相差不多。

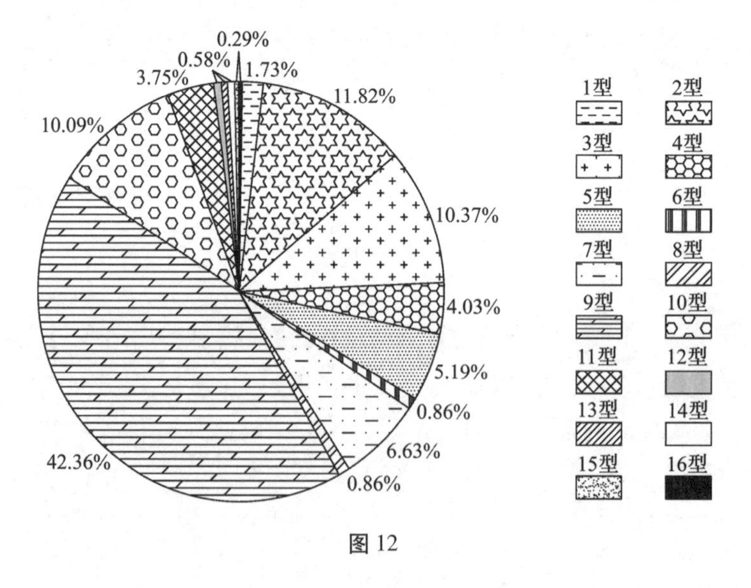

图 12

总之，上述两批报考超常班考生的神经类型分布正好界于超常组和普通组之间。这些测验资料充分证明，80-8 神经类型测验量表法在客观地反映人的大脑机能能力及个性心理特征的个体差异方面具有较高的效度。

比较上述几组群体的神经类型分布发现，不同群体类型分布呈现一定的规律(图 13)。超常组以 1—2 型比例最高，9 型次之，10 型以下占的比例极小；报考超常班考生组以 9 型的比例最高，1—2 型、3—4 型的比例也较高，其他各种类型均占一定的比例；

普通高校组以 3—4 型、9 型、10 型的比例较高，其他各种类型均占一定的比例；普通中小学组以 9—12 型的比例较高，其他各种类型均占一定的比例；坦克兵组以 11—12 型的比例最高，并按 10 型、9 型、7—8 型、5—6 型秩序递减，1—2 型比例最低，14—16 型的比例较其他 4 组明显的高。

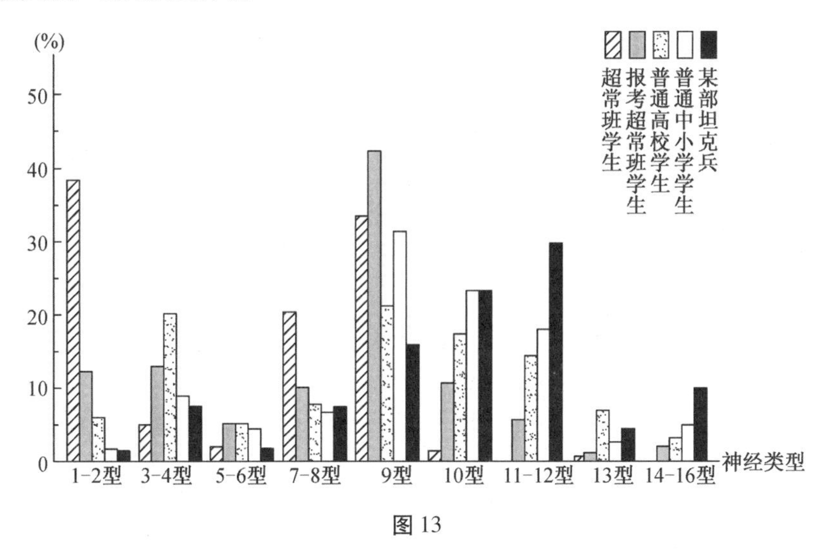

图 13

上述统计结果表明，不同群体的神经类型分布均具有各自的特点，每个群体的个性特征是由本群体的特质所决定的，每个个体的个性特征又受其生理基础——神经系统类型的影响和制约。由于个体神经类型不同，在其学习、劳动等各种活动方面形成的个性风格特征也就不同。而不同的个性风格将在较大程度上影响其才能的发展。

遗传学研究证明，人类在遗传方面所表现的结构和功能的差异是广泛的。不同的神经类型所表现出的特征是由神经系统本身的结构和功能上的差异所决定的。就其本质来说，由于组成大脑皮质细胞的分子结构不同（基因不同）、分子运动水平不同（各种神经递质释放量不同）以及分子运动的性质、形式不同（信息传递方式、途径不同，信息的组合、储存、提取的速度不同），所以不同神经类型的人具有不同的天赋素质，而这种素质又为智力的发展和人才的成长提供了可能性。据研究：强、均衡、灵活的神经类型学生，一般接受信息的量大、速度快，能快速形成学习定式，易学会解决问题的策略，能自行纠正错误和验证答案，善于运用逻辑推理，掌握正确有效的学习方法，并且抗干扰能力强。弱、不均衡、迟钝的神经类型学生，自我控制能力差，学习接受能力差，反应慢，分析概括能力及解决问题的能力差。这类学生只有加倍努力，以非智力因素的优势去弥补天赋素质之不足，方能取得良好的成绩。那些安静、谨慎型的学生，虽然反应较慢、惰性较大、应变能力较差，但他们思维深刻细致、掌握知识和技能牢固、沉着耐心、刻苦认真，因此，在一般情况下能取得良好的学习成绩。

实践证明，天赋素质仅为智力发展提供了一个重要的前提，而环境作用，特别是良好的教育则是智力发展的重要条件。可以这样认为，一个人的成功主要取决于智力因素和非智力因素的综合。在重视人的天赋素质的同时，更应加强非智力因素的教育和培养。

国家建设需要各种各样的人才。如果能根据人的智力和个性特征进行专业的招生、职业培训,那么各行各业的效率无疑将会显著提高。另外,从幼儿教育到高等教育的各类学校的教育,若能根据人的智力水平、智能潜力以及个性特征,真正贯彻因材施教的原则和方法,那么,我们中华民族的文化素质将会得到明显的提高。

小 结

(1) 研制出80-8神经类型测验量表法的16种神经类型的划分标准,并建立了我国7—22岁男、女学生各年龄组神经类型的判别常模。

(2) 各种神经类型的主要特征可以从神经系统的基本特性及个性心理特征两个方面加以概述。

(3) 中国学生神经类型的分布近似常态,强而均衡、灵活的类型和弱而不均衡、迟钝的类型均占很小的比例,中间过渡类型的比例占60%以上。

(4) 不同群体的神经类型分布具有非常显著性差异,其类型特征与才能的形成和发展有着密切的关系。

西藏自治区藏、汉族学生大脑机能及神经类型测评研究

■ 张卿华　王文英　周家森　王永禄

西藏具有高寒、缺氧、低气压的自然地理环境。这种地理环境究竟会对人的生长发育(包括身体形态、生理机能、心理素质等)产生何种影响,人会随之发生哪些适应性变化? 研究及掌握这些变化规律,对于提高西藏人口素质、选拔培养人才、发展教育和科技、振兴经济具有十分重要和深远的意义。

近几十年来,西藏虽然在青少年及儿童的身体形态、生理机能方面的体质调研工作中积累了一些宝贵的科学资料,取得了可喜的进展,但有关青少年及儿童大脑机能发育(一般智力发育)及个性特征方面的研究尚属空白。本项研究系属《中国学生大脑机能及神经类型研究》的子课题,通过此项研究,分析藏、汉族学生大脑机能发育水平的现状、特点及神经类型的分布状况,为西藏的教育、体育、科技等部门制订战略规划提供科学依据,为开展高原自然环境与遗传因素对人脑机能发育影响的研究、开发智力和人力资源、促进民族素质的优质化提供有价值的资料。

一、研究对象及方法

研究对象:按随机取样的原则,对拉萨市实验小学、拉萨市第一小学、拉萨市第二小学、拉萨市第四中学附属小学,拉萨中学、拉萨市第一中学、拉萨市第三中学、拉萨市第四中学、拉萨市第五中学、拉萨市第六中学,西藏大学、林芝县西藏农牧学院等学校7—22岁的藏、汉学生进行了测试。由于有的年龄组样本数量不足,实际参加运算的有2637名被试的数据,其中藏族学生1051名(男470名,女581名),汉族学生1586名(男800名,女786名)。

研究方法:采用80-8神经类型量表法,按《中国学生大脑机能及神经类型研究》全国课题组制订的课题实施方案的测验细则,对被试进行3种不同难度的联合测试。测验试表经审核、批阅,剔除不符合测验规定的废表,然后将数据输入计算机进行统计处理。通过特定的计算公式,得到评价大脑机能发育及皮质机能特性的3项指标:得分数、错百分率和漏百分率。得分数为反映神经系统的强度和灵活性的指标,即评定大脑机能能力(一般智力)的指标。错百分率为反映神经系统兴奋的扩散和后作用程度的指标。漏百分率为反映神经系统抑制的扩散和后作用程度的指标。根据每个被试上述3项指标与全国判别标准及常模对照的结果,判定其大脑机能发育水平及神经类型。

二、实验结果与分析

(一) 藏、汉族学生大脑机能发育的年龄规律

统计时,分别将藏、汉族大学生平均得分最高值(基准值)定为100%,统计绘制出藏、汉族学生各年龄得分值的定基比(占基准值的百分比)曲线。从图1可看出,藏、汉族男生7—17岁年龄阶段的定基比值均随年龄的增长而相应的递增,18岁以后处于平稳。藏、汉族男生大脑机能发育水平与全国同年龄组男生相比,呈现两个特点:① 发育时间较全国学生普遍晚1~2年。② 两次快增期出现的时间也较全国学生迟,特别是藏族学生表现更为突出。第一快增期,全国男生一般在7岁阶段,而西藏汉族学生在8—9岁阶段,藏族学生在10—11岁阶段。第二快增期,全国男生在12—13岁阶段,而西藏汉族学生在14—15岁阶段,藏族学生在15—16岁阶段。

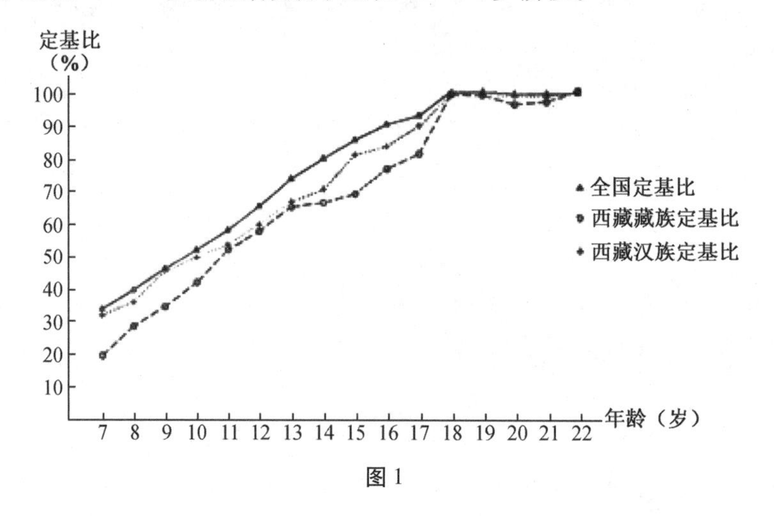

图1

藏、汉族同年龄组男生相比,藏族学生大脑机能发育时间较汉族晚,特别是在7—10岁阶段,藏族学生大脑机能发育水平显著地较汉族学生低;到11—14岁阶段,藏族学生大脑机能发育速度加快,从平均得分的绝对值来看,虽然还稍低于汉族学生,但经检验无统计学意义;15—17岁阶段,藏族学生大脑机能发育水平又显著低于汉族学生;18岁以后,藏、汉族大学生之间其大脑机能发育水平的差异均无显著意义。

藏、汉族女生的大脑机能发育水平变化规律与男生类同。(见图2)

藏、汉族同年龄组女生相比,在7—9岁阶段,藏族女生大脑机能发育水平显著较汉族女生低,而其他年龄组的得分绝对值,虽然藏族学生一般均低于汉族学生,但经检验均无统计学意义。

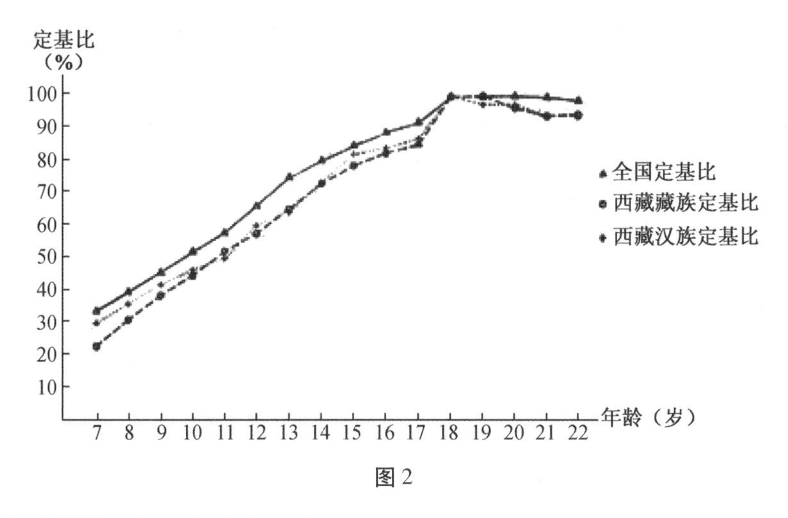

图 2

上述实验结果有如下规律(图 3)：

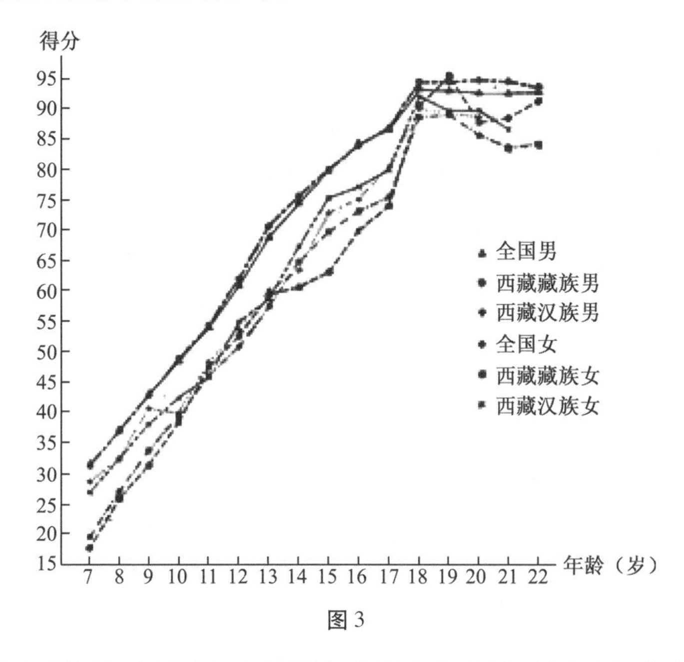

图 3

(1) 西藏地区的男、女学生与全国同年龄学生相比较,其大脑机能发育的时间晚,发育速度亦较慢。

(2) 西藏藏族男、女学生大脑机能发育水平在儿童期显著地较汉族学生低,而到少年初、中期(11—14 岁)其发育速度明显加快,缩小与汉族学生的差距,但由于起点低,早期发育速度慢,因此,直到少年晚期、青年初期(15—17 岁),其大脑机能发育水平仍较汉族生低(男生尤为明显)。

(3) 藏、汉族男、女大学生相比,大脑机能发育水平性别间均无显著性差异。

从总的趋势分析藏、汉族男、女学生大脑皮质活动的机能特征:兴奋集中程度均随年龄的增长而提高,表现在错百分率逐渐下降(图 4),即说明年龄越小,其分化能力越差,大脑皮质兴奋性越高,兴奋扩散越明显,越易产生条件反射的泛化现象。藏族男性儿童表现更为突出,随年龄增长其兴奋集中程度提高的同时,其抑制集中程度也有所提高。从漏百分率的情况分析(图5),藏、汉族男、女学生均呈下降趋势,个别年龄组有起伏,大年龄组有回归现象,即说明年龄越小,注意力越易分散,越易受其他刺激的干扰,内抑制过程越弱,皮质越易发生抑制过程的扩散作用。

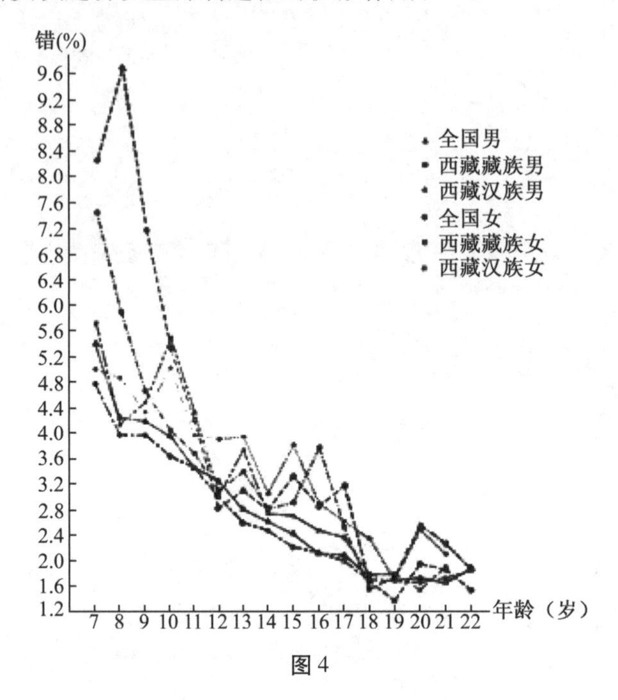

图4

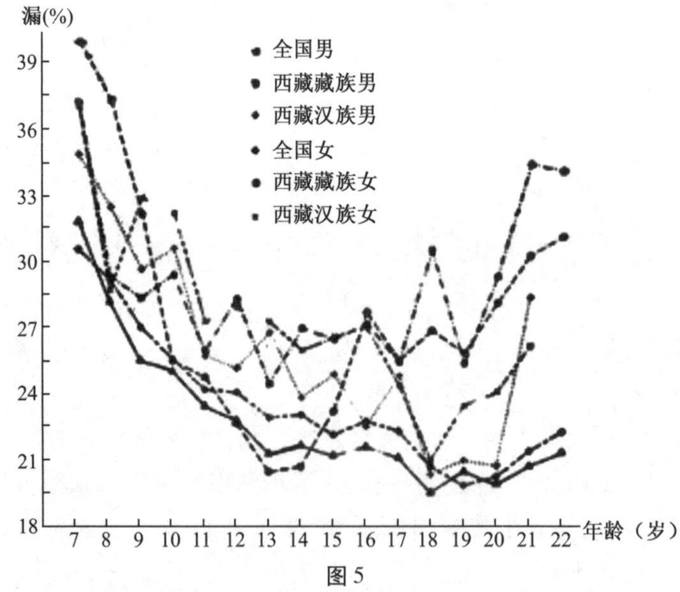

图5

(二) 藏、汉族学生大脑机能发育的性别特征

本研究发现,大脑机能发育与人体其他器官的发育一样表现出明显的性别特征,而且,藏族与汉族表现出的性别特征又各不相同。(见图6)

藏族女生(7—9岁)大脑机能发育水平稍优于男生,10岁以后女生发育速度减慢,

而男生发育速度加快，并超过女生，男、女学生得分值曲线出现第一次交叉。到13岁以后，女生进入性发育初期（即第二次生长快增期，快增期出现的时间较全国女生晚1～2年），其大脑机能发育速度加快，再度超过男生，男、女学生得分值曲线出现第二次交叉，女生并一直保持相对的优势。但男、女学生在大脑机能发育过程中表现出的差异，经检验均无统计学意义。

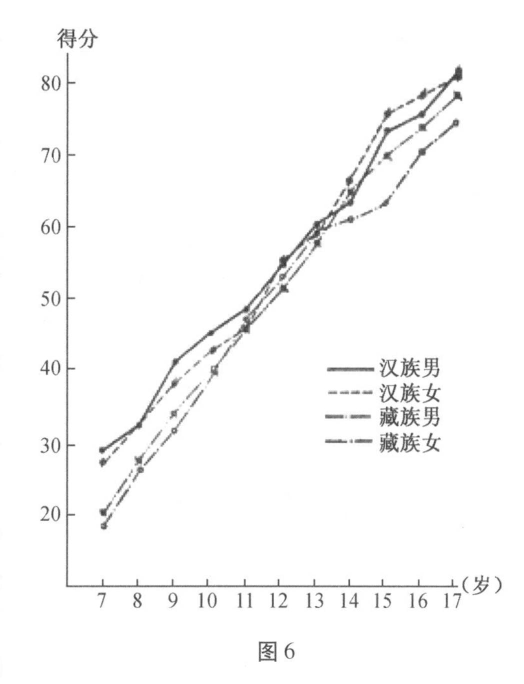

图6

汉族男生（7—11岁）大脑机能发育水平稍优于女生，11岁以后女生发育速度加快，并超过男生，男、女学生得分值曲线出现第一次交叉。此规律基本与全国资料类同，但是出现交叉的时间比全国晚1～2年，其原因可能与高寒自然地理环境使性发育的年龄推迟有关。女生进入性发育期后，其大脑机能发育速度加快，持续的时间较长，一直较男生保持相对的优势，而男生进入性发育期后，也一直保持加速的趋势，但由于男生发育期较女生晚1～2年，所以男、女学生得分值曲线第二次交叉的时间来得晚但差异不明显。

（三）藏、黔、渝汉族学生大脑机能发育的比较

西南区三省汉族学生大脑机能发育水平相比较（图7），四川省男、女学生大脑机能发育水平明显优于贵州、西藏学生。西藏汉族男、女学生在儿童期（7—11岁）发育速度较缓慢，到少年期开始加速，其大脑机能发育水平逐渐接近贵州省男、女学生。

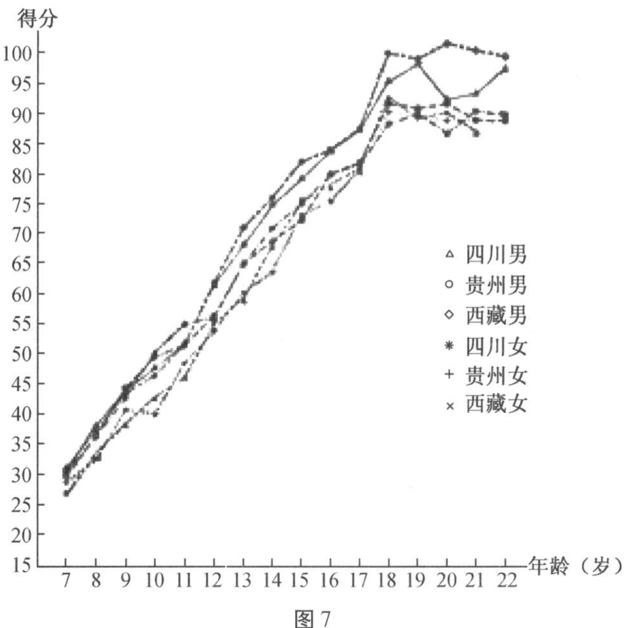

图7

四川学生在儿童期大脑机能发育水平从总趋势来看,虽然稍优于贵州学生,但两者之间并无显著性差异,而在11岁以后,第二次快增期来得早而明显,其发育速度大大加快。相比之下,贵州学生第二次快增期比四川学生来得较晚,西藏学生的第二次快增期又较贵州学生来得晚。

另外,从大脑皮质机能特性表现的特点来分析,西藏学生(尤其13—17岁)皮质细胞兴奋扩散及后作用较四川、贵州学生明显,即错百分率较高(图8)。测验数据说明,西藏学生的分化能力、观察能力及判断的准确性均不及四川、贵州学生。

从皮质细胞抑制扩散及后作用的程度来看,西藏与四川、贵州学生相比,西藏学生抑制易扩散,后作用明显,即漏百分率高(图9)。测验数据说明,西藏学生在注意力分配、注意力集中程度和抗干扰能力等方面均较四川、贵州学生差。

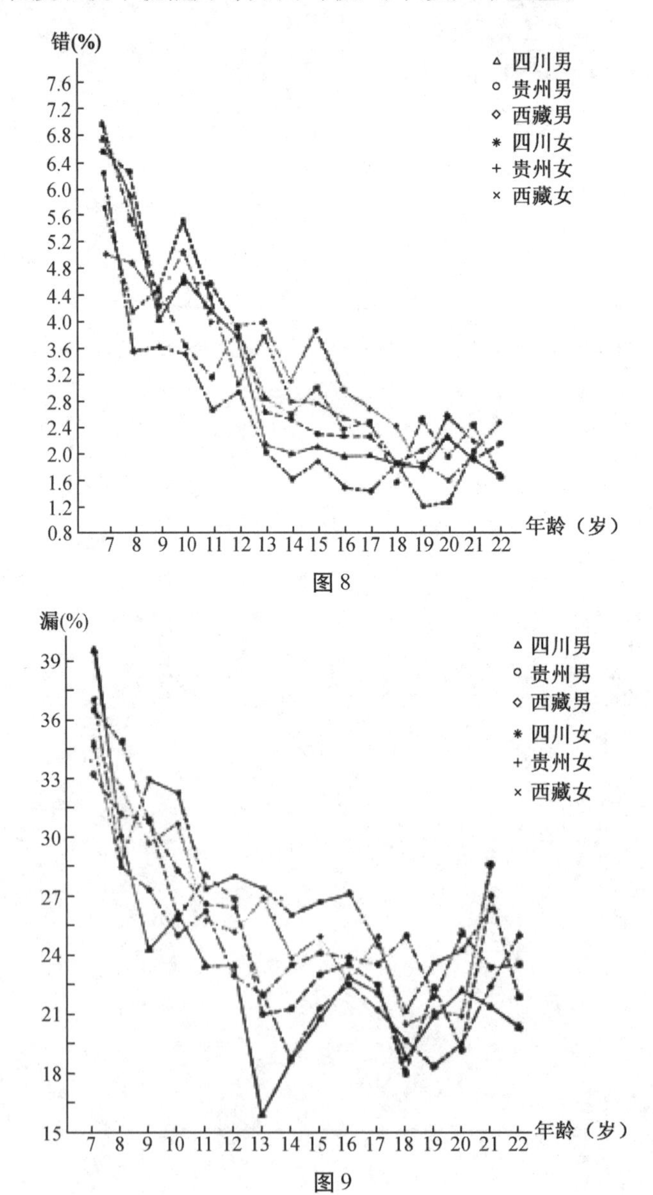

图8

图9

从对上述测验数据的观察与分析可知，人的大脑机能发育水平与其所在地区的历史状况、经济、文化、科学、教育的发展程度，以及自然地理环境有着十分密切的关系。

（四）西藏藏、汉族学生神经类型的分布及特点

根据全国的标准常模，我们对西藏的2637名藏、汉族男、女学生的神经类型进行了判别，其结果分析如下：

从总体上分析，藏、汉族学生神经类型分布状况与全国学生有着不同的特点。为直观地分析比较，笔者将16种神经类型合并为强、灵活、稳定型（1—4型），强、不均衡型（5—8型），强、中间过渡型（9—10型），弱、中间过渡型（11—12型），弱型（13—16型）五大类。

统计数据表明（表1、2），藏、汉族男、女学生神经类型属于强、灵活、稳定型的百分率显著地低于全国男、女学生，尤其是藏族男、女学生这几种类型占的百分率更为显著地低于全国水平；强、不均衡型的百分率，藏、汉族男、女学生与全国学生无显著性差异；强、中间过渡型的百分率，西藏汉族男、女学生显著地低于全国学生，而西藏藏族男、女学生又显著低于西藏汉族男、女学生；弱、中间过渡型和弱型百分率，均以西藏藏族男、女学生为最高，西藏汉族男、女学生次之，全国男、女学生最低。

表1　全国（汉族）、西藏（藏族、汉族）男生神经类型分布（%）

对象	n	1—4型	5—8型	9—10型	11—12型	13—16型
全国（汉族）	6510	14.17	11.78	39.47	22.96	11.61
西藏（藏族）	470	6.17	9.36	24.89	38.93	20.63
西藏（汉族）	800	9.64	11.14	31.51	31.87	15.89
χ^2检验		50.187***	2.681	54.618***	83.467***	41.146***

表2　全国（汉族）、西藏（藏族、汉族）女生神经类型分布（%）

对象	n	1—4型	5—8型	9—10型	11—12型	13—16型
全国（汉族）	6645	14.77	11.62	39.19	22.20	12.22
西藏（藏族）	581	5.69	8.45	23.96	37.59	24.31
西藏（汉族）	786	8.77	10.69	30.53	33.46	16.54
χ^2检验		54.485***	5.699	69.637***	107.077***	73.498***

概括起来分析，西藏藏、汉族学生神经类型分布特点表现为，属强、灵活、稳定型的比例显著低于全国常模水平，弱型的比例显著高于全国常模水平。

综上所述，西藏藏、汉族学生与全国学生神经类型分布情况相比，全国学生神经类型分布基本符合常态分布，即类型属于强、均衡型与弱、不均衡型的比例小，属中间、一般类型的占大多数；西藏藏族学生神经类型分布呈明显的偏态状况，即弱、不均衡型比例较高，而西藏汉族学生神经类型分布介于全国与藏族学生之间。

三、问题讨论与建议

(一) 高原低氧压对脑功能发育的影响

西藏青少年、儿童大脑机能发育迟缓是否与高原低氧压有关,这是一个值得研究和探讨的问题。众所周知,神经细胞内物质代谢的速度快,对氧的需要量大。一般成年人,大脑对氧的需要量占人体总需氧量的1/6~1/5,青少年、儿童对氧的需要量比成人还高,所以,人体从外界摄入充足的氧气仍是保证大脑及其他器官正常生长发育的必要条件。虽然已经研究证实长期生活居住在高原地区的人对于严重缺氧的适应性和耐受性远比平原地区的人强,但是,严重缺氧对于脑的生长发育毕竟会带来某种不利的影响。缺氧降低了脑细胞的代谢水平,使氧化酶的活性降低,从而导致脑细胞的活力下降,皮质内兴奋和抑制过程的强度减弱,大脑机能能力下降。所以,严重缺氧不仅会影响从胚胎形成至出生后6个月这个阶段脑细胞的生长速度,而且对婴幼期、儿少期脑细胞的发育速度及发育水平也会产生不良影响。

总之,严重缺氧将会引起承受复杂脑力作业的负荷量降低,即影响智力的发展。

当然,我们也应该看到,对于缺氧的适应性和耐受性,个体间具有很大的差异。据研究资料报道,有的人在海拔4500米(低压舱模拟试验)的环境中,其大脑功能并未发生显著性变化,而有的人在海拔3600米,就表现出皮质细胞兴奋和抑制过程减弱,脑机能明显下降。由此可认为,高原低氧压(缺氧)只是影响脑细胞生长发育和大脑机能发育的一个外在因素,而不是决定因素。

(二) 强紫外线照射对脑细胞的影响

西藏位于世界屋脊高海拔地区,年日照总时数及日照百分率居全国各城市之冠。长期接受强的紫外线照射究竟会对脑细胞的生长发育及大脑机能发育产生何种影响,这是一个值得研究和探讨的课题。

(三) 遗传因素与脑的发育

内因是决定事物变化的关键,外因是促进事物变化的条件。

西藏学生大脑机能发育水平较全国其他省市,特别是较江南、沿海省市的学生低,除了受自然地理环境、经济、文化、科学、教育、营养状况等因素的影响外,更重要的是受遗传因素的影响。生物学告诉我们,遗传基因为大脑的生长发育提供了物质基础,所以父母的形态、机能、素质和智能对子女有很大的影响。

西藏青少年、儿童大脑机能发育迟缓是有其历史原因的:政治、经济、文化落后,交通困难,高原缺氧、营养不良、生活习俗方式落后等,造成民族素质下降,智能发展受到制约。

诚然,我们一方面要用生物遗传的科学观点分析研究历史遗留下来的痕迹,另一方面,我们还要用生物遗传变异的观点去研究、探讨改造环境、改造人自身的问题,即用进化的观点、发展的观点,积极开发人的智能潜力,提高民族素质。为此建议:大力推行优生学,杜绝近亲婚配,实行婚前检查,提倡适龄生育,开展遗传咨询,并实行产前诊断,避免和防止大脑机能发育不全、痴患、残缺婴儿出生,不断提高出生人口的素质,使西藏各族人民逐步“优质化”。

（四）教育对促进智力发展的作用

教育对促进大脑机能的发育、智力的发展以及人才的成长起主导作用。教育不同于一般环境因素，它是有目的、有计划、有组织的，并且运用科学的手段和方法对人施加影响。教育的作用在于诱发遗传因素的最优化发展，使人的智能潜力得到充分的挖掘和发挥。大量的事实证明，一个大脑机能发育健全、智力正常的人，只要通过良好的教育和个人的勤奋努力，都有可能在事业上取得大的成就。相反，即使天赋非常高的儿童，如果不给予受教育的机会，不开发、发展其智能，而单凭生理上的成熟是不可能成为有用之才的。

笔者认为，西藏青少年、儿童大脑机能发育迟缓，智力水平较全国同年龄组的青少年、儿童低，其重要原因之一就是教育落后。据研究资料报道，学龄前阶段是大脑生理发育的最快时期，出生第一年脑生长发育速度最快，新生儿脑重约 390 克，到 9 个月时已达 660 克，2 岁半至 3 岁时达 900～1011 克，7 岁时达 1280 克，基本接近成人水平（成人脑重平均为 1350 克）。上述资料说明，对婴幼儿施行早期教育和智力开发是有其生理物质基础的。应努力改变西藏青少年、儿童智力水平落后的状况。

（五）建议

（1）从战略目标出发，切实抓好幼儿教育和小学基础教育，加强师资队伍建设，提高教育质量。

（2）抓好学龄前、学龄儿童大脑机能发育水平及神经类型的调研和预测工作；建立资料库，兴办超常教育，使一批智力超常的儿童不失时机地得到良好的特殊教育，为西藏早出人才、培养杰出人才创造条件。

小结

（1）西藏自治区藏、汉族学生大脑机能发育水平随年龄增长而递增，至 17—18 岁接近或达到最高水平，18 岁以后趋于稳定。但藏、汉族学生大脑机能发育较全国同年龄组学生迟缓，其大脑机能发育的两次快增期较全国学生来得晚；藏、汉族相比，藏族学生在 7—10 岁阶段（儿童期）大脑机能发育较汉族学生迟缓，在 11—14 岁阶段（少年初、中期）藏族学生大脑机能发育速度加快，基本上与汉族学生无显著差异，但到 15 岁以后，藏族学生又显著落后于汉族学生。

（2）对于大脑机能发育的性别特征，藏、汉族学生具有各自的特点：藏族女儿童稍优于藏族男儿童，汉族男儿童稍优于汉族女儿童。藏族学生进入性发育期较汉族学生晚 1～2 年（藏族女生在 13 岁以后，汉族女生在 11—12 岁以后），男生比女生晚 2 年左右。

（3）西藏汉族学生（尤其在 7—11 岁儿童期）大脑机能发育水平较四川、贵州汉族学生低，第二次快增期来得缓慢，所以，表现出西藏汉族学生大脑机能能力（一般智力）明显低于四川学生，特别是四川学生进入青春发育期（11—12 岁）以后，这种差异更为显著。

(4) 西藏藏族学生神经类型分布呈现明显的偏态状况,即弱、不均衡的类型分布比例较大。西藏汉族学生神经类型分布界于全国近似正态分布与藏族偏态分布之间。

总之,西藏学生大脑机能发育水平(一般智力)较全国学生低,其神经类型分布弱型的比例较大,这是由于受本地区自然地理环境条件、生活环境、生活方式以及政治、经济、文化、教育、生物遗传等诸种因素的长期影响而形成的。因此,在西藏地区实行优生、优育,强化早期教育,重视智力开发,加大教育投入,乃是改变西藏落后面貌的根本大计。要振兴西藏的经济,首先要振兴西藏的教育、振兴西藏的人才。

宁夏学生(汉族)大脑机能及其特性的研究

■ 王文英 张卿华 楼振寰

宁夏位于我国的西北地区,全年光照充足,气候干旱,冬季严寒长达半年,夏少酷暑,春秋短促,气温日差一般可达12℃~15℃,风沙严重,自然灾害较多。生活在宁夏地区的青少年及儿童,其大脑机能发育水平及其机能特性的状况如何,与西北地区及全国相比有何差异,对此进行研究对促进宁夏的人力资源开发,提高人口素质,发展教育、卫生等事业有重要的现实意义和深远的历史意义。本文对2240名宁夏中小学生大脑机能发育水平及其机能特性的测试结果进行分析,为加速宁夏学生的教育培养提供了基础资料和科学依据。本研究成果填补了有关7—17岁宁夏学生大脑机能发育状况科学资料的空白。

研究对象和方法

按照《中国学生大脑机能及神经类型研究》课题组的研究设计及实施细则,我们对银川市第八、第二十、第二十一小学,固原第一、第二、第六小学,银川市第一、第二、第五、第十五中学,银新中学,固原第一中学等共12所中小学的每个年级,随机确定一个班级为测试班,对符合规定年龄等条件的男、女学生每班随机抽测各20名,经审核有效样本共计2240例(其中男性1051例,女性1189例)。

研究方法:采用改进的80-8神经类型测验量表法(简称"80-8量表法")进行3种难度的联合测试,主试按统一指导语讲解,以班为单位进行团体施测,试表经严格审核,然后采用标准答案模板人工批阅,将数据输入计算机,用统计软件进行计算检验。

结果与分析

一、宁夏学生大脑机能及其特性的年龄特征

(一)宁夏学生大脑机能发育水平的年龄特征

1. 大脑机能发育水平随年龄增长而提高

研究表明,80-8量表法测试的得分值可反映被试的大脑机能发育水平。我们以7—17岁年龄组最高的得分值作为基准值,各年龄组的得分值与基准值的比值则为定基比。宁夏男生16岁年龄组得分值最高,为82.55分;宁夏女生17岁年龄组得分值最高,为83.82分。统计数据表明,宁夏7—17岁男、女学生的得分定基比均随年龄的增

长而递增。(见表1)另外,将宁夏7—17岁男、女学生的得分值绘制成年龄变化曲线图(图1),可直观地看出男、女学生得分值曲线均呈现随年龄增长而上升的趋势。这可充分说明宁夏学生的大脑机能发育水平是随年龄的增长而逐渐提高的,到17岁左右基本趋于稳定。

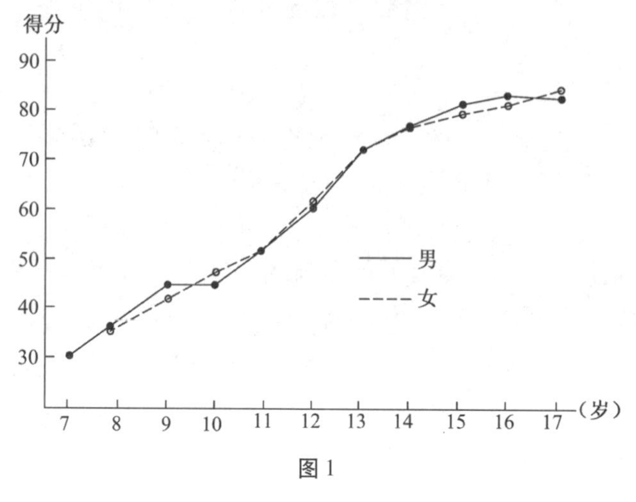

图1

表1 宁夏学生得分定基比(%)

年龄(岁)	男生	女生
7	37.24	36.90
8	45.46	44.00
9	54.14	50.10
10	54.52	56.41
11	63.10	62.46
12	72.85	73.12
13	87.20	84.26
14	92.66	90.90
15	97.64	94.19
16	100.00	96.89
17	99.96	100.00

2. 大脑机能发育的阶段性

从图1看出,在7—17岁期间各年龄组得分曲线并非等速直线上升,而是呈现阶段性变化。可划分为四个阶段:7—9岁阶段曲线斜率较大,视为第一次快增期;9—11岁阶段曲线斜率较小,为慢增期;11—13岁阶段曲线斜率出现明显增大,可视为第二快增期(突增期);13—17岁阶段曲线斜率逐渐变小,并趋于平稳,为缓慢增长期。

刘世熠教授通过对1800多名青少年及儿童的脑电研究指出,儿童脑的发展在4—20岁年龄阶段存在着两次明显的加速期,第一次在5—6岁,第二次在13—14岁;儿童思维的发展存在着两个较显著的质变时期或加速期,第一个加速期发生在6岁左右,第二个加速期发生在11岁左右。由于本文未对5—6岁前的儿童进行80-8量表法的测试,是否5—6岁的儿童80-8量表法的得分增长比7—9岁阶段更明显,有待进一步探讨。但总的来说,本文揭示的宁夏男、女学生7—17岁大脑机能发育的年龄特征与刘氏等的研究结论基本一致。

3. 大脑机能发育的性别差异

从图1可见,80-8量表的得分值年龄变化曲线在10岁前女生稍低于男生,10岁开始女生稍高于男生,直至13岁时男生又超过女生,并保持至16岁。这表明大脑机能发育速度在性别间存在一定的差异。在青春发育期前大脑机能发育速度男生比女生稍快;10岁后女生开始进入青春发育期,其大脑机能发育速度也突然加快,因而改变了前期较男生落后的状况,反而超过男生此年龄阶段的发育速度,出现了性别间大脑机能发育速度的第一次交叉;由于男生青春发育期一般较女生晚1~2年,而宁夏男生大脑机能发育速度的第二次快增期出现在13岁左右,而且一直保持至16岁,在此阶段,宁夏女生大脑机能发育速度相对比较缓慢,因而在13岁左右出现性别间大脑机能发育速度的第二次交叉。男、女学生大脑机能发育速度的年龄特征与其身体形态的年龄特征相吻合,这些变化可能与性成熟期激素的变化密切相关。

(二) 宁夏学生大脑机能特性的年龄特征

1. 兴奋集中程度的年龄特征

研究表明,80-8 量表错百分率可反映被试皮质神经过程兴奋集中程度。错百分率高,表明被试兴奋集中程度较低,兴奋易扩散,其后作用明显;错百分率低,表明被试兴奋集中程度高,分化能力强,情绪比较稳定。本文统计表明,宁夏 7—17 岁男、女学生 80-8 量表错百分率随年龄的增长呈下降的趋势(图 2)。错百分率在 11 岁前,男、女各年龄间均出现明显的起伏;在 11 岁至 13 岁阶段男、女均表现为大幅度的下降;13 岁至 16 岁阶段,女生比较平稳,男生稍有起伏;17 岁时女生稍有增高,男生继续保持下降趋势。这反映出宁夏学生在 11 岁前的年龄阶段,皮质兴奋集中程度较低,分化能力不强,皮质下的特征还相当明显;11 岁后皮质兴奋集中程度有了明显的加强,内抑制迅速发展,加强了皮质对皮质下的控制,心理稳定性也随着年龄的增加不断加强。

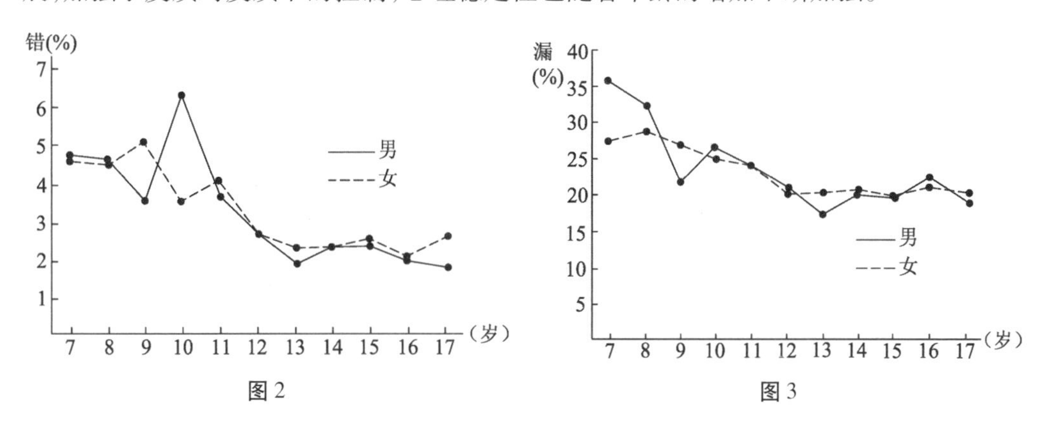

图 2　　图 3

2. 抑制集中程度的年龄特征

研究表明,80-8 量表漏百分率可反映被试皮质神经过程抑制集中程度。漏百分率高,表明被试抑制集中程度较低,抑制易扩散,其后作用明显,也就是说注意力集中困难,对事物的观察不细致;漏百分率低,表明被试抑制集中程度高,抑制不易扩散,注意力能高度集中,办事比较细心踏实。宁夏 7—17 岁男女学生漏百分率的年龄变化曲线(图 3)显示,随年龄的增长,呈现出一定的下降趋势。其下降的幅度,男生在 13 岁前、女生在 12 岁前均比较明显;12—17 岁年龄阶段男、女生都趋于平稳,相比较,男生稍有起伏。这反映宁夏学生在 7—12 岁的各年龄阶段,皮质抑制集中程度不够高,尤其是 7、8 岁年龄组的男生抑制的扩散明显;在 12 岁后女生皮质抑制集中程度得到明显加强,并且一直保持到 17 岁阶段;男生在 13—17 岁的各年龄阶段,总体来看其抑制集中程度比较强,但随着年龄的增加其抑制集中程度表现出稍为减弱的趋势。不过男、女相比,进入青春期后其抑制集中程度基本相同。

二、宁夏与西北、全国学生大脑机能及其特性的比较

（一）宁夏学生大脑机能发育水平偏低

7—17岁各年龄组宁夏、西北、全国的男生得分的F检验表明：在7—9岁3个小年龄组，宁夏男生与西北、全国的差异不具显著意义；在10、11岁2个年龄组，宁夏男生显著低于全国的水平；在14岁年龄组，宁夏男生显著高于西北、全国的水平；在16、17岁2个年龄组，宁夏男生又显著低于全国的水平。（见表2）

表2　不同地区男生80-8量表得分比较($\bar{X} \pm S$)

年龄(岁)	宁夏	西北	全国	F检验
7	30.74±9.77	30.52±8.85	31.53±8.68	2.7075
8	37.75±11.87	36.20±9.92	37.08±9.41	1.7526
9	44.69±10.58	43.07±10.87	43.17±10.83	1.0347
10	45.01±16.82	47.56±12.87	48.55±12.39	3.904*
11	52.09±16.12	51.83±13.69	54.14±14.11	6.5470**
12	60.14±15.26	58.78±13.99	60.95±15.09	4.5459*
13	71.98±18.95	68.49±17.46	68.93±17.12	1.6972
14	76.49±18.54	72.41±17.31	74.65±17.51	3.8434*
15	80.60±19.33	77.15±18.43	79.99±18.35	5.4943**
16	82.55±20.42	81.17±17.81	84.27±18.52	6.3792**
17	82.52±18.29	83.23±17.22	86.74±19.21	8.6353***

7—17岁各年龄组宁夏、西北、全国的女生得分的F检验表明：在7—10岁四个小年龄组，宁夏女生与西北、全国的差异不具显著性意义；在11—17岁七个年龄组，宁夏女生均较全国的水平低，其中仅13岁组差异不具显著性意义。（见表3）

表3　不同地区女生80-8量表得分比较($\bar{X} \pm S$)

年龄(岁)	宁夏	西北	全国	F检验
7	30.93±6.89	30.88±7.74	31.28±8.32	0.4999
8	36.88±8.50	35.81±8.85	36.89±9.57	2.9643
9	41.99±10.26	42.02±10.89	42.80±11.58	1.1237
10	47.28±13.43	48.61±13.49	48.94±12.74	1.6324
11	52.35±17.44	52.56±14.74	54.44±14.47	4.5509*
12	61.29±14.17	60.28±14.77	62.11±15.57	3.2341*
13	70.63±16.74	68.98±15.78	70.78±17.28	2.3856
14	76.19±22.72	73.54±18.52	75.80±18.39	3.4371*
15	78.95±20.90	75.93±17.70	80.19±18.50	12.3244***
16	81.21±17.61	80.51±17.65	84.13±18.02	10.2200***
17	83.82±17.12	83.23±17.74	87.14±18.59	10.5048***

上述统计资料表明，宁夏的男、女学生大脑机能发育水平在小年龄阶段与西北区及全国的水平相仿，但到十六七岁大年龄阶段显著低于全国的水平。

（二）宁夏学生大脑机能发育第二突增期明显

宁夏、西北、全国学生大脑机能能力（80-8量表得分）的年增长率统计表明，男、女学生10—13岁阶段其年增长率均以宁夏最高，13—14岁后年增长率宁夏逐年明显下降。（见表4）这表明宁夏学生在10—13岁阶段大脑机能发育速度比西北和全国同龄学生突增明显。

表4 80-8量表得分均值年增长率（%）

年龄	男			女		
	宁夏	西北区	全国	宁夏	西北区	全国
7—8	22.09	18.61	17.60	19.24	15.97	17.93
8—9	19.08	18.98	16.42	13.86	17.34	16.02
9—10	0.72	10.42	12.46	12.60	15.68	14.46
10—11	15.73	8.98	11.51	10.72	8.13	11.12
11—12	15.45	13.35	12.58	17.08	14.69	14.09
12—13	19.69	16.58	13.09	15.24	14.43	13.96
13—14	6.27	5.72	8.30	7.87	6.61	7.09
14—15	5.37	6.55	7.15	3.62	3.25	5.79
15—16	2.42	5.21	5.35	2.86	6.03	4.91
16—17	-0.04	2.54	2.93	3.21	3.38	3.58

根据《中国学生体质与健康研究》报告的宁夏及全国学生的身高、体重资料，算得其年增长率（表5、表6），统计表明，宁夏男、女学生身高、体重的年增长率也是在青春期明显比全国高（男生在13—15岁，女生在11—13岁），这说明宁夏学生大脑机能的发育与身高、体重的形态发育是同步的。

表5 身高年增长率（%）

年龄	男		女	
	宁夏	全国	宁夏	全国
7—8	3.40	3.72	3.74	3.93
8—9	4.08	3.96	3.90	4.22
9—10	3.65	3.59	4.50	4.27
10—11	3.54	3.57	4.27	4.45
11—12	3.42	3.36	4.16	3.82
12—13	4.71	5.67	4.71	4.40
13—14	4.68	4.11	1.90	1.67
14—15	4.06	3.22	0.90	0.93
15—16	2.01	2.14	0.85	0.65
16—17	1.28	1.07	0.25	0.33

表6　体重年增长率(%)

年龄	男		女	
	宁夏	全国	宁夏	全国
7—8	8.04	8.75	8.44	9.44
8—9	10.61	10.03	10.19	10.58
9—10	8.87	9.51	11.90	11.38
10—11	9.63	9.67	12.25	13.09
11—12	10.33	9.88	13.12	12.68
12—13	13.80	17.60	17.93	17.10
13—14	14.47	12.95	9.23	8.10
14—15	13.65	10.69	7.17	5.83
15—16	7.88	7.91	5.44	4.30
16—17	4.85	4.56	2.11	2.36

(三) 宁夏学生兴奋、抑制集中程度均较强

宁夏、西北、全国学生80-8量表错百分率χ^2检验表明,男生8、10、11岁3个年龄组除外,各年龄组均以宁夏低于全国和西北,这表明宁夏学生大脑皮质神经过程兴奋集中程度从总体上看略强于全国学生,也就是说宁夏学生情绪的稳定性一般较好。

宁夏、西北、全国学生80-8量表漏百分率χ^2检验表明,男生在11岁前(9岁年龄组除外)各年龄组均高于全国和西北,12—17岁6个年龄组宁夏均低于全国;女生7—17岁11个年龄组宁夏均低于全国,宁夏8、10、11岁3个年龄组除外,各年龄组也都低于西北。这表明,大脑皮质神经过程抑制集中程度宁夏男生(男生小年龄组除外)均较全国和西北学生强。尤其是宁夏女生,在青春发育期开始后,其抑制集中程度更有明显的增强,至17岁年龄阶段仍保持较强的抑制集中程度。可认为宁夏学生注意力比较集中。

综上所述,宁夏学生大脑机能发育水平在小年龄阶段与全国处在基本一致的水平,但到16—17岁年龄阶段明显低于全国水平,而宁夏学生大脑机能的特性即其兴奋、抑制的集中程度较强于全国学生。究其原因,从遗传方面的因素分析,生活在宁夏银川及其郊县的汉族学生,其前辈中有相当比例的人是来自祖国的四面八方,尤其是新中国成立后,大批受过较高文化教育的有识之士来宁夏支援建设,在银川安家扎根;从环境方面的因素分析,虽然宁夏全区自然环境条件较差,但银川市被人们称为沙漠的绿洲,地理气候条件比较好,物产丰富;从教育条件来分析,教育经费不足、教学设施简陋等影响学生智力的开发。为加速宁夏的发展建设,必须首先振兴宁夏的教育事业,搞好教育改革,增加教育投资,提高师资水平,改善教学条件。

小　结

本文通过对2240名宁夏中小学生的大脑机能及其特性的研究,揭示了宁夏7—17

岁各年龄组男、女学生大脑机能发育水平及其机能特性的一些特点。

（1）宁夏学生大脑机能发育水平在7—17岁期间随年龄增长而递增，但并非等速直线上升，而是呈现一定的阶段性变化，青春期开始后，增长速度比全国快。

（2）宁夏与西北、全国学生相比，大脑机能发育水平在小年龄阶段三者处于基本相同的水平，而到十六七岁的年龄阶段，宁夏学生显得较低。但从总体来分析，宁夏学生大脑皮质兴奋、抑制过程的集中程度相对比较高。

（3）为提高宁夏学生的大脑机能发育水平，加速人才的培养，呼吁各级领导高度重视教育改革，采取有效措施提高青少年及儿童的心理素质。

SPM、80-8量表法在智能诊断中的应用研究

■ 王文英　张卿华

英国心理学家约翰·瑞文设计编制的标准推理测验(简称“SPM”)与笔者设计编制的80-8神经类型测验量表法(简称“80-8量表法”)同为纸笔式非文字测验,它们有许多共同特点,但也有明显的区别。笔者多年来运用上述两项测验对学生、工人、干部、部队官兵等各类人员共计3651名进行了联合施测。统计结果表明,各类人员的SPM、80-8量表法两项测验成绩之间均呈中等程度正相关,能较好地评价被试的一般智力发育水平和智能特点,为6岁儿童入学、编班提供依据,为中学生文、理科定向提供参考,对不同工作岗位人员的合理配置提供指导。本项成果对智能诊断和人才选拔具有重要的理论意义和推广应用价值。

一、前　言

SPM是瑞文标准推理测验(Raven's Standard Progressive Metrices)的简称,由英国心理学家约翰·瑞文(Johnc. C. Raven)于1938年设计编制,张厚粲教授等于1986年完成我国城市版的修订。80-8量表法是80-8神经类型测验量表法的简称,由笔者于1980年设计编制,后经两次修订,于1989年通过鉴定。上述两项测验同为纸笔式非文字智力测验,都是测量“g”因素的有效工具,它们的共同优点有:适用的年龄范围宽,测量对象不受文化、种族与语言的限制,可个别进行,也可团体实施,使用方便,省时省力,结果解释直观量化,测验具有较高的信度和效度,都可用于智能诊断和人才选拔与培训,特别适用于跨文化研究。这两项测验的不同之处可表现在以下几个方面。① 在测验功能方面:SPM主要测量被试空间知觉水平和发现及组合信息的能力;而80-8量表法主要测量被试的一般认知速度、判断准确性、注意力集中程度及心理稳定性等。② 在测验结果方面:SPM仅给出得分数及其在同龄人中的等级水平,其得分满分为60分,无法区分智力超常者,给出的得分所处百分位置间距较大,对被试的智力水平区分较粗;而80-8量表法定量给出得分、错率、漏率及其在人群中的等级水平、标准分数,并能分析不同难度脑力负荷下的大脑功能,还可将各项指标综合评价,预测被试的智能特点及潜力。③ 在测验时限方面:SPM不严格限时,故不能区分被试智力活动完成的速度;而80-8量表法三种难度测验均严格限时5分钟,可定量分析不同难度智力活动的速度和质量。④ 在测验答案的真实性方面:SPM易出现抄袭现象,相邻座位被试易偷看抄袭,而且答案仅为个位数字,便于对答案;而80-8量表法被试只能独立完成,无法参考他人答案,所以测验成绩真实。

多年来,笔者同时运用SPM、80-8量表法两项测验对3651名各类人员施测,将该

两项测验成绩进行综合分析，试图对被试的智力水平和智能特点做出较为准确的评价与预测。广泛的应用实践表明，本项成果对智能诊断和人才选拔具有重要的实践意义和推广价值。

二、研究对象与方法

研究对象：共计 3651 名，其中准一年级儿童 235 名，小学生 1098 名，中学生 1011 名，工读生 38 名，超常班、报考超常班学生 236 名，大学生 423 名，不同职业人员 610 名。他们的年龄为 6 ~ 58 岁，文化程度从准一年级至博士，成员除各类学生外，还有工人、干部、部队官兵。被试施测前身体机能状况正常，避免剧烈运动、过度脑力负荷、饮酒等。

施测方法：SPM 和 80-8 量表法均以班级或团体施测，先做 将80-8 量表法三种难度联合测验，共用时约 40 分钟；休息 5 分钟后，再做 SPM，限时 40 分钟完成。

主试、批阅人员均经严格培训，全部测验及资料整理均由笔者负责组织实施，所有数据由笔者亲自统计检验。

80-8 量表法三种难度的联合测验所得的 13 个原始数据按年龄、性别输入计算机，根据 80-8 量表法计算公式和各指标的全国参数及评定标准，打印出个体的得分、错百分率、漏百分率及其等级、标准分数和神经类型。各指标均分为 5、4、3、2、1 共 5 个等级，神经类型根据三项指标的不同等级组合划分为 16 种类型。

将80-8 量表法综合素质分的计算是将三项指标的等级数相加，再根据神经类型的加分规则（1 型加 2 分，2 型、3 型加 1 分）和标准分的加分规则（等级在 5 的情况下，得分标准分≥1.5 分或错百分率标准分≥0.8 分或漏百分率标准分≥1.2 分加 1 分，满分为 20 分）算得。

SPM 按标准答案批阅记分，两项测验成绩均为有效的数据做相关统计检验。

三、结果与分析

（一）SPM、80-8 量表法能较好地评价儿童的一般智力

1. 为儿童入学、分班提供一般智力发育水平依据

苏州新区小学地处市郊，生源大多来自体力劳动家庭。苏州市实验小学设备条件好，师资力量强，许多非学区望子成龙、望女成凤的家长，千方百计要将子女送入该校学习。表 1 显示：SPM 和 80-8 量表法两项测验成绩，苏州新区小学显著低于苏州市实验小学，表明苏州新区小学与苏州市实验小学生源的一般智力水平相比，前者明显低于后者。

表 1　不同小学准一年级儿童 SPM、80-8 量表法测验成绩比较

对　　象	n	瑞文分(1)	80-8 量表分(2)	80-8 综合分(3)	r(1),(3)
苏州新区小学	100	13.27 ± 7.78	17.36 ± 7.15	7.04 ± 2.88	0.314**
苏州市实验小学	135	17.07 ± 8.01	22.21 ± 7.33	8.51 ± 3.47	0.349***
t 检验		3.656***	5.086***	3.543***	

苏州市实验小学非学区儿童要求入该校的人数较多,学校招收名额有限,只能择优录取,苏州新区小学生源条件总体上不如市区。为了贯彻因材施教,提高教育质量,对两项测验成绩都较差者,建议苏州市实验小学不予录取;对两项成绩都较好者,建议苏州新区小学将其编入特色教育班。一学期的教育实践表明,凡是 SPM、80-8 量表法两项测验成绩均好者其理解能力强、学习成绩优秀,苏州新区小学一年级 5 个平行班的数学、语文成绩均为特色班显著高于其他 4 个班。

2. 不同小学低年级学生一般智力发育水平的比较

教育改革试验前应了解实验班、对照班学生的一般智力发育水平。苏州市平江实验小学于 1992 年 9 月初对一年级 4 个班学生进行 SPM、80-8 量表法两项测验,数据差异性检验表明:(1)班学生的一般智力水平最高,究其原因,该班学生中高校教员工子女比例较高,可能由于遗传基因、家庭环境等有利于学生智力的发育;(2)(3)(4)三个班级学生入学时随机分班,所以一般智力水平也未有显著差异。(见表 2)昆山市玉山小学一年级两个班和蓬朗中心小学二年级两个班的学生也均随机分班,测验结果显示其一般智力水平均基本相同。(见表 3、表 4)苏州市平江实验小学和苏州大学附小所处环境基本相同,测验结果表明,两校一年级学生的智力水平类同。而昆山市玉山小学位于苏州大市下的城镇,测验结果表明,该校一年级学生一般智力水平低于上述两校(见表 5)。蓬朗中心小学与苏大附小相比,虽然前者地处乡镇,但由于该校多年来重视教育改革,因而同为二年级学生的认知速度,蓬朗中心小学显著高于苏大附小(见表 6)。

表 2 苏州市平江实验小学一年级学生 SPM、80-8 量表法测验成绩比较

班级	n	瑞文分(1)	80-8 量表分(2)	80-8 综合分(3)	r(1),(3)
(1)班	47	27.30 ± 10.36	27.19 ± 9.70	10.21 ± 3.51	0.449**
(2)班	43	24.12 ± 7.88	27.04 ± 11.90	9.16 ± 3.69	0.482**
(3)班	37	21.76 ± 8.18	24.59 ± 10.49	9.24 ± 3.68	0.333*
(4)班	43	26.05 ± 8.06	22.98 ± 6.15	8.65 ± 2.95	0.482**
F 检验		3.132*	3.028*	1.610	

表 3 昆山市玉山小学一年级学生 SPM、80-8 量表法测验成绩比较

班级	n	瑞文分(1)	80-8 量表分(2)	80-8 综合分(3)	r(1),(3)
(1)班	48	21.25 ± 8.04	29.03 ± 7.52	9.04 ± 3.23	0.297*
(2)班	41	19.93 ± 7.56	28.65 ± 7.80	8.73 ± 3.37	0.363*
t 检验		0.797	0.233	0.441	

表 4 昆山市蓬朗中心小学二年级学生 SPM、80-8 量表法测验成绩比较

班级	n	瑞文分	80-8 量表分	80-8 综合分
(1)班	37	30.38 ± 7.28	40.54 ± 7.85	9.86 ± 3.15
(2)班	39	29.18 ± 9.68	42.51 ± 7.52	9.68 ± 2.37
t 检验		0.613	1.116	0.280

表 5　不同小学一年级学生 SPM、80-8 量表法测验成绩比较

对象	n	瑞文分(1)	80-8 量表分(2)	80-8 综合分(3)	r(1),(3)
昆山玉山小学	89	20.64 ± 7.76	28.85 ± 7.69	8.88 ± 3.34	0.341**
苏州平江实小	170	24.99 ± 8.30	30.53 ± 9.87	9.34 ± 3.48	0.432***
苏州大学附小	137	24.13 ± 8.66	30.56 ± 9.48	9.39 ± 2.08	0.244*
F 检验		8.264***	1.148	0.882	

表 6　两所小学二年级学生 SPM、80-8 量表法测验成绩比较

对象	n	瑞文分(1)	80-8 量表分(2)	80-8 综合分(3)	r(1),(3)
蓬朗中心小学	76	29.76 ± 8.34	41.55 ± 7.73	9.75 ± 2.73	0.392***
苏大附小	139	30.61 ± 9.73	38.20 ± 8.96	10.05 ± 3.58	0.396***
t 检验		0.673	2.869**	0.688	

（二）SPM、80-8 量表法测验成绩在成年前随年龄增长而递增

1. 常态学生高中毕业前一般智力逐年增长

表 7、表 8 数据表明，SPM、80-8 量表法两项成绩均随年龄增长不断提高，而且两项成绩呈平行增长趋势，只是 80-8 量表的得分值增长幅度较大，到了高中阶段仍继续明显增加，而瑞文分在高中阶段增长值较小。分析这两项测验分数随年龄增长递增幅度不等的原因，可能是 SPM 满分为 60 分，D12、E10—12 四题难度较大，一般人不易答对，而 80-8 量表法作业量足够大，任何人都做不完，因此它可充分展示被试的认知能力（质量和速度）。所以，在测验认知能力方面可认为 80-8 量表法比 SPM 更具优越性。

表 7　苏州大学附小学生 SPM、80-8 量表法测验成绩比较

对象	n	瑞文分(1)	80-8 量表分(2)	80-8 综合分(3)	r(1),(3)
一年级	137	24.13 ± 8.66	30.56 ± 9.48	9.39 ± 2.08	0.244*
二年级	139	30.61 ± 9.73	38.20 ± 8.96	10.05 ± 3.58	0.396***
三年级	93	39.18 ± 7.72	47.66 ± 11.11	10.32 ± 3.12	0.401***
四年级	118	39.08 ± 8.57	49.94 ± 12.36	10.09 ± 3.30	0.301**
五年级	173	44.66 ± 7.66	59.59 ± 14.08	10.88 ± 3.46	0.398***
六年级	103	46.24 ± 5.74	64.27 ± 14.73	10.92 ± 3.22	0.475***
F 检验		144.68***	147.48***	8.91***	

表 8　不同类别学生 SPM、80-8 量表法测验成绩比较

对象	n	瑞文分(1)	80-8 量表分(2)	80-8 综合分(3)	r(1),(3)
苏州市十五中初一	135	48.99 ± 5.15	73.43 ± 15.75	10.61 ± 3.29	0.39***
苏州市十五中初二	140	50.65 ± 5.29	76.15 ± 14.87	9.55 ± 3.11	0.51***
苏州市三中初二	79	49.90 ± 5.41	78.35 ± 17.21	9.51 ± 2.94	0.38***
苏州市一中高一	100	54.29 ± 3.07	93.44 ± 19.81	10.74 ± 3.32	0.33***
苏州市商业学校	437	54.31 ± 7.67	97.46 ± 16.94	10.94 ± 3.04	0.44***
新苏师范学校	120	54.62 ± 6.74	98.62 ± 15.71	10.89 ± 2.96	0.41***

续表

对象	n	瑞文分(1)	80-8 量表分(2)	80-8 综合分(3)	r(1),(3)
苏州工读学校	38	46.58 ± 6.02	72.13 ± 15.74	8.89 ± 2.89	0.48**
东北育才学校△	74	50.62 ± 3.93	93.81 ± 18.94	16.51 ± 2.77	0.44***
呼和浩特二中◇	104	51.49 ± 3.44	95.06 ± 16.21	14.60 ± 3.23	0.43***
中国科大少年班	58	57.03 ± 2.69	142.48 ± 31.70	15.89 ± 2.12	0.42***

注：△为奥林匹克数学班，平均年龄 11.39 岁；◇为报考超常班学生，平均年龄 11.52 岁。

2. 超常学生比普通学生一般智力水平高出多个年龄档次

笔者对智力超常学生及报考超常班学生的测验数据统计发现，智力越超常，其完成智力活动的质量越高、速度越快，尤其在小年龄阶段更是如此。东北育才学校奥林匹克数学班和呼和浩特二中报考超常班的学生，他们的平均年龄不满 12 岁，但他们的认知速度（80-8 量表法平均得分）已达到成人水平，高于同龄普通学生认知速度五六个年龄档次，中国科大少年班学生的认知速度非常显著高于普通大学生（见表 8、表 9）。SPM 成绩以小年龄阶段的超常生、报考超常生非常显著高于同龄普通学生（$P < 0.001$），而科大少年班学生的成绩与普通理科大学生相仿（见表 10），其原因可能是 SPM 满分为 60 分，其题目难易程度相差甚大，但分值完全相同，不论难易每题答对得 1 分，智力超常生往往难题答对了，而容易题会粗心答错一两题，因此得 60 分满分者较少，而得 57、58 分的较多。在 SPM 成绩方面成年超常生显示不出他们智力超常的优势，而 80-8 量表法由于作业量足够大，可以充分发挥超常生的一般智能潜力。大量的实验数据表明，超常被试的一般认知能力不仅较常人高出几个年龄档次，而且随着脑力负荷的增大，其智能潜力会得到充分的发掘。

表 9　苏州大学不同系别本科学生 SPM、80-8 量表法测验成绩比较

对象	n	瑞文分(1)	80-8 量表分(2)	80-8 综合分(3)	r(1),(3)
财经系 1989 级	40	57.62 ± 2.22	103.63 ± 17.66	12.00 ± 3.18	0.56***
体育系 1991 级	58	55.60 ± 2.78	96.77 ± 19.17	10.12 ± 3.06	0.48***
政治系 1992 级	75	55.07 ± 3.27	91.23 ± 15.98	10.58 ± 3.16	0.33**
化学系 1992 级	58	55.46 ± 4.41	97.76 ± 18.05	12.92 ± 3.16	0.32*
物理系 1992 级	56	57.69 ± 2.29	100.05 ± 17.78	12.04 ± 3.18	0.48***
中文系 1992 级	72	55.18 ± 2.55	90.36 ± 19.18	11.06 ± 2.55	0.53***
中文系 1993 级	64	53.89 ± 4.03	92.31 ± 19.31	11.44 ± 3.45	0.60***
F 检验		10.138***	4.075***	5.628***	

表 10　不同类别学生 SPM、80-8 量表法测验成绩比较

对象	n	瑞文分	80-8 量表分	80-8 综合分
超常、考超常（初一）	178	51.13 ± 3.67	94.54 ± 17.36	15.39 ± 3.18
苏州十五中初一学生	135	48.99 ± 5.15	73.43 ± 15.75	10.61 ± 3.29
t 检验		4.102***	11.235***	12.915***

续表

对象	n	瑞文分	80-8 量表分	80-8 综合分
商业、师范中专生	557	54.38 ±7.47	97.71 ±16.68	10.93 ±3.02
苏州一中高一学生	100	54.29 ±3.07	93.44 ±19.81	10.74 ±3.32
t 检验		0.204	2.030*	0.534
中国科大少年大学生	58	57.03 ±2.69	142.48 ±31.70	15.89 ±2.12
苏州大学物理系学生	56	57.69 ±2.29	100.05 ±17.78	12.04 ±3.18
t 检验		1.412	8.853***	7.579***

(三) SPM、80-8 量表法测验成绩大学理科生优于文科生

笔者负责的课题组曾对全国近百所高校,2 万余名学生进行 80-8 量表法测验,统计表明,文、理科学生平均得分值相比,不论男女,均为理科生非常显著高于文科生。本文对苏州大学文、理科共 423 名学生的测验结果进行检验,结果表明,物理系等理科学生与中文、政治系等文科学生相比较,理科生不仅 80-8 量表法平均得分、综合分显著高于文科生,而且 SPM 成绩也明显好于文科生(见表 9)。分析其原因,可能是 SPM 和 80-8量表法都是非文字的图形测验,对空间知觉、抽象思维要求较高的理科生比较适应,而对以语言文字表达为主的文科生来说就表现不出他们在这方面的优势。也正因为不同的思维特点、认知方式、兴趣爱好、个性特征等,他们选择了不同的专业方向。

(四) SPM、80-8 量表法测验成绩在不同职业人员间差异显著

笔者对自行车厂工人、光学仪厂工人、部队驾驶学兵、消防队驾驶兵、自行车厂干部、国家机关招干复试者等进行 SPM、80-8 量表法测验,他们的成绩经 F 检验,其差异均具非常显著性意义。(见表 11)自行车厂工人、部队驾驶兵、自行车厂干部的各项成绩均显著低于国家机关招干复试者和光学仪厂工人,其原因主要是不同的职业性质、特点对人员的心理素质有不同的要求,在就业的竞争、不同岗位人员的选拔及工作实践的筛选等过程中不同心理素质者将得到不同的机遇。这也表明,SPM、80-8 量表法两项测验联合运用,对不同职业人员的选拔能取得较为理想的效果。

表 11 不同职业人员 SPM、80-8 量表法测验成绩比较

对象	n	瑞文分(1)	80-8 量表分(2)	80-8 综合分(3)	r(1),(3)
苏州自行车厂工人	67	42.62 ±11.26	82.48 ±21.81	8.63 ±3.24	0.47***
苏州光学仪厂工人	44	50.65 ±5.29	91.06 ±18.50	10.29 ±2.95	0.51***
83110 部队驾驶兵	66	45.67 ±9.24	87.69 ±19.64	8.97 ±3.73	0.46***
83011 部队驾驶兵	107	45.42 ±9.39	81.40 ±17.50	8.36 ±3.09	0.54***
83423 部队驾驶兵	117	46.62 ±7.63	88.79 ±21.90	9.60 ±3.39	0.44***
苏州消防队驾驶兵	42	44.83 ±9.46	84.19 ±17.08	9.23 ±3.31	0.61***
苏州自行车厂干部	56	47.89 ±7.73	76.61 ±18.95	9.71 ±3.28	0.53***
国家机关招干复试者	111	53.68 ±3.93	92.78 ±17.59	11.20 ±2.82	0.40***
F 检验		15.816***	5.919***	7.763***	

（五）SPM、80-8量表法两项测验成绩呈中度正相关

笔者对3651名各类群体人员的SPM、80-8量表法两项测验成绩做相关统计检验，结果表明，均呈中等程度正相关。也就是说，大多数被试SPM成绩好，80-8量表法成绩也好，反之亦然。统计表明，该两项测验成绩均好者，其智力水平高、思维敏捷、反应灵活、判断准确、注意力集中、适应能力强；而该两项测验成绩均差者，一般其智力低下、思维不清、反应迟钝、判断不准、注意力分散、应变能力差。也有少数人SPM和80-8量表法测验成绩不一致：SPM成绩好、80-8量表法成绩差的被试，往往数学方面成绩较优秀，而认知速度可能较慢或神经系统兴奋过程不易集中或抑制过程易扩散等；SPM成绩差、80-8量表法成绩好的被试，一般思想方法不同于常人、空间思维能力较差、数学能力不强，但心理素质尚好。

因此，多年来在对学生的招生编班、因材施教、人才招聘、不同岗位人员配置等应用实践中，笔者将SPM、80-8量表法两项测验联合实施，将两项测验成绩综合分析，对被试的智力水平和智能特点能做出较为准确的评价与预测。

小　结

英国心理学家约翰·瑞文设计编制的瑞文标准推理测验，经过几十年的研究、推广与应用，业已成为世界上使用率最高、最具影响力的智力测验之一。笔者设计编制的80-8量表法，经过多年的研究、推广与应用，已成为我国教育、体育、卫生、交通、国防、人事等系统人才素质测评的主要工具之一。笔者多年的应用实践证明，将SPM和80-8量表法联合施测，将两项成绩综合分析，对智能诊断和人才选拔效果更佳。

超常学生与普通学生神经类型的比较研究

■ 王文英 张卿华 张斌涛

智力超常的少儿是人类的宝贵财富，虽然他们仅占同龄人的1‰～3‰，但他们的潜能如得到充分发掘，对人类的贡献将是很大的。世界各国早就十分重视天才儿童的特殊教育。自1978年中国科技大学创办少年班以来，我国超常教育事业向纵横两个方向发展，取得了可喜的成绩。本文试图通过对超常与常态学生高级神经活动的基本特性的比较研究，探讨超常少儿的神经类型特点，为超常学生的选拔及其教育提供生理心理学方面的指标和理论依据。

一、研究对象

本文研究对象为各类超常实验班的142名学生（男109名，女33名）。他们分别在3所学校5个不同的班级学习，对照组为受正常教育的312名学生（男158名，女154名）以及新入伍的188名战士（表1）。

表1 研究对象

对　　象	n	男	女	年龄($\bar{X} \pm S$)
中国科大少年班(3、4期)	52	45	7	16.36±0.83
苏州中学少年预备班(1期)	22	16	6	12.91±0.92
北京八中超常小班	33	24	9	10.48±0.57
北京八中超常大班	35	24	11	12.54±0.79
苏州十六中高一	152	67	85	16.22±0.52
苏州中学高三(4)班	56	23	33	17.30±0.60
苏州木渎中学高三(4)班	55	38	17	17.60±0.71
苏州十一中学高三(4)班	49	30	19	17.45±0.68
83110部队新兵	188	188	0	20.31±1.17

二、研究方法

本研究采用笔者设计的80-8神经类型测验量表法（简称“80-8量表法”）以班集体施测。为使测试工作标准化和规范化，均由笔者一人亲自主试所有测试，按3种难度进行联合测试，即测试难度逐次增大，每一种难度测试时间均为5分钟，以秒表计时。测试组织严格，试卷人工批阅，仔细校审，数据由计算机统计判别。

三、结果与分析

在80-8量表法的联合测试中，每张表获得的数据有总阅符号数、应找符号数、漏找符号数和错找符号数（包括3号表的特殊错找符号数），3张表共获得13个数据，按公式计算出得分数及错、漏百分率，与同性别、同年龄的参数对照，评定神经类型。

得分数是表示高级神经活动的强度及灵活性的指标，错百分率是表示皮质神经细胞兴奋过程扩散程度的指标，漏百分率是表示皮质神经细胞抑制过程扩散程度的指标，错、漏百分率的对比关系则是表示高级神经活动的均衡性指标。神经类型综合反映大脑机能的特点。例如，反应速度、准确程度、记忆能力、注意力集中水平，对复杂、紧张的环境其心理稳定性以及克服困难的意志品质等。测试数据经数理统计，反映如下特点。

（一）超常学生大脑机能能力发育水平高

K 值是按规定的3种难度测试的个人得分均数，它反映大脑机能能力的发育水平。将每人的 K 值以同性别、同年龄参数做转换，算出标准分数，按班级统计平均数（$\overline{X}$）和标准差（S），对超常教育组与普通教育组进行 t 检验，并对各班间标准分数的差异进行方差分析（表2）。

表2 不同超常班、普通班学生 *K* 值的标准分数差异性检验

超常班学生	n	($\overline{X}\pm S$)	普通班学生	n	($\overline{X}\pm S$)	显著性检验
中国科大少年班	52	0.76 ±0.73	苏州中学高三(4)班	56	0.25 ±0.78	
苏州中学少预班	22	1.28 ±0.82	木渎中学高三(4)班	55	0.07 ±0.63	$F=63.05$
北京八中超常大班	35	1.63 ±0.97	苏州十一中高三(4)班	49	−0.30 ±0.69	$P<0.001$
北京八中超常小班	33	2.24 ±0.82				
合 计	142	1.42 ±0.98		160	0.02 ±0.74	$t=13.98$ $P<0.001$

K 值的标准分数，142名超常生平均为1.42分，而普通班学生平均为0.02分，经 t 检验表明，两者差异具有非常显著性意义。统计数据证明，超常班学生大脑机能发育水平显著高于普通班学生，他们平均处在人群中92.22%以上的最高水平位置，而普通班学生的大脑机能发育水平正处在人群的平均水平位置（图1）。K 值的标准分数超常班学生中最大值为3.91分，而普通班学生最大值为2.64分。

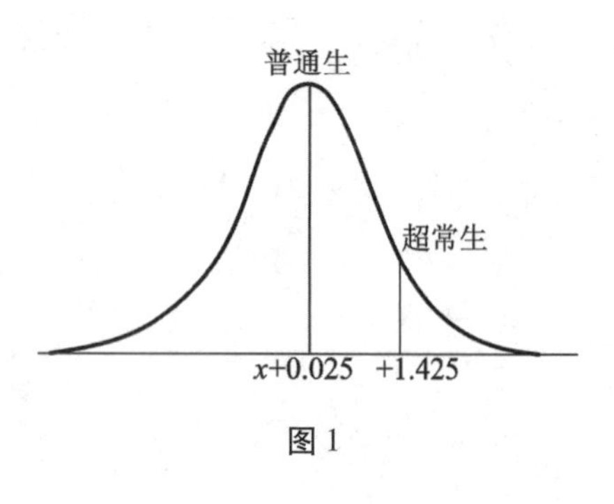

图1

统计两组学生 K 值所处不同水平的百分率，经 χ^2 检验，$\chi^2=117.69$，$P<0.001$。K 值在 $\overline{X}+S$ 以上的百分率，超常班学生高达64.79%，而普通班学生仅占9.38%；K 值在 $\overline{X}$ 以上的百分率，超常班学生高达94.37%，而普通班学生仅占46.26%；K 值在 $\overline{X}$ 以下、

$\overline{X}-S$ 以上的百分率,超常班学生仅占5.63%,而普通班学生占47.5%;K 值在 $\overline{X}-S$ 以下的百分率,超常班学生为零,而普通班学生占6.25%(图2)。

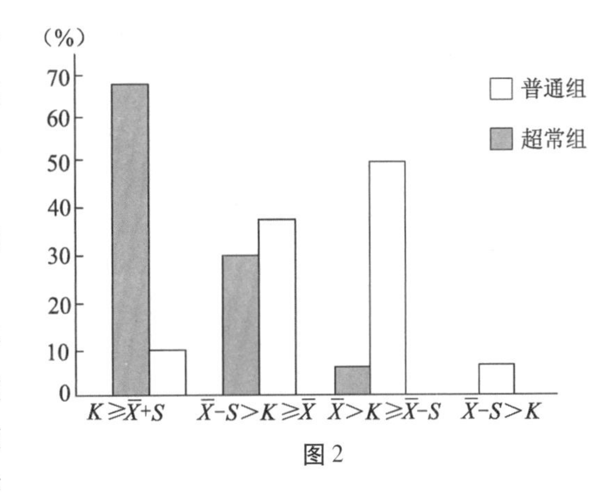

图2

7个单位学生 K 值所处不同水平的百分率经 χ^2 检验,$\chi^2=170.16$,$P<0.001$。(见图3)各超常班学生相比,平均年龄越小,其 K 值 $\geqslant\overline{X}+S$ 的百分率越高,K 值 $<\overline{X}+S$ 以下各水平的百分率越低。而普通班学生中,省重点苏州中学的学生其 K 值在 $\overline{X}$ 以上的百分率显著高于县重点木渎中学及普通的苏州十一中的学生;K 值在 $\overline{X}$ 以下各水平的百分率,苏州中学的学生显著低于木渎中学及苏州十一中的学生;K 值 $<\overline{X}-S$ 的百分率则以苏州十一中的学生为最高。

上述统计结果表明,大脑机能的发育水平在不同的人群间有着非常显著的差异。从个例来看,超常少儿其大脑机能的发育水平特别高的很多。例如:北京八中实验小班的郑××(女,10岁),$K=34.07$ 分,已超过成人 $\overline{X}+S$ 的水平;大班的曹×(女,13岁),$K=44.25$ 分,大大超过成人 $\overline{X}+S$ 的水平。苏州中学少年预备班的庄××(女,14岁),$K=44.37$ 分,也大大超过了成人 $\overline{X}+S$ 的水平,其综合素质分列全班第一名。

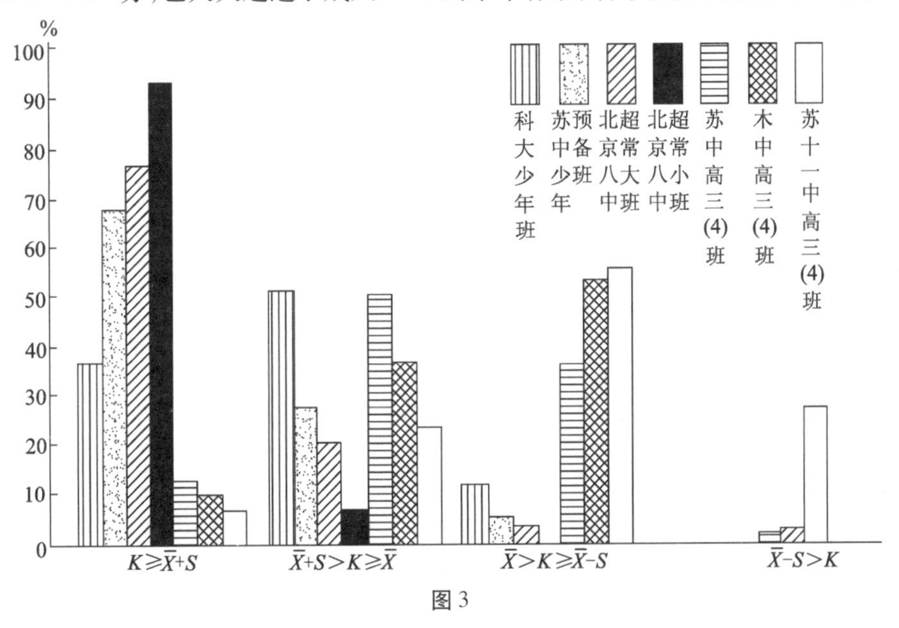

图3

(二)超常学生大脑机能能力强

超常学生除大脑机能发育水平显著高于普通学生外,大脑皮质神经细胞的兴奋与抑制过程的动力性机能也有明显特点。大脑机能发育水平主要取决于皮质内抑制过程的发展及不断完善的程度,而分化抑制是实现大脑皮质分析综合机能的基础,即认识和区别事物的基础。错百分率指标反映分化抑制能力:错百分率越低,表明分化抑制能力越强;错百分率越高,表明分化抑制能力越弱,兴奋过程不易集中,易扩散。漏百分率指标反映皮质神经细胞抑制过程扩散的程度,即注意力集中程度: 漏百分率越低,表明抑制过程越集中,即注意力越集中;漏百分率越高,表明抑制过程扩散程度越强,即注意力不能集中。注意力集中的生理基础是大脑皮质优势兴奋中心所引起的同时性诱导,由诱导而产生的抑制促进着兴奋在大脑皮质有限区域的集中,是准确地、顺利地完成活动的必要前提。超常学生其错、漏百分率均显著低于普通学生(表3),这表明超常学生分化抑制能力比普通学生强得多。

表3 同年龄少年大脑机能能力比较($\bar{X} \pm S$)

	单位	n	年龄	得分	错%	漏%
男	科大少年班	45	16.36 ±0.83	36.66 ±4.08	0.31 ±0.31	7.02 ±4.50
	某中学高一	67	16.27 ±0.83	31.32 ±4.50	0.72 ±1.45	8.85 ±5.04
	F 检验		0.48	40.56***	6.39***	4.86*
女	科大少年班	7	16.43 ±0.53	38.76 ±4.86	0.17 ±0.14	6.53 ±4.13
	某中学高一	85	16.18 ±0.49	31.97 ±4.76	0.63 ±1.71	10.27 ±5.24
	F 检验		1.70	13.00***	2.82	4.12*

(三) 超常学生大脑机能能力的潜力大

随着测试难度的不断增大,不同被试的大脑机能能力表现出非常显著的差异。

研究发现,大脑机能的发育水平在17岁前随年龄的增加明显提高。苏州中学少年预备班学生比成人(新战士)年龄小得多,从1号表得分看,预备班的平均分低于新战士。但随着测试难度加大,预备班分数呈上升趋势,而新战士分数呈下降趋势。改进的80-8表测试难度更大。1号表得分预备班学生就高于新战士,2号表、3号表得分预备班学生更加显著高于新战士(表4)。统计数据表明,苏州中学少预班学生测试难度越大越能发掘大脑的机能潜力,而一般人则相反。同时还表明,这一系列与文化背景无关的视觉图像的识别测验能客观地定量评定个体大脑的功能。笔者认为,80-8量表的得分在一定程度上可反映流体智力(*gf*)的水平。可以认为超常学生的流体智力水平较普通人高,也就是说超常学生有着很大的智能潜力。

表4 不同难度测验得分差异性检验

测验对象	n	原表得分				改进表得分			
		1表	2表	3表	平均	1表	2表	3表	平均
苏州中学少预班	22	33.63 ±5.94	34.35 ±5.54	26.51 ±4.77	31.50 ±4.66	85.04 ±14.11	71.58 ±10.64	56.52 ±8.06	71.06 ±9.77
入伍新战士	188	39.13 ±7.99	34.72 ±6.66	26.00 ±5.67	33.30 ±6.04	79.72 ±21.53	63.06 ±16.51	48.85 ±12.07	63.86 ±14.61
t 检验		3.12**	0.25	0.41	1.35	1.14	2.36*	2.90*	2.31*

（四）超常学生神经类型灵活型的百分率特别高

笔者根据大量的测试资料统计得出7—25岁男、女学生各年龄组的80-8量表得分参数。灵活型在普通组中仅占2.50%，在超常组中占到40.85%。亚灵活型在普通组中仅占2.50%，在超常组中占16.90%。灵活、亚灵活两型合计，在普通组中仅占50%，而在超常组中占57.75%，两组差异的χ^2检验，$\chi^2=100.04$，$P<0.001$，表明其差异非常显著。稳定型百分率两组几乎相等，亚稳定型百分率普通组高于超常组，兴奋型、亚兴奋型、谨慎型、中下型等百分率超常组均为零，而普通组这些类型都占有一定的百分率，普通组神经类型属中间型占的百分率高达43.75%，为各型比例的最高。

7个单位学生神经类型百分率比较，其差异更为显著，并反映出不同班级学生的神经类型特点。超常组的4个单位间也存在一定的差异。北京八中超常小班学生平均年龄为10.48岁，灵活型的百分率高达60.6%，亚灵活型百分率也高达27.3%，1—4型合计达93.9%。中国科技大学少年班两个年级学生平均年龄为16.36岁，灵活、亚灵活型百分率不如其他3个超常班高，但稳定型百分率达25.0%，不仅是各超常班中最高的，而且也比其他3个普通班高；亚稳定型百分率高于其他3个超常班，但略低于普通班。7个单位学生1—4型的百分率差异具有非常显著性意义（$\chi^2=62.296$，$P<0.001$）。

（五）超常学生脑功能符合最佳模式者显著多

所谓脑功能符合最佳模式是指神经类型属灵活型、亚灵活型、稳定型及亚稳定型（1—4型），得分在均值以上，每表得分均不低于联合测试总分的30%。符合最佳模式者，大脑机能能力强、反应快、注意力集中、分化能力强、正确率高、困难条件下机能潜力大。经χ^2检验表明，符合最佳模式的百分率超常组学生显著高于普通组学生（表5）。

表5　两组学生符合最佳模式百分率比较

组别	n	最佳型人数	百分率（%）
超常实验班	142	33	23.24
某中学普通班	160	9	5.63
χ^2检验	$\chi^2=19.49$		$P<0.001$

7个单位学生符合最佳模式的百分率差异也非常显著（$\chi^2=18.327$，$P<0.01$），图4直观地说明：科大少年班学生符合最佳模式的百分率达28.85%；苏州中学少预班及北京八中超常大班符合最佳模式的百分率几乎相等，分别为22.73%和22.86%；北京八中超常小班符合最佳模式的百分率为15.15；3个普通班符合最佳模式的百分率分别是苏州中学高三(4)班7.14%、木渎中学高三(4)班5.45%、苏州十一中高三(4)班4.08%，均明显低于超常班。

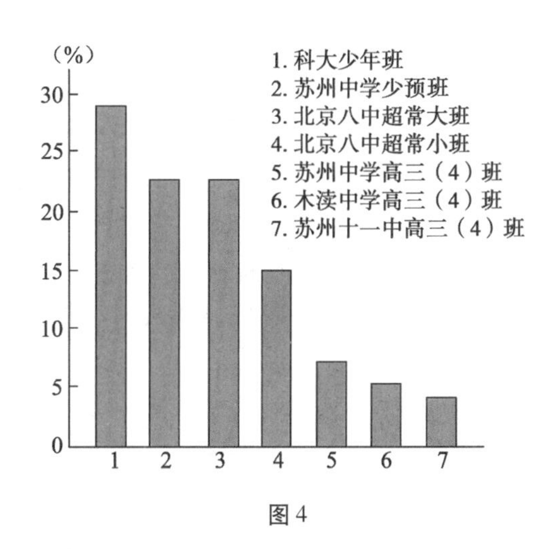

图4

(六) 早慧是自然禀赋和环境教育影响的结果

科学史表明,“少年早慧”是一种正常的可喜现象。他们在成年之后,在职业与情感上都是非常成功的,他们在各自的领域里都做出了重要的贡献。在各国杰出科学家队伍中,早慧科学家占有较大的比例,而且统计表明,早慧科学家一生做出的贡献一般都比普通科学家多。

经研究发现,人的智商80%取决于遗传基因。人脑是思维器官,它的生长发育取决于遗传、营养以及丰富的刺激等各方面的条件。人的思维活动不仅取决于先天性的遗传,而且更重要的在于早期开发。倘若在智力开发的敏感期给予能促使智力发展的丰富刺激,那么巨大的智能潜力就能得到发掘,并将使人终生获益。据统计,少年班大学生中近70%来自知识分子家庭。但是,成功并不完全是基因的作用,也不仅仅依属于人们出生的环境和良好的婴幼儿期早期教育,成功的获得更需要机遇、勤奋和专注。

天才儿童需要有经验的教师在早期就认识到他们智能的优越水平,根据他们的天赋组建特殊的班级,使他们受到超常教育。试办少年班、少年预备班及各种形式的超常教育实验班,为这些天才少儿提供了良好的教育条件,他们的学习积极性得到了很大的激励,他们的才华得到了更好的发展。

四、建　议

为促进我国超常教育事业的发展,笔者提出如下建议,供有关领导和大家参考。

1. 健全超常教育的体制

在党中央领导的关怀下,全国已有不少高校开办了少年班,一些重点中学创办了少年预备班,还有一些重点中小学创办了各种形式的超常教育实验班,我国的超常教育事业正在迅速地发展。从中央到地方应重视超常教育,既要宏观规划,又要组织落实。为使我国超常教育的体制健全,建议国家教委增设超常教育处,各省、市教委建立相应的机构,专司我国超常教育事业的宏观规划及各项具体工作的组织领导等。

2. 探讨超常儿童的标准

目前,对天赋素质的评定还没有公认为成功的方法,因此,如何评定超常儿童,这是值得探讨的课题。笔者所设计的80-8神经类型量表是否适用于超常儿童选拔,并制定智力超常标准,这需要广泛的协作和不断地深入研究。为此,建议国家教委将有关超常儿童评定标准的研究课题列入国家重点科研项目。

3. 变输入型教育为开发型教育

超常学生有着优越的天赋素质,他们的记忆力过人、思维敏捷、注意力集中、观察能力强、想象力丰富,肯于钻研,具有创见……对他们进行教育时,必须改变传统的教育思想和教法,把传统的偏重于传授知识的输入型教育,转变为既注重传授知识,更注重培养能力,发展个性和创造性的开发型教育。为此,应配备具有较强创造能力及丰富经验的教师,刺激和保护超常生的科学好奇心,努力启发超常生自由灵巧地思考问题,对具有直觉思维能力的超常生予以赞许和激励,注重培养超常生的发散性思维,以促进其知识和智力协调发展。另外,要在教学的环节和形式上加以改革。除了课堂讲授的形式外,在教师指导下,可以增加自学、讨论、答辩、实验、解题竞赛、自由联想等教学形式,培养学生分析问题、应用知识的能力和动手能力。此外,还应创造条件,开展小创造、小发明课外兴趣小组活动,以满足超常生的心理要求和个性的发展,为他们的创造性思维和能力的发展提供场所。

4. 加强超常生的生活管理

一般少儿由于生长发育的特点,其营养供给与成人差别很大,而超常少儿由于思维活动的异常活跃,脑力劳动负担重,其营养更应合理。为此,建议配备专职或兼职的营养医生。另外,超常生年龄较小,生活自理能力较差,应尽量训练学生学会生活自理,养成良好的作息和生活习惯,提高锻炼身体的自觉性。

小结

(一) 结论

(1) 超常学生高级神经系统的基本特性是神经系统强度非常强,兴奋过程与抑制过程都比较集中,均衡性、灵活性好。

(2) 超常生的大脑机能发育水平高,分化能力强,注意力集中,在困难条件下脑功能的潜力大。

(3) 超常生的神经类型以灵活型百分率最高,未发现弱型者。

(二) 存在的问题

(1) 本文仅根据80-8量表法的测试结果做数据分析,未能结合其他方法综合研究,评定的准确程度及其预测性有待长期追踪观察。

(2) 本文发现超常生年龄越小,80-8量表得分值在$\overline{X}+S$以上的百分率越高,并且灵活型的百分率也越高;而年龄越大,脑功能符合最佳模式的百分率越高。这些特点能否看作是超常生不同年龄阶段大脑机能发育的变化规律有待于进一步深入研究。

甄别智力超常的有效方法

——80-8 神经类型量表法、一般能力测验量表法

王文英　张卿华　冯成志　张斌涛　龚正行　王竹颖

牛顿、莎士比亚、贝多芬,他们在各自的领域内都达到了人类成就的顶峰,是举世公认的天才巨人。天才人物自古以来层出不穷、举不胜举。如何早期发现这些天才人物,并施以科学的超常教育,使他(她)们超常的智能潜力得到最大限度的发掘,为人类科学文明的发展做出更大的贡献,是世界各国无数教育家、心理学家不倦探索的课题,也是千百万家长盼望解决的问题。100 多年来,关于天才儿童鉴别的方法,通常采用斯坦福—比纳智力测验法、韦克斯勒智力测验法等,一般智商在 140 以上为天才儿童。1978 年,中国科技大学设立了少年班,开创了我国超常教育事业的先河,此后,我国有几十所高校、中小学校也开展了超常教育实验。这些学校在超常儿童选拔的方法探索方面有不少成功的经验。其中笔者自行编制的非文字的 80-8 神经类型测验量表法(简称"80-8 量表法")、一般能力测验量表法已为全国多个超常教育实验班招生采用。多年的应用实践表明,80-8 量表法、一般能力测验量表法之优越性是:适合团体施测、方法科学客观、结果量化。目前,这两套量表法共 10 种测试量表全部采用机阅,简便、快捷、准确、省时、省力,是甄别智力超常学生非常有效的方法。

一、研究方法

(一) 被试

超常教育少儿班:北京八中少儿 1 班、少儿 8 班学生 63 名。

超常教育少年班:中国科技大学 1994、1995 等届少年班学生 76 名。

报考超常班复试生:1997、1999、2001 年报考北京八中复试生 598 名,2001、2003 年报考江苏省天一中学复试生 575 名,2001、2002 年报考上海建平实验学校复试生 262 名,2001、2002 年报考大庆 69 中复试生 252 名。

重点班:中国科技大学 1994、1995 届 00 班学生 84 名,北京工业大学 1995 届 00 班学生 68 名,中国人民大学附中重点班学生 452 名。

普通班:苏州大学 1993、1994 届化学专业本科生 124 名,苏州八中初二年级学生 295 名。

(二) 测验材料

80-8 量表法为非文字纸笔式心理测验法,由苏州大学应用心理学研究所的王文英、张卿华自行编制,并于 1989 年 10 月在北京通过国家体委鉴定。量表由 10 种简单

符号按一定的原理编制而成。

一般能力测验量表法(系列)为非文字纸笔式心理测验法,由王文英自行编制,并于1997年12月通过江苏省科委鉴定。该量表由一系列红、绿、蓝色边的三角形组成,其中心分别标有红色、绿色或蓝色圆圈;有的量表三角形的3个内角分别标有红、绿、蓝色的3种形状的符号;有的量表每个三角形均缺少1条边、1个符号及其中心圆圈;有的量表每个三角形在颜色上都有一处错误;有的三角形3个内角分别标有红、绿、蓝色的数字。这套系列量表可做几十种方法的测验。

(二)测验方法

1. 80-8量表法,采用逐次增加难度的3种方法联合测验

方法1:规定2种符号为全表每行应找的符号。

方法2:规定量表左侧纵线外的每行2种符号为同水平行应找的符号。

方法3:除同方法2外,还规定一种特殊符号,凡在特殊符号后紧跟的1个符号,如果是本行应找的符号,需做特殊标记。

2. 一般能力测验量表法,采用7种方法联合测验

方法1(A4):规定左侧纵线外每行两种三角形为同水平行应找三角形。

方法2(B1):按三角形各类型的定义,判别各个三角形的类型。

方法3(B3):判别每相邻两个三角形同位置符号的颜色、形状相同的数量。

方法4(C4):在每个三角形空缺了一个符号的情况下,进行推理,形成表象,按方法3进行判别。

方法5(D1):每个三角形在颜色上都有一处错误,运用已掌握的概念,修正错误。

方法6(F1):对每相邻两个三角形同颜色数字做加法运算。

方法7(F5):对每相邻两个三角形按规则做加、减、乘法判别运算。

上述每种测验方法均限时5分钟,力求作业量大、准确性高。

3. 统计方法

在2003年7月前,所有测验量表是人工用模板批阅的,将正确无误的原始数据输入电脑,按计算公式及常模统计打印个体及群体结果;2003年7月之后,所有测验量表均可采用机阅,所有数据运用SPSS 10.0版本软件做统计检验处理。

二、研究结果

(一)80-8量表法能定量、定性评价人的脑功能

*K#*为80-8量表法三种不同难度加权平均得分的标准分数,*K#*的正负、大小反映被试思维的敏捷性、灵活性。*K#*正值越大,表明思维越敏捷、灵活性越高;*K#*负值越大,则表明思维越迟缓、灵活性越差。*G#*为80-8量表法三种不同难度加权平均错百分率的标准分数。*G#*正值越大,表明大脑神经活动过程兴奋集中程度越好;*G#*负值越大,表明大脑神经过程兴奋集中程度越差,兴奋易扩散。*H#*为80-8量表法不同难度加权平均漏百分率的标准分数。*H#*正值越大,表明大脑神经活动过程抑制集中程度越好;*H#*负值越大,表明大脑神经活动过程抑制集中程度越差,抑制易扩散。*ZH*为80-8量表法的综

合素质分,其值越大,表明大脑的功能越佳、潜力越大。

表1统计数据显示,报考北京八中、江苏天一中学、上海建平实验学校、大庆69中4所学校超常班的复试生相比较,*K#*、*G#*、*H#*、*ZH* 4项指标均以北京八中最高。这表明报考北京八中超常班的复试生其大脑思维敏捷性、灵活性、观察判别能力、自控能力、注意力集中程度以及综合素质均优于其他三所学校的复试生,其中大庆69中的复试生除*H#*指标外,其他三项指标均为最低。

表1　报考不同学校超常班复试生80-8量表法各指标标准分数比较

对　象	n	$K\# \pm S$	$G\# \pm S$	$H\# \pm S$	$ZH \pm S$
北京八中	598	1.83 ±1.23	0.86 ±0.39	0.99 ±0.57	159.11 ±29.88
江苏天一	575	1.67 ±1.20	0.61 ±0.51	0.49 ±0.84	138.45 ±33.97
上海建平	262	1.49 ±1.26	0.63 ±0.62	0.53 ±0.75	136.79 ±35.03
大庆69中	252	0.68 ±0.98	0.58 ±0.50	0.86 ±0.59	131.42 ±32.59
F检验		59.961***	34.056***	59.492***	65.276***

表2统计数据显示,北京八中少儿8班、1班的*K#*、*G#*、*ZH*值均显著高于其他群体。这表明北京八中少儿班学生思维特别灵敏,兴奋集中程度好,大脑功能明显超常。*H#*值,北京八中少儿8班显著大于其他群体,这表明这个班的学生抑制集中程度好,注意力非常集中;北京八中少儿1班的学生则明显低于少儿8班;科大00班、科大少年班最低。这表明相当一部分超常生还存在粗心大意、注意力集中程度较差的弱点。

表2　不同群体80-8量表法各指标标准分数比较

对　象	n	$K\# \pm S$	$G\# \pm S$	$H\# \pm S$	$ZH \pm S$
北京八中少儿1班	32	2.44 ±1.21	0.77 ±0.43	0.41 ±0.80	149.06 ±33.53
北京八中少儿8班	31	2.35 ±1.14	0.98 ±0.29	1.31 ±0.32	184.19 ±25.66
人大附中重点班	452	1.64 ±1.04	0.43 ±0.67	0.48 ±0.73	133.40 ±30.86
中国科大少年班	76	1.56 ±0.98	0.61 ±0.31	0.37 ±0.82	134.34 ±29.09
中国科大00班	84	1.18 ±0.91	0.42 ±0.47	0.12 ±1.02	121.78 ±34.29
北京工大00班	68	0.84 ±0.83	0.41 ±0.73	0.73 ±0.89	127.79 ±28.01
苏大化学本科	124	0.81 ±1.05	0.50 ±0.35	0.78 ±0.68	130.08 ±27.27
苏州八中初二	295	0.38 ±0.97	0.42 ±0.57	0.54 ±0.79	115.83 ±34.87
F检验		59.379***	13.835***	14.387***	25.005***

表3统计数据显示:神经类型为1型(最佳型)、2型(灵活型)占的比例,以北京八中为最高,大庆69中为最低;3型(稳定型)、4型(安静型)占的比例却以大庆69中最高;9型(强中间型)占的比例以江苏天一中学、上海建平实验学校为最高;11、12、14、15、16型(弱不均衡型)占的比例,以大庆69中为最高,北京八中为最低。

表3　报考不同学校超常班复试生神经类型(%)比较

对象	n	1型	2型	3型	4型	5型	6型	7型	8型	9型	10型	13型	11—16型
北京八中	598	19.4	33.1	18.9	5.7	0.3	0.5	2.3	0.0	15.9	1.7	1.7	0.5
江苏天一	575	8.9	23.6	14.8	3.3	0.9	0.5	7.1	0.7	34.4	3.0	0.7	2.1
上海建平	262	8.8	20.2	11.4	4.6	0.8	0.8	5.3	0.4	35.9	6.5	1.9	3.4
大庆69中	252	7.9	9.5	20.6	14.3	0.4	1.2	1.2	0.0	23.0	10.7	4.4	6.8
χ^2检验		41.20***	57.53***	11.63**	39.20***	1.72	1.53	23.55**	5.69	66.76***	41.61***	13.56**	30.58***

上述4所学校超常班复试生的各种神经类型的不同比例充分说明,人的个性特征虽然受早期环境(家庭教育、学校教育和社会教育)的影响和作用,但后天难以改造的先天遗传素质的差异是客观存在的。这种遗传素质是通过世世代代的遗传与变异沉积而成的。这种遗传素质是受种族、地域、自然环境、人文环境、经济生活环境等多种因素长期的影响和作用而形成的。

表4统计数据表明:1型(最佳型)的比例,全国常模为0.4%,而北京八中少儿8班高达58.1%,少儿1班为15.6%,其他群体均未超过8%;2型(灵活型)的比例,全国常模为2.6%,而科大少年班、人大附中重点班、北京八中少儿8班、北京八中少儿1班都在20%以上;3型(稳定型)的比例,以北工大为最高,苏大化学本科、苏州八中初二次之;5型(兴奋型)、6型(亚兴奋型)的比例,不同群体间无显著差异;7型(易扰型)的比例,北京八中少儿1班、科大00班较高;9型(强中间型)的比例,人大附中重点班、科大少年班、科大00班、北京八中少儿1班均在34%以上;11、12、14、15、16型(弱而不均衡型)的比例,全国常模为29.8%,北京八中少儿1班、8班为0.0%,苏州八中初二为13.9%,其他群体均低于6%。

表4　不同群体各神经类型(%)比较

对象	n	1型	2型	3型	4型	5型	6型	7型	8型	9型	10型	13型	11-16型
北京八中少儿1班	32	15.6	21.9	3.1	0.0	3.1	0.0	15.6	0.0	34.4	3.1	3.1	0.0
北京八中少儿8班	31	58.1	22.6	12.9	3.2	3.2	0.0	0.0	0.0	0.0	0.0	0.0	0.0
人大附中	452	6.9	23.2	8.9	1.3	3.3	1.1	6.6	0.4	41.2	4.6	0.9	1.5
中国科大少年班	76	5.3	25.0	17.1	1.3	0.0	0.0	7.9	2.6	38.2	1.3	0.0	1.3
中国科大00班	84	7.1	10.7	13.1	2.4	1.2	1.2	14.3	1.2	34.5	10.7	0.0	3.6
北京工大00班	68	4.4	10.3	27.9	11.8	1.5	0.0	4.4	0.0	28.0	2.9	2.9	5.9
苏大化学本科	124	4.8	13.7	20.1	12.1	2.4	0.0	3.2	0.8	23.4	8.1	5.7	5.7
苏州八中初二	295	3.7	7.5	19.3	9.8	1.0	2.4	3.7	3.4	16.3	12.6	6.4	13.9
常模	13155	0.4	2.6	5.5	5.9	1.7	2.7	4.5	2.8	19.7	19.7	4.7	29.8
χ^2检验		129.64***	40.91***	33.56***	48.09***	7.07	7.91	25.72***	14.59*	74.14***	29.45***	28.72***	60.48***

注:常模数据供参照,未参加检验。

上述不同群体各神经类型比例的差异表明,天赋优越的大脑功能是学生取得学业成功和事业成功的重要条件。超常教育实验班学生的大脑功能非常显著优于普通班的学生。统计数据有力地说明,80-8 量表法能有效地客观评价人的大脑功能水平。

(二) 一般能力测验量表法能甄别智力发展水平

一般能力总 IQ 值由 7 项分测验(A4 为注意观察能力,B1 为概念形成能力,B3 为分类判别能力,C4 为推理表象能力,D1 为抽象思维能力,F1 为简单加算能力,F5 为判别运算能力)的 IQ 值的均数来表示。各项分测验 IQ 值及总 IQ 值均划分为 7 个等级:≥130 为超常,130 > 优秀 ≥120,120 > 良好 ≥110,110 > 中上 ≥100,100 > 中等 ≥90,90 > 中下 ≥80,80 > 较差。

表 5 统计数据表明:报考不同学校超常班的复试生之间,其总 IQ 值存在非常显著性差异,其中北京八中的复试生最高,而大庆 69 中的复试生最低。总 IQ 值达到超常、优秀的比例,4 所学校间比较,差异均具有非常显著性意义。总 IQ 值达到超常等级的比例,北京八中高达 33.28%,大庆 69 中只有 3.97%;优秀的比例,以江苏天一中学为最高,其次为北京八中,大庆 69 中最低;良好的比例,大庆 69 中、上海建平实验学校较高;其他各等级的比例,均以北京八中为最低,大庆 69 中为最高。

上述统计数据表明,4 所学校复试生的一般能力发展水平(智能潜力)存在着非常显著性差异,其中北京八中复试生显著高于大庆 69 中复试生。

表 5 报考不同学校超常班复试生总 IQ 值及各等级比例(%)

对象	n	总 IQ 值	超常	优秀	良好	中上	中等	中下	较差
北京八中	598	124.33 ± 12.03	33.28	27.93	26.92	11.20	0.67	0.00	0.00
江苏天一	575	120.33 ± 11.88	19.83	31.65	29.74	14.43	3.65	0.70	0.00
上海建平	262	114.23 ± 13.22	12.21	17.56	33.21	17.94	12.59	2.29	4.20
大庆 69 中	252	110.60 ± 10.68	3.97	14.68	33.73	33.33	11.51	2.78	0.00
检验	F 值	96.446 χ^2	110.90***	37.42***	5.67	65.65***	77.71***	18.88***	60.22***

表 6 统计数据表明:不同群体一般能力总 IQ 值差异非常显著,其中:北京八中少儿 8 班最高,达到超常水平(133.33);苏州八中初二最低,仅达到中等水平(99.20)。不同群体一般能力发展水平(智能潜力),以北京八中少儿 8 班为最高,达到超常的比例占 54.84%,优秀的比例占 32.26%,两等级比例合计高达 87.10%;人大附中达到超常的比例占 29.65%,优秀的比例占 27.66%,两等级比例合计为 57.31%;科大少年班,超常、优秀两等级比例合计占 46.05%;而苏大化学本科的超常、优秀两等级比例只占 13.22%,苏州八中初二的超常、优秀两等级比例仅占 4.05%。

表 6 不同群体一般能力总 IQ 值及各等级比例(%)

对象	n	总 IQ 值	超常	优秀	良好	中上	中等	中下	较差
北京八中少 8	31	133.33 ± 11.20	54.84	32.26	12.90	0.00	0.00	0.00	0.00
人大附中重点班	452	123.35 ± 12.47	29.65	27.66	30.09	9.73	2.65	0.22	0.00
科大少年班	76	121.03 ± 12.05	22.37	23.68	39.47	13.16	1.32	0.00	0.00

续表

对象	n	总 IQ 值	超常	优秀	良好	中上	中等	中下	较差
科大 00 班	84	118.44 ± 11.63	14.29	27.38	34.52	20.24	3.57	0.00	0.00
北工大 00 班	68	118.51 ± 11.45	14.71	29.41	29.41	22.06	4.41	0.00	0.00
苏大化学本科	124	107.41 ± 10.90	3.30	9.92	26.45	30.58	26.45	3.30	0.00
苏州八中初二	295	99.20 ± 12.49	0.34	4.11	16.10	27.05	30.84	20.55	1.37
检验	F 值	116.886　χ^2 值	155.81***	81.69***	31.79***	59.24***	171.71***	159.77***	11.44

上述统计数据表明，不同群体的智力发展水平具有显著性差异。大量的实验数据充分说明，一般能力测验量表法对甄别人的智力发展水平是十分有效的。

（三）智力超常学生学科成绩优异

表 7 数据表明，北京八中少儿 8 班 2003 年高考平均成绩，总分及语文、数学、英语、理综等分数均高于北京八中、北京四中、北京市实验中学等重点中学，比西城区的平均总分高出 145.57 分。

表 7　北京八中少儿 8 班与重点中学 2003 年高考平均成绩比较

单　位	语文	数学	英语	理综	总分
北京八中少儿 8 班	113.10	127.50	122.70	229.30	592.69
北京八中	107.29	117.95	115.45	196.30	536.99
北京四中	108.73	118.97	121.03	211.90	560.69
北京市实验中学	107.46	117.73	120.12	209.42	554.73
西城区平均分	96.44	93.31	97.60	159.77	447.12

北京八中少儿班的学制为初中 2 年、高中 2 年，即用 4 年的时间学完中学 6 年的各门课程，他们高中毕业的年龄一般为 14～15 岁。

（四）智力超常学生前途无量

表 8 数据表明：北京八中少儿 1 班（第 1 期少儿班）于 1989 年毕业，当时全部考取高校本科，取得学士学位。此后，8 人取得硕士学位，7 人取得博士学位，2 人取得博士后学位。此外，有 2 人在读硕士，有 4 人在读博士，有 1 人在读博士后。也就是说，少儿 1 班 32 名毕业生中，已取得及尚在攻读硕士、博士、博士后学位的占到 75%，这样的高学历比例在一般群体中是不可能出现的。

表 8　北京八中少儿 1 班毕业生取得各类学位情况（n = 32）

	学士	硕士	在读硕士	博士	在读博士	博士后	在读博士后
人数	8	8	2	7	4	2	1
%	25.00	25.00	6.25	21.87	12.50	6.25	3.13

表 9 数据表明：北京八中少儿 1 班 32 名毕业生中，有 4 人获得副高职称，3 人获得正高职称，即获得正、副高以上职称的有 7 人，占全班毕业生的 21.88%。有 13 人（占 40.63%）被美国、德国、日本等国著名高校、企业聘用。其余的人有的在国内外攻读学

位,有的在国内著名高校、企业就职。

从这个班毕业生的发展生涯来看,他们在而立之年就已经取得了突出的工作业绩,获得了丰硕的学术成果,他们今后一定会对祖国、对人类科学文明的发展与进步做出更多、更大的贡献。

表9 北京八中少儿1班毕业生取得高职称等情况($n=32$)

	副高职称	正高职称	在国外著名高校、企业任职
人数	4	3	13
%	12.50	9.38	40.63

三、分析讨论

(一)80-8量表法的独特性、优越性

1. 80-8量表编制独特

80-8量表编制始于20世纪70年代末,经过反复推敲、筛选、修订,于1980年8月设计出。量表由10个简单符号组合而成,按大脑神经系统兴奋、抑制及其转换等机能活动的原理,对每行50个符号进行巧妙排列,每行左侧线外设有差别明显的2个标志符。

2. 80-8量表测验方法独特

80-8量表可做8种以上方法的测验。其中3种难度逐次递增的联合测验最为常用,测验时发给每位被试80-8量表3张。相同的表按3种不同难度施测,能客观、定量地评价被试在不同难度脑力负荷下的大脑功能水平及其特点。

3. 16种神经类型判别标准独特

张卿华、王文英于20世纪80年代初,运用80-8量表法3种不同难度测验,考察被试在建立分化抑制、消退抑制、条件性抑制等条件反射活动中神经系统活动的基本特性,以加权的得分、错百分率、漏百分率来量化。标准化样组个体各指标加权变换后的数据能通过Kormoropob正态性检验。然后根据概率理论,选择标准正态分布的5个代表点,按照此5个代表点的概率作为划分点的依据,给出5个等级水平的界限。这样,3项指标各5个等级可出现125种组合。经归纳分类,将人的神经类型确定为16种。王、张等人探索出16种神经类型的划分方法后,还研制出判别各神经类型的数学常模,这为甄别人才、科学地使用人才提供了科学、客观、量化的依据。

4. 80-8量表法的优越性

80-8量表由非文字的简单符号组成,这些符号五六岁的小孩也能识别。80-8量表法不受文化背景的影响,以同一把尺度测量出不同性别、不同年龄人的大脑机能水平和个性特征。

80-8量表测验方法有多种,可根据受测对象、施测目的而选用。80-8量表法测验结果量化,反映大脑机能活动状态及个性特征的信息量大。80-8量表法适宜团体施测。每种方法测验时限5分钟,3种难度的联合测验,包括讲解、演示在内,总计半个多小时。测验量表采用机阅,省时、省力、便捷、高效,特别在招生、招聘等受测人数多、时

间紧、需及时出结果的情况下,就会显示出巨大的优越性。

(二) 一般能力测验量表法的新颖性、科学性

1. 一般能力测验量表法设计思想新颖

一般能力测验量表法是根据信息加工理论,于1993年编制而成。该套量表包括A、B、C、D、E、F 6个量表,以三角形为基本图形,巧妙地运用红、绿、蓝三种颜色将3条边、3种不同形状符号、1—6的数字以及中心圆圈做各种各样新颖、巧妙的组合与变式,设计出30多种测验方法。常规测验的8种方法可考察与评价被试的注意观察能力、概念形成能力、分类判别能力、推理表象能力、抽象思维能力、注意搜寻能力、简单运算能力及判别运算能力等8种基本能力。该套量表法经过多年的应用实践考验,证明其在评价与甄别一般智力发展水平尤其在甄别智力超常少儿方面是十分有效的。

2. 一般能力测验量表法的科学性

一般能力测验量表法为非文字的纸笔式测验,不受被试文化背景的影响,排除了主观意愿的作用。测验在非常规范化、标准化、程序化的状况下进行。在测验规定的时限内,被试可以充分调动个人的智能潜力,尽量快速、准确地完成测试。在测试的全过程中,被试无法掩饰作假,确保测验数据的真实性、可靠性。因此,一般能力测验量表法可客观真实地反映被试的智能水平。

科学的东西是有规律的。笔者多年来,无论在何时、何地进行测试,大量的测验数据都证明:普通群体包括一般职员、工人、士兵、普通中小学生等,其一般智力发展水平的IQ值均在90~100,普通高校学生其IQ值均在100~110左右,国家公务员、企业中高级管理人员以及重点大、中、小学学生的IQ值均在110~120,而超常教育班群体的IQ值均可在120以上,个别十分优秀的超常群体其IQ值可达130以上。

科学的东西是具有预测性的。笔者积累了20多年前超常教育实验班的测评资料,当时的测评结果与其现在取得的成就非常吻合。例如:1996年12月测得中国科大00班的鲍同学的一般能力总IQ值高达158.72,是科大少年班、科大00班所测全体学生中智力水平最高者。后经调查了解,他在科大一年级时,参加科大全校物理竞赛,获得了第一名,并且提前毕业去美国深造,后来很快被哈佛大学录取为博士研究生。又例如,北京八中少儿6班的1名学生,试读时测得其总IQ值为100.98,由于文化成绩较好,被少儿班录取。经过两年的超常教育,虽然他本人尽了最大的努力,但学习成绩在全班仍为最差,后来只能转入其他学校学习。

一般能力测验量表法还在文、理科选科上显示出良好的预测性功能。笔者多年来进行的大量应用实践证实:如果一般能力总IQ值仅在100左右,则不宜选理科;如果一般能力总IQ值达到120以上,则学习理科比较轻松;如果总IQ值达到140以上,则进入理科超常班学习更能充分发掘其超常智能的潜力。

20多年来,不同群体上万名被试的测验结果充分表明,一般能力测验量表法在甄别被试总智力及各智力因子的发展水平上具有科学客观、评价量化、实效性强等优点,受到应用单位的一致好评。

小 结

（1）80-8量表法在评价人的大脑机能状态及个性特征方面具有独特性、优越性。该测验方法操作简便、结果量化、评价客观、实证效度高。

（2）一般能力测验量表法在甄别人的一般智力发展水平方面具有新颖性、科学性和实效性。该测验方法设计巧妙，获得的信息量大，施测的信度、效度高。

（3）80-8量表法与一般能力测验量表法联合施测是甄别智力超常人才和选拔人才的十分有效的方法。

鉴别资优幼儿心理素质的几种量表法

■ 王文英　张卿华

随着 1978 年科学春天的到来，长期被禁锢的心理测验开始复苏。乒乓外交促使我们重视心理选材，开始自行设计编制非文字的 80-8 神经类型测验量表法（简称 80-8 量表法）。经过近 10 年的努力，我们完成了我国学生大脑机能及神经类型课题的研究，建立了 7—22 岁我国各年龄组的大脑发育水平的参数及神经类型的判别标准。1993 年，我们编制出非文字的一般能力测验量表法（系列）。经应用实践证明，我们自行编制的 80-8 神经类型量表法（简称"80-8 量表法"）、概念形成能力测验（B1）量表法、分类判别能力测验（B3）量表法、简单加算能力测验（F1）量表法、判别运算能力测验（F5）量表法等能科学地鉴别资优幼儿。希望从事资优幼儿选拔、教育的老师、科研工作者在实际工作中进一步验证这些量表法的优越性。

一、研究方法

（一）被试

报考北京育民小学超常教育少儿预备班的 1338 名幼儿，报考苏州市实验小学一年级的 494 名幼儿，报考苏州金阊实验的小学一年级的 267 名幼儿，报考苏州杨枝实验小学一年级的 353 名幼儿，报考昆山实验小学的 620 名幼儿。

（二）测验材料

采用笔者于 1980 年 8 月自行设计编制的 80-8 量表法。

采用笔者于 1993 年自行设计编制的一般能力测验量表法（系列）中的 B1、B3、F1、F5 量表法。

（三）测验方法

1. 80-8 量表法

80-8 量表法由 3 种难度组成，测验难度逐次增大。难度一：规定某一行行序外侧的两种符号为全表的阳性符号。难度二：规定每行序外的两种符号为同水平行的阳性符号。难度三：仍然规定每行序外的两种符号为同水平行的阳性符号，但还规定一种特殊符号，凡在特殊符号后紧跟的一个阳性符号需对之做特殊反应。每种难度测验时间均为 5 分钟，一种难度测验结束后，主试接着介绍下一种难度的测验方法，中间不安排休息。三种难度联合测验总计 40 分钟完成。

2. 概念形成能力测验（B1）量表法

按 B1 量表每个三角形各条边与其对应角符号颜色的相同程度，根据类型的判别标准，判别此类型。

3. 分类判别能力测验(B3)量表法

判别B3量表每相邻两个三角形同位置(顶角、左角、右角)三个符号颜色、形状的相同数目。

4. 简单加算能力测验(F1)量表法

将相邻两个三角形同颜色数字相加,并将答案填写在同颜色空格内。

5. 判别运算能力测验(F5)量表法

根据相邻两个三角形中心圆圈的相同程度做加法或减法运算,运算仍在相邻两个三角形同颜色两个数字之间进行,将其结果填写在同颜色的空格内。

B1、B3、F1、F5四种量表法的测验时间均为5分钟。

(四) 统计方法

经过多年的努力,80-8量表法、一般能力测验量表法(系列)其试卷已实现光标阅读,既省时,又省力,结果准确。但由于入学前的幼儿不能准确填涂表头的各栏目,所以只能用模板人工批阅,将批阅的有关数据输入计算机,然后打印出个体及群体的结果。群体之间得分差异的显著性用方差分析(F检验),错百分率差异的显著性用χ^2检验。

二、研究结果

(一) 报考少儿预备班的幼儿大脑机能显著地强

1. 报考少儿预备班的幼儿大脑机能灵活

表1第3列数据显示,报考北京育民小学超常教育少儿预备班群体较报考苏州4所小学一年级幼儿群体,其大脑神经系统活动的强度显著地强、灵活性显著地高,即报考北京育民小学超常教育少儿预备班的幼儿群体的脑力作业量、思维反应速度、敏捷性及应变能力等显著优于报考苏州4所小学的幼儿群体。

2. 报考少儿预备班的幼儿大脑兴奋集中性显著地强

表1第4列数据显示,报考北京育民小学超常教育少儿预备班群体较报考苏州4所小学一年级幼儿群体,其大脑神经系统兴奋过程集中程度显著地高,即兴奋不易扩散,判断准确,自控能力强。

3. 报考少儿预备班的幼儿大脑抑制集中性显著地强

表1第5列数据显示,报考北京育民小学超常教育少儿预备班群体较报考苏州4所小学一年级幼儿群体,其大脑神经系统抑制过程集中程度显著地高,即抑制不易扩散,注意力比较集中,相比较为细心踏实。

4. 报考少儿预备班的幼儿大脑综合心理素质显著地高

表1第6列数据显示,报考北京育民小学超常教育少儿预备班群体较报考苏州4所小学一年级幼儿群体,其大脑神经系统活动的强度、兴奋的集中性、抑制的集中性等综合心理素质显著地高,即他们头脑较为灵活,自控能力较强,注意力较集中,心理较稳定。

表1 不同学校小学入学新生心理素质状况比较($\overline{X} \pm S$)

对　象	n	反应灵活性	兴奋集中性	注意集中性	综合心理素质
北京育民小学	1338	2.49 ±1.27	3.73 ±1.14	3.94 ±1.11	106.11 ±36.14
苏州实验小学	304	1.85 ±1.07	3.36 ±1.27	3.63 ±1.22	86.90 ±34.43
苏州金阊实小	267	1.96 ±1.22	2.98 ±1.48	3.39 ±1.52	81.91 ±40.79
苏州杨枝实小	352	1.73 ±1.00	2.95 ±1.35	3.16 ±1.31	73.92 ±34.55
苏州昆山实小	612	1.60 ±1.01	2.73 ±1.34	3.34 ±1.33	71.65 ±36.04
F 检验		79.457***	81.714***	52.906***	126.754***

(二) 报考少儿预备班的幼儿概念形成能力非常显著地强

1. 报考少儿预备班的幼儿概念形成的速度非常显著地快

表2第3列数据显示,报考少儿预备班的1146名幼儿较报考其他小学的1734名幼儿其概念形成速度非常显著地快。也就是说他们的学习能力、理解能力、领悟能力较强。

2. 报考少儿预备班的幼儿概念形成错误率非常显著地低

表2第4列数据显示,报考少儿预备班的1146名幼儿较报考其他小学的1734名幼儿,其概念形成的错误率非常显著地低。也就是说,这些幼儿不仅概念形成的速度较快,而且不易出现错误,因此,他们学习的效率相对较高。

表2 不同学校小学入学新生一般能力得分值比较

对　　象	n	概念形成能力	错百分率
北京育民小学	1146	25.03 ±21.30	34.88 ±1.41
苏州实验小学	494	13.10 ±14.48	46.85 ±2.25
苏州金阊实小	267	10.23 ±10.67	53.20 ±3.05
苏州杨枝实小	353	8.16 ±9.69	61.53 ±2.59
苏州昆山实小	620	9.05 ±10.17	57.88 ±1.98
		F 检验　151.681***	χ^2 检验　1398.779***

(三) 报考少儿预备班的幼儿分类判别能力非常显著地强

1. 报考少儿预备班的幼儿分类判别速度非常显著地快

表3第3列数据显示,报考少儿预备班的1326名幼儿较报考其他小学的1734名幼儿,其分类判别的速度非常显著地快。也就是说,这些幼儿在上、下、左、右等不同方位、不同形状、不同颜色等的干扰下,分类判别的速度非常显著快。

2. 报考少儿预备班的幼儿分类判别错误率非常显著地低

表3第4列数据(分类判别错误率)显示,报考少儿预备班的幼儿较报考其他小学的幼儿,其分类判别的错误率非常显著地低。

表3　不同学校小学入学新生一般能力得分值比较

对　象	n	分类判别能力	错百分率
北京育民小学	1326	22.75 ±14.34	15.96 ±1.01
苏州实验小学	494	12.38 ±10.98	24.34 ±1.93
苏州金阊实小	267	11.03 ±10.45	29.08 ±2.78
苏州杨枝实小	353	9.05 ±9.57	33.37 ±2.51
苏州昆山实小	620	9.90 ±10.00	31.38 ±1.86
		F检验　190.819***	χ^2检验　1416.224***

（四）报考少儿预备班的幼儿简单运算能力非常显著地强

1. 报考少儿预备班的幼儿简单运算速度非常显著地快

表4第3列数据显示，报考少儿预备班的1338名幼儿较报考其他小学的1724名幼儿，其简单运算速度非常显著地快。也就是说，这些幼儿对1—6红、绿、蓝色的数字分辨快，加算迅速。

2. 报考少儿预备班的幼儿简单运算错误率非常显著地低

表4第2列数据显示，报考少儿预备班的幼儿较报考其他小学的幼儿，其简单运算错误率非常显著地低，也就是说这些幼儿对颜色的分辨及对位置的判断准确性高。

表4　不同学校小学入学新生一般能力得分值比较

对　象	n	简单运算能力	错百分率
北京育民小学	1338	17.78 ±8.92	5.47 ±0.62
苏州实验小学	492	11.78 ±5.98	7.23 ±1.17
苏州金阊实小	267	9.07 ±6.36	14.29 ±2.14
苏州杨枝实小	349	10.29 ±6.69	13.10 ±1.81
苏州昆山实小	616	9.76 ±6.57	13.59 ±1.38
		F检验　187.801***	χ^2检验　1603.545***

（五）报考少儿预备班的幼儿判别运算能力非常显著地强

1. 报考少儿预备班的幼儿判别运算速度非常显著地快

表5第3列数据显示，报考少儿预备班的876名幼儿较报考其他小学的1376名幼儿，其判别运算速度非常显著地快。所谓判别运算是指相邻两个三角形中心圆圈颜色相同时，则对相邻两个三角形同颜色的两个数字做加法运算，将答案填写在同颜色空格内，如果相邻两个三角形中心圆圈颜色不同，则该相邻两个三角形同颜色的两个数字做减法运算（大数减小数，不得负数），将运算结果填写在同颜色空格内。这里指的判别运算速度快有三层含义：其一，判别运算方法是做加法还是做减法；其二，对同颜色数字做快速运算；其三，将运算结果快速填入同颜色空格内。

2. 报考少儿预备班的幼儿判别运算错误率非常显著地低

表5第4列数据显示，报考少儿预备班的幼儿较报考其他小学的幼儿，其加减判别

运算的错误率非常显著地低。这表明,报考少儿预备班的幼儿不仅对加减运算方法判别较准确,对不同颜色数字的运算也较准确,而且填入运算结果的位置也较准确。三角形三个角上数字颜色、数字大小都在不断地变化,三角形中心圆圈颜色也在不断变化,填写答案的三种颜色空格也在不断变化,报考少儿预备班的幼儿在判别运算中能达到如此低的错误率(10.43 ±1.03),表明他们的天资是比较优秀的。

表5　不同学校小学入学新生一般能力得分值比较

对　　象	n	判别运算能力	错百分率
北京育民小学	876	24.58 ±12.43	10.43 ±1.03
苏州实验小学	308	16.06 ±9.36	15.87 ±2.08
苏州金阊实小	267	11.42 ±9.01	21.49 ±2.51
苏州杨枝实小	267	14.52 ±10.48	26.98 ±2.72
苏州昆山实小	534	12.97 ±9.88	24.66 ±1.87
		F 检验　143.092***	χ^2检验　1658.782***

三、分析与讨论

(一) 80-8 量表法的科学性

笔者自行设计编制的 80-8 量表法,采用非文字的 10 种简单符号(这 10 种符号既相似,又有区别,人人都能识别,但又难免出现识别错误),根据皮质细胞兴奋与抑制过程的活动规律进行排列,通过不同难度的“视动”条件反射活动,观察被试在建立分化抑制、消退抑制、条件抑制等条件反射活动过程中所表现出的反应速度、兴奋过程扩散及后作用、抑制过程扩散及后作用以及兴奋与抑制过程相互诱导等特点,并将其量化,经统计分析,间接地评定大脑机能系统的能力和皮质活动的机能特性。

80-8 量表法是一种规范的实验法,其测验结果客观量化,而且其评定的标准科学,有全国常模,并由计算机判别,经过 30 多年的应用实践,深受教育、体育、航天等全国多个领域的好评。尤其在超常教育实验班学生的招生中 80-8 量表法测验成绩占的权重很大。

(二) 一般能力测验量表法(系列)实效性很高

概念形成能力、分类判别能力、运算能力等一般能力,是人人完成各项活动都需具备的基本能力。由于遗传、环境、个体实践等因素的综合作用,个体之间的智力发展水平和特点存在较大差异。笔者根据信息加工的理论,于 1993 年设计编制出非文字的一般能力测验量表法(A、B1、B3、C、D、E、F1、F5 等系列)。此量表法有很高的信度和效度,根据常模参数将各项测验成绩划分为超常、优秀、良好、中上、中等、中下、较差 7 个等级,对被试各项能力做客观、定量的评价。本文表 2、表 3、表 4、表 5 数据显示,报考少儿预备班的幼儿较报考普通小学的幼儿概念形成能力、分类判别能力、简单运算能力、判别运算能力非常显著地强,而且错误率非常显著地低。这表明一般能力测验量表法对鉴别理科资优幼儿同样是非常有效的。

（三）资优幼儿产生的必然性和科学鉴别的可能性

初生环境、早期教育对婴幼儿智力发展起着十分重要的作用。随着社会的发展、科技的进步、优生优育的普及、促使婴幼儿脑发育刺激信息的多样、营养的丰富合理，一大批资优幼儿必然会涌现出来。

对资优幼儿的科学鉴别，笔者投入了一定的精力，设计编制了一些适用于鉴别幼儿园、小学一年级幼儿的观察力和简单推理能力的图册、0303代码测验法、临摹测验等。多年的小学一年级招生测验实践表明，这些测验方法对淘汰智力发育水平较低的幼儿是有效的，而对科学鉴别资优幼儿显得难度不够大。所以，笔者主张编制有一定难度的认知测验，使资优幼儿进行该测验时，既能充分调动完成测验的积极性，又无法完成全部测验内容。目前尚未见到信度、效度都很高的鉴别资优幼儿的心理测验量表法。因此，80-8量表法、一般能力测验量表法对资优幼儿的鉴别还是值得推广应用的。

超常少儿心理素质状况分析及选拔标准的研究

——科学鉴别超常少儿的 HYRC 心理素质测评系统

■ 张卿华　王文英　冯成志　王俊成　张燕清　王竹颖

HYRC 为华英人才的缩写，华英取自两位研究者的名字后一个字，寓意为中华英才。该系统自 1979 年开始设计编制，经过 30 多年的不断研发及应用实践检验，至今已含 80-8 神经类型测验量表法、一般能力测验量表法（系列）、HS 投射测验法、汉字笔迹与个性测验法、A-T 测验法等多种实验量表法。该测评系统在反映人的大脑机能特性及个性特征、预测人的一般智能潜力、诊断人的心理健康水平等方面具有很强的科学性、客观性和实效性。

HYRC 心理素质测评系统的特色主要是：本系统为纸笔式客观测验量表法，量表采用符号编排，构思独特，设计巧妙，测验方法多种，难易程度不等，正确答案唯一，测验结果客观量化，适宜团体施测，省时、省力，具有中国本土特色，也适用于跨文化研究与应用。

30 多年来，我们为鉴别与选拔超常少儿，促进超常教育事业的发展付出了大量的精力。我们的研究成果 HYRC 心理素质测评系统，在全国许多超常教育实验班招生工作中得到了较为广泛的应用。

我们与北京八中的亲密合作，从 1987 年开始，至今已有 29 年的历史，我们参与了该校历届超常教育实验班招生复试生的选拔工作，积累了大量的有研究价值的数据。校方认为，HYRC 心理素质测评系统对北京八中超常班的选材工作起到了很大的作用，收到了显著的实效，应该大力宣传，让更多的同仁认识和了解这个测评系统的科学性、客观性和实效性，使其对超常少儿的选材工作和促进超常教育事业的发展做出更大的贡献。这也是我们撰写这篇论文的动机和出发点。

一、研究目的

据研究推论，在人群中有 1% ~3% 的少儿属于智力超常者，而开展超常教育，首先要解决如何将这一极少部分的超常少儿选拔出来。笔者经过长达 29 年对北京八中等超常教育实验班学生选拔的系统性、应用性研究，应该说有了一定的发言权。为此，笔者将积累的大量实验数据经数理统计分析、检验，探讨其规律，得出接近真理的认识和结论，为建立我国超常少儿的鉴别与选拔标准提供有价值的科学资料和行之有效的测评方法。

二、研究对象与方法

对象：中国科大少年班学生、北京八中历届超常教育实验班复试生等4446人，普通高校生、中学生等2325人，招干复试者1167人，战士、工人等1074人，共计9012人。

方法：采用苏州大学张卿华、王文英教授自行设计编制的80-8神经类型测验量表法、一般能力测验量表法(包括概念形成能力、分类判别能力、推理表象能力、抽象思维能力、简单加算能力、判别运算能力等)，对不同群体人员的大脑机能能力、特性、智力发展水平以及综合心理素质进行科学客观的评定。

三、结果与分析

(一) 超常少儿大脑机能特性及心理素质非常显著地优于其他群体

关于人与人之间存在着巨大差异的问题，众说纷纭。有人说，从生理学上(从遗传上)讲，人与人之间的差异是很小的，差异来自人的后天，因而有的人成为天才，有的人成为庸才，有的人成为伟人，有的人成为废人。有人说，人的巨大差异主要来自先天遗传因素。而笔者的观点是，人与人之间的巨大差异的本质属性(素质)主要取决于遗传因素的影响和作用，个体的生理、心理及行为等一切活动都是在遗传的基础上发展起来的，而后天的环境、教育及个体的实践活动(勤奋努力)等因素能起到催化、挖潜、补拙和改变人生方向(命运)的作用。对于个体发展来讲，二者都很重要，缺一不可，二者之间起着相辅相成的作用，前者是基础，后者是动力。笔者既不赞同夸大遗传作用的唯天才论的观点，也不赞同可以将一个普通孩子培养成超常生的教育万能论。笔者始终认为，只有通过认真的、严谨的调查研究、实验研究获得大量的客观数据，才有真正的发言权。

从表1的统计数据可看出，不同群体大脑机能特性的三项指标(反应灵活性、兴奋集中性、注意集中性)以及综合心理素质指标都存在着非常显著性差异，其中超常班复试生思维反应的敏捷性、灵活性，观察判断的准确性、自控性，注意力的集中性、缜密性以及综合心理素质水平等都非常显著地优于其他群体，而部队战士、工人群体各项指标水平都非常显著地低。

表1　不同群体人员心理素质比较($\overline{X} \pm S$)

对　　象	n	反应灵活性	兴奋集中性	注意集中性	综合心理素质
超常复试生	3168	4.35 ± 0.87	4.09 ± 1.02	4.22 ± 0.98	149.61 ± 36.06
大学生	859	3.31 ± 1.09	3.79 ± 1.17	3.64 ± 0.99	117.80 ± 29.50
招干复试者	1167	3.32 ± 1.12	3.83 ± 0.99	3.42 ± 1.16	114.20 ± 27.62
部队战士	910	2.80 ± 1.11	3.10 ± 1.23	2.95 ± 1.59	90.44 ± 28.86
工人	164	2.88 ± 1.20	3.38 ± 1.19	2.55 ± 1.12	92.62 ± 30.00
F检验		619.87^{***}	159.05^{***}	325.73^{***}	771.59^{***}

注：大脑机能特性三项指标均是以等级分来表示的，即5(优秀)、4(良好)、3(中等)、2(中下)、1(较差)。

表2统计数据表明，不同学校超常班复试生，其大脑机能特性的三项指标（反应灵活性、兴奋集中性、注意集中性）以及综合心理素质指标都存在着非常显著性差异。其中反应灵活性指标以上海建平中学、江苏天一中学、北京八中、西安高新一中显著优于其他学校；兴奋集中性指标以上海建平中学、天津耀华中学、北京八中显著优于其他学校；注意集中性指标以天津耀华中学、西安高新一中、北京八中显著优于其他学校；而综合心理素质指标以北京八中、上海建平中学、天津耀华中学、西安高新一中显著优于其他学校。

表2　不同学校超常班复试生心理素质状况比较（$\overline{X} \pm S$）

对　　象	n	反应灵活性	兴奋集中性	注意集中性	综合心理素质
北京八中	2788	4.42 ±0.83	4.12 ±1.02	4.21 ±0.99	151.74 ±36.01
上海建平中学	238	4.51 ±0.74	4.24 ±0.90	3.89 ±1.02	148.48 ±32.53
西安高新一中	324	4.34 ±0.87	3.92 ±1.09	4.29 ±0.90	145.77 ±35.03
天津耀华中学	193	3.97 ±1.00	4.20 ±0.97	4.42 ±0.86	146.21 ±34.69
江苏天一中学	575	4.46 ±0.79	3.97 ±0.97	3.65 ±1.14	138.45 ±33.97
大庆39中	252	3.78 ±1.00	3.89 ±0.97	4.15 ±0.99	131.42 ±32.59
深圳耀华实验学校	76	4.14 ±1.10	3.66 ±1.07	3.92 ±1.27	133.28 ±35.07
F检验		32.28***	8.35***	31.60***	24.03***

表3统计数据表明，超常班复试生群体与其他不同学校学生群体，其大脑机能特性的三项指标（反应灵活性、兴奋集中性、注意集中性）以及综合心理素质指标都存在着非常显著性差异。其中反应灵活性指标以中国科大少年班、超常班复试生非常显著地优于其他学校；兴奋集中性指标以南京邮电大学、超常班复试生、中国科大少年班非常显著地优于其他学校；注意集中性指标以超常班复试生、苏州中学、南京邮电大学非常显著地优于其他学校；综合心理素质指标以超常班复试生、中国科大少年班非常显著地优于其他学校。

表3　超常班复试生与不同学校群体心理素质状况比较（$\overline{X} \pm S$）

对　　象	n	反应灵活性	兴奋集中性	注意集中性	综合心理素质
超常班复试生	3168	4.35 ±0.87	4.09 ±1.02	4.22 ±0.98	149.61 ±36.06
中国科大少年班	76	4.50 ±0.66	4.05 ±0.79	3.49 ±1.13	134.34 ±29.09
南京邮电大学	171	3.59 ±1.05	4.19 ±0.84	4.09 ±0.93	127.95 ±29.08
北京工业大学	68	3.94 ±0.87	3.90 ±0.88	3.91 ±1.08	127.79 ±28.01
苏州大学数化	309	3.93 ±0.97	3.81 ±1.00	3.78 ±1.08	124.11 ±27.79
苏州中学	99	3.62 ±1.09	3.93 ±0.91	4.10 ±0.98	126.96 ±29.81
苏州八中	295	3.44 ±1.12	3.68 ±1.11	3.70 ±1.08	115.83 ±34.87
盐城明达中学	523	3.01 ±1.09	3.21 ±1.13	3.35 ±1.14	98.60 ±31.24
F检验		170.87***	52.67***	59.91***	178.50***

（二）不同学校超常班复试生一般能力(IQ)状况与分析

为了达成共识，首先，要认识能力与一般能力概念的区别：能力（智慧、智力的外显特征）是指一个人能够顺利有效地完成某种活动的个性心理特征，是指人们完成某种活动的质量和效率以及可能达到的水平。能力是针对已经表现出来的实际能力而言的。

智慧、智力是一种潜在的尚未表现出来的心理能力。这种潜在的心理能力需要通过科学手段和测量工具间接地被测量出来。我们将这种被测量出来的能力称为一般能力、智慧（智力）或传统智力。

一般能力是一个多层次、多维度的复杂的心理系统，可分为认知能力、操作能力和创造能力。一般认知能力是指学习、领悟、理解、分析、概括能力；操作能力是指动手能力、操纵制作能力和运动能力；创造能力是指独立地以新的模式、新的思维去掌握和运用知识、技能，并产生丰富的想象和联想，从而发现新的原理、形成新的技能、发明新的方法、获得新的成果的能力。可见人的能力是多方面的，各种能力彼此之间都是相互关联、相互影响、相互制约的，而且，各种能力表现在个体间其发展也是不平衡的。

不同学校超常班复试生在一般能力方面均存在显著性差异：

从表4统计数据中可看出，概念形成能力以北京八中、上海建平中学、天津耀华中学、西安高新一中、江苏天一中学显著优于深圳耀华实验学校、大庆39中；分类判别能力以江苏天一中学、上海建平中学、北京八中、天津耀华中学显著优于其他学校，但这两种能力（概念形成能力、分类判别能力）前几所学校之间的差异都不太大。

表4　不同学校超常实验班复试生一般能力(IQ)值比较

对　　象	n	概念形成能力	分类判别能力
北京八中	2788	124.31 ± 14.80	119.17 ± 14.00
上海建平中学	238	122.72 ± 14.49	120.60 ± 13.10
西安高新一中	324	121.90 ± 13.77	115.16 ± 12.36
天津耀华中学	192	122.32 ± 15.39	119.16 ± 15.30
江苏天一中学	575	121.48 ± 14.96	120.88 ± 13.04
大庆39中	252	113.52 ± 15.43	109.20 ± 12.32
深圳耀华实验学校	76	117.35 ± 13.14	114.32 ± 14.16
F 检验		24.14^{***}	28.79^{***}

从表5统计数据可看出，推理表象能力和抽象思维能力以北京八中最为突出，显著优于其他学校，除大庆39中外，其他几所学校之间的差异不是很大。

表 5　不同学校超常班复试生一般能力(IQ)值比较

对　　象	n	推理表象能力	抽象思维能力
北京八中	2788	126.04 ± 16.76	125.61 ± 17.06
上海建平中学	237	124.44 ± 17.11	121.34 ± 14.75
西安高新一中	324	119.52 ± 14.88	119.52 ± 14.88
天津耀华中学	192	119.41 ± 14.36	119.02 ± 14.75
江苏天一中学	575	122.67 ± 14.73	120.10 ± 14.30
大庆 39 中	252	111.50 ± 15.12	109.93 ± 12.78
深圳耀华实验学校	76	119.50 ± 18.60	120.08 ± 15.31
F 检验		40.42***	48.25***

从表 6 统计数据中可看出，简单运算能力以上海建平中学、北京八中、江苏天一中学显著优于大庆 39 中；判别运算能力以北京八中、江苏天一中学、上海建平中学显著优于大庆 39 中。

表 6　不同学校超常实验班复试生一般能力(IQ)值比较

对　　象	n	简单运算能力	判别运算能力
北京八中	1047	114.92 ± 19.46	116.14 ± 21.86
上海建平中学	237	117.85 ± 15.27	113.11 ± 18.00
江苏天一中学	240	112.30 ± 16.11	115.36 ± 15.49
大庆 39 中	252	105.06 ± 14.99	103.18 ± 15.05
F 检验		25.81***	29.81***

（三）不同群体学生的一般能力(IQ 值)存在非常显著性差异

从表 7 统计数据可以看出，概念形成能力以中国科大少年班、超常班复试生、南京邮电大学、北京工业大学非常显著地优于其他学校；分类判别能力以中国科大少年班、超常班复试生、北京工业大学非常显著地优于其他学校；而两所普通中学(苏州八中、盐城明达中学)学生的这两种能力非常显著地低。

表 7　不同群体一般能力(IQ)值比较

对　　象	n	概念形成能力	分类判别能力
超常班复试生	3168	122.51 ± 14.72	118.47 ± 14.27
中国科大少年班	76	124.82 ± 13.69	121.44 ± 13.34
南京邮电大学	171	120.44 ± 16.48	109.72 ± 16.42
北京工业大学	68	120.39 ± 12.88	116.16 ± 16.60
苏州大学数化	304	110.90 ± 14.98	109.96 ± 13.46
苏州中学	99	114.08 ± 15.92	112.37 ± 19.71
苏州八中	282	100.32 ± 19.15	101.58 ± 15.21
盐城明达中学	504	98.77 ± 18.34	99.68 ± 16.28
F 检验		218.00***	145.98***

从表8统计数据可看出，推理表象能力、抽象思维能力均以超常班复试生、中国科大少年班非常显著地优于其他学校，而两所普通中学学生的这两种能力非常显著地低。

表8 不同群体一般能力(IQ)值比较

对　　象	n	推理表象能力	抽象思维能力
超常班复试生	3168	124.48 ± 17.05	124.27 ± 17.05
中国科大少年班	76	120.10 ± 15.36	124.10 ± 15.98
南京邮电大学	171	114.04 ± 17.08	117.95 ± 15.82
北京工业大学	68	109.83 ± 14.20	122.88 ± 15.08
苏州大学数化	304	108.43 ± 13.93	106.61 ± 14.83
苏州中学	99	109.51 ± 12.73	115.88 ± 12.75
苏州八中	280	100.43 ± 15.98	103.66 ± 16.51
盐城明达中学	509	97.57 ± 18.46	96.27 ± 15.37
F检验		239.49***	241.32***

从表9统计数据可看出，简单运算能力以北京工业大学、超常复试生显著地优于其他学校；判别运算能力以北京工业大学、中国科大少年班、超常班复试生、南京邮电大学显著优于其他学校，而两所普通中学学生的这两种运算能力均显著地低。

表9 不同群体一般能力(IQ)值比较

对　　象	n	简单运算能力	判别运算能力
超常班复试生	1299	112.57 ± 18.96	113.63 ± 21.33
科大少年班	76	110.46 ± 13.45	115.04 ± 14.00
南京邮电大学	171	110.38 ± 17.87	112.55 ± 16.06
北京工业大学	68	113.44 ± 14.38	116.23 ± 15.83
苏州大学数化	304	106.24 ± 14.45	108.28 ± 13.42
苏州中学	99	111.64 ± 12.90	111.70 ± 12.78
苏州八中	290	100.00 ± 15.00	100.00 ± 15.00
盐城明达中学	521	98.15 ± 14.32	94.24 ± 15.35
F检验		50.13***	72.86***

（四）不同群体一般能力(IQ值)等级分布状况与分析

表10统计数据表明，不同学校超常班复试生IQ值等级除中下、较差等级无显著性差异外，其他各等级均有非常显著性差异。IQ值超常等级以北京八中、上海建平中学、江苏天一中学占的百分比非常显著地高于其他学校；IQ值优秀等级以江苏天一中学、北京八中占的百分比非常显著地高于其他学校。IQ值超常、优秀等级以大庆39中学占的百分比显著地低。

表 10　超常班复试生一般能力(IQ)等级(%)

单位	n	超常	优秀	良好	中上	中等	中下	较差
北京八中	2788	30.16	30.13	26.90	10.69	1.90	0.22	0.00
上海建平中学	238	29.83	28.15	25.63	13.03	3.36	0.00	0.00
西安高新一中	324	13.27	25.93	34.57	20.06	5.56	0.62	0.00
天津耀华中学	192	18.23	28.65	35.94	11.98	4.17	1.04	0.00
江苏天一中学	575	22.26	33.57	27.65	12.35	3.65	0.52	0.00
深圳耀华实验学校	76	17.11	27.63	23.68	25.00	6.58	0.00	0.00
大庆 39 中	252	4.76	15.08	30.95	33.73	12.70	2.38	0.40
χ^2检验	3340.51***	2206.49***	84.36***	2796.86***	674.93***	4.42	……	

从表 11 统计数据可看出,不同群体 IQ 值超常等级以超常班复试生、中国科大少年班占的百分比非常显著地高于其他学校,而两所普通中学占的比例很低。如盐城明达中学学生 IQ 值达到超常等级的仅占 0.77%,也就是说超常的比例不到 1%,从这个数据在一定程度上可推断在普通人群中超常少儿的比例可能不到 1%。

表 11　不同群体一般能力(IQ)等级(%)

单位	n	超常	优秀	良好	中上	中等	中下	较差
超常班复试生	3168	27.24	28.54	27.71	12.94	3.06	0.51	0.00
中国科大少年班	76	23.68	27.63	44.74	2.63	0.00	1.32	0.00
北京工业大学	169	19.12	32.35	26.47	17.65	4.41	0.00	0.00
南京邮电大学	171	10.53	18.70	30.41	21.64	11.70	5.85	1.17
苏州大学	305	3.28	14.10	28.85	31.48	18.36	3.93	0.00
苏州中学	99	7.07	19.19	35.36	28.28	9.09	1.01	0.00
苏州八中	289	1.38	6.23	19.03	27.34	21.11	22.84	2.08
盐城明达中学	520	0.77	4.42	14.62	23.08	26.54	28.08	2.50
χ^2检验	4814.54***	1203.13***	475.06***	5291.88***	3769.71***	258.60***	8.86*	

(五)随机样本多次反复实验可反映事物的内在规律性

认证某一种测量工具、某一种实验方法的科学性、客观性,可在对同类、同质事物的多次反复测量、实验的数据中得到印证。例如,北京八中历届报考超常班的复试生都有近 2000 人或 2000 人以上,经过初试后,仅有 10% ~15% 的学生取得复试资格。而每届参加复试的这个随机样本存在许多随机误差,如参加初试的人数不等、生源不同、初试的内容及方法不同、主试的气质及水平不同、录取的标准不同、气候条件不同、测试环境不同、学生自身状态不同等。这些误差都会使实验指标的变量发生变化(实验数据会产生波动)。但是,当随机样本足够大,并通过反复实验,可呈现出明显的规律性,即实验指标数据的稳定性和规律性特征。

从表12统计数据可看出，北京八中历届超常班复试生（随机样本足够大）均在200人左右。受随机变量因素的影响，历届测评指标的数据都呈现波动性变化，但其波动范围不大，各项指标数据仍然保持相对稳定。此结果充分说明，笔者设计编制的HYRC心理素质测评系统具有很强的科学性，能客观地反映事物的内在规律，能科学地评价人的大脑机能能力、特性和智力发展水平。

表12 北京八中超常实验班复试生心理素质状况比较（$\bar{X} \pm S$）

对　　象	n	反应灵活性	兴奋集中性	注意集中性	综合心理素质
1997复试生	197	4.63±0.67	4.55±0.67	4.23±0.77	162.84±28.73
1999复试生	200	4.46±0.80	4.42±0.78	4.44±0.70	160.45±30.88
2001复试生	201	4.52±0.73	4.31±0.76	4.15±0.86	154.22±29.55
2003复试生	239	3.95±0.99	4.35±0.84	4.52±0.83	150.41±32.05
2004复试生	229	4.12±0.97	3.99±1.03	4.24±0.95	143.18±37.30
2005复试生	210	4.60±0.69	4.02±0.96	4.18±0.94	151.85±33.33
2007复试生	208	4.50±0.77	3.47±1.48	3.78±1.38	139.03±47.17
2008复试生	221	4.51±0.79	4.80±0.97	4.37±0.95	157.82±35.98
2009复试生	198	4.67±0.59	4.18±0.93	4.17±1.01	158.18±34.78
2010复试生	202	4.58±0.74	4.02±1.01	4.19±1.10	154.25±38.68
2011复试生	239	4.63±0.70	4.36±0.84	4.22±1.06	161.59±34.05
2012复试生	238	4.46±0.75	3.93±1.01	4.03±1.02	145.37±35.03
2013复试生	206	4.32±0.89	4.13±0.97	4.25±1.01	150.33±36.43
F检验		16.45^{***}	25.24^{***}	7.54^{***}	9.32^{***}

（六）超常少儿鉴别与选拔的标准

超常少儿鉴别与选拔的标准问题是本文的主题内容。笔者多年来采用HYRC心理素质测评系统参与全国多所学校超常实验班招生的初试与复试的选拔工作，从大量的测量数据反映的规律性特征和实证效度分析，提出我国超常少儿的鉴别与选拔标准（分为3个档次），供参考：

第一档次（超常少儿入围档次），IQ值≥130，综合心理素质分≥160，文化成绩（100分制）总分≥90。

第二档次（超常少儿合格档次），IQ值≥140，综合心理素质分≥200，文化成绩（100分制）总分≥95。

第三档次（超常少儿杰出档次），IQ值≥140，综合心理素质分≥200，文化成绩（100分制）总分≥95，80-8测验3次脑力作业的工作绩效分别占总工作绩效的30%以上。

从笔者制定的选拔标准不难看出，我们更加重视超常少儿的天赋素质，因为天赋素质后天很难提高，而文化成绩，只要认真学习就可以不断提高。当然，文化基础对孩子来讲是很重要的。笔者认为文化成绩这个指标不能缺，但权重应该适当减小。

四、问题与讨论

(一) 考分与智力的关系

现实生活中经常遇到有学生的考分(文化成绩)与测评结果两者不相符的问题,于是这些学生或其家长就对测评结果产生怀疑。这是由于他们受到传统观念的影响,认为考分是衡量孩子聪明程度(智力水平)的唯一可靠的标准引起的。为了破除这种唯有考分论英雄的传统观念,笔者就谈谈关于考分与智力的关系的看法。

有研究资料介绍,一般能力(智商)与学习成绩呈高度相关,但也有研究资料证明,一般能力(智商)与学习成绩呈低度相关,甚至不相关。之所以研究的结论大不相同,笔者认为,这与选择的研究对象不同有关。笔者的研究表明,学生的学习成绩与智力水平并不存在一致的相关关系。笔者曾对小学高年级(四、五、六年级)学生、初中学生和大学生进行过实验性研究,结果是:小学生多项心理素质指标(包括智力指标)与学习成绩呈高度相关;初中普通班学生心理素质分及智力 IQ 值与考试成绩呈中度相关或低度相关,重点班学生则呈低度相关或不相关或负相关;大学生多项心理素质指标与学习成绩不相关或呈负相关。笔者抽取北京八中超常少儿 12 班、13 班、14 班、15 班做了综合心理素质分、总 IQ 值与高考各科成绩的相关关系的检验,见表 13。

表 13　北京八中超常少儿班综合心理素质分、总 IQ 与高考成绩的相关性(系数 r)

对象	指标	语文	数学	英语	理综	总分
少 12 班	素质分	0.060	0.128	0.263	0.234	0.252
($n=24$)	总 IQ	-0.559^{**}	-0.048	-0.274	0.027	-0.136
少 13 班	素质分	0.097	-0.368	-0.102	-0.251	-0.233
($n=27$)	总 IQ	0.117	-0.179	-0.102	-0.057	-0.088
少 14 班	素质分	0.132	-0.227	0.121	0.045	0.035
($n=29$)	总 IQ	-0.060	0.160	-0.006	0.125	0.091
少 15 班	素质分	0.027	0.090	0.242	0.333	0.310
($n=26$)	总 IQ	0.254	0.084	0.177	0.214	0.259
全体	素质分	0.090	-0.189	0.131	0.114	0.070
($n=106$)	总 IQ	-0.290	-0.017	-0.031	0.101	0.044

表 13 统计检验数据表明,高考成绩与综合心理素质分、总 IQ 值呈不相关或负相关。这一统计检验结果具有很强的说服力,因为这个经过多次筛选、层层选拔的高素质、高智商的群体,其学习成绩(考分)的差异就不是取决于天赋条件(因为大家都具备优越的天赋条件),而考分的高低(学习成绩)主要是依靠个人内在强大的学习动机、浓厚的学习兴趣、坚韧不拔的意志品质、刻苦勤奋的学习精神、科学的学习方法、良好的行为习惯以及正确的人生观、世界观和远大的理想、抱负,同时还有健康的心理等这些非智力因素。这些非智力因素在超常少儿的成长与成才过程中起着决定性作用。

笔者于2000年9月曾在江苏盐城明达中学初中部选择了4个自然班为研究对象,并对这4个班的全体学生进行了多项心理素质测评。学生经过3年的教育、学习与训练,笔者于2003年6月又对这4个班的全体学生进行了重复测试,并分别对心理素质指标(80-8综合素质分、一般能力总IQ、瑞文图形推理)与学习成绩做了相关分析。

从表14统计数据可看出,初中男生入学时心理素质指标中80-8综合分除与入学时语文成绩不相关外,与入学时总分及数学、英语成绩达到显著相关水平,与毕业时总分及语文、数学、英语成绩达到显著相关水平;一般能力(总IQ),除与入学时语文成绩不相关外,与入学时总分及数学、英语成绩达到显著相关水平,与毕业时总分及语文、数学、英语成绩达到显著相关水平;瑞文推理分与入学时总分及语文、数学、英语成绩均达到显著相关水平,而与毕业时总分及数学、英语成绩不相关。

表14 初中男生心理素质与学习成绩的相关性($n=93$)

学习成绩	80-8综合分	总IQ	瑞文分
入学时总分	0.248*	0.312**	0.261*
入学时语文	0.141	0.151	0.264*
入学时数学	0.238*	0.349***	0.257*
入学时英语	0.250*	0.289**	0.209*
毕业时总分	0.286**	0.405***	0.198
毕业时语文	0.208*	0.280**	0.217*
毕业时数学	0.238*	0.403***	0.151
毕业时英语	0.286**	0.352***	0.185

表15的统计数据显示,初中女生入学时心理素质各指标与入学时成绩、毕业时成绩的相关关系和男生类同,但其相关程度明显地高于男生。

表15 初中女生心理素质与学习成绩的相关性($n=92$)

学习成绩	80-8综合分	总IQ	瑞文分
入学时总分	0.352***	0.575***	0.285**
入学时语文	0.172	0.411***	0.219*
入学时数学	0.364***	0.572***	0.363***
入学时英语	0.342***	0.509***	0.188
毕业时总分	0.358***	0.617***	0.289**
毕业时语文	0.359***	0.515***	0.208*
毕业时数学	0.347***	0.621***	0.346***
毕业时英语	0.306**	0.544***	0.217*

80-8综合分、一般能力(总IQ)、瑞文推理分三项指标相比较,一般能力(总IQ)与学习成绩相关程度更高、更密切,对未来学习成绩的预测性意义更大。

（二）超常教育与义务教育相悖吗

教育之目的和宗旨是培养人才，其中包括普通人才、专业人才、超常人才、特殊人才、杰出人才、奇才等。有人提出，多元化的办学模式会冲击义务教育，这简直是无稽之谈。既然国家需要的人才是多元的，为什么办学的模式只允许是单一的模式呢？笔者认为，义务教育的主要任务是提高国民的文化素质水平，让我国的适龄儿童、少年都能接受教育。而开办超常教育实验班是让那些出类拔萃、天赋优越的少儿受到特殊的教育，为国家早出人才，出高素质的优秀人才、杰出人才做贡献。

笔者列举几个事例：

中国科大创办超常教育30多年来取得了重大成就（资料来源于朱源教授发表的文章）。少年班共招收31期学生共1220人；毕业的1027人中，935人在国内外知名大学攻读硕士、博士学位。据跟踪调查，少年班毕业生主要流向是：国内外一流大学、科研机构，国内外工商、金融、IT、制造等诸多领域。他们年龄最大的在45岁上下，相当一部分人在事业上已有丰硕建树。中国科大少年班毕业生在北大、清华、中国科大、复旦这四所一流名校担任教授的已有近20人。少年班毕业生已有20人在世界一流研究型大学任正教授，有3人当选IEEE（电气与电子工程师协会）会士，5人当选美国物理学会会士，多人当选美国医疗信息科学院、美国光学学会等会士。据不完全统计，毕业10年以上的810名少年班学生中，在全球500强企业就职的就有149人，其中许多人担任重要职位。

据北京八中提供的资料，从少儿6班至少儿15班，共10届306名学生，他们10岁或11岁入少儿班，经过4年的学习毕业，考入清华大学、北京大学、英国牛津大学、香港大学等学校的有146人，考入浙江大学、西安交大、上海复旦等学校的有113人，考入其他重点大学的有47人。这批优秀的少年大学生平均年龄仅14岁左右。18岁大学毕业后，有66.5%的学生继续读研究生，其中大部分人在国外读研。少年班学生创下了最小年龄11岁上大学、19岁拿下硕士学位、22岁拿下博士学位的纪录。他们之中，有的已在国外一流大学任教，成为最年轻的教授、博导，有的成为最年轻的首席科学家，有的获美国青年科学家最高奖（总统科学奖），有的获得美国斯隆研究奖（斯隆研究奖在学术界声誉很高，专门奖励科学领域最杰出的年轻科学家），有的是国家863项目、973项目、重大专项课题负责人。

这些数据充分有力地说明一个事实，我国超常教育实验班的办学是成功的，并取得了卓越的成就，为国家早出人才、出高素质的杰出人才做出了巨大的贡献。我深信在同仁们的坚持与努力下，我国的超常教育事业必将绽放出更加绚丽的花朵。

小　结

笔者采用HYRC心理素质测评系统为测量工具，经过20多年的反复实验及应用性研究，获得大量的实验数据，经数理统计分析、检验，得出如下初步结论：

（1）反映人的大脑机能特性的三项指标（反应灵活性、兴奋集中性、注意集中性）及综合心理素质水平等，超常少儿都非常显著地优于其他群体。

（2）不同学校超常班复试生的一般能力（IQ值）发展水平，以北京八中、上海建平中学排为前列，天津耀华中学、江苏天一中学、西安高新一中次之，深圳耀华实验学校、大庆39中排为第三。

（3）不同群体一般能力（IQ值）发展水平差异非常显著，以中国科大少年班、超常班复试生为最佳（超常少儿的智力水平大大超过成人水平），北京工业大学、南京邮电大学次之，苏州大学、苏州中学为第三，苏州八中、盐城明达中学为第四（其学生智力为常人的平均水平）。

（4）从各校超常班复试生IQ值达到超常的比例来看，北京八中、上海建平中学为30%左右，其他学校达到超常的比例都偏低。笔者根据多年对超常生选拔的经验认为，北京八中的做法是可取的，从初试中按10%～15%的比例择优录取学生进入复试，然后进行心理素质测评（大脑机能能力及特性、智力等），再从复试生中按15%～20%的比例择超常、高素质、文化成绩优秀者录取。

（5）调查研究、实验研究，其研究对象必须要有足够大的随机样本，获得的数据必须经过数理统计检验，其结果才有可能反映事物的内在规律性。

（6）提出了科学鉴别与选拔我国超常少儿的心理素质指标的标准和测评方法。

总之，从上述得出的结论可以充分说明，HYRC心理素质测评系统具有很高的实证效度。

80-8 神经类型测验量表法在干部招聘中的应用

■ 张卿华　王文英　张颖澜

现代化的建设事业呼唤现代化的干部,现代化的管理需要现代化的考察干部的方法。人事考核制度的改革是我国劳动人事制度改革的基础,而建立科学合理、切实可行的考核指标是这项基础工作的第一步。目前人事部门已经或正在建立必要的考核制度,迫切需要有适宜基层推广、经过试验效果良好的参照模式。笔者采用自行研制的 80-8 神经类型测验量表法(简称"80-8 量表法"),对 519 名干部、工人进行了施测,经统计检验,发现不同职业人员的大脑机能及其特性有一定差异,其神经类型分布也各有特点。本文通过对测验结果的分析,论述了 80-8 量表法在干部招聘应用中的作用,对人事部门选择科学合理、切实可行的考核指标有一定参考价值。

一、研究对象与方法

研究对象:工厂的中层干部,电视台的技术干部,部队的军官,某市各机关公开向社会招聘干部经过文化、专业考试初选合格的复试者,工厂的工人,某合资厂公开向社会招工的应试者。(见表 1)

表 1　研究对象人数及年龄

对　　象	n	$(\bar{X} \pm S)$
××市招干复试者	164	30.59 ±4.92
××电视台技术干部	39	33.69 ±4.98
××部队军官	140	30.60 ±6.26
××自行车厂干部	56	36.73 ±7.90
××自行车厂工人	67	25.67 ±7.18
××合资厂招工者	53	19.55 ±1.62

研究方法:采用 1989 年 10 月通过国家部(委)级鉴定的 80-8 量表法,严格按照该量表法的规则进行团体施测;试表经审核,用标准答案模板人工批阅,数据输入计算机,由同一软件计算有关指标及判别神经类型。

二、结果与分析

80-8 量表法测验结果可反映被试在不同难度脑力负荷下的大脑机能能力及其机能特性,可分析被试的一般智力水平、行为方式,并在一定程度上预测其潜在才能。

（一）不同职业人员的大脑机能及其特性

80-8 量表法测验 1 号表、2 号表、3 号表及平均得分在 6 类对象间的差异经方差分析，F 值均具非常显著性意义（表 2）。表 2 数据显示：1 号表得分，某部队军官显著高于某自行车厂干部及工人；2 号表得分，某部队军官显著高于某自行车厂干部；3 号表得分，某部队军官显著高于某市招干复试者；平均得分，某部队军官显著高于某自行车厂干部、工人及某市招干复试者。

据研究，80-8 量表法测验的得分与年龄关系密切，在 7—17 岁年龄阶段，得分随年龄增长而递增，18—22 岁年龄阶段基本稳定在同一水平，至于 22 岁以上年龄，其得分值的变化有何规律尚待进一步探讨，但其趋势是年龄越大，得分值下降越明显。

表 2　不同对象 80-8 量表测验得分比较（$\bar{X} \pm S$）

对　　象	1 号表	2 号表	3 号表	平均
××市招干复试者	103.16 ± 31.99	84.04 ± 19.03	65.55 ± 15.60	84.24 ± 19.78
××电视台技术干部	108.97 ± 29.63	88.38 ± 19.14	70.13 ± 14.57	89.15 ± 17.55
××部队军官	113.33 ± 28.64	90.47 ± 21.05	73.42 ± 20.06	92.41 ± 19.06
××自行车厂干部	87.25 ± 30.38	78.34 ± 17.97	64.23 ± 16.16	76.61 ± 18.95
××自行车厂工人	96.54 ± 34.86	83.79 ± 21.98	67.12 ± 17.66	82.48 ± 21.81
××合资厂招工者	104.04 ± 34.10	83.76 ± 23.31	72.17 ± 27.76	86.66 ± 21.92
F 检验	6.636***	3.555***	3.869***	6.312***

某部队军官的年龄与某市招干复试者相仿，但其得分较高，这说明该部队军官的大脑机能能力较强，其一般智力较高，反应比较敏捷，灵活性较好。而相比之下，某自行车厂的工人及某合资厂招工应试者虽然年轻，但其大脑机能能力不如军官强，一般智力也不如军官高，反应速度不快，灵活性也不高；而某市招干复试者大脑机能能力处于一般的水平，尚不如年龄稍大的某电视台技术干部；某自行车厂干部，由于其年龄偏大，因而反应速度较慢，灵活性偏低，尤其在难度大的脑力负荷下，其大脑机能能力远不如年轻的部队军官。

一般人进行 80-8 量表法测验，其错百分率随着测验难度的增大而稍有递增，其漏百分率随着测验难度的增大而略有下降，这是因为在测验难度大的情况下，分化比较困难，兴奋较易扩散，而抑制较易集中，即较能集中注意力。本文对 6 类不同职业人员的 1 号表、2 号表、3 号表得分及平均错、漏百分率的差异进行 χ^2 检验，表明其差异均具非常显著性意义（表 3、表 4）。某市招干复试者，错、漏百分率较低；某自行车厂工人，错、漏百分率均最高；某部队军官，错百分率较低，漏百分率偏高；某合资厂招工者，错百分率低，漏百分率较高。这说明：某市招干复试者，其皮质神经过程兴奋、抑制的集中程度较高，即判断能力、注意力集中能力较强；某自行车厂的工人，其皮质神经过程兴奋、抑制的集中程度均较弱，兴奋、抑制均较易扩散，后作用比较明显；某部队军官，其判断能力较强，而注意力不易长时间集中。

表3　不同对象80−8量表测验错百分率比较($P \pm Sp$)

对　　象	1号表	2号表	3号表	平均
××市招干复试者	1.03±0.79	1.03±0.79	1.71±1.01	1.21±0.85
××电视台技术干部	1.85±2.16	1.61±2.02	1.81±2.13	1.76±2.11
××部队军官	1.42±1.00	1.08±0.87	2.02±1.20	1.48±1.02
××自行车厂干部	1.60±1.68	1.36±1.55	1.46±1.60	1.48±1.62
××自行车厂工人	1.87±1.66	2.43±1.88	3.60±2.27	2.55±1.93
××合资厂招工者	0.54±1.00	0.58±1.04	1.51±1.68	0.82±1.24
χ^2检验	211.29***	298.29***	246.93***	644.13***

表4　不同对象80−8量表测验漏百分率比较($P \pm Sp$)

对　　象	1号表	2号表	3号表	平均
××市招干复试者	22.47±3.26	21.79±3.22	19.60±3.10	21.50±3.21
××电视台技术干部	26.79±7.09	23.99±6.84	22.35±6.67	24.72±6.91
××部队军官	26.11±3.71	27.02±3.75	27.16±3.76	26.69±3.74
××自行车厂干部	27.11±5.94	25.10±5.79	20.63±5.41	24.66±5.76
××自行车厂工人	23.98±5.22	28.71±5.53	29.78±5.59	27.23±5.44
××合资厂招工者	26.23±6.04	27.76±6.15	25.78±6.01	26.59±6.07
χ^2检验	75.87***	130.11***	232.90***	314.20***

根据被试1、2、3号表得分及错、漏百分率的加权均值所对应的等级(与全国同年龄、同性别人群比较,按5、4、3、2、1记分),可分别反映被试的反应灵活性、兴奋集中性、注意集中性等在人群中的水平。根据被试的神经类型(含上述三项指标的等级及其对应的标准分数)计算综合心理素质分,便于不同年龄、不同性别的人相比较。

表5表明,6类人员的反应灵活性、兴奋集中性、注意集中性以及综合心理素质差异均具非常显著性意义($P<0.001$)。相比较,综合心理素质以某市招干复试者和某部队军官较好,某自行车厂工人较差;反应灵活性以某部队军官和某电视台技术干部比较高,某自行车厂干部和某合资厂招工者比较低;兴奋集中性以某市招干复试者、某部队军官和某合资厂招工者较高,某自行车厂工人较低;注意集中性以某市招干复试者较高,某自行车厂工人和某合资厂招工者较低。

表5　不同对象心理素质比较($\overline{X} \pm S$)

对　　象	反应灵活性	兴奋集中性	注意集中性	综合心理素质
××市招干复试者	2.88±1.13	3.79±0.96	3.25±1.14	106.65±3.03
××电视台技术干部	3.13±1.13	3.23±0.93	2.72±1.21	95.59±2.71
××部队军官	3.32±1.14	3.71±0.91	2.75±1.21	102.26±2.85
××自行车厂干部	2.50±1.11	3.66±1.03	2.95±1.20	97.71±3.28
××自行车厂工人	2.82±1.17	2.93±1.15	2.57±1.12	86.67±3.24
××合资厂招工者	2.58±1.22	3.70±1.20	2.38±1.10	91.13±1.62
F检验	6.132***	4.405***	6.744***	5.608***

某市招聘干部,经文化、专业考试筛选,参加复试者164名,实际录选者99名,未录选者65名。录选时,80-8量表法测验成绩作为面试成绩的一部分。经统计,录选组与未录选组的心理素质有显著的差异(表6),无论是反应灵活性、兴奋集中性、注意集中性,还是综合心理素质,录选组均显著高于未录选组。

表6　××市招干录选、未录选两组人员心理素质比较($\bar{X} \pm S$)

对　象	n	反应灵活性	兴奋集中性	注意集中性	综合心理素质
录选组	99	3.06±1.13	3.97±0.86	3.49±0.99	11.30±2.86
未录选组	65	2.58±1.09	3.51±1.03	2.88±1.26	9.42±2.80
T检验		2.718***	2.982***	3.293***	4.170***

表7　两组人员心理素质比较($\bar{X} \pm S$)

组别	n	80-8量表综合分	能力等综合分
A组	10	16.90±0.88	24.90±1.10
B组	7	6.57±0.53	21.29±0.76
T检验		27.66***	7.50***

对录选组80-8量表法测验综合分(即综合心理素质分)较高的10名人员(A组)和较低的7名人员(B组)进行追踪调查表明,他们上岗三个月来所表现出的反应、理解、创造等能力也具有明显的差异(表7)。统计检验表明:80-8量表法测验综合心理素质分高者,其实际表现出的诸种能力也较强;相反,80-8量表法测验综合心理素质分低者,其实际表现出的诸种能力也较弱。

上述统计表明,不同人群大脑机能及其特性的差异是非常显著的,80-8量表法测验结果比较符合不同人群心理素质的实际特点。

(二)不同职业人员神经类型的比例

不同职业人员各神经类型比例的差异,经χ^2检验表明,5—6型、13型、14—16型,6类人员间差异不具显著性意义;而1—4型、7—8型、9—10型、11—12型,6类人员间差异显著。其中1—4型所占的比例,以某市招干复试者为最高,其次为某部队军官和某自行车厂干部,而某合资厂招工者最低;7—8型所占的比例,以某合资厂招工者和某部队军官为最高,某自行车厂干部最低;9—10型所占的比例,以某电视台技术干部为最高,某市招干复试者和某合资厂招工最低;11—12型所占的比例,某自行车厂工人较高,某部队军官较低;13型,虽然在6类人员间未发现显著性差异,但从比例数字来看,某电视台技术干部和某市招干复试者以及某自行车厂干部的比例较高,某自行车厂工人及某部队军官的比例较低。上述统计结果说明,神经类型为均衡型(1—4型、13型)和强、较强中间型(9—10型)的比例,干部(含待聘人员)高于工人(含待招人员);神经类型为较弱、弱中间型(11—12型)的比例,干部低于工人。(见表8)

表 8　不同对象各神经类型的比例(%)

对　象	1—4 型	5—6 型	7—8 型	9—10 型	11—12 型	13 型	14—16 型
××市招干复试者	25.61	0.61	7.93	23.78	20.73	11.58	9.76
××电视台技术干部	15.39	0.00	7.69	46.15	15.39	12.82	2.56
××部队军官	16.43	0.71	21.43	37.86	10.71	4.29	8.57
××自行车厂干部	16.07	0.00	5.36	23.21	30.36	10.17	14.29
××自行车厂工人	14.92	1.49	10.45	29.85	32.84	0.00	10.45
××合资厂招工者	1.89	0.00	22.64	22.64	28.30	9.43	15.10
χ^2检验	17.00***	1.83	21.01***	14.61***	14.99***	10.08	5.41

某市公开向社会招聘干部,录选人员与未录选人员各神经类型比例的差异经χ^2检验,1—4 型(强而均衡型)录选组显著高于未录选组,而 14—16 型(弱而不均衡型)未录选组显著高于录选组(表 9)。

表 9　某市招干录选与未录选组各神经类型的比例(%)

对　象	n	1—4 型	5—6 型	7—8 型	9—10 型	11—12 型	13 型	14—16 型
录选组	99	32.33	0.00	9.09	23.23	18.18	13.13	4.04
未录选组	65	15.38	1.54	6.15	24.62	24.62	9.23	18.46
χ^2检验	5.916*	1.509	0.462	0.041	0.985	0.582	9.274**	

不同职业人员大脑机能及神经类型具有上述差异,其原因是多方面的,遗传、环境、教育、营养、健康状况等均会影响人的大脑机能发育及其神经类型特点。职业的工作性质、难易程度、责任大小等对从事该职业人员的素质有相应的要求。当然在现阶段,尚未真正做到人尽其才,因为还有许多条件的制约,人们还不能得到完全平等的机遇。但相对来讲,总是那些天赋素质好的人员,受较高教育的机会也多些,其能力能较快得到发展,因而也较有信心承担复杂困难的工作,事实上,他们也能较好地胜任这类工作。相反,那些天赋素质一般或较差的人员,如不特别勤奋努力,一般受教育的程度较低,智力水平不高,因而也就无法胜任复杂困难的工作。可以这样认为,人的天赋自然素质是各种能力形成的原始起点,是才能形成的重要内部条件。

人的神经系统机能特性是个性心理发展的生理基础。不同神经类型的人其个性心理活动的强度、速度、灵敏性、耐受性、稳定性等个性特质成分不同,因而其反应性、情绪性及定型行为也各有特点。人的个性对其社会活动的倾向性有着不可小觑的影响。了解一个人的神经类型特点,就是为了扬长避短,最大限度地发挥其才干。在干部招聘中,根据不同的职位,不仅要制定相应的德才标准,而且还应规定某些心理素质要求。尤其在领导班子的配备时,除了注意整个班子人员的政治思想素质、知识业务能力外,还需考虑各角色的个性特征,使具有开拓精神和稳妥求实作风的人相互配合,组成一个有机的整体,以利于取长补短,做到人尽其才,充分发挥每个人才的积极性和创造性。80-8 量表法可客观、定量地评价人的大脑机能及神经类型。在国家公务员考核制度改革中,它将发挥积极的作用。

小结

本文采用笔者自行研制并通过国家部(委)级鉴定的80-8量表法,对519名不同职业人员进行施测,统计分析要点是:

(1)不同职业人员大脑机能及其特性差异显著。就一般智力而言,干部尤其是部队年轻的军官高于普通工人;反应灵活性,部队军官和电视台技术干部高于普通工人;兴奋、抑制集中程度,某市招干复试者强于其他人群;综合心理素质,招干复试者和部队军官优于其他人群。

(2)不同职业人员各神经类型的比例具显著性差异,神经类型为均衡型(1—4型、13型)和强、较强中间型(9—10型)的比例,干部(含待聘干部)高于工人(含待招人员);招干复试录选组与未录选组相比,1—4型比例录选组明显高于未录选组,14—16型比例未录选组明显高于录先组。

(3)80-8量表法作为某市招干复试面试的一项测验,其统计结果表明,录选组各项心理素质均好于未录选组。追踪调查表明,80-8量表法综合素质分高者,其上岗后实际表现出的诸种能力也较强。

(4)80-8量表法可客观、定量地评定人的大脑机能及其神经类型,能反映个体的反应性、情绪性、稳定性及工作效率等特点。在国家公务员考核制度改革中,它将发挥积极的作用。

企事业单位中层管理人员神经类型特点的研究

■ 张颖澜　王文英　张卿华

社会的不同分工对劳动者有着不同的要求。从事管理工作者,除应具备管理的专业知识外,更要具有良好的组织才能及人际关系协调能力。操作技工需要具备熟练的操作技能,良好的手、眼协调能力及细心踏实的工作态度和健康的身体。个体只有具备相应的素质和能力,才可能胜任该项工作。同时,不同的个体其心理素质又存在着较大的差异。只要有人类存在,个体之间心理素质的差异就会存在。只有对个体之间的心理素质差异进行科学的甄别,明确其素质的所长与不足,了解其所适宜的工作范围,才能寻求和达到人与事的完美结合。

那么,对管理人员和操作技工的心理素质采用什么方法进行测量与评价?如果找到了科学的测评方法,则管理人员和操作技工的心理素质是否存在显著的差异?如果差异显著,是受哪些因素的影响?在不同的职业岗位人才招聘、选拔、配置中如何重视心理素质的测评?对于这些问题,目前已引起很多心理学、人才学、管理学研究人员的关注。

本研究采用苏州大学应用心理学研究所王文英、张卿华教授自行编制的80-8神经类型测验量表法(简称"80-8量表法")对江苏中外企事业单位的中层管理人员($n=505$)、中等专业技术学校的学生(中技生)($n=510$)及某外企操作工($n=16$)进行了测评,并进行了选拔、咨询等应用性研究。研究结果表明,80-8量表法在评定人的个性特征方面有着很强的科学性、客观性和实效性,能定量地评价人的心理素质,在一定程度上能反映人的心理优势和弱点,为企事业单位各种职业岗位人员的招聘、选拔、配置、培训提供科学依据。

一、研究方法

(一) 材料

本研究采用80-8量表法。该量表法为纸笔式、非文字的心理测验法。它是根据人的大脑皮质机能能力的发展和皮质神经细胞兴奋与抑制过程的活动规律设计的,不受被试文化背景的影响,测验可个别进行,也可团体施测。

笔者应用80-8量表法对中外企事业单位中层管理人员505人、中技生510人、某外企操作工16人进行了3种不同难度的联合测验。对测验试表进行审核、批阅,把13个原始数据(1、2、3号表的总阅符号数、应找符号数、漏找符号数、错找符号数及3号表的特殊错数)输入计算机,用判别软件按常模进行统计处理,得到反映大脑机能特性的

4 项指标——加权平均得分、错百分率和漏百分率的等级分以及综合心理素质分，并评定其神经类型。

（二）统计

由计算机统计、判别出个体、群体的各项指标，并用 F 检验和多重比较的 S 法检验及 χ^2 检验判定群体之间的差异显著性。

二、研究结果

80-8 量表法的加权平均得分、错百分率、漏百分率反映了大脑皮质细胞的工作强度和兴奋过程、抑制过程的集中程度，即思维的反应灵活性、兴奋集中性、注意集中性。根据常模评定其等级，均划分为 5、4、3、2、1 五个等级，即优、良、中、下、差，以表明被试在人群中所处的水平。综合心理素质根据上述三项指标的等级分及其对应的标准分数和神经类型等综合评定。

（一）管理人员的心理素质非常显著地优于中技生

统计资料表明，在管理人员和中技生这两个不同群体间，反应灵活性、兴奋集中性、注意集中性以及综合心理素质等各项心理素质指标均为管理人员非常显著地高于中技生。特别是兴奋集中性、注意集中性及综合心理素质指标在两群体间的差异更为显著。（见表 1）这表明，从总体来讲，管理人员的心理素质显著地优于中技生（准操作技工）。

表 1　管理人员与中技生心理素质比较（$\bar{X} \pm S$）

对　象	n	反应灵活性	兴奋集中性	注意集中性	综合心理素质
管理人员	505	3.66 ± 1.05	4.14 ± 0.82	3.92 ± 0.95	125.24 ± 28.31
中技生	510	3.30 ± 1.15	3.04 ± 1.17	3.02 ± 1.26	96.39 ± 30.76
F 检验		26.902***	303.004***	163.241***	169.747***

（二）外企经理、主管的心理素质更为优秀

统计数据表明，不同群体的中层管理人员的心理素质差异也较为显著，外企经理、主管的反应灵活性、兴奋集中性、注意集中性、综合心理素质（即综合心理素质）均非常显著地优于其他群体。（见表 2）

表 2　不同群体中层管理人员心理素质比较（$\bar{X} \pm S$）

对　象	n	反应灵活性	兴奋集中性	注意集中性	综合心理素质
工业园区招干	201	3.67 ± 1.08	4.06 ± 0.91	3.95 ± 1.00	125.27 ± 31.43
苏州三星电子	20	3.55 ± 1.09	4.10 ± 0.71	4.00 ± 0.91	123.00 ± 28.85
葛兰素威康	45	3.35 ± 1.06	4.17 ± 0.77	3.88 ± 0.93	120.22 ± 27.17
外企经理、主管	95	3.85 ± 1.00	4.28 ± 0.69	4.08 ± 0.80	132.63 ± 25.69
苏州人力资源	90	3.48 ± 0.99	4.03 ± 0.80	3.74 ± 1.00	117.88 ± 23.67
无锡人力资源	54	3.87 ± 1.08	4.40 ± 0.65	3.81 ± 0.91	129.07 ± 24.97
F 检验		2.423*	2.439*	1.425	3.087**

（三）不同学校的中技生心理素质有差异

510 名中技生，他们来自江苏省的 8 所中等专业技术学校。统计数据表明，不同学校的中技生其心理素质差异显著，尤其是兴奋集中性、注意集中性两项心理素质在 8 所学校学生间差异更为显著。其中机械、电子类专业的中技生这两项心理素质较好，而其他专业的中技生相对较为一般。（见表 3）

表 3　不同中技校学生心理素质比较（$\bar{X} \pm S$）

对　象	n	反应灵活性	兴奋集中性	注意集中性	综合心理素质
苏州机械学校	86	3.30 ± 1.07	3.52 ± 1.07	3.34 ± 1.26	105.69 ± 28.76
苏州电力学校	63	3.04 ± 1.05	3.34 ± 0.93	3.26 ± 1.06	98.57 ± 26.81
苏州长风技校	69	3.50 ± 1.14	3.10 ± 1.27	2.82 ± 1.28	98.26 ± 36.49
苏州商业学校	45	3.42 ± 1.15	2.71 ± 1.07	2.86 ± 1.27	91.33 ± 26.93
江阴职业高中	31	3.16 ± 1.15	2.96 ± 1.27	3.41 ± 1.17	97.74 ± 26.16
常州物资学校	138	3.60 ± 1.15	2.82 ± 1.21	2.81 ± 1.29	95.94 ± 33.58
常州职业技校	40	3.55 ± 1.30	2.80 ± 1.26	2.50 ± 1.10	90.75 ± 30.24
吴县职业高中	38	3.26 ± 1.24	2.81 ± 1.13	2.60 ± 1.22	87.36 ± 25.75
F 检验		2.048*	4.482***	4.034***	2.043*

（四）管理人员神经类型强而均衡型比例非常显著地高于中技生

表 4 数据显示，1—2 型、3—4 型合计的比例，管理人员高达 53.86%，而中技生只占 18.43%。统计检验表明，管理人员强而均衡型神经类型的比例非常显著地高于中技生。这表明，管理人员大脑皮质神经过程的强度、均衡性、灵活性都非常显著地优于中技生，即管理人员在思维的敏捷性、灵活性（智能潜力）、兴奋集中性（自控能力）、注意集中性（细心踏实程度）方面均显著地优于中技生。

表 4　管理干部与中技生神经类型分布比较

对 象	n	1—2 型	3—4 型	5—6 型	7—8 型	9—10 型	11—12 型	13 型	14—16 型
管理人员	505	14.85	39.01	0.99	4.75	25.35	5.74	7.72	1.58
中技生	510	5.10	13.33	5.88	7.65	45.10	14.51	4.90	3.53
χ^2 检验		26.94***	86.72***	18.24**	3.65	43.36***	21.39***	3.42	3.85

（五）中层管理人员的神经类型以稳定型、安静型居多

统计结果显示（表 5），中层管理人员的神经类型以稳定型、安静型居多，其中，外企的中层管理人员这两种类型者所占的比例（48.89% ~55.00%）显著高于其他单位的中层管理人员。这表明，外企的中层管理人员有半数左右的人其大脑皮质神经过程的强度较强，其兴奋、抑制集中程度好而均衡。外企的中层管理人员神经类型属强中间过渡型（9—10 型）者比例（11.11% ~20.00%）却显著低于其他单位的中层管理人员。这表明外企的中层管理人员中，仅有小部分人大脑皮质神经过程虽强，但兴奋或抑制集中

程度不够好。

表5　不同群体中层管理人员神经类型分布(%)比较

对 象	n	1—2 型	3—4 型	5—6 型	7—8 型	9—10 型	11—12 型	13 型	14—16 型
工业园区招干	201	15.42	32.84	1.49	5.47	29.85	6.47	7.46	0.99
苏州三星电子	20	5.00	55.00	0.00	0.00	20.00	5.00	10.00	5.00
葛兰素威康	45	11.11	48.89	2.22	8.89	11.11	8.89	8.89	0.00
外企经理主管	95	22.10	49.47	0.00	1.05	14.74	4.21	7.37	1.05
苏州人力资源	90	8.89	34.44	1.11	5.56	33.33	3.33	8.89	4.44
无锡人力资源	54	16.67	35.19	0.00	5.55	29.63	7.41	5.55	0.00
χ^2检验		8.71	14.26*	2.92	6.01	17.32**	2.69	0.80	8.43

（六）中技生神经类型分布以中间过渡型比例为最高

统计数据显示,8 所学校的中技生神经类型属强中间过渡型(9—10 型)的比例均最高(36.05% ~52.63%),其中有 4 所学校的学生其比例超过 50%。这表明,中技生中有 1/3 以上的人大脑皮质神经过程强度虽强或较强,但兴奋或抑制的集中程度不够好。(见表 6)

表6　中技生群体神经类型分布(%)比较

对 象	n	1—2 型	3—4 型	5—6 型	7—8 型	9—10 型	11—12 型	13 型	14—16 型
苏州机械学校	86	5.81	22.09	2.33	10.47	36.05	11.63	10.46	1.16
苏州电力学校	63	4.76	19.05	4.76	4.76	36.51	15.87	6.35	7.94
苏州长风技校	69	8.69	15.94	5.80	8.69	39.13	20.30	0.00	1.45
苏州商业学校	45	2.22	6.67	8.89	6.67	51.11	13.33	4.44	6.67
江阴职业高中	31	0.00	16.13	6.45	6.45	41.94	12.90	9.67	6.45
常州物资学校	138	7.25	7.25	9.42	5.80	52.17	13.04	2.90	2.17
常州职业技校	40	2.50	5.00	2.50	12.50	52.50	22.50	2.50	0.00
吴县职业高中	38	0.00	15.79	2.63	7.90	52.63	7.90	5.26	7.89
χ^2检验		8.30	16.87*	7.53	3.95	11.05	6.28	12.78	12.30

（七）绩效优、差操作工80-8量表法指标比较

笔者在单盲情况下，对某外企16名操作工（由外企人事主管提供，其中绩效优工人8名、绩效差工人8名）进行了80-8量表法测评。统计结果显示，反应灵活性、兴奋集中性、注意集中性和综合心理素质等4项指标均为绩效优组工人显著高于绩效差组工人。（见表7）此外，本研究对绩效优、差的两组工人的神经类型分布进行了统计，8名绩效优组工人强型神经类型比例高达100%，而绩效差组工人弱型比例高达62.5%。χ^2检验表明，其差异具有非常显著性意义。（见表8）该企业人事主管对此测评结果十分认同。

表7　某外企绩效优、差组工人的心理素质比较（$\overline{X} \pm S$）

对　象	n	反应灵活性	兴奋集中性	注意集中性	综合心理素质
绩效优组工人	8	4.37 ±0.91	4.12 ±0.64	3.62 ±0.74	131.25 ±19.59
绩效差组工人	8	3.12 ±0.83	3.00 ±1.06	2.00 ±1.19	81.25 ±19.59
F检验		8.239*	6.544*	10.693**	26.057***

表8　某外企绩效优、差组工人神经类型比较

对　象	n	强　型		弱　型	
		人数	%	人数	%
绩效优组工人	8	8	100.00	0	0.00
绩效差组工人	8	3	37.50	5	62.50
χ^2检验		7.273**		4.039*	

三、分析讨论

（一）管理人员与中技生心理素质差异显著的原因

管理人员与中技生在心理素质方面存在显著性差异的原因：

其一，受遗传因素制约。从“素质”的本质来说，所谓素质就是指人生来具有的某些解剖、生理特性，即神经系统的特性，特别是脑、感觉器官、运动器官的特性，即遗传素质。人的思维敏捷性、灵活性、兴奋集中性、注意集中性等生理、心理指标的差异在很大程度上是由遗传素质的差异造成的。

其二，所受社会文化教育的不同，影响个体心理素质的形成。每个人从小受到的家庭、学校、社会教育不同，这必将对个体心理素质的发展产生重要的影响。也可以说，一个人的素质是个体在社会化的进程中逐渐沉积下来的某些较稳定的心理特征和要素。管理人员均具有大专以上学历，一般他们从小养成了良好的学习习惯，注意力集中，自控能力较强，较自信，勤奋刻苦，这些后天培养起来的素质又为他们获得生活上的成功奠定了基础。

而中技生在中考时被自然淘汰，未能进入普通高中学习，因而只能选择技校、职业高中学习。由于他们之中大多数人的先天素质一般，后天素质也不够优秀，因此这个群

体的心理素质只能居于人群的中间水平。

（二）心理素质测评在人力资源管理中的意义

科学地测评人才的天赋才能、认知能力、思维特点、情绪稳定性、个性类型及其内在潜力等，对提高劳动人事部门科学管理水平是极为重要的。我们常说的知人善任，就是要使每个员工的素质特点与工作特性相匹配，达到人适其事、事得其人、人尽其才、才尽其用。

以日新月异的科学技术为动力，以新产业、新工艺、新产品为特点的经济发展，要求劳动者不仅具有较高的科学文化水平和劳动技能，而且具有广泛的适应能力和良好的心理素质。群体的心理协调可以使成员保持良好的心境，发挥主观能动性。如果忽视人员的心理素质测评，势必造成人事管理的盲目性，难免出现用人之所短、强人之所难，往往形成群体人员间的能力、气质、性格等方面产生相互排斥，形成内耗，致使群体功能和整体效应下降。

在我国，传统的人员考察大都以手工方式、个人进行。主要以领导者或人事部门工作者找人谈话、听报告、看档案材料等方式完成。由于政工人员的思想水平、知识经验甚至情感、嗜好等不同，在人事决策中难免受偏见和不正之风的干扰，带有较大的随意性，缺乏科学性。自改革开放以来，随着社会主义市场经济的发展，人才素质测评逐渐开展并不断普及，取得了一定的成果。

重视人才心理素质测评能使人才资源的开发更加科学化，并对劳动人事管理起到优化作用，不仅有利于组织人事部门了解有关人员的特点、长处和不足之处，将人员配置到适合他们的岗位工作，也有利于根据人员的内在潜力制订培训规划，不断提高和发展每个人员的实际能力。对每个人员来说，了解自己心理素质的状况，有利于克服自卑或自大的盲目心理，增强自我意识能力，自觉地不断完善自身个性，确立符合自己特点的努力方向和奋斗目标。

总之，切实重视人的心理素质测评，有利于形成人才之间和单位之间的良性竞争，促进用人单位和人才之间相互选择，促进各类人才努力挖掘自身的潜力并在择业中成为竞争的优胜者；有利于各用人单位改善人才管理和用人环境，使位得其才、才得其用；还有利于各单位预先规划人才资源和职业发展的需要，进行必要的超前研究和足够的投资，实现人才与生产资料的最佳配置，提高劳动生产力。

小　结

（1）中层管理人员的思维反应灵活性、兴奋集中性、注意集中性以及综合心理素质分均非常显著地高于中技生。

（2）中层管理人员的神经类型以稳定型、安静型居多，其中，外企中层管理人员这两型者所占比例更为突出，均在50%左右。

（3）中技生的神经类型以强中间过渡型（9—10型）比例为最高。

（4）中层管理人员的神经类型为1—2型（最佳型、灵活型）、3—4型（稳定型、安静型）的比例非常显著地高于中技生，5—6型（兴奋型、亚兴奋型）的比例显著地低于中技生,9—10 型(强中间过渡型)、11—12 型(弱中间过渡型)的比例均非常显著地低于中技生。

(5) 绩效优组操作技工的心理素质显著地优于绩效差组技工。

上述研究结果说明,用 80-8 量表法对中外企业中层管理人员、中技生进行评测,其结果可为各企事业单位提供合理配置人才的科学依据。

心理素质测评在企业人力资源管理中的应用研究

■ 张卿华　王文英　张斌涛　张颖澜

一、研究目的

此次心理素质测评工作是根据公司战略目标和任务的需要，对原渤海铝业有限公司内部人员的质量、数量及结构进行的定量、定性分析，其结果可应用于经营规划、组织职能划分和员工绩效考核等许多方面。它可以更客观地为组织机构和工作岗位的设置以及人员的调整提供实验依据。此次人力资源素质测评的主要内容包括员工的智能潜力、个性特征、心理健康水平以及责任感、负责精神、工作态度、成就欲、人际关系等，其目的是为公司合理地配置人力资源、制订培训计划和人力资源规划打下良好的基础。

二、研究背景

美国铝业公司与中国中信集团公司合资成立了美铝渤海铝业有限公司。美铝公司是世界著名的铝业生产商，也是中国铝业最大的外国投资者和中国最大的铝产品贸易伙伴。美铝公司致力于将合资公司建成一个在技术、价格和品质上均具全球竞争力的工厂，美铝渤海铝业有限公司将成为拥有一流技术水平的世界最先进的铝轧制厂。为实现上述战略目标，美铝亚洲有限公司人力资源部在两家公司合资前做出了一项重大决策，特邀请苏州大学应用心理学研究所张卿华、王文英教授两次赴秦皇岛对原渤海铝业有限公司的全部管理人员和工人（合计近 800 人）进行了一次全面的人力资源大盘点，前后历时近一个月。美铝亚洲有限公司人力资源部希望通过盘点工作的深入开展，从人力资源规划、组织机构设定、人力结构分析、工作分析等方面着手，增进对员工综合素质的了解，激励先进，帮助落后，促进“人尽其才，才尽其用”；同时为岗位设置、机构调整、人力资源成本合理化提供客观的依据，以使有限的资源实现最优配置、发挥最大潜能，降低人力资源成本，建立精简高效的组织机构。

三、研究方法

本次人力资源盘点，我们摒弃了传统的人事信息统计法，尝试了新的方法，着眼于对全体员工的潜在能力、个性特征及心理健康水平等多项素质的评估与盘点，对人力资源能力进行动态分析。此次盘点所用的具体方法为苏州大学应用心理学研究所张卿华、王文英教授自行设计、编制的 HYRC 心理素质测评系统的部分测评方法。

(一) 潜能测评(一般能力测验量表法)

一般能力测验量表法的功能是测定人的观察能力、概念形成能力、分类判别能力、推理表象能力、抽象思维能力、注意搜寻能力、简单运算能力、判别运算能力,总之,测定人的智能潜力。潜能测评不同于业绩调查,它关注的是遗传给予个体的比较稳定的潜在能力或称为基础能力,即人人都具有的能力,但其水平与潜力大不一样。

(二) 个性特征测评(80-8神经类型测验量表法)

80-8神经类型测验量表法的功能是测定人的思维反应的敏捷性,观察、判别的准确性,自控能力,注意集中性,细心踏实程度,不同脑力负荷下心理稳定性及综合心理素质。该量表法在评价人的思维方式、行为方式、情感倾向性、性格及气质等方面具有很高的信度和效度。而个性和能力对一个人业绩的影响是最根本的因素,也是影响企业核心能力能否持久并不断创新的基础因素。

(三) 心理健康水平测评(HS投射测验法)

HS投射测验法的功能是根据投射对象的结构等级诊断其心理健康水平,根据投射对象的风格诊断其人格特征,根据投射对象的情景性诊断其心境。为了更加准确地把握员工的能力,我们还运用了360度反馈技术,征询员工周围同事的反馈,获得了大量很有价值的信息。

四、结果与分析

我们经过近一个月的工作,按时提交了盘点报告。盘点报告包括每一个关键人才的综合素质分析报告(智能潜力、个性特点、心理健康水平、管理风格、人际与沟通能力、职业发展定向等),并对整体人力资源状况进行了具体分析,最后提出了应对的措施。为更好地说明问题,现把整体盘点结果分析如下。

(一) 不同群体人员心理素质比较

统计数据(见表1、表2、表3)表明,渤海铝业有限公司的管理人员、技术人员与其他外企的管理人员、技术人员的心理素质相比无显著性差异。渤海铝业管理人员、技术人员的心理素质显著地优于本企业的操作工。

表1 不同企业中层管理人员群体心理素质比较($\bar{X} \pm S$)

对　象	n	反应灵活性	兴奋集中性	注意集中性	综合心理素质
渤海铝业管理人员	153	3.67 ±1.12	3.98 ±0.89	3.74 ±0.96	121.89 ±28.71
渤海铝业技术人员	163	3.57 ±1.13	3.95 ±0.87	3.71 ±0.98	118.89 ±28.84
上海美铝技术人员	88	3.51 ±1.06	4.07 ±0.89	3.70 ±1.10	119.31 ±29.62
葛兰素威康管理者	45	3.35 ±1.06	4.17 ±0.77	3.88 ±0.93	120.22 ±27.17
惠氏—百宫管理者	36	3.77 ±0.92	4.19 ±0.82	3.55 ±1.05	120.83 ±26.44
工业园区招干复试	201	3.67 ±1.08	4.06 ±0.91	3.95 ±1.00	125.27 ±31.43
F检验		1.074	0.916	1.951	1.032

表2　不同企业操作工心理素质比较($\overline{X}\pm S$)

对　象	n	反应灵活性	兴奋集中性	注意集中性	综合心理素质
渤铝操作工	445	3.13 ± 1.16	3.80 ± 1.03	3.38 ± 1.14	106.47 ± 32.22
旭电操作工	168	3.80 ± 1.13	3.25 ± 1.12	2.83 ± 1.13	104.22 ± 31.27
精达操作工	81	3.32 ± 1.28	3.46 ± 1.09	3.16 ± 1.18	102.46 ± 32.65
苏机械学校	86	3.30 ± 1.07	3.52 ± 1.07	3.34 ± 1.26	105.69 ± 28.76
F检验		13.633*	11.952*	9.561*	0.479

表3　渤铝不同群体心理素质比较($\overline{X}\pm S$)

对　象	n	反应灵活性	兴奋集中性	注意集中性	综合心理素质
渤海铝业管理人员	153	3.67 ± 1.12	3.98 ± 0.89	3.74 ± 0.96	121.89 ± 28.71
渤海铝业技术人员	163	3.57 ± 1.13	3.95 ± 0.87	3.71 ± 0.98	118.89 ± 28.84
渤海铝业操作工	445	3.13 ± 1.16	3.80 ± 1.03	3.38 ± 1.14	106.47 ± 32.22
F检验		17.091***	2.693	9.556***	19.067***

（二）人的个性的独特性和多样性

所谓个性是指个体在生物因素的基础上，经由社会环境的影响和自身实践活动而形成的独特的稳固的心理系统。个性是个体在认知、情感、意志以及行为方式上所表现出的较稳定的心理特征，也是一个人的最基本的思维方式、行为方式、情感倾向以及精神面貌等特征。

80-8神经类型量表法可将人的神经类型划分为16种类型。1型为最佳型，2型为灵活型，3型为稳定型，4型为安静型，5型为兴奋型，6型为亚兴奋型，7型为易扰型，8型为亚易扰型，9型为强中间型，10型为中间型，11型为中下型，12型为低下型，13型为谨慎型，14型为泛散型，15型为抑制型，16型为模糊型。

渤海铝业有限公司的管理人员、技术人员与其他外企的管理、技术人员相比较，他们的神经类型分布无显著性差异。而管理人员、技术人员神经类型强型的比例显著高于本企业的操作工，弱型的比例显著低于操作工。

表4　不同群体中层管理人员、技术人员神经类型分布(%)比较

对 象	n	1—2型	3—4型	5—6型	7—8型	9—10型	11—12型	13型	14—16型
渤铝管理人员	153	16.99	30.71	0.00	2.61	32.03	8.50	8.50	0.65
渤铝技术人员	163	11.66	30.67	3.07	6.75	29.45	4.29	9.81	4.29
美铝技术人员	88	11.36	32.95	0.00	6.82	29.54	9.09	9.09	1.14
葛兰素威康	45	11.11	48.89	2.22	8.89	11.11	8.89	8.89	0.00

续表

对 象	n	1—2 型	3—4 型	5—6 型	7—8 型	9—10 型	11—12 型	13 型	14—16 型
惠氏—百宫	36	11.11	36.11	0.00	11.11	30.56	8.33	2.78	0.00
工业园区招干	201	15.42	32.84	1.49	5.47	29.85	6.47	7.46	0.99
χ^2 检验		3.306	6.049		5.934	7.810	3.381	2.219	

表 5　企业管理人员与操作工神经类型分布比较

对 象	n	1—2 型	3—4 型	5—6 型	7—8 型	9—10 型	11—12 型	13 型	14—16 型
渤铝管理人员	316	14.24	30.70	1.58	4.75	30.70	6.32	9.18	2.53
企业管理人员	505	14.85	39.01	0.99	4.75	25.35	5.74	7.72	1.58
渤铝操作工	445	7.19	26.96	1.12	7.42	27.42	17.30	7.86	4.72
企业操作工	510	5.10	13.33	5.88	7.65	45.10	14.51	4.90	3.53
χ^2 检验		36.965***	87.166***	32.791***	5.880	54.400***	44.736***	6.380	8.412*

（三）不同群体一般能力（智能潜力）差异是客观存在的

从一般智力水平测验结果来看，渤海铝业有限公司的管理人员、技术人员与外企的管理人员、技术人员相比较，其智力水平相对较低。

表 6　不同企业管理人员、技术人员一般能力测验成绩比较

单 位	n	概念形成能力	错百分率	分类判别能力	错百分率
渤铝管理人员	153	100.76 ± 39.72	8.08 ± 2.22	86.19 ± 30.77	5.56 ± 1.86
渤铝技术人员	163	99.82 ± 35.37	8.72 ± 2.21	80.85 ± 28.50	5.77 ± 1.83
上铝技术人员	88	117.98 ± 32.38	7.01 ± 3.01	106.77 ± 23.49	3.56 ± 2.26
葛兰素威康	32	119.11 ± 38.52	5.78 ± 4.67	108.97 ± 38.82	5.97 ± 4.74
惠氏—百宫	36	106.25 ± 31.64	4.93 ± 3.61	100.23 ± 26.56	4.29 ± 3.38
工业园区招干	201	111.15 ± 37.54	6.67 ± 2.53	106.32 ± 21.16	3.96 ± 2.21
F 检验		4.931**		24.662***	

表 7　不同企业管理人员、技术人员一般能力测验成绩比较

单 位	n	推理表象能力	错百分率	抽象思维能力	错百分率
渤铝管理人员	153	77.26 ± 31.89	16.58 ± 3.01	77.89 ± 34.92	14.14 ± 2.86
渤铝技术人员	163	76.37 ± 27.91	17.78 ± 2.99	71.76 ± 31.38	18.13 ± 3.03
上铝技术人员	88	95.95 ± 27.66	12.10 ± 3.98	92.23 ± 39.99	11.76 ± 3.93
葛兰素威康	32	99.99 ± 42.67	10.90 ± 6.23	90.12 ± 40.34	11.49 ± 6.38

续表

单　位	n	推理表象能力	错百分率	抽象思维能力	错百分率
惠氏—百宫	36	86.03 ±31.37	17.09 ±6.36	75.82 ±31.13	14.43 ±5.86
工业园区招干	201	104.43 ±23.76	11.26 ±3.58	102.29 ±34.48	12.09 ±3.31
F 检验		25.019***		17.233***	

表8　不同企业管理人员、技术人员一般能力测验成绩比较

单　位	n	简单运算能力	错百分率	判别运算能力	错百分率
渤铝管理人员	153	97.24 ±21.00	1.53 ±0.99	92.43 ±24.45	6.97 ±2.06
渤铝技术人员	163	92.27 ±19.90	1.89 ±1.07	89.54 ±23.93	8.24 ±2.15
上铝技术人员	88	107.03 ±21.50	1.76 ±1.60	108.28 ±21.44	6.52 ±3.02
葛兰素威康	32	96.34 ±22.25	1.37 ±2.32	99.88 ±24.45	5.62 ±4.70
惠氏—百宫	36	100.82 ±20.87	1.34 ±1.91	103.93 ±22.42	6.14 ±4.00
工业园区招干	201	103.51 ±17.96	1.69 ±1.20	108.09 ±21.57	6.86 ±2.57
F 检验		8.954***		17.447***	

五、分析与讨论

通过以上案例分析我们可以看出,一个企业的人力资源管理的“软”盘点(素质)比“硬”盘点(学历、年龄等)更有价值,更能把人力资源和企业经营战略真正结合起来。“软”盘点实际上是企业核心能力的盘点,也是知识管理的重要内容。对于以人力资本为主要增值因素的企业而言,人力资源盘点是人才竞争制胜的首要工作,也是企业竞争制胜的关键。本案例所应用的盘点方法突破了传统人事信息统计的方法,综合运用了现代人力资源管理的最新技术,紧密结合了企业的经营发展目标,对国内企业进行管理再造有一定的借鉴意义。

人力资源部门是公司选拔高素质人才的建言和执行者。如果人力资源部门只是承担简单审核和发布信息的工作,那这样的人力资源工作是没有创造价值的。要真正选拔到高素质的人才,就必须摒弃旧的用人陋习和传统的人才观以及传统的选材方法,大胆地采用科学客观的人才心理素质测评方法,克服主观的人为因素在选拔人才中的负面作用,做到人才选拔的公开、公平、透明,不拘一格选拔人才。

人力资源部门是公司核心人才的培养者。一个公司的核心人才将成为公司最重要的人力资源,公司的核心竞争力即使不是由核心人才创造,也需要有核心人才去维系。然而大部分核心人才不应该完全依靠直接引进,而是由公司去培养,这样一批人才会成为公司忠诚度高、合乎公司价值观、了解公司的重要人才。这需要人力资源部门通过岗位锻炼、职业生涯规划、培训与开发、及时推荐等工作来完成。而人才心理素质测评工作可为公司的人才培养规划提供客观的实验依据。

小 结

（1）美铝渤海铝业有限公司首次采用 HYRC 心理素质测评系统，对原渤海铝业有限公司的全体成员（从总经理到工人）近 800 人进行了一次人力资源的盘点，为新公司组织机构的调整、工作岗位的设置以及人员的调整提供了较客观的实验依据。可以说，这是企业在人力资源管理上的一次有益的尝试，取得了令人十分满意的效果。

（2）渤海铝业有限公司的管理、技术人员以及操作工的综合心理素质水平与其他外企的管理、技术人员以及操作工相比较，均无显著性差异，说明其基本素质是好的，多数人是可以留用的。

（3）渤海铝业有限公司的管理、技术人员的一般能力（智能潜力）显著低于其他外企的管理、技术人员的水平，这种情况可能与地区差异以及人才选拔的方法手段不同有关。

部队汽车驾驶员心理选材与训练的研究

张卿华　王文英　沈　忠　李安康　江学存

驾驶汽车是一项特殊的职业,它要求驾驶员本身具备较好的感知能力、准确的判断能力、长时间注意集中能力、敏捷的应变能力、良好的自控能力以及较为稳定的情绪等。驾驶员的良好心理品质将保证其职业能力的发挥和发展。以往对驾驶员的选材大都凭经验,没有进行定量的科学测试,以致那些反应慢、应变能力差、情况判断不准、缺乏自控能力者也被选做驾驶学兵培训,从而造成淘汰率较高、成才率较低的状况,这不仅使人力、物力、财力大量浪费,而且贻误了宝贵的时间;其中部分学兵虽然未被淘汰,但由于其心理素质不理想,在执行任务中往往发生交通事故,造成人员伤亡,车辆损坏,给社会和人民带来巨大的损失和精神上严重的创伤。

为加强我军的国防现代化建设,我们对某部队汽车驾驶员的心理选材与训练进行了连续5年的研究。自1986年2月至1991年3月,把现代科学测试手段引入学兵的选拔,遵循训练规律,科学组合训练内容,提高训练效果,较成功地探索出了一条早出、快出、出高质量驾驶人才的新路子。5年来,共培训出新司机368名,其中实验组(心理测试合格者)175名,对照组193名。经上级业务部门严格考核,实验组合格率达100%,优秀率达92%,单放率达85%以上,未出现任何责任事故;对照组有9名学兵被淘汰,有2名学兵结业后发生了责任事故。实践证明,运用科学的选材与训练方法,对于加速人才的培养、提高成才率有着十分重要的作用。

本研究成果填补了我国有关汽车驾驶员心理选材的空白,对国防、交通等部门各类驾驶人员的选材工作具有重要的实践意义和应用价值。

一、研究对象与方法

(一) 研究对象

本文研究对象均为某部队男性现役军人,年龄为17—25岁,共计972名。其中,197名为现役汽车驾驶员(驾驶工龄在2年以上),775名为每年新入伍经基层单位目测初选的战士。另外参照研究对象812名。

(二) 研究方法

本研究主要采用80-8神经类型测验量表法测试研究对象的心理素质和神经类型,运用观察法、调查法、访谈法、他人评价等方法评价被试的有关能力,将所得数据进行统计检验。

(三) 研究步骤

研究步骤分为实验准备、目测初选、复选、训练、总结5个阶段。

1. 实验准备阶段

在实验准备阶段,首先对197名在职汽车驾驶员进行80-8神经类型测验量表法测评,并由熟悉情况的业务干部在不了解神经类型测评结果的情况下对每名被试实事求是地进行各种能力评价,然后统计两者的吻合率。然后通过对原有驾驶员神经类型测试结果的分析,拟定出了入选的参考标准。

2. 目测初选阶段

在目测初选阶段,由部队下属各主管部门,根据驾驶员职业的要求(文化、体质、智力、态度等条件),推荐出若干名当年入伍的新兵参加复选测验。

3. 复选阶段

复选包括心理测试、体检、立体盲检等。将复选成绩综合分析,选优汰劣。凡测试合格者编入实验组,测试不全合格或各种原因未经测试者编入对照组,各组名单只限主管领导掌握,以避免实验过程中受到人为因素的影响。

4. 训练阶段

训练阶段分为基础训练、一般道路驾驶和单机件保养、复杂道路训练及故障排除、复习考核等四个阶段。

5. 总结阶段

在总结阶段,综合学兵的驾驶、勤务、理论、构造保养、故障排除等5项成绩及其所表现出的心理素质各能力水平,认真总结选材和训练的经验和教训。

二、实验结果与分析

(一)新兵的心理素质状况分析

随着我国国防现代化建设的发展,掌握现代化武器装备的军事人员的素质也应越来越高,不仅应具有良好的政治素质、军事专业素质,还应具有良好的心理素质。本文从部队汽车驾驶员的心理选材与训练工作中窥见我军兵源心理素质的一般状况,并加以分析和概括,对进一步提高兵源的心理素质也许有一定的参考价值。

1. 经过初选的战士心理素质较好

本研究的统计资料表明(表1、表2、表3、表4):A初选组的775名战士,其大脑机能发育水平显著高于未经初选的B普通组;5年来每年经过初选的战士,从整体上来看,他们之间在大脑机能发育水平上未见有显著性差异。

表1 不同部队战士80-8量表测验成绩比较

单 位	测验时间	n	得分($\bar{X} \pm S$)	错百分率($P \pm Sp$)	漏百分率($S \pm Sp$)
××部队	1986年	193	89.12±20.90	2.69±1.16	26.90±3.19
	1987年	159	87.65±24.10	2.24±1.17	23.60±3.37
	1988年	134	90.19±20.13	2.13±1.05	25.99±3.79
	1989年	159	91.02±22.84	2.22±1.17	24.33±3.40

续表

单 位	测验时间	n	得分($\overline{X}\pm S$)	错百分率($P\pm Sp$)	漏百分率($S\pm Sp$)
××部队	1990 年	130	87.31 ±19.06	2.70 ±1.42	25.65 ±3.83
	1990 年	154	82.40 ±19.65	2.33 ±1.22	24.27 ±3.45
	1991 年	658	81.10 ±18.12	2.64 ±0.62	27.17 ±1.73
差异性检验			$F=10.60^{***}$	$\chi^2=247.64^{***}$	$\chi^2=312.73^{***}$

表 2 两组战士 80-8 量表得分比较($\overline{X}\pm S$)

组别	n	1 号表	2 号表	3 号表	平均
A 初选组	775	106.06 ±33.24	86.94 ±20.74	71.34 ±17.44	88.15 ±21.03
B 普通组	812	100.36 ±31.09	80.00 ±19.44	63.07 ±15.13	81.34 ±18.41
F 检验		12.86^{***}	39.52^{***}	102.28^{***}	47.15^{***}

上述统计数据表明,A 初选组与 B 普通组战士相比较,大脑机能发育水平 A 初选组显著高于 B 普通组,而且随着作业难度的增加,A 初选组得分值下降的幅度较小,而 B 普通组下降明显。这说明 A 初选组战士大脑工作能力的稳定性、耐受性都明显地好于 B 普通组战士。从兴奋集中程度和自控能力以及注意力集中程度和细心踏实品质来看,A 初选组除在简单脑力作业时不及 B 普通组外,在复杂困难的脑力作业时,都显著地比 B 普通组好。

表 3 两组战士 80-8 量表错百分率比较

组别	n	1 号表	2 号表	3 号表	平均
A 初选组	775	2.20 ±0.53	2.29 ±0.54	3.24 ±0.64	2.51 ±0.56
B 普通组	812	2.10 ±0.50	2.52 ±0.55	3.40 ±0.64	2.58 ±0.56
χ^2 检验		6.62^{*}	23.96^{***}	79.08^{***}	6.05^{*}

表 4 两组战士 80-8 量表漏百分率比较

组别	n	1 号表	2 号表	3 号表	平均
A 初选组	775	28.24 ±1.16	26.01 ±1.58	22.93 ±1.51	26.09 ±1.58
B 普通组	812	27.11 ±1.56	26.89 ±1.56	25.51 ±1.53	26.62 ±1.55
χ^2 检验		21.30^{***}	10.59^{**}	79.08^{***}	11.84^{***}

不同对象心理素质综合分差异性检验结果表明(表 5、表 6),经初选的战士其综合分仍比一般人明显的低,比中学生、大学生低得更为显著。

表 5 不同对象心理素质综合分比较

对 象	n	($\overline{X}\pm S$)	对 象	n	($\overline{X}\pm S$)
新战士(A)	775	8.75 ±3.14	中学生(C)	140	9.56 ±3.18
一般成人(B)	144	9.36 ±3.41	大学生(D)	217	10.11 ±3.28

表6 不同对象综合分 t 检验

对象	B	C	D
A	1.99*	2.86**	5.45***
B		0.52	2.08*
C			1.61

注：表 A、B、C、D 所代表的对象与表 5 相同。

表7 两组战士神经类型分布(%)

	1型	2型	3型	4型	5型	6型	7型	8型	9型	10型	11型	12型	13型	14型	15型	16型
A组	0.65	2.32	3.23	1.94	2.45	2.45	5.94	1.81	26.06	21.81	16.90	5.54	1.42	2.97	2.06	2.45
B组	0.00	0.74	2.34	2.83	0.74	1.11	4.19	2.34	15.39	23.89	22.29	9.61	2.71	4.06	2.46	5.30

注：A 组为 A 初选组(n = 775)，B 组为 B 普通组(n = 812)。

2. 普通战士神经类型强行比例偏低

从神经类型测评资料分析(图 1)：812 名普通组战士神经类型为 1—10 型(强型)的比例占 53.57%，而经过初选的 775 名战士强型的比例占到 68.66%，两者差异显著性检验 $\chi^2 = 15.177$，$P < 0.001$，说明经过初选的战士组强型的比例显著高于普通组。

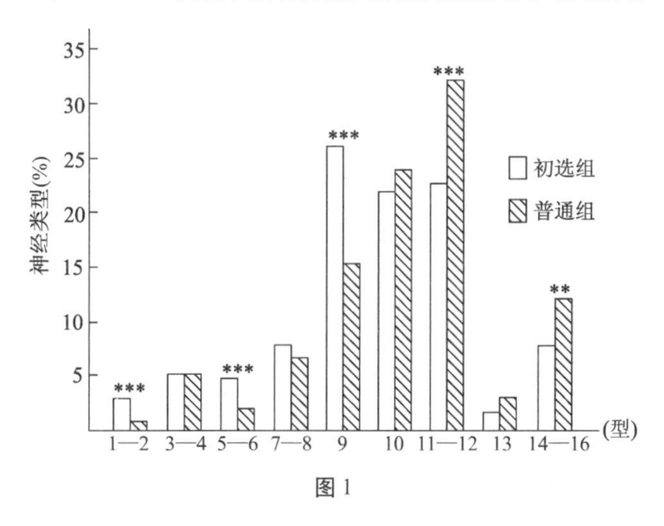

图 1

进一步分析，初选组战士的各神经类型分布具有如下特点：1—2 型(最佳型、灵活型)、5—6 型(兴奋、亚兴奋型)、9 型(强中间型)的比例均显著高于普通组。而其中 1—2 型的比例略低于全国学生常模，5—6 型的比例稍高于全国常模，9 型的比例显著高于全国常模($\chi^2 = 18.766$，$P < 0.001$)。初选组 11—12 型(中间偏下型)、14—16 型(弱而不均衡型)的比例非常显著地低于普通组。初选组 13 型的比例显著低于全国学生常模($\chi^2 = 15.589$，$P < 0.001$)。此分布状况说明，初选组战士在神经活动过程的强度、活动能力方面强于一般学生，但在反应的准确性、注意的集中性以及情绪的稳定性方面又不及一般学生。初选组战士其在神经活动过程的强度、灵活性以及活动能力方面显著强于普通组战士。

上述统计数字足以说明，只要经过认真的选材，即使是经验选材，在提高入选人员的心理素质方面也可收到一定的实效。

(二) 汽车驾驶员的心理选材

随着现代科学技术的发展，人们对人才的选拔逐渐从经验选材发展到运用科学方法选材，而心理选材只是科学选材的一个重要方面。笔者自1986年春开始，连续5年在某部队开展了驾驶员心理选材的研究。

1. 80-8神经类型测验量表法在汽车驾驶员心理选材中应用的可行性

1986年2月，笔者对驾驶年限在2年以上的197名在职汽车驾驶员用80-8神经类型测验量表法施测，并由熟悉情况的业务干部对其反应、注意、理解、判断、自控等能力及驾驶技术、行车安全等水平进行评价。算得两者的吻合率达94%以上。通过对197名驾驶员神经类型与心理素质及现实表现的分析研究，发现神经活动过程均衡性差的驾驶员易出事故。神经活动过程兴奋集中程度低、易扩散的驾驶员对事物的判断易出错差，容易激动，自控能力低，遇到情况头脑不冷静，常常轻举妄动。而神经活动过程抑制集中程度低、易扩散的驾驶员注意力不能长时间高度集中，有时出现心不在焉的现象，观察事物不仔细，遇到险情手足无措。研究还发现，神经活动过程强度弱而均衡性又差的驾驶员发生事故率更高，因为这些人员的反应慢、判断不准、应变能力差，承受不了强烈的刺激。统计分析表明，神经活动过程强度强、兴奋和抑制过程集中程度高、灵活性好的驾驶员行车安全性好。

上述调研表明，80-8神经类型测验量表法应用于汽车驾驶员的心理选材是有意义的。

2. 汽车驾驶员心理选材中神经类型的研究

实践证明，汽车驾驶员的心理素质直接影响职业能力的发挥和发展。我们通过对某单位近20年的72例车辆事故原因的分析，发现其中有67例事故与驾驶员的心理素质有关。发生这67例事故的驾驶员，他们在心理方面都表现出明显的特点：反应慢，应变能力差，性格急躁，自控能力差，粗心，注意力不集中，分析判断能力差，遇事头脑发懵，惊慌失措。

我们又根据对197名汽车驾驶员神经类型的测试结果和其心理素质及安全行车情况的综合统计分析，确定了汽车驾驶员心理选材的神经类型标准。

在16种神经类型中，我们发现1—4型、9—10型(接近3—4型者)、13型(接近4型者)这7种类型者其综合心理素质适宜从事汽车驾驶职业。因此，我们将这7种类型定为选材标准。其中3型最理想。因为：1—2型者，神经活动过程的强度强，兴奋、抑制集中程度高；天赋高，反应迅速，学习知识、掌握技能快，但如果不经常巩固容易忘却；喜爱快节奏、多变化的工作；对长时间单调的刺激易产生厌烦。4型及13型中接近4型者，神经活动过程的强度不强，兴奋、抑制集中程度高；天赋一般，反应较慢，学习知识、掌握技能不快，但一旦掌握后就比较牢固；情绪稳定，对长时间单调的刺激的忍受能力强，但在应激情况下灵活性差。而3型者神经活动过程强度较强，兴奋、抑制集中程度高，天赋较高，反应较迅速，学习知识、掌握技能虽不如1—2型者快，但较牢固，对长时间单调刺激的忍受能力也较强,情绪也比较稳定,应变能力也较强。

5 年来,我们从 775 名应试战士中按照上述类型标准选出 175 名作为实验组,进行汽车驾驶训练。另有 193 名其他类型者由于多种原因需进行汽车驾驶训练,我们将其作为对照组。根据 80-8 神经类型测验量表法所测出的反应灵活性、兴奋集中性、注意集中性以及综合心理素质的得分,统计检验了实验组与对照组之间成绩的差异。(见图 2)5 年中,实验组各项心理素质都显著高于对照组($P<0.001$,除反应灵活性,1986 年实验组虽高于对照组,但其差异不具显著性意义)。

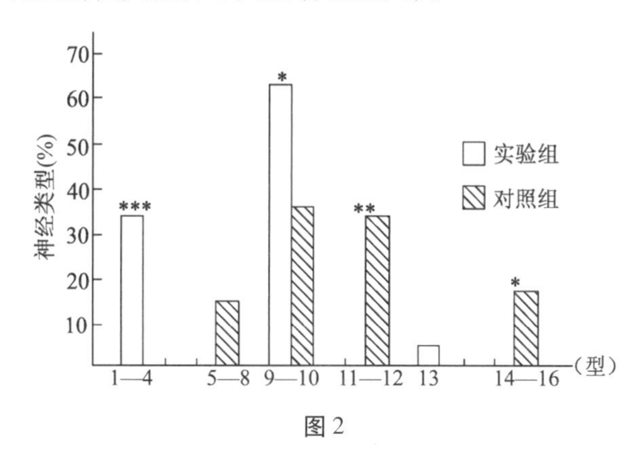

图 2

反应灵活性是指认知的速度、动作反应速度以及对环境变化(特别是突发事件)的应变能力;兴奋集中性是指皮质兴奋过程集中程度、行为和情绪的控制能力;注意集中性是指注意集中程度、注意分配、长时间注意集中的能力以及细心踏实的品格。心理素质好和较好的战士,如果其思想品德和身体条件也都符合汽车驾驶要求,经过科学的训练,无疑将成为一名较优秀的汽车驾驶员。

经统计:5 期实验组综合心理素质分平均为 12.67 ± 2.70,不仅显著高于对照组和一般人($P<0.001$),而且也较体育专业大学生(10.11 ± 3.28)非常显著地高($t=7.74$,$P<0.001$);而 775 名参加汽车驾驶员选拔测试的战士其综合心理素质分平均为 8.75 ± 3.14,显著地低于一般人,这在某种程度上可说明,参加应试的战士虽经基层单位的目测初选,但其总体心理素质水平仍然较低。由此亦可证明采用科学方法选材的重要性和必要性。

3. 汽车驾驶员心理选材的效果分析

我们随机对 1990 年期 50 名汽车驾驶学兵采用 80-8 神经类型测验量表法测得其综合心理素质分与反应速度、一般智能、判断能力、自控能力等综合能力分及注意力、细心程度、记忆力、理解力等综合能力分(由教员、班、排长评定),分别计算相关系数(表 8)。经检验:80-8 神经类型测验量表法测出的综合心理素质较好者,其反应速度也较快,一般智力较高,判断能力、自控能力都较强,反之亦然;80-8 神经类型量表法测出的综合心理素质较好者,其注意力较集中,比较细心踏实,记忆力、理解力也较强,反之亦然。

表 8　驾驶学兵几项心理素质间的关系

$n=50$	$(\overline{X}\pm S)$	r 值
(1) 80-8综合分	8.32 ±3.51	$r(1)(2)=0.579^{***}$
(2) 反应等综合分	14.10 ±2.56	$r(1)(3)=0.643^{***}$
(3) 注意等综合分	13.56 ±2.80	

另外,我们对 1990 年期 66 名汽车驾驶学兵进行了瑞文标准推理测验,统计了 80-8 神经类型测验量表法综合心理素质分与瑞文分之间的相关关系(表 9)。经检验,80-8 测验综合分与瑞文测验分相关系数为 0.540,具有非常显著性意义。这表明综合心理素质较高者,其推理能力也较强,反之亦然。进一步分析还发现,实验组瑞文测验得分显著高于对照组(表 10),这说明实验组的学兵推理能力也明显地比对照组学兵强。

表 9　驾驶学兵两种心理素质测验成绩的关系

$n=66$	$(\overline{X}\pm S)$	r 值
80-8 测验综合分	8.97 ±3.73	0.540^{***}
瑞文测验分	48.02 ±8.31	

表 10　两组瑞文测验成绩的差异

级别	n	$(\overline{X}\pm S)$	t 检验
实验组	24	52.96 ±4.20	4.066^{***}
对照组	42	45.19 ±8.78	

实行科学选材 5 年来,该部队共出车 52000 多辆次,行驶 340 多万千米,安全行车率较以往明显高。实验组考核成绩 100% 合格,92% 优秀,单放率达 85% 以上,淘汰率为 0。对照组由于理论学习成绩差、驾驶技术掌握不好而被淘汰的达 9 名,另外有 2 名学兵结业后发生责任事故,造成 2 人死亡,还有一些学兵事故苗头不断。

科学选材就是对尚未表现的形态、机能及能力等进行比较准确的预测,使那些不符合该种职业特点能力要求的人在选拔时就被淘汰。科学选材不仅能大大提高成才率,减少人力、财力、时间的浪费,而且对人力资源的开发有直接的作用。该部队驾驶员通过选拔与训练,5 年来事故率与 5 年前相比下降了 80%。

(三) 提高训练起点,科学组合训练内容

新驾驶员训练改革是一项系统工程,科学选材只是其中一项基础工程。5 年来,我们科学组合训练内容,修改和完善了《驾驶员训练内容纲目》《驾驶员训练实施细则》《驾驶员训练管理规则》《训练质量评定标准》等一整套驾驶员训练教程和规则,使训练内容基本适应经过测试合格的学兵整体素质好、接受能力强的特点。

1. 实现了理论与驾驶同步

汽车驾驶是一门较复杂的操作技术。训练中我们坚持理论学习和实际操作平行作业,做到练什么就讲什么,加深了学兵的理解。例如,根据驾驶需要讲构造,根据方向运用需要讲转向系,进行换挡训练时就讲离合器和变速器,进行制动训练时就讲制动系,克服了过去理论与实际操作不同步、理论对实际指导不及时的"两张皮"现象。

2. 突出了训练重点

过去驾驶员训练的弊端是一味求全,面面俱到,偏重教材中的固定科目,按部就班,致使学员结业时难以完成运输任务。我们在总结经验教训的基础上,把应用驾驶作为训练的重点内容。我们把载重训练和复杂道路驾驶作为训练的重点。平时,驾驶员大都在城市执行任务,我们就在城市训练上增加时间,同时压减了空车驾驶和类似"冰雪路""泥泞路"等的训练课时。

3. 提高了训练起点

为改变过去驾驶员一年新训、二年复训的低级循环状况,我们把新训、复训融为一体,在新训中完成复训任务,力争新训结业后驾驶员就能单独完成任务。为确保此目标的实现,我们摒弃了训练单位怕出事故、消极保安全的"保姆式"教学,采取指导训练与放单训练相结合的方法,让学兵逐步甩掉"拐杖"学会自己走路。训练中,我们采取先双放后单放、先群车放后单车放、先短途后远程、先简易道路后复杂道路、先白天后夜间的由易到难、循序渐进、逐步放单的原则,较好地消除了学兵的恐惧心理,提高了他们独立处理情况的能力。为了增加学员的训练时间,在实习时,我们把单班固定式训练改为双班穿插循环式训练,做到人停车不停,既使学兵受到了更多的实际锻炼,又提高了车辆在训练中的利用率。

4. 立足军地通用

"丁"字形驾驶,部队教学大纲中没有这门课,而地方驾驶员"桩考"却以此为主。根据部队驾驶员复退到地方考核换证、打"回票"难录用的实际情况,我们在新训中吸收地方的教学内容,专门安排了"丁"字形补差训练,使驾驶员训练以军为主,军地通用。同时还增加了《道路管理条例》等教材中没有的内容。

5. 教员学兵紧密配合

经过严格筛选的学兵,具有较好的内在素质,但是,素质本身不是能力,只是发挥和发展职业能力的一个条件。我们在抓好科学选材的同时,还注重抓好教与学的配合和智能向职能的转化工作。每年新训开始前,我们都要对教员、助教队伍进行一次调整、充实,利用一定时间进行教学法集训,提高师资水平。为了增加训练的透明度,落实教学责任制,我们把集训计划、整体安排、训练要达到的目标"和盘托出",广泛征求教员、助教的意见,然后各教员、助教在整体计划的基础上制订自己的达标计划。为挖掘驾驶学兵的内在潜力,调动他们的学习积极性,我们在排与排、班与班、个人与个人之间进行了"小竞赛";每一章节训练结束后进行一次"小考核""小总结";考核中,采取一个考场印几种试卷的抽考形式,启发学员全面掌握知识;每天训练结束后进行"小保养""小讲评";把故障排除等内容有机地贯穿到整个训练始终,坚持在学中练,在实践中巩固,提高了学兵维修保养和排除故障的能力。

(四)不同神经类型驾驶学兵的训练

一个人的心理素质并不等于他的实际能力,但是一个人的实际能力的形成和发展,离不开他的心理素质。人的神经类型是其能力形成和发展的生理基础。我们经过5年的追踪调查、观察研究发现,不同神经类型的人在汽车驾驶理论的学习和驾驶技能的掌握方面表现出不同的特点。因此,对不同神经类型的驾驶学兵的训练也应区别对待,只有这样才能收到事半功倍的效果。

1. 贯彻因材施教、区别对待的原则

我们认真总结了不同心理素质的学兵在汽车驾驶训练中实际能力的表现。凡心理素质较好的学兵,其驾驶操作技术的掌握程度和临场发挥均较好,他们的接受能力、理解能力较强,对操作技术掌握较快,动作反应较迅速、协调,判断准确,能把握自己,临场驾车充满信心,情绪稳定,处理情况较果断,有较强的自我意识;而心理素质较差的学兵,其对驾驶技术掌握较困难,甚至达不到训练计划的要求,临场驾驶易发生失误、失常,他们的接受能力、理解能力较差,反应迟钝,动作不协调,情绪不稳定,驾驶时缺乏信心,遇到情况判断不准,行动不果断,不能把握自己。

当然在实际调查中也发现个别案例心理素质测评结果与实际能力不完全吻合。

上述案例说明,心理素质只是能力形成与发展的基础和重要条件,但绝不是唯一的条件。一个人的能力发展与成才还受多方面因素的影响和制约,如教育、训练得法,个人的勤奋努力等。

我们认为:对1—2型神经类型的学兵,在训练中要不断增大学习训练难度,提出更高的标准、更严格的要求,并强化以稳为主的教育训练;还可组织他们当辅导员,帮助有困难的学兵,并鼓励他们多提合理化建议;对他们的优点和成绩要充分肯定,对其存在的缺点和不足要注意教育方式方法,切勿挫伤他们的自尊心。3型神经类型者在训练中掌握动作要领不如1—2型者快,但掌握后十分牢固,因此要注意一开始的操作技术规范,否则形成错误定型后较难改造,另外还应加强快速多变的强化教育与训练。4型和13型神经类型者在训练中掌握操作技术慢,应向他们重复讲解要领,对他们要有足够的耐心,多安排些练习,对他们的不正确的动作要在开始阶段就采取措施及时纠正,对他们要多加鼓励,帮助他们增强自信心,另外特别要加强快速反应及应变能力的培养。对9—10型神经类型者,根据他们的具体特点,参照2—4型者的训练要点进行。

2. 合理安排训练难度,加强心理训练

汽车驾驶学兵学习、掌握驾驶操作技术必然要经过泛化、分化、巩固和自动化四个相互联系的阶段。他们在每个阶段不仅有其生理规律,而且也有其心理特点。因此,在安排驾驶操作技术训练难度时,应考虑学兵的心理特点,加强心理训练。开始学驾驶,一般都容易出现情绪紧张,动作不协调,并有危险感,只是不同的人表现的程度不同。在这个阶段,神经类型弱者易产生心理问题,如过度紧张、恐惧、缺乏驾车的胆量和信心,甚至出现心理障碍。针对初学驾驶阶段易产生的心理问题,教员和班、排长须对学兵合理使用教法,首先应抓住驾驶操作技术的主要环节进行教学,不宜过多强调动作的细节,并以正确的示范帮助学兵体会动作要领。这时班长的态度要和蔼,注意工作方法,善于调动学兵的学习积极性,及时肯定和表扬学兵的成绩和进步,可用正确动作与错误动作对比示范使学兵逐步掌握正确的动作,切忌批评训斥。我们经过调查发现,脾气温和、有耐心的班长能使学兵学习、训练情绪高涨,取得较好的训练效果;而个别班长不注意自己的形象,似乎是好心,严格要求学兵,但学兵看到班长铁青的面孔、听到严厉的训斥声就产生逆反心理,既紧张又反感。因此,在初学阶段不仅要教会学兵一定的驾驶技术,更重要的是帮助他们建立起驾驶的信心,消除顾虑。

到第二阶段，学兵时驾驶技术基本掌握，但不熟练。此阶段要反复强化训练基本操作技能。训练中主要要求学兵掌握会车、让车、超车及道路上一般情况的处理方法。不要急于安排事故分析等教学内容，因为在这个阶段学兵的心理紧张度和焦虑感并未减轻，如果有某种强烈的外因刺激，就可诱发某种心理障碍。例如，1990 年期学兵赵某，心理素质综合分为 8 分，神经类型属 6 型（亚兴奋型），开始技术掌握情况较好，但到第二阶段，教员上课讲授分析出事故的案例后，赵某一直紧张，后来出现开车恐惧症。

到第三阶段，学兵的驾驶技术达到十分熟练的程度。此阶段要逐渐加大训练难度，模拟处理各种情况，加强注意力分配的训练和实战训练。这一阶段持续的时间较长，一般为半年至 3 年，最后进入自动化阶段。

不同的训练阶段都应根据训练的目的、任务和特点以及训练对象的个性心理特征（心理素质水平），有的放矢，区别对待学员的技术和心理训练。尤其是心理训练，对于发挥人的内在潜力，促进驾驶技术的掌握、巩固和提高，有着十分重要的作用。

小 结

（1）本文以实验为依据，从理论和实践的角度，对新兵心理素质状况做了具体的分析，阐明了从事汽车驾驶职业的人必须具有与职业特点相适应的良好心理素质。若要提高驾驶员心理素质，首先要提高兵源素质，在此基础上加强选材意识，重视选材工作。这一观点不仅对汽车驾驶员选材，对特种兵种人才的选拔也具有普遍指导意义。

（2）本文通过 5 年的实验性研究，为汽车驾驶员的心理选材提供了 1—4 型、9—10 型、13 型等有关的神经类型标准。研究证明，经过 80-8 神经类型测验量表法测试入选的实验组，其心理素质水平非常显著地高于对照组，其理论学习水平、驾驶技术与实际能力也都非常显著地优于对照组。实践证明，80-8 神经类型测验量表法作为科学选材的手段与方法具有很高的效度（实效性）。

（3）本文以具体的实验数据和调研资料论述了心理素质与实际能力的辩证关系，既强调了心理素质是能力形成和发展的基础，良好的心理素质是促进能力发展的重要条件，又阐明了教育训练、主观努力可以弥补先天素质之不足，使人的能力得到发展，同时还论述了心理训练对提高和完善操作技能、消除心理障碍的重要作用。

神经类型与运动员选材

■ 王文英　张卿华　王维群

天赋是客观存在的。由于先天遗传、出生环境(家庭及社会的影响)、个人实践等因素的综合影响,人的大脑皮质机能比任何其他官能更多地表现出人与人的差异。因此,凡对人进行选材时,其大脑的天赋素质应作为主要方面考察。笔者于1980年8月设计的80-8神经类型测验量表法(简称“80-8量表法”)适用于6岁以上年龄的人测试,能定量地评定受试者的大脑机能能力及其基本特性。

笔者采用80-8量表法测试了国家队运动员、体育院系和运动学校学生、苏大数理系学生、中国科大数理系学生、中国科大少年班学生、一般中学生及部队战士等3000多人。经审核,有效样本为3276例,全部数据经计算机运算处理。现将结果分析论述如下。

一、神经类型与才能的关系

能力,按著名心理学家吉尔福德的话来说,是指及时认知力、记忆力、求异思维能力、求同思维能力以及评价力。而才能是指在完成一定活动方面,各种能力最完美的结合。苏联学者的研究表明,神经系统类型特性与能力的天赋基础有着十分密切的联系。神经系统类型特性是个性心理差别的自然前提。

本文测试结果表明,不同对象的大脑功能差别非常显著。以得分数(反映大脑机能能力的指标)做比较,科大数理系及科大少年班的学生显著高于其他测试对象;错百分率(反映皮质神经细胞兴奋过程扩散程度的指标)、漏百分率(反映皮质神经细胞抑制过程扩散程度的指标)均以科大数理系及科大少年班学生为最低。(见表1、表2)科大少年班学生与一般中学生相比较,前者脑功能要强得多。(见表1)

表1　不同对象男性大脑机能能力、特性比较

单位	n	得分数	错百分率	漏百分率
科大少年班	45	36.66 ±4.08	0.31 ±0.31	7.02 ±4.50
科大数理系	143	37.11 ±5.07	0.21 ±0.17	8.01 ±4.97
苏大数理系	216	35.07 ±5.21	0.49 ±1.49	8.03 ±4.97
体育院系	486	34.41 ±5.91	0.61 ±1.23	10.84 ±6.55
国家集训队	147	32.25 ±5.39	0.66 ±1.30	11.98 ±6.79
一般中学生	862	32.83 ±6.16	0.65 ±1.11	13.38 ±6.98
F检验		21.3078^{***}	10.7646^{***}	3.7684^{**}

表 2　不同对象女性大脑机能能力、特性比较

单位	n	得分数	错百分率	漏百分率
科大少年班	7	38.76 ±4.86	0.17 ±0.14	6.53 ±4.13
科大数理系	25	39.36 ±5.18	0.26 ±0.20	7.41 ±3.19
苏大数理系	63	34.90 ±5.22	0.49 ±1.17	8.08 ±4.24
体育院系	321	35.75 ±8.30	0.50 ±0.91	11.02 ±5.37
国家集训队	103	31.88 ±5.20	0.41 ±0.35	11.19 ±5.44
F 检验		8.2964***	1.8473	6.0244***

经 χ^2 检验，神经类型百分率在不同单位人员间差异显著。本文将 862 名 18 至 25 岁的部队战士的神经类型百分率作为一般成年男子类型分布概率。中国科大少年班学生、少年预备班学生 1—4 型的比例显著高于一般人；而 10—14 型（弱型）的比例，一般人占 15.43%，科大少年班及少年预备班学生为 0。科大少年班班主任认为：“80-8 量表法对少年大学生的测试结果是有说服力的，因此，学校根据他们的智能潜力，在教学中加大了知识的广度和深度，结果这两期学生（第 3、4 期）全部考取了研究生，其中部分学生考取了国外研究生。”

比较部分战士神经类型的比例，高考复习班战士和通信兵属于 1—4 型者均显著高于普通战士，而通信兵中又以报务员的神经类型属灵活、稳定型者为多。

优秀运动员与一般运动员的神经类型比较，优秀运动员的神经类型大多属于灵活、稳定型。

本文随机测试了国家体委表彰的 1981 年创造优异成绩的 21 名运动员，其中属 1—4 型者有 14 人，占 66.67%；体育院系 486 名运动员属于这 4 型者有 179 名，占36.83%；一般人属于这 4 型者只占 24.48%。经检验，优秀运动员属于较好神经类型的比例显著高于体育院系学生和一般人（$P<0.001$）。

上述测试结果表明，才能的形成和发展与神经类型有着内在的联系，也就是说，神经类型是才能形成和发展的重要的生理基础。

二、神经类型与运动员的选材及训练

人的一切行为无不受神经系统的控制和支配。竞技体育是人类精巧、复杂、高级行为的组合。完成一个较复杂的动作，需要视觉、听觉、皮肤感觉及本体感觉协调配合。因此，重视高级神经活动功能方面的选材工作，对于培养、造就优秀运动员来说，意义是十分重大的。

本文采用 80-8 量表法于 1981 年 6 月测试了在京的 234 名国家队运动员，发现凡在国内外比赛中成绩名列前茅的优秀运动员，其神经类型较为灵活、稳定。凡 1—4 型比例高的运动队，如女排、男女体操、男羽、举重等队，正是具有国际水平的强队，而目前水平较低的几个运动队，则 1—4 型百分率偏低。（见表 3）

表3 国家集训队(部分)灵活、稳定型及亚灵活、亚稳定型分布(%)比较

队别	测定人数	灵、稳型(%)	亚灵、稳型(%)	合计(%)
女 排	12	33.33	33.33	66.67
男 排	11	0.00	18.18	18.18
女 篮	14	14.29	14.29	28.57
男 篮	14	0.00	42.86	42.86
男 足	16	12.50	6.25	18.75
女 羽	18	11.11	11.11	22.22
男 羽	14	28.57	21.43	50.00
女体操	13	30.77	23.08	53.85
男体操	15	26.67	26.67	53.33
女 游	13	15.38	30.77	46.15
男 游	13	7.69	23.08	30.77
举 重	13	30.07	15.38	46.15
女田径	33	0.00	27.27	27.27
男田径	35	8.57	28.57	66.67
χ^2检验				$P<0.02$

从国家女排和男排的测试材料(表4)中可以看到:女排12名队员中,属灵活、稳定型者有4人,属亚灵活、亚稳定型者有4人,这4种类型者占全队人数的66.67%;其他类型者有4人,占33.33%;弱的类型无一人。男排11名主力队员的大脑机能能力是较强的(得分值较高),但是神经类型没有一人属灵活、稳定型,仅有亚灵活、亚稳定型各1人,占18.18%;全队属于弱型者有3人,占27.27%;其他类型者有6人,占54.55%。

表4 国家男、女排运动员的神经类型比较

	姓名	80-8量表总分	平均分	错百分率	漏百分率	神经类型	χ^2检验
女排	孙××	101.40	33.80	1.07	9.70	中 间	男女排运动员灵活、稳定、亚灵活、亚稳定型百分率检验 $P<0.025$
	张××	99.70	33.23	0.19	4.88	稳 定	
	周××	92.10	30.70	0.05	2.11	亚稳定	
	郎 ×	109.45	36.48	0.13	4.29	稳 定	
	陈××	99.55	33.18	0.24	5.19	稳 定	
	陈××	93.26	31.08	0.34	6.00	亚稳定	
	曹××	99.10	33.03	0.36	18.88	亚易扰	
	杨 ×	97.75	32.58	0.26	27.74	易 扰	
	朱 ×	95.80	31.93	0.51	17.45	中 间	
	梁 ×	100.00	33.33	0.27	9.82	亚稳定	
	张××	126.60	42.20	0.40	8.93	亚灵活	
	周××	117.90	39.30	0.20	5.18	灵 活	

续表

	姓名	80-8量表总分	平均分	错百分率	漏百分率	神经类型	χ^2检验
男排	侯 ×	145.85	48.62	10.11	0.68	兴 奋	男女排运动员灵活、稳定、亚灵活、亚稳定型百分率检验 $P<0.025$
	陈 ×	136.50	45.50	0.21	15.76	亚易扰	
	汪××	124.20	41.40	0.36	9.71	亚灵活	
	曹 ×	129.70	43.23	0.13	15.58	亚易扰	
	胡 ×	120.90	40.30	0.10	14.58	中 间	
	王××	112.85	37.62	0.24	22.22	易 扰	
	刘××	112.45	37.48	0.04	9.24	亚稳定	
	马××	100.60	33.53	1.42	12.82	中 间	
	邱××	78.85	26.28	0.46	8.05	中 下	
	李××	76.00	25.33	0.44	15.80	中 下	
	侯××	67.35	22.45	0.61	6.04	谨 慎	

由于男排队员神经类型之特点，所以，在比赛中他们虽有较强的工作能力，但高水平的工作能力的保持却不够稳定，技术水平的发挥往往不够理想，失误、失常情况较多。据我们调查，凡在训练和比赛中进步快、发挥好，多次在省和全国比赛中夺得荣誉的队员，绝大多数属灵活、稳定型（含亚型），无一弱型。

上述事实说明，运动员高难度动作的创造和掌握，灵活多变的战术意识的形成，高超技术、战术水平的发挥等，与其本身的神经类型有着密切的关系。因此，神经类型应作为运动员选材的一项重要指标。

从理论上讲，不同运动项目的选材，应选择不同神经类型的运动员。笔者的测试结果表明，体操、举重、射击（箭）等项目均以稳定型占的比例为最高，与其他项目相比差异非常显著（$P<0.005$）。这一方面反映出运动项目的特点，另一方面也说明这几个项目的选材工作有许多成功的经验。

球类项目，除灵活、稳定型两型占有相当大的比例外，特别突出的是亚灵活、亚稳定型的比例显著高于其他项目（除体操项目外）（$P<0.001$）。

从田径各个项目来看，运动员的神经类型分布，除中下型（男子）外，其余各型均无显著性差异。从灵活、稳定、亚灵活、亚稳定型四型的比例来看，短跑、中长跑、跳跃、投掷等项目之间均无显著性差异。

总之，笔者认为，在其他条件均具备的情况下，在选拔运动员时，要根据不同运动项目的特点，挑选不同神经类型的人。球类项目的核心队员应选灵活型（含亚型）、稳定型者；田径中的短跑、投掷等项目，可选灵活型（含亚型）、兴奋型者，跳跃应选稳定型者，而长跑项目对运动员神经类型要求不高，甚至中下型者也无妨其获得好成绩；体操运动员应选稳定型者，并且其3次得分值接近，错、漏百分率均较低；射击项目在选拔运动员时不仅要考虑其神经类型特点，而且在枪种的分配上也可参考其神经类型，灵活型者适合于速射，稳定型者适合于慢射；举重、射箭等稳定性要求高的项目，应选稳定型者为好。

笔者观察训练、比赛发现，不同神经类型的运动员在技术战术的学习和掌握以及临场比赛发挥等方面有其不同的特点。灵活型者接受能力强，掌握动作快，但对重复练习不感兴趣，所以，动作技能掌握不十分牢固，遗忘、消退较快。由此，对这类运动员需不断变换练习方式，不断提出新的要求，逐渐提高难度，巩固动作技能。他们一般在比赛中应变能力强，能发挥自己的水平。稳定型者学习掌握动作的速度慢于灵活型者，但掌握动作较牢固，不易遗忘、消退，正常情况下临场发挥好，但应变能力不及灵活型者。兴奋型者学习掌握动作快，但易出现错误动作，临场比赛中遇到强手时心理紧张，自控力较差，失误、失常较多。易扰型者学习掌握动作速度快，但粗心，动作细节易忽视，临场比赛易受环境因素的影响，起伏较大，稳定性较差。谨慎型者学习掌握动作速度慢，但一旦掌握就比较牢固，在临场比赛中细心踏实，但反应慢，往往错失良机。因此，应该根据运动员的神经类型特点，对其采用适宜的训练方法和手段，提出不同的比赛任务和要求，进行针对性的心理疏导和心理训练。

三、最佳神经类型模式

运用80-8量表法联合测试时，由于3次测试时间相等，而难度逐次增大，根据被试3次得分值及错、漏百分率绘制的曲线图形可以直观地评定被试大脑功能的灵活性、稳定性。笔者将这种曲线图分为上升、平稳、山峰、平降和下降五型。

笔者观察到，一般人随测试方法的难度的增大，其大脑功能也就相应下降。其中有的表现为山峰型，有的表现为平降型，有的表现为下降型。而优秀人才的脑功能显著地与一般人不同，他们大多为平稳型，当测试难度增大时，其大脑功能仍能保持很高水平，3次得分值基本相等（每次得分值不低于联合测试总分的30%），而且分值较高，错、漏百分率均很低（错百分率低于0.6%，漏百分率低于6%）。其中有个别优秀人才表现为上升型，不仅3次得分值均很高，而且还逐次略有递增，错、漏百分率均很低，他们在困难情况下仍能保持良好的大脑功能，而且不易疲劳。正是由于优秀人才大脑功能特别灵活、稳定，所以他们在学习文化知识、掌握高超技艺等方面能获得优异的成绩。

例如，中国女排运动员郎平（现中国女排主教练），她不仅球打得出色，而且学习成绩优秀、兴趣广泛。她的神经类型为稳定型，3次得分值均值为36.48分，其分值不仅显著地高于国家队女运动员得分均值，而且还比体育院系女大学生的得分均值高。郎平的3次得分值几乎相等，分别为36.30分、37.15分、36.00分，错百分率为0.13%，漏百分率为4.29%，其大脑功能曲线图属平稳型。

笔者从一些优秀人才的神经类型特点得到了启迪：灵活、稳定的大脑功能是创造性能力产生的基础，是杰出人才获得成功的必备条件。笔者将灵活、稳定型者中联合测试的3次分值基本相等（分值比例各占30%以上）甚至略有递增，错、漏百分率基本不变甚至稍有下降者作为最佳神经类型模式。

小 结

本文从选拔人才应注重其神经类型的观点出发,采用笔者自行设计的80-8量表法,获得了3276名被试的大脑机能能力及神经类型的有关数据。经数理统计,论述的要点是:

(1)神经类型与才能的关系:神经类型是才能形成和发展的重要生理基础,在一定程度上,神经类型能反映人的某些天赋素质和心理品质。反应灵敏、分化精细、记忆力好、自控力强、工作能力稳定等生理心理品质,是任何一个获得成就的科学家、艺术家、运动员都应具备的条件。因此,科学选材中,必须对人员高级神经活动方面的特性和类型予以高度重视。

(2)神经类型与运动员的选材及训练:运动员的选材是一项复杂的工作,一个优秀运动员的成才受多方面因素的影响,神经类型应作为重要的生理心理选材指标。应根据不同运动项目的要求,选拔不同神经类型的人。在安排训练和比赛时,应根据运动员的神经类型特点,采用不同的训练方法,提出不同的任务和要求,做到因材施教,充分挖掘运动员的天赋潜力。

(3)最佳神经类型模式:优秀人才的大脑功能较一般人灵活、稳定,在复杂困难的工作中不易疲劳,仍能保持良好的效率。因此,将灵活、稳定型者中联合测试的3次分值基本相等(分值比例各占30%以上)甚至略有递增,错、漏百分率基本不变甚至稍有下降者作为最佳神经类型模式。

优秀体操运动员的神经类型

■张卿华　王文英

随着体育科学的日益发展,体操强国之间在重大比赛中争雄夺魁,竞争十分激烈。这些国家在训练条件、方法和手段等方面的差距逐渐缩小。而先天优越的个体条件对提高运动成绩就显得越来越重要。

根据体操项目的特点,运动员在少年时期(14—15岁)就能达到运动技术的高峰,夺得世界冠军。也就是说,体操运动员的选材必须从儿童时期开始,选拔那些既有优美的身体形态,又有良好的全面身体素质基础及生理机能,而且还具备优秀心理品质的人。对这样有前途的苗子予以长期的科学的专门训练方能培养出具有高超的运动技术水平的优秀运动员,才能适应当今世界体操运动技术发展的形势,使我国的体操技术水平在列强中保持一定的优势。目前,我国体操技术水平虽然已进入世界先进行列,但是要保持先进地位,就必须加强选材工作。从某种意义上讲,今后世界竞技体操的竞争主要表现在科学选材上,人们正在探索更加科学、更加有效的选材方法。科学选材需借助综合的指标测量与观察。将人体稳定的与训练无关的先天的从幼年即表现出来的优良素质客观地测量出来,然后进行综合统计分析,这样便可预测未来的竞技能力。

一、优秀体操运动员的神经类型

1981年6月,笔者亲自测试了在京的国家集训队运动员以及北京体育大学运动系学生,并测试了1983年全国少年体操比赛的全体运动员。测试材料经统计分析显示,我国男、女体操队运动员属于灵活、稳定、亚灵活、亚稳定类型的比例仅次于国家女排运动员。男子体操队这4种类型占53.33%,女子体操队这4种类型占53.85%。从测试结果来看,凡在大型国际体操比赛中获得优异成绩的运动员,其神经类型一般都较好。

笔者对1983年参加全国少年体操比赛的运动员的神经类型测试结果的分析表明,这批少年体操运动员的神经类型远不及国家优秀运动员好。女子少年体操运动员属灵活、稳定型两型的只占14.76%,而国家女子体操队这两型占30.77%;男子少年体操运动员属灵活、稳定两型者只占10.59%,而国家男子体操队这两型占26.67%。如果从1—4型的比例看,女子少年体操运动员占50.82%,接近国家女子体操队;而男子少年体操运动员占36.47%,显著低于国家男子体操队。但从这次少年比赛获得前几名的运动员的神经类型分析,他(她)们大多数人属1—4型。而边远省份大部分运动员的神经类型较差,他们的运动技术水平也较低。笔者认为,灵活、稳定型的人具有形成和发展才能的许多基本生理心理品质,如反应迅速、思维敏捷,分化能力、自制能力、记忆能力、创造能力都较强,并且肯于钻研、意志顽强、具有强而稳定的工作能力。由于体操项目的特点,它对运动员神经类型的要求更高,从不同项目的部分国家队队员、北体运动系学生的测试材料(表1)可见,体操项目1—4型运动员的比例显著高于其他运动项目。

表1　不同项目运动员1—4型百分率比较

单　位		测定人数	1—4型		χ^2检验
			人数	百分率	
男	体操	54	27	50.00	19.4068 $P<0.005$
	球类	138	49	35.51	
	游泳	61	17	27.87	
	田径	237	57	24.05	
	举重	13	6	46.15	
	摔跤	12	1	8.33	
女	体操	52	27	51.92	11.4325 $P<0.01$
	球类	153	65	42.48	
	游泳	47	17	36.17	
	田径	162	42	25.93	

以上数据说明,只有那些心理品质稳定、具备好的神经类型的运动员才有可能成为一名优秀的体操运动员。当然,一名优秀的体操运动员的成功受多方面复杂因素的影响,而高级神经类型方面的选材为培养、造就"天才"运动员提供了一种成功的可能性。也就是说,具备好的神经类型的人不一定能成为一名优秀体操运动员,但是一名优秀的体操运动员必须具备好的神经类型。

二、优秀体操运动员最佳神经类型模式

我们的测试表明,优秀人才的脑功能较一般人灵活、稳定。运用80-8量表法联合测试时,由于3次测试的时间相等(都是5分),而难度逐次增大,根据3次测试的得分值及错、漏百分率绘制的曲线图可以直观地评定被试大脑功能的灵活性、稳定性。我们将这种曲线图分为上升、平稳、山峰、平降和下降五型。(见图1)

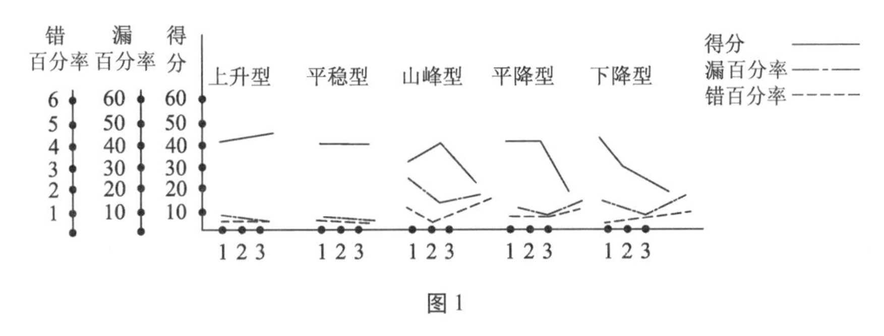

图1

笔者观察到,一般人随着测试方法难度的增大,其大脑功能也就相应下降。有的表现为山峰型。这种类型的人,一般表现为适应能力差,工作能力的稳定性也较差,在比

赛开始初期，心理紧张，运动能力不能及时发挥，待比赛进行一段时间后才能产生适应，运动能力才能基本发挥，但工作能力不能持久。有的表现为平降型。这种类型的人，对复杂环境的应变能力较差，脑功能耐久力不足，在运动及比赛中其兴奋状态保持的时间不能持久，在比赛的后阶段往往表现出运动能力的明显下降。有的表现为下降型，这种类型的人，脑功能耐久性差，容易疲劳，而且对环境的适应能力差，建立条件反射的速度较慢。而优秀人才的脑功能显著地与一般人不同，他们大都为平稳型。这种类型的人表现为适应能力、应变能力强，建立条件反射速度快，具有强而稳定持久的工作能力，当工作难度增大时，其大脑功能能保持很高的水平，联合测试的 3 次得分值基本相等（每次得分值不低于 3 次总分的 30%），而且分值较高，错、漏百分率均很低（错百分率低于 0.6%，漏百分率低于 6%）。其中有个别人特别优秀，表现为上升型，不仅 3 次得分值均很高，而且分值逐次略有递增，错、漏百分率均很低。这种类型的人，即使在十分困难的条件下，仍能保持良好的大脑功能，而且不易疲劳。

例如，中国优秀男子体操运动员童非，其神经类型为稳定型，3 次得分值均值为 37.32 分，3 次得分值几乎相等，特别是难度最大的第 3 次测试得分值还略有提高。他 3 次得分值分别为 37.40 分、36.15 分、38.40 分，错、漏百分率均较低，其大脑功能曲线图属平稳型。

笔者从一些优秀人才的神经类型特点得到启迪：灵活、稳定的大脑功能是创造性能力产生的基础，是杰出人才获得成功的必备条件。做好选材工作的关键是将人们之间客观存在的天赋差异进行科学的鉴别和预测，并制定出各指标的参数，拟出最佳神经类型模式。由此，我们提出优秀体操运动员的最佳神经类型模式为灵活、稳定型者中联合测试的 3 次分值基本相等（分值比例各占 30% 以上）甚至略有递增，错、漏百分率基本不变甚至稍有下降者。

体操运动员的选材是一项十分复杂的工作，而神经类型可以作为选拔体操运动员的一个重要的生理心理指标。

论心理素质与全面素质教育

■ 张卿华

一、素质教育的实质

“千教万教教人求真，千学万学学做真人。”这是我国著名教育家陶行知先生提出的素质教育思想。学校教育之宗旨，不仅是传授知识，而且更重要的是培养人。学校开展素质教育之宗旨是促进学生身心健康发展，遵循传授知识与培养能力并重的原则，全面贯彻党的教育方针，培养有道德、有理想、有觉悟、有文化、有能力、身心健康、高素质的建设者和接班人。

从教育的长远战略目标来看，使学生身心健康得到全面发展，这是教育工作的出发点，亦是教育工作成功之归宿。基于这种认识，人们开始把学生的身心健康发展、全面素质的提高放到教育工作的首要位置来考虑。

身心健康包含身体发育健康和心理发育健康两个方面的含意。就身体发育健康而言，党和政府经过半个多世纪的不懈努力，在增强国民体质、增进人民身体健康方面做出了显著的成效。评定一个人的身体发育水平、健康水平、体质状况等均有具体的评价指标体系。而有关心理发育与心理健康问题，目前在认识观念上远未达到共识，评价指标体系尚未完全建立。这种滞后的现状如不迅速改变，势必将会影响学校全面素质教育的有效实施和深入开展。

据调查，目前一些学校在开展素质教育的过程中，由于对素质教育的宗旨、实质和核心问题缺乏深刻的理解和足够的认识，在做法上出现下列倾向。

1. 素质教育的泛化现象

近年来，“素质教育热”兴起，人们热衷于运用“素质”这个名词，似乎只要带上“素质”这顶桂冠，就变成素质教育的内容，素质教育出现形式化、口号化、简单化等泛化现象。

2. 素质教育的片面性

近年来，一些学校开展素质教育，片面地取消分数和考试制度，以教师评语代替学习成绩考评。笔者认为：科学、客观的考评方法都是以定量考评为基础的。应试教育的弊端并不在考评方法本身，而是考评的内容过分偏重于书本知识，忽视对综合能力的考评，或是过多地、频繁地使用考试手段，造成学生心理负担过重，影响学生身心健康发展，以致抑制学生主动、自觉学习的积极性和创造力的发挥。所以，取消考试并不能作为开展素质教育的突破口。

3. 素质教育的茫然性

什么是素质？它的科学定义是什么？素质如何测量与评价？教育、训练如何改进与提高学生素质？由于学校对素质本身及素质教育的内涵、形式和手段不甚了解，势必在实施素质教育实际工作中带有盲目性。

由此可看出，学校教育由传统的应试教育转轨于素质教育并不是一蹴而成的事。学校开展素质教育，应该让教育者和受教育者认识到什么是“素质”的科学定义，什么是素质教育的内涵，什么是素质教育的实质。

“素质”这个词，就其含意来讲，是指构成事物的要素(元素)，即反映这一事物的本质属性的成分或特征。

人的素质从狭义上解释，一般是指有机体天生俱有的某些解剖和生理的特性，主要是神经系统、脑的特性，以及感觉器官和运动器官的特性。素质是个体能力和个性发展的自然前提和基础。从这个意义上讲，人的素质就是遗传所赋予个体的生理和心理方面的基本特性。例如：有的人发音器官和听觉器官很好，音色纯美，韵律感强，可以认为，这个人具有较好的音乐素质；有的人运动器官特别发达，力量大，动作反应速度快，协调性好，可以认为，这个人具有较好的运动素质；有的人注意力集中能力强，观察力、记忆力强，思维敏捷、想象丰富、精力充沛、情感可控，对环境具有良好的适应能力和应变能力，可以认为，这个人具有较好的心理素质。

人的素质从广义上解释，它已扩展延伸到以一个人的社会道德、行为规范、事业心、责任感、原则性、民主性、信念和世界观为基本内容的思想道德素质，以一个人的科学文化知识、专业知识、管理组织能力、指挥协调能力、决断能力、任贤能力、谋略能力、表达能力、交往能力和工作效率等为基本内容的业务素质，以一个人的身体活动能力(力量、速度、耐力、灵敏、柔韧)和强健的体质为基本内容的身体素质，以及以一个人的智能和个性特征为基本内容的心理素质。所以，人的素质是指构成一个社会的人所具备的各种要素。

对于素质教育，笔者仍然坚持这样一种提法，我们的素质教育方针是使受教育者在德、智、体、美、劳诸方面得到全面发展。

德——除了思想道德含义外，从心理学的含义来讲，还包括成就动机、意志、协作精神、责任感、信念、理想、世界观。

智——智力因素，包括一般智力、实际智力、创造能力和社会适应能力。

体——是指一个人体质强壮，身体活动能力强，身心健康，精神状态良好。

美——是指一个人的内在美与外在美的完美结合，包括超越自我的美的情操、美的心灵、美的行为、美的言语以及对事物的鉴别力、审美力。

劳——是指树立正确的劳动观点，培养劳动技能，养成良好的劳动习惯。

人的素质具有生存和发展两个层次，一个称为生存素质(自然素质、基础素质)，一个称为发展素质(社会素质)。生存素质主要是指为了满足个体生理的、心理的基本需要，包括基本的生活需要、安全需要和谋生的基本劳动需要，所具备的物质的和精神的要素；发展素质是指为了满足个体在更高层次上的需要，包括交往、友谊、爱情的需要，尊重、名誉的需要，成就的需要，思想道德、情操和自我实现的需要等，所具备的物质和精神的要素。

素质教育应围绕上述两个层次的素质开展，即教授每个人维持生存所需的知识、技能，使受教育者形成良好的生理、心理素质，促进身心健康发展，为终身教育打下良好的基础。为达到此目的，素质教育应开设以下目标课程：

- 培养一般生存素质的课程

系统文化知识课

日常生活知识与技能课

语文与应用（假条、借物、报告、书信、作文等）

数学与应用（购物、分物、理财）

自然常识（人与自然、生理卫生、心理健康教育）

工具课（外语、计算机）

劳动课

兴趣课

- 培养发展素质的课程

专业文化素质课

专业技能素质课

工具课（外语交流、计算机应用）

人际交往、公关礼仪

思想道德素质

个性心理素质

素质教育的目的和宗旨不是单纯的传授知识，而是培养德才兼备，具有开拓、创新精神和身心健康的适应社会发展需要的接班人。

二、心理素质教育与全面素质教育的关系

开展全面素质教育，就是要通过积极有效的教育、训练与心理辅导活动，充分发挥教师与学生的互动作用，教育环境的熏陶、感染作用，学生个人的内化作用，以达到促进学生心理素质、身体素质、文化素质和社会素质的协调发展。

心理素质教育是诸种素质教育的综合反应指标。也可以这样说，心理素质教育是全面素质教育的核心。它像一条主线将诸种素质串联为一个整体。抓住了心理素质教育这条主线，即可带动其他素质教育活动的开展。故心理素质教育是开展全面素质教育的切入口和有效途径。

开展心理辅导、咨询是进行素质教育的有效途径与方法。心理辅导、咨询能为学校做点什么事呢？

(1) 运用心理学原理，指导学生提高学习能力（包括学习策略——自我分析、定位，确定目标，制订计划、实施对策与步骤；学习方法——自主法、反馈法、归纳法、联想法、首尾记忆法；良好的学习习惯——严格的作息制度、复习与预习制度以及勤学、

多思、多问的习惯），提高分析问题和运用知识的能力，提高社会适应能力和心理健康水平。

（2）帮助教师和家长进一步较全面、客观地了解学生的智能潜力和个性特点，贯彻因材施教的原则，实施个性化教学，发挥每个学生的长处，充分调动学生内在的积极性和创造力。

（3）为学校开展、实施全面素质教育提供新途径、新方法和新内容。

应试教育评价一个学生的能力和思想道德水准的唯一尺度就是文化考试成绩。实施素质教育并不是取消文化考试，而是只将文化考试成绩作为评价学生按教学大纲的要求掌握知识的程度的指标。所谓全面素质教育，概括地说，就是有计划地培养学生有理想、守纪律、战困难、强意志的人格，培养学生自觉、自律、自主学习的良好习惯，传授知识、开发智力、增强能力，让学生生动、活泼、愉快地学习，促进学生身心健康的全面发展。

三、实施心理素质教育的主要内容

1. 加强学生思想道德素质的训练与培养

为了加强学生思想道德素质的训练与培养，学校应开展理想教育、集体主义教育、团队教育、荣誉教育、成就教育，开展纪律教育、民主教育、法制教育、礼仪教育、社会公德教育、美德教育，开展自立、自信、自强、自律的自主教育，开展增毅力、强意志、奋发进取、努力拼搏、不怕困难、百折不挠、勇攀高峰的教育，开展以培养健全的人格为主题思想的教育、训练活动。开展上述主题教育活动，要做到有理论、有内容、有计划、有步骤、有操作、有实效，不搞形式主义。

例如，在一所学校或在一个年级开展自主教育活动可分为四个阶段：

（1）别人能做到的，我也能做到——树立学生的自信心。

（2）我说自己能行，要努力拼搏才行——教给学生克服困难的方法。

（3）不仅自己行，还要帮助别人行——培养学生心中有他人的互助精神。

（4）你行，我更行——激发学生的上进心，争取更大的进步，树立正确的竞争观念。

2. 提高课堂教学质量和效果，传授知识，开发智力，提高能力

课堂教学应采用教师讲授与学生自主学习相结合的方式，充分调动学生自主学习的主动性和积极性。教师应充分利用课堂教学的时间，提高教学质量和效果。教学关键环节：

（1）教师提高备课质量，按教学计划和进度，将每课的重点、难点讲授清楚，教会学生分析与运用。

（2）教师布置复习作业和下一课预习的新内容。

（3）学生能自觉、主动、积极地完成教师布置的当天的复习与预习内容。

（4）学生在预习的基础上，能提出若干个不懂的问题（要记录备案，便于检查）。

（5）实行课堂教学“双向活动”，激发学生的积极思维，给学生留下思考与创造的时间与空间。

3. 因地制宜开展课外活动课程

实施素质教育是一个系统工程,它包括家庭教育、学校教育、社会教育以及自我教育。作为学校教育来讲,主要形式还是通过课堂教学和课外活动课程来实施教育。课堂教学有严格的教学大纲、计划、进度和教材规定,有明确具体的要求和评价指标,执行起来规范性、可操作性强。而课外活动课程内容极为丰富,形式灵活多样,如兴趣课、劳作课、社会活动课等,但难于组织实施,也无法评价其作用和效果,有些学校的课外活动课搞得轰轰烈烈,但实质上是流于形式。为了避免这种倾向的发生,笔者认为,课外活动课程也要体现少而精,项目的选择要根据学校自身的条件、人力和物力状况,一旦选择,就要制订活动课实施计划、目标和具体要求,坚持不懈,形成特色。

课外活动课程是课堂教学之延伸和补充,不仅在学习活动内容上有开发学生智力、增强学生能力之作用,而且在提高学生的思想道德水准和锻炼学生的意志品质上有积极的教育作用和效果。为此笔者建议,学校应成立活动课程指导委员会,负责规划、指导、检查课外活动课程的开展工作。

初中学生心理素质发展状况调查与分析

■ 张卿华　王文英　王焕尧　吴连群

所谓心理素质是指人的遗传素质(包括智能、个性及适应性)和社会素质(包括情感、意志、动机、自我意识、责任感、协作性、信念、理想及世界观)等心理活动现象的总称。初中(13—15岁)是个体心理素质形成与发展的重要阶段。研究和探讨初中学生心理素质发展的状况及其特点,对于认识和了解初中学生的心理素质发展规律、提高学生的心理健康水平、增强学生全面素质的发展等都会有较大的理论指导意义和实践价值。

一、研究对象及方法

研究对象:从盐城市明达中学初一12个自然班中,抽取入学成绩较好的两个班(4班、10班)和两个普通班(3班、7班),共计262人(男生152人,女生110人)。本研究历时近3年。为了客观地评价教育与训练的效果,选择了办学条件类同的苏州彩香中学的部分学生(初中一年级学生106名,男生50名,女生56名;初中三年级学生105名,男生51名,女生54名)和苏州景范中学的部分学生(初中一年级学生106名,男生52名,女生54名;初中三年级学生102名,男生51名,女生51名)为对照组。

研究方法:采用苏州大学应用心理研究所张卿华、王文英设计编制的HYRC心理素质测评系统对全体研究对象在入学时和初中毕业前先后两次进行智能、个性、心理健康水平和非智力因素等素质的综合测定,并对所有测量数据分别做相关的数理统计检验。

二、研究结果与分析

从表1各项指标观察:总体上看初一(4)班和(10)班好于初一(3)班和(7)班,初一(4)班反应灵活性、兴奋集中性和综合心理素质等指标的分值明显高于其他各班,而初一(10)班的注意集中性指标得分较突出。经过三年的教育、训练及个人的主观努力,初三学生反应灵活性、兴奋集中性、综合心理素质等指标的得分都非常显著地优于入学时的水平,而注意集中性指标得分却明显低于初一入学时的水平。在4个班中,初三(10)班在反应灵活性、兴奋集中性和综合心理素质等方面,提高的幅度明显地优于其他各班,初三(4)班在反应灵活性指标上仍处于优先位置。

表1　初一升至初三学生心理素质发展状况($\bar{X} \pm S$)

对　　象	n	反应灵活性	兴奋集中性	注意集中性	综合心理素质
初一(3)班	66	2.43 ±1.05	3.39 ±1.09	4.01 ±1.00	100.60 ±29.18
初一(4)班	64	3.37 ±1.17	3.75 ±1.00	3.87 ±1.03	119.21 ±35.06
初一(7)班	66	2.43 ±1.20	2.63 ±1.27	3.84 ±1.08	89.69 ±36.41
初一(10)班	66	2.92 ±1.19	3.51 ±1.20	4.06 ±1.06	111.51 ±34.51
初一年级	262	2.77 ±1.19	3.27 ±1.22	3.94 ±1.04	104.04 ±34.83
初三(3)班	58	3.82 ±1.18	3.53 ±1.12	3.25 ±1.13	114.31 ±37.65
初三(4)班	66	4.31 ±0.78	3.81 ±0.91	3.56 ±1.08	128.48 ±26.84
初三(7)班	64	3.52 ±1.21	4.09 ±1.05	3.82 ±1.08	122.85 ±29.59
初三(10)班	68	3.85 ±1.04	4.33 ±0.68	3.79 ±0.80	133.67 ±28.33
初三年级	256	3.87 ±1.08	3.99 ±0.97	3.47 ±1.06	121.60 ±29.49
初一、初三年级差异检验 t 值		11.021***	7.444***	5.093***	6.198***

表2　初一升至初三男生心理素质比较($\bar{X} \pm S$)

对　　象	n	反应灵活性	兴奋集中性	注意集中性	综合心理素质
初一(3)班	40	2.45 ±1.08	3.45 ±1.06	4.15 ±0.89	103.50 ±29.22
初一(4)班	36	3.36 ±1.15	3.66 ±1.01	3.72 ±1.11	114.72 ±33.33
初一(7)班	44	2.56 ±1.22	2.54 ±1.26	3.84 ±1.11	90.22 ±37.63
初一(10)班	32	2.71 ±1.27	3.21 ±1.28	3.87 ±1.23	102.18 ±34.80
初一年级男生	152	2.73 ±1.19	3.15 ±1.24	3.89 ±1.08	101.18 ±34.83
初三(3)班	31	3.77 ±1.17	3.70 ±1.24	3.45 ±1.20	120.32 ±44.30
初三(4)班	38	4.44 ±0.72	3.81 ±0.86	3.63 ±1.10	132.10 ±26.11
初三(7)班	40	3.72 ±1.24	4.12 ±1.13	3.75 ±1.05	125.50 ±29.26
初三(10)班	33	3.72 ±1.15	4.21 ±0.69	3.81 ±0.88	129.69 ±28.00
初三年级男生	142	3.92 ±1.12	4.02 ±1.00	3.53 ±1.08	124.15 ±30.60
初一、初三年级差异检验 t 值		8.833***	6.642***	2.856**	6.017***

表3　初一升至初三女生心理素质比较($\bar{X} \pm S$)

对　　象	n	反应灵活性	兴奋集中性	注意集中性	综合心理素质
初一(3)班	26	2.42 ±1.02	3.30 ±1.15	3.80 ±1.13	96.15 ±29.13
初一(4)班	28	3.39 ±1.22	3.85 ±1.00	4.07 ±0.90	125.00 ±36.96
初一(7)班	22	2.18 ±1.14	2.81 ±1.29	3.86 ±1.03	88.63 ±34.68
初一(10)班	34	3.11 ±1.09	3.79 ±1.06	4.23 ±0.85	120.29 ±32.33
初一年级女生	110	2.82 ±1.18	3.43 ±1.17	4.01 ±0.97	108.00 ±34.60
初三(3)班	27	3.88 ±1.22	3.33 ±0.96	3.03 ±1.01	107.40 ±27.39
初三(4)班	28	4.14 ±0.80	3.82 ±0.98	3.46 ±1.07	123.57 ±27.51
初三(7)班	24	3.17 ±1.11	4.04 ±0.92	3.95 ±1.14	118.26 ±30.24
初三(10)班	35	3.97 ±0.92	4.45 ±0.65	3.77 ±0.73	137.42 ±28.52
初三年级女生	114	3.81 ±1.03	3.96 ±1.03	3.38 ±1.03	118.40 ±27.85
初一、初三年级差异检验 t 值		6.713***	3.594***	4.714***	2.473**

从表2、表3男、女学生的统计数据来看：基本变化规律同表1所示，即初三男、女学生反应灵活性、兴奋集中性、综合心理素质等指标的得分都非常显著地优于入学时的

水平,而注意集中性指标得分却明显低于初一入学时的水平,尤其是初三女生注意集中性指标下降的幅度更为明显。初三(4)班男生在反应灵活性、综合心理素质等指标上提高的幅度最为明显;初三(10)班男生在兴奋集中性指标上提高的幅度最为明显,注意集中性指标下降的幅度最小。初三(10)班女生在兴奋集中性、综合心理素质指标上提高的幅度最大,初三(4)班女生在反应灵活性指标上仍处于优先位置。

表4 初一升至初三学生观察能力比较

单　位	n	得分均值	错百分率	IQ 值
初一(3)班	66	72.16 ± 18.70	1.82 ± 1.64	97.48 ± 14.99
初一(4)班	63	77.07 ± 17.28	1.81 ± 1.68	102.97 ± 14.28
初一(7)班	65	74.25 ± 20.83	3.47 ± 2.27	98.24 ± 14.93
初一(10)班	66	83.00 ± 25.60	2.68 ± 1.99	107.73 ± 22.04
初一年级	260	76.62 ± 21.16	2.46 ± 0.96	101.60 ± 17.30
初三(3)班	58	112.44 ± 31.59	2.36 ± 1.99	111.39 ± 18.16
初三(4)班	66	124.33 ± 32.17	2.09 ± 1.76	119.61 ± 20.06
初三(7)班	64	107.29 ± 31.53	1.00 ± 1.24	108.76 ± 19.11
初三(10)班	68	129.12 ± 40.21	2.68 ± 1.96	120.47 ± 21.76
初三年级	256	118.65 ± 35.16	2.07 ± 0.89	115.26 ± 20.42
初一、初三年级 IQ 差异检验 t 值				8.193***

表5 初一升至初三学生观察能力比较

单　位	n	男		n	女	
		得分均值	IQ 值		得分均值	IQ 值
初一(3)班	40	72.51 ± 19.39	98.75 ± 14.71	26	71.63 ± 17.97	95.53 ± 15.49
初一(4)班	35	75.95 ± 18.51	102.29 ± 13.45	28	78.47 ± 15.82	103.82 ± 15.46
初一(7)班	43	72.38 ± 21.08	97.62 ± 14.39	22	77.91 ± 20.30	99.46 ± 16.22
初一(10)班	32	80.96 ± 27.87	107.12 ± 23.85	34	84.91 ± 23.52	108.30 ± 20.53
初一年级	150	75.08 ± 21.79	101.04 ± 16.96	110	78.73 ± 20.17	102.37 ± 17.80
初三(3)班	31	109.05 ± 35.95	110.94 ± 21.63	27	116.34 ± 25.83	111.90 ± 13.51
初三(4)班	38	127.68 ± 35.41	123.26 ± 22.61	28	119.79 ± 27.12	114.66 ± 14.98
初三(7)班	40	108.29 ± 34.90	109.69 ± 21.70	24	105.63 ± 25.57	107.19 ± 14.08
初三(10)班	33	124.42 ± 36.80	120.88 ± 23.41	35	133.56 ± 43.24	120.09 ± 20.41
初三年级	142	117.39 ± 36.43	116.19 ± 22.91	114	120.22 ± 33.60	114.10 ± 16.85
初一、初三年级 IQ 差异检验 t 值			6.394***			5.061***

表4、表5统计数据表明,初一学生观察能力以(10)班和(4)班优于(3)班和(7)班,初一年级学生其智商(IQ)值平均为101.60 ± 17.30,刚好达到中上水平。初一男、女学生相比较,其观察能力无显著性差异。到初三时,观察能力仍然是(10)班和(4)班优于(3)班和(7)班,初三年级学生智商(IQ)值平均为115.26 ± 20.42,达到良好水平。初三男、女生相比较,其观察能力无显著性差异。

以上数据说明,经过三年的教育与训练,学生的观察能力普遍地得到了较大幅度的提高。众所周知,观察能力是构成智力的要素之一。本项测验主要反映学生主动性的视觉观察能力及精细的观察能力。

表6 初一升至初三学生概念形成能力比较

单　位	n	得分均值	错百分率	IQ 值
初一(3)班	63	61.17 ±30.92	15.10 ±4.51	90.23 ±14.11
初一(4)班	61	81.36 ±41.16	18.48 ±4.97	100.86 ±18.98
初一(7)班	59	39.89 ±34.88	41.74 ±6.42	79.78 ±16.21
初一(10)班	65	70.33 ±35.45	22.87 ±5.21	95.37 ±16.77
初一年级	248	63.48 ±38.58	23.56 ±2.69	91.71 ±18.19
初三(3)班	58	99.31 ±42.90	18.50 ±5.10	99.70 ±18.92
初三(4)班	66	108.53 ±46.97	18.15 ±4.74	104.65 ±20.85
初三(7)班	64	86.36 ±52.27	27.50 ±5.58	94.93 ±23.00
初三(10)班	68	118.92 ±49.42	17.19 ±4.57	108.77 ±21.10
初三年级	256	103.66 ±49.38	20.09 ±2.50	102.19 ±21.59
初一、初三年级 IQ 差异检验 t 值				5.900***

表7 初一升至初三学生概念形成能力比较

单　位	n	男		n	女	
		得分均值	IQ 值		得分均值	IQ 值
初一(3)班	38	61.23 ±33.31	89.40 ±15.30	25	61.09 ±27.57	91.49 ±12.26
初一(4)班	33	82.54 ±48.25	100.10 ±22.63	28	79.98 ±31.65	101.76 ±13.86
初一(7)班	39	39.23 ±36.29	78.75 ±16.12	20	41.16 ±32.83	81.81 ±16.60
初一(10)班	31	61.82 ±38.82	90.44 ±17.90	34	78.09 ±30.61	99.86 ±14.52
初一年级	141	60.26 ±41.79	89.19 ±19.42	107	78.09 ±30.61	95.03 ±15.92
初三(3)班	31	100.24 ±47.55	100.66 ±20.36	27	98.23 ±37.73	98.59 ±17.43
初三(4)班	38	105.32 ±48.27	103.52 ±21.70	28	112.88 ±45.66	106.17 ±19.91
初三(7)班	40	87.95 ±55.19	95.18 ±24.61	24	83.71 ±48.03	94.50 ±20.54
初三(10)班	33	113.18 ±53.13	106.57 ±23.10	35	124.33 ±45.77	110.84 ±19.13
初三年级	142	101.15 ±51.61	101.26 ±22.78	114	106.79 ±46.48	103.35 ±20.05
初一、初三年级 IQ 差异检验 t 值			4.798***			3.427***

从表6、表7统计数据可看出：初一学生的概念形成能力，仍然是(4)班和(10)班优于(3)班和(7)班。初一年级学生概念形成能力的平均智商(IQ)值为91.71 ±18.19，刚好达到一般中等水平。初一男、女学生相比，女生的概念形成能力显著优于男生($P<0.01$)。到初三时，(10)班和(4)班学生的概念形成能力仍然优于(3)班和(7)班，而(10)班增长的幅度最明显。初三年级学生概念形成能力的平均智商(IQ)值为102.19 ±21.59，刚好达到中上水平。初三男、女学生相比较，概念形成能力无显著性差异。

以上数据说明，初一女生的概念形成能力发展明显较同年龄的男生快，这可能与女生青春发育期较男生早1 ~2年有关，而到初三时男生的概念形成能力发展水平与女生已无显著性差异了。

概念形成能力是智力的重要成分。从某种意义上讲，思维都是借助语言和词来进行的，只有通过语言和词，才能形成概念，才能表达概念，才能更全面、更正确地理解和把握事物的本质属性及规律。所以,概念形成的速度可作为反映一般思维能力的一项指标。

表8 初一升至初三学生分类判别能力比较

单 位	n	得分均值	错百分率	IQ 值
初一(3)班	66	68.30 ±19.51	5.41 ±2.79	98.18 ±13.16
初一(4)班	62	68.81 ±24.30	9.62 ±3.75	99.91 ±15.15
初一(7)班	64	59.41 ±23.94	13.15 ±4.26	92.44 ±15.43
初一(10)班	66	78.03 ±23.89	5.85 ±2.89	105.35 ±15.24
初一年级	258	66.20 ±24.48	10.13 ±2.46	98.23 ±15.57
初三(3)班	58	91.66 ±38.80	9.33 ±5.22	101.13 ±24.51
初三(4)班	66	108.81 ±21.71	8.72 ±3.47	112.26 ±14.64
初三(7)班	64	93.41 ±28.54	12.71 ±4.16	101.50 ±18.53
初三(10)班	68	109.93 ±30.30	9.40 ±3.54	112.30 ±19.34
初三年级	256	101.33 ±29.94	9.93 ±1.87	106.83 ±19.37
初一、初三年级 IQ 差异检验 t 值				5.545***

表9 初一升至初三学生分类判别能力比较

单 位	n	男		n	女	
		得分均值	IQ 值		得分均值	IQ 值
初一(3)班	40	69.68 ±20.04	100.02 ±12.97	26	66.18 ±18.85	95.34 ±13.21
初一(4)班	35	64.37 ±26.58	97.87 ±16.38	27	74.57 ±20.01	102.55 ±13.22
初一(7)班	43	61.06 ±25.18	94.20 ±15.84	20	55.86 ±21.19	88.65 ±14.16
初一(10)班	32	70.75 ±25.74	101.79 ±16.71	34	84.88 ±20.05	108.70 ±13.09
初一年级	150	66.20 ±24.48	98.23 ±15.57	107	72.31 ±22.36	100.15 ±15.13
初三(3)班	31	91.66 ±38.80	101.13 ±24.51	27	91.25 ±28.77	98.95 ±18.10
初三(4)班	38	111.42 ±22.57	114.74 ±15.62	28	105.28 ±20.35	108.90 ±12.69
初三(7)班	40	94.71 ±28.59	102.36 ±18.66	24	91.24 ±28.92	100.06 ±18.63
初三(10)班	33	103.91 ±35.17	109.61 ±23.28	35	115.61 ±24.02	114.83 ±14.60
初三年级	142	100.66 ±31.97	107.09 ±21.04	114	102.17 ±27.30	106.50 ±17.15
初一、初三年级 IQ 差异检验 t 值		4.072***				2.923**

从表8、表9统计数据来看:初一学生的分类判别能力,以(10)班最好,(4)班、(3)班次之。初一年级学生分类判别能力的平均智商(IQ)值为98.23 ±15.57,达到中等水平。初一男、女学生相比较无显著性差异。到初三时,(10)班和(4)班其分类判别能力仍然优于(7)班和(3)班,而以(4)班增长的幅度最明显。初三年级学生分类判别能力的平均智商(IQ)值为106.83 ±19.37,达到中上水平。初三男、女学生相比较,分类判别能力无显著性差异。

推理表象能力是人所具有的一种较高级的思维形式,是指人根据已有知识、经验和眼前提供的各种信息,经过分析、综合的作用,做出判断,得出真实性和正确性结论的能力。也可以认为,推理表象能力是用已知事物来推断未知事物的思维能力。

从表10、表11统计数据来看：初一学生的推理表象能力，以(10)班和(4)班优于(7)班和(3)班，初一年级学生推理表象能力的平均智商(IQ)值为98.13±14.56，达到一般中等水平。初一男、女学生相比较，其推理表象能力无明显差异。到初三时，(10)班和(4)班的推理表象能力仍然优于(7)班和(3)班，而(10)班增长的幅度最明显。初三年级学生推理表象能力平均智商(IQ)值为102.69±20.04，达到中上水平，与三年前相比，提高的幅度很小。初三男、女学生相比较，推理表象能力男生明显优于女生。

表10 初一升至初三学生推理表象能力比较

单 位	n	得分均值	错百分率	IQ值
初一(3)班	66	55.26±19.29	15.66±4.47	92.47±11.90
初一(4)班	64	66.41±23.71	21.10±5.10	100.62±14.68
初一(7)班	63	62.12±25.85	25.99±5.53	96.24±15.12
初一(10)班	66	71.28±23.39	19.57±4.88	103.18±14.31
初一年级	259	63.76±23.77	20.78±2.52	98.13±14.56
初三(3)班	58	89.89±35.50	24.28±5.63	97.00±20.63
初三(4)班	66	97.77±27.12	19.45±4.87	103.18±17.21
初三(7)班	63	95.63±38.05	21.91±5.17	100.37±21.87
初三(10)班	68	111.12±32.32	23.24±5.12	109.24±18.76
初三年级	256	98.99±34.10	22.21±2.60	102.69±20.04
初一、初三年级IQ差异检验t值				2.951**

表11 初一升至初三学生推理表象能力比较

单 位	n	男		n	女	
		得分均值	IQ值		得分均值	IQ值
初一(3)班	40	56.16±20.05	93.79±12.19	26	53.87±18.37	90.45±11.38
初一(4)班	36	63.49±26.62	99.30±15.64	28	70.16±19.16	102.31±13.43
初一(7)班	42	65.45±26.89	98.54±15.36	21	55.46±22.80	91.62±13.82
初一(10)班	32	65.83±24.35	100.36±14.90	34	76.41±21.57	105.83±13.41
初一年级	150	62.58±24.69	97.85±14.62	109	65.39±22.44	98.52±14.52
初三(3)班	31	93.25±35.05	101.57±19.43	27	86.03±36.27	91.76±21.07
初三(4)班	38	99.08±30.16	106.23±19.06	28	95.99±22.78	99.03±13.58
初三(7)班	40	93.41±41.95	100.68±24.10	24	99.33±30.95	99.85±18.01
初三(10)班	33	107.99±35.09	110.32±20.72	35	114.06±29.69	108.22±16.94
初三年级	142	98.28±36.07	104.60±21.18	114	99.88±31.60	100.30±18.33
初一、初三年级IQ差异检验t值			3.153***			0.806

从表12、表13统计数据可以看出：初一学生的抽象思维能力，(4)班和(10)班优于(7)班和(3)班。初一年级学生抽象思维能力的平均智商(IQ)值为89.46±14.91，接近一般中等水平。初一男、女学生相比，抽象思维能力女生优于男生。到初三时，(4)班和(10)班的抽象思维能力仍然优于(3)班和(7)班。初三年级学生抽象思维能力平均智商(IQ)值为101.42±17.28，刚好达到中上水平，与三年前相比，提高的幅度

很小。初三男、女学生相比较,抽象思维能力男生明显优于女生。

抽象思维是思维的一种高级形式,其特点是以抽象的概念、判断和推理作为思维的基本形式,以分析、综合、比较、抽象、概括和具体化作为思维的基本过程,从而揭示事物的本质和规律性联系。抽象思维能力的发展相对较晚,一般在十二三岁少年期开始进入快速增长期,到17岁左右达到峰值。从本实验资料所提供的数据来看,女生在十二三岁时抽象思维能力较男生发展速度快一些,而到十五六岁阶段,其抽象思维能力男生却较明显地优于女生。

表12　初一升至初三学生抽象思维能力比较

单　位	n	得分均值	错百分率	IQ值
初一(3)班	65	53.08±26.86	26.36±5.46	86.70±11.48
初一(4)班	64	72.78±29.22	24.36±5.37	96.25±13.40
初一(7)班	64	52.81±35.57	37.60±6.05	86.19±15.02
初一(10)班	64	69.65±30.70	24.43±5.37	94.67±13.88
初一年级	257	59.39±34.17	32.38±3.85	89.46±14.91
初三(3)班	58	98.52±42.53	19.10±5.16	102.07±17.65
初三(4)班	66	105.78±37.79	19.54±4.88	105.39±15.51
初三(7)班	64	79.21±42.08	32.03±5.83	94.74±17.05
初三(10)班	68	100.75±42.57	25.15±5.26	103.29±17.41
初三年级	256	96.16±42.25	23.91±2.67	101.42±17.28
初一、初三年级IQ差异检验 t 值				8.391***

表13　初一升至初三学生抽象思维能力比较

单　位	n	男		n	女	
		得分均值	IQ值		得分均值	IQ值
初一(3)班	39	54.16±26.62	87.03±11.07	26	51.45±27.67	86.22±12.29
初一(4)班	36	68.75±32.90	93.92±15.01	28	77.95±23.23	99.25±10.50
初一(7)班	42	53.90±39.04	86.65±16.21	22	50.71±28.54	85.30±12.74
初一(10)班	31	62.55±35.87	91.12±16.32	33	76.32±23.54	98.00±10.31
初一年级	148	59.39±34.17	89.46±14.91	109	65.64±28.33	92.46±12.90
初三(3)班	31	103.60±44.52	105.16±17.55	27	92.67±40.15	98.51±17.41
初三(4)班	38	109.75±38.95	107.57±15.27	28	100.39±36.15	102.44±15.62
初三(7)班	40	77.72±47.79	94.56±19.29	24	81.69±31.09	95.03±12.86
初三(10)班	33	102.41±50.67	104.89±20.32	35	99.19±33.92	101.79±14.27
初三年级	142	97.68±46.90	102.76±18.73	114	94.26±35.73	99.75±15.20
初一、初三年级IQ差异检验 t 值		6.673***				3.867***

从表14、表15统计数据来看:初一学生的注意搜寻能力,(4)班和(7)班优于(10)班和(3)班。初一年级学生注意搜寻能力的平均智商(IQ)值为103.09±15.93,达到中

上水平。初一男、女学生相比,注意搜寻能力无明显差异。到初三时,(10)班和(7)班的注意搜寻能力优于(4)班和(3)班。初三年级学生注意搜寻能力平均智商(IQ)值为108.42±20.11,接近良好水平。初三男、女学生相比较,注意搜寻能力无明显差异。

表14 初一升至初三学生注意搜寻能力比较

单 位	n	得分均值	错百分率	IQ值
初一(3)班	66	75.73±28.38	6.50±3.03	96.27±12.59
初一(4)班	64	104.07±33.85	8.36±3.46	110.33±17.04
初一(7)班	66	97.16±35.12	13.26±4.17	106.05±15.90
初一(10)班	66	82.31±32.02	10.61±3.79	99.91±14.42
初一年级	262	89.71±34.17	9.89±1.84	103.09±15.93
初三(3)班	58	100.72±31.52	9.42±3.84	101.01±13.94
初三(4)班	66	104.67±35.09	6.86±3.11	102.86±15.59
初三(7)班	64	127.33±46.00	8.62±3.51	112.52±20.46
初三(10)班	68	134.24±54.67	5.76±2.83	116.28±24.23
初三年级	256	117.30±45.27	7.52±1.65	108.42±20.11
初一、初三年级IQ差异检验t值				3.339***

表15 初一升至初三学生注意搜寻能力比较

单 位	n	男		n	女	
		得分均值	IQ值		得分均值	IQ值
初一(3)班	40	73.49±31.70	95.55±14.15	26	79.19±22.48	97.38±9.89
初一(4)班	36	108.53±33.20	113.15±17.09	28	98.34±34.41	106.72±16.59
初一(7)班	44	99.22±35.59	107.22±16.25	22	93.02±34.61	103.72±15.26
初一(10)班	32	76.75±30.78	97.14±14.73	34	87.55±32.73	101.84±14.06
初一年级	152	89.92±35.86	103.58±16.99	110	89.42±31.84	102.40±14.37
初三(3)班	31	104.43±34.31	101.98±15.22	27	96.47±28.02	99.89±12.51
初三(4)班	38	100.86±34.50	100.45±15.43	28	109.86±35.84	106.13±15.48
初三(7)班	40	122.79±43.68	110.04±19.80	24	134.88±49.65	116.67±21.30
初三(10)班	33	137.19±62.32	117.08±28.24	35	131.47±47.10	115.53±20.13
初三年级	142	116.26±46.70	107.35±21.08	114	118.59±43.60	109.76±18.83
初一、初三年级IQ差异检验t值			1.681			3.296***

从表16、表17统计数据来看:初一学生的简单运算能力,(10)班和(4)班优于(3)班和(7)班。初一年级学生简单运算能力平均智商(IQ)值为96.57±15.31,达到中等水平。初一男、女学生相比较,简单运算能力女生优于男生。到初三时,(10)班和(4)班的简单运算能力仍然优于(3)班和(7)班。初三年级学生简单运算能力平均智商(IQ)值为102.13±17.81,达到中上水平。初三男、女学生相比较,简单运算能力男、女生无明显差异。

表16　初一升至初三学生简单运算能力比较

单　位	n	得分均值	错百分率	IQ值
初一(3)班	66	71.19±13.09	3.37±2.22	94.13±11.43
初一(4)班	64	72.19±16.70	4.79±2.67	97.10±15.23
初一(7)班	65	70.82±20.59	5.03±2.71	93.29±17.58
初一(10)班	66	77.45±15.87	3.39±2.23	101.74±15.28
初一年级	261	72.93±16.88	4.12±1.23	96.57±15.31
初三(3)班	58	96.17±22.28	2.48±2.04	100.04±19.50
初三(4)班	66	100.21±16.84	2.51±1.93	105.12±14.32
初三(7)班	64	93.61±19.85	3.07±2.16	97.66±17.08
初三(10)班	68	101.32±23.63	2.14±1.75	105.21±19.22
初三年级	256	97.94±20.91	2.54±0.98	102.13±17.81
初一、初三年级IQ差异检验t值				3.803***

表17　初一升至初三学生简单运算能力比较

单　位	n	男		n	女	
		得分均值	IQ值		得分均值	IQ值
初一(3)班	40	72.09±14.75	95.28±11.98	26	69.81±10.14	92.37±10.49
初一(4)班	36	70.96±19.44	96.28±16.61	28	73.76±12.49	98.14±13.46
初一(7)班	43	72.44±20.23	95.04±15.51	22	67.66±21.40	89.86±21.02
初一(10)班	32	75.90±16.51	100.00±15.35	34	78.91±15.34	103.39±15.27
初一年级	151	72.73±17.85	96.45±14.88	110	73.20±15.52	96.74±15.94
初三(3)班	31	100.89±20.86	103.75±17.82	27	90.76±23.01	95.79±20.79
初三(4)班	38	103.03±17.80	107.17±15.82	28	96.38±14.89	102.33±11.71
初三(7)班	40	93.65±19.30	97.07±17.11	24	93.55±21.14	98.66±17.35
初三(10)班	33	101.23±27.82	104.94±22.25	35	101.40±19.29	105.47±16.17
初三年级	142	99.50±21.65	103.06±18.50	114	95.99±19.86	100.97±16.92
初一、初三年级IQ差异检验t值		3.357***				1.926

从表18、表19统计数据来看：初一学生的判别运算能力，(10)班和(4)班优于(3)班和(7)班。初一年级学生判别运算能力平均智商(IQ)值为92.53±18.05，达到中等水平。初一男、女学生相比较，判别运算能力女生优于男生。到初三时，(4)班和(10)班的判别运算能力仍然优于(3)班和(7)班。初三年级学生判别运算能力平均智商(IQ)值为98.89±21.00，达到中等水平(接近中上水平)。初三男、女学生相比较，判别运算能力男生明显优于女生。

表 18　初一升至初三学生判别运算能力比较

单　位	n	得分均值	错百分率	IQ 值
初一(3)班	65	62.64 ± 23.06	11.40 ± 3.94	90.35 ± 16.03
初一(4)班	64	71.42 ± 22.22	10.90 ± 3.89	98.43 ± 15.66
初一(7)班	66	51.46 ± 24.08	17.27 ± 4.65	82.94 ± 17.10
初一(10)班	66	72.44 ± 26.95	13.62 ± 4.22	98.55 ± 18.75
初一年级	261	64.44 ± 25.47	13.15 ± 2.09	92.53 ± 18.05
初三(3)班	58	94.79 ± 29.13	11.52 ± 4.19	99.60 ± 21.18
初三(4)班	66	100.40 ± 23.77	10.11 ± 3.71	105.10 ± 16.83
初三(7)班	64	76.93 ± 32.54	17.38 ± 4.74	87.18 ± 23.01
初三(10)班	68	98.71 ± 26.53	10.97 ± 3.79	103.27 ± 18.32
初三年级	256	92.81 ± 29.47	12.27 ± 2.05	98.89 ± 21.00
初一、初三年级 IQ 差异检验 t 值				3.690***

表 19　初一升至初三学生判别运算能力比较

单　位	n	男		n	女	
		得分均值	IQ 值		得分均值	IQ 值
初一(3)班	39	67.22 ± 22.22	94.26 ± 13.98	26	55.76 ± 22.98	84.48 ± 17.35
初一(4)班	36	65.26 ± 24.69	94.26 ± 16.98	28	79.35 ± 15.68	103.78 ± 12.08
初一(7)班	44	52.11 ± 22.55	84.38 ± 15.03	22	50.15 ± 27.41	80.05 ± 20.72
初一(10)班	32	66.91 ± 30.35	95.03 ± 20.39	34	77.65 ± 22.53	101.86 ± 16.69
初一年级	151	62.28 ± 25.43	91.55 ± 16.99	110	67.41 ± 25.34	93.88 ± 19.41
初三(3)班	31	102.11 ± 25.18	105.40 ± 17.26	27	86.38 ± 31.48	92.95 ± 23.52
初三(4)班	38	101.83 ± 27.64	106.42 ± 19.50	28	98.47 ± 17.50	103.30 ± 12.46
初三(7)班	40	81.10 ± 29.98	90.48 ± 19.96	24	69.99 ± 35.98	81.69 ± 26.91
初三(10)班	33	97.05 ± 31.34	102.66 ± 20.99	35	100.27 ± 21.39	103.84 ± 15.70
初三年级	142	94.94 ± 29.77	100.83 ± 20.43	114	90.16 ± 29.00	96.46 ± 21.53
初一、初三年级 IQ 差异检验 t 值		4.213***				0.943

为了较客观地评价教育、训练的效果，笔者在苏州选择了办学条件类同的彩香中学、景范中学为对照。从表 20 统计数据来看，三所学校初一年级学生的心理素质发展状况是：反应灵活性指标，彩香中学和景范中学非常显著地优于明达中学；注意集中性指标，明达中学非常显著地优于景范中学、彩香中学；其他两项指标(兴奋集中性、综合心理素质)，明达中学均低于彩香中学、景范中学，但均无显著性差异。

表 20　不同学校初一学生心理素质比较($\bar{X} \pm S$)

对　象	n	反应灵活性	兴奋集中性	注意集中性	综合心理素质
彩香中学	106	3.69 ± 1.05	3.36 ± 1.15	3.27 ± 1.15	110.66 ± 33.50
景范中学	106	3.32 ± 1.18	3.39 ± 1.11	3.50 ± 1.31	108.58 ± 33.62
明达中学	262	2.77 ± 1.19	3.27 ± 1.22	3.94 ± 1.04	104.04 ± 34.83
F 检验		26.310***	0.480	15.233***	1.651

从表21、表22统计数据来看，男、女学生数据显示的规律与表20统计数据基本相同。

表 21　不同学校初一男生心理素质比较($\bar{X} \pm S$)

对　象	n	反应灵活性	兴奋集中性	注意集中性	综合心理素质
彩香中学	50	3.70 ± 1.12	3.26 ± 1.13	3.24 ± 1.08	108.40 ± 32.34
景范中学	52	3.51 ± 1.18	3.26 ± 1.17	3.48 ± 1.37	109.61 ± 33.66
明达中学	152	2.73 ± 1.19	3.15 ± 1.19	3.89 ± 1.08	101.18 ± 34.83
F 检验		17.197***	0.267	21.696***	1.626

表 22　不同学校初一女生心理素质比较($\bar{X} \pm S$)

对　象	n	反应灵活性	兴奋集中性	注意集中性	综合心理素质
彩香中学	56	3.69 ± 0.98	3.46 ± 1.17	3.30 ± 1.23	112.67 ± 34.66
景范中学	54	3.12 ± 1.16	3.51 ± 1.04	3.51 ± 1.25	107.59 ± 33.86
明达中学	110	2.82 ± 1.18	3.43 ± 1.17	4.01 ± 0.97	108.00 ± 34.60
F 检验		11.047***	0.089	8.674**	0.049

表 23　明达中学初一学生与江苏省初一学生观察能力比较

单　位	n	男		n	女	
		得分均值	错百分率		得分均值	错百分率
明达初一	150	75.08 ± 21.79	2.61 ± 1.13	110	78.73 ± 20.17	2.26 ± 1.42
江苏常模	120	83.33 ± 27.72	1.54 ± 1.12	120	82.15 ± 20.81	1.64 ± 1.16
t 检验		2.667**			1.265	

表 24　明达中学初三学生与江苏省初三学生观察能力比较

单　位	n	男		n	女	
		得分均值	错百分率		得分均值	错百分率
明达初三	142	117.39 ± 36.43	1.76 ± 1.10	114	120.22 ± 33.60	2.45 ± 1.45
江苏常模	120	91.57 ± 25.01	1.91 ± 1.25	120	93.41 ± 31.75	4.20 ± 1.83
t 检验		6.767***			6.267***	

从表23、表24统计数据来看：明达中学初一学生与江苏省初一学生观察能力比较，江苏省初一男生的观察能力显著优于明达中学初一男生，江苏省初一女生的观察能

力也优于明达中学初一女生。明达中学初三学生与江苏省初三学生观察能力比较，明达中学初三男、女学生的观察能力均非常显著地优于江苏省初三学生。

从表25、表26统计数据来看：明达中学初一学生与江苏省初一学生概念形成能力比较，江苏省初一男、女学生的概念形成能力均显著优于明达中学初一男、女学生。明达中学初三学生与江苏省初三学生概念形成能力比较，明达中学初三男、女学生的概念形成能力均优于江苏省初三学生。

表25　明达中学初一学生与江苏省初一学生概念形成能力比较

单　位	n	男		n	女	
		得分均值	错百分率		得分均值	错百分率
明达初一	141	60.26 ± 41.79	26.56 ± 3.62	107	67.71 ± 33.61	19.71 ± 3.85
江苏常模	120	92.14 ± 34.73	14.42 ± 3.21	120	84.84 ± 32.48	15.71 ± 3.32
t 检验		6.730***			3.894***	

表26　明达中学初三学生与江苏省初三学生概念形成能力比较

单　位	n	男		n	女	
		得分均值	错百分率		得分均值	错百分率
明达初三	142	101.15 ± 51.61	22.30 ± 3.49	114	106.79 ± 46.58	17.31 ± 3.54
江苏常模	120	99.26 ± 35.72	12.30 ± 3.00	120	97.19 ± 36.84	15.58 ± 3.31
t 检验		0.349			1.743	

从表27、表28统计数据来看：明达中学初一学生与江苏省初一学生分类判别能力比较，江苏省初一男生的分类判别能力显著优于明达中学初一男生，江苏省初一女生的分类判别能力也优于明达中学初一女生。明达中学初三学生与江苏省初三学生分类判别能力比较，明达中学初三男、女学生的分类判别能力均非常显著地优于江苏省初三男、女学生。

表27　明达中学初一学生与江苏省初一学生分类判别能力比较

单　位	n	男		n	女	
		得分均值	错百分率		得分均值	错百分率
明达初一	150	66.20 ± 24.48	10.13 ± 1.13	107	72.31 ± 22.36	5.83 ± 2.27
江苏常模	120	73.67 ± 25.27	8.26 ± 2.51	120	75.61 ± 23.47	10.77 ± 2.83
t 检验		2.447***			1.084	

表28　明达中学初三学生与江苏省初三学生分类判别能力比较

单　位	n	男		n	女	
		得分均值	错百分率		得分均值	错百分率
明达初三	142	100.66 ± 31.97	10.46 ± 2.57	114	102.17 ± 27.30	9.27 ± 2.72
江苏常模	120	90.69 ± 23.38	8.61 ± 2.56	120	90.76 ± 25.31	9.01 ± 2.61
t 检验		2.908**			3.311***	

从表29、表30统计数据来看：明达中学初一学生与江苏省初一学生推理表象能力比较，江苏省初一男生的推理表象能力非常显著地优于明达中学初一男生，江苏省初一女生的推理表象能力也优于明达中学初一女生。明达中学初三学生与江苏省初三学生推理表象能力比较，明达中学初三男生的推理表象能力优于江苏省初三男生，但无统计学意义，明达中学初三女生的推理表象能力与江苏省初三女生基本接近。

表29 明达中学初一学生与江苏省初一学生推理表象能力比较

单位	n	男		n	女	
		得分均值	错百分率		得分均值	错百分率
明达初一	150	62.58 ± 24.69	23.65 ± 3.47	109	65.39 ± 22.44	16.66 ± 3.57
江苏常模	120	73.71 ± 28.12	21.64 ± 3.76	120	70.98 ± 25.76	22.89 ± 3.84
t 检验		3.410***			1.755	

表30 明达中学初三学生与江苏省初三学生推理表象能力比较

单位	n	男		n	女	
		得分均值	错百分率		得分均值	错百分率
明达初三	142	98.28 ± 36.07	23.51 ± 3.56	114	99.88 ± 31.60	20.55 ± 3.78
江苏常模	120	91.23 ± 28.39	21.04 ± 3.72	120	100.71 ± 27.48	18.25 ± 3.53
t 检验		1.769			0.214	

从表31、表32统计数据来看：明达中学初一学生与江苏省初一学生抽象思维能力比较，江苏省初一男、女学生的抽象思维能力均显著优于明达中学初一男、女生。明达中学初三学生与江苏省初三学生抽象思维能力比较，明达中学初三男生的抽象思维能力优于江苏省初三男生，但无统计学意义，明达中学初三女生的抽象思维能力与江苏省初三女生基本接近。

表31 明达中学初一学生与江苏省初一学生抽象思维能力比较

单位	n	男		n	女	
		得分均值	错百分率		得分均值	错百分率
明达初一	148	59.39 ± 34.17	32.38 ± 3.85	109	65.64 ± 28.33	21.88 ± 3.96
江苏常模	120	91.85 ± 36.74	19.31 ± 3.60	120	87.65 ± 33.99	22.38 ± 3.80
t 检验		7.420***			2.605**	

表32 明达中学初三学生与江苏省初三学生抽象思维能力比较

单位	n	男		n	女	
		得分均值	错百分率		得分均值	错百分率
明达初三	142	97.68 ± 46.90	23.16 ± 3.54	114	94.26 ± 35.73	24.84 ± 4.05
江苏常模	120	90.04 ± 37.79	22.10 ± 3.79	120	95.14 ± 37.87	23.09 ± 3.85
t 检验		1.460			0.183	

从表33、表34统计数据来看：明达中学初一学生与江苏省初一学生注意搜寻能力比较，明达中学初一男、女学生的注意搜寻能力均优于江苏省初一男、女学生。明达中

学初三学生与江苏省初三学生注意搜寻能力比较，明达中学初三男、女学生的注意搜寻能力均非常显著地优于江苏省初三男、女生。

表 33 明达中学初一学生与江苏省初一学生注意搜寻能力比较

单 位	n	男		n	女	
		得分均值	错百分率		得分均值	错百分率
明达初一	152	89.92 ± 35.86	11.06 ± 2.54	110	89.42 ± 31.84	8.22 ± 2.62
江苏常模	120	84.75 ± 33.20	7.24 ± 2.37	120	83.93 ± 34.02	7.20 ± 2.36
t 检验		1.231			1.264	

表 34 明达中学初三学生与江苏省初三学生注意搜寻能力比较

单 位	n	男		n	女	
		得分均值	错百分率		得分均值	错百分率
明达初三	142	116.26 ± 46.70	7.76 ± 2.25	114	118.59 ± 43.60	7.23 ± 2.43
江苏常模	120	101.70 ± 32.46	7.69 ± 2.43	120	95.19 ± 35.42	4.46 ± 1.88
t 检验		2.963**			4.493***	

从表 35、表 36 统计数据来看：明达中学初一学生与江苏省初一学生简单运算能力比较，江苏省初一男、女生的简单运算能力均显著优于明达中学初一男、女生。明达初三学生与江苏省初三学生简单运算能力比较，明达中学初三男生的简单运算能力优于江苏省初三男生，但无统计学意义，明达中学初三女生的简单运算能力与江苏省初三女生基本接近。

表 35 明达中学初一学生与江苏省初一学生简单运算能力比较

单 位	n	男		n	女	
		得分均值	错百分率		得分均值	错百分率
明达初一	151	72.73 ± 17.85	4.18 ± 1.63	110	73.20 ± 15.52	4.05 ± 1.88
江苏常模	120	82.17 ± 20.91	4.79 ± 1.95	120	78.90 ± 15.57	4.59 ± 1.91
t 检验		3.936***			2.778**	

表 36 明达中学初三学生与江苏省初三学生简单运算能力比较

单 位	n	男		n	女	
		得分均值	错百分率		得分均值	错百分率
明达初三	142	99.50 ± 21.65	2.81 ± 1.39	114	95.99 ± 19.86	2.19 ± 1.37
江苏常模	120	96.97 ± 19.25	2.99 ± 1.55	120	96.29 ± 18.61	2.86 ± 1.52
t 检验		1.001			0.119	

从表 37、表 38 统计数据来看：明达中学初一学生与江苏省初一学生判别运算能力比较，江苏省初一男、女学生的判别运算能力均显著优于明达中学初一男、女生。明达中学初三男生与江苏省初三男生判别运算能力比较，明达中学初三男生的判别运算能力与江苏省初三男生基本相同，明达中学初三女生的判别运算能力低于江苏省初三女生。

表 37　明达初一学生与江苏省初一学生判别运算能力比较

单　位	n	男		n	女	
		得分均值	错百分率		得分均值	错百分率
明达初一	151	62.28 ± 25.43	13.99 ± 2.82	110	67.41 ± 25.34	12.06 ± 3.11
江苏常模	120	82.13 ± 27.81	11.62 ± 2.93	120	80.54 ± 21.01	11.83 ± 2.95
t 检验		6.060***			3.085**	

表 38　明达初三学生与江苏省初三学生判别运算能力比较

单　位	n	男		n	女	
		得分均值	错百分率		得分均值	错百分率
明达初三	142	94.94 ± 29.77	12.09 ± 2.74	114	90.16 ± 29.00	12.50 ± 3.10
江苏常模	120	95.08 ± 22.88	11.45 ± 2.91	120	95.88 ± 20.85	10.43 ± 2.79
t 检验		0.043			1.725	

经过三年的系统教育与训练，盐城明达中学的学生在心理素质发展上，有些素质取得了明显的提高，且提高的幅度明显大于对照学校。从表 39 统计数据来看：明达中学初三学生在反应灵活性指标上已达到景范中学的水平，而且非常显著地优于彩香中学初三学生。在兴奋集中性和综合心理素质两项指标上，明达中学初三学生非常显著地优于彩香中学和景范中学初三学生。注意集中性指标也是明达中学初三学生好于其他两所对照学校初三学生。

表 39　不同学校初三学生心理素质比较（$\overline{X} \pm S$）

对　象	n	反应灵活性	兴奋集中性	注意集中性	综合心理素质
彩香中学	105	3.31 ± 1.17	3.39 ± 1.14	3.43 ± 1.00	105.42 ± 31.74
景范中学	102	3.86 ± 0.93	3.70 ± 1.06	3.20 ± 1.27	115.68 ± 31.03
明达中学	255	3.87 ± 1.08	3.99 ± 0.97	3.47 ± 1.06	121.60 ± 29.49
F 检验		10.992***	13.096***	2.254	10.628***

从表 40、表 41 数据来看，明达中学初三男生除反应灵活性指标外，兴奋集中性、注意集中性和综合心理素质等三项指标均显著优于彩香中学、景范中学初三男生。而明达中学初三女生除注意集中性指标与彩香中学、景范中学初三女生无显著性差异外，其他三项指标（反应灵活性、兴奋集中性、综合心理素质）均显著优于彩香中学、景范中学初三女生。

表 40　不同学校初三男生心理素质比较（$\overline{X} \pm S$）

对　象	n	反应灵活性	兴奋集中性	注意集中性	综合心理素质
彩香中学	51	3.47 ± 1.02	3.49 ± 1.23	3.45 ± 1.06	109.80 ± 35.35
景范中学	51	3.96 ± 0.87	3.70 ± 1.08	2.96 ± 1.34	113.13 ± 29.42
明达中学	142	3.92 ± 1.12	4.02 ± 1.00	3.53 ± 1.08	124.15 ± 30.60
F 检验		3.893*	5.192**	4.811**	4.984**

表 41 不同学校初三女生心理素质比较($\bar{X}\pm S$)

对象	n	反应灵活性	兴奋集中性	注意集中性	综合心理素质
彩香中学	54	3.16 ±1.12	3.29 ±1.05	3.42 ±0.96	101.29 ±27.61
景范中学	51	3.76 ±0.99	3.70 ±1.06	3.45 ±1.17	118.23 ±32.66
明达中学	113	3.81 ±1.03	3.96 ±0.93	3.38 ±1.03	118.40 ±27.85
F 检验		6.539**	7.856**	0.085	7.036**

表 42 不同学校初一学生神经类型分布(%)比较

对象	n	1—2 型	3—4 型	5—6 型	7—8 型	9—10 型	11—12 型	13 型	14—16 型
彩香中学	106	11.32	16.04	5.66	5.66	47.17	6.60	3.77	3.77
景范中学	106	8.49	22.64	3.77	1.89	40.57	11.32	8.49	2.83
明达中学	262	3.05	22.90	4.96	1.91	24.81	23.66	10.31	8.40
χ^2 检验		10.318**	2.265	0.424	4.358	20.194***	18.709***	4.168	5.378

表 43 不同学校初三学生神经类型分布(%)比较

对象	n	1—2 型	3—4 型	5—6 型	7—8 型	9—10 型	11—12 型	13 型	14—16 型
彩香中学	105	9.52	16.19	2.86	6.67	40.95	15.24	2.86	5.71
景范中学	102	11.76	20.59	1.96	12.75	43.14	4.90	1.96	2.94
明达中学	255	15.29	21.57	1.96	9.41	40.78	3.94	5.10	1.96
χ^2 检验		2.397	1.355	0.308	2.227	0.175	15.899***	2.307	3.570

从不同学校初一学生神经类型(个性类型)分布情况(表 42)来看:明达中学属最佳型、灵活型(1—2 型)和强中间型、中间型(9—10 型)者所占比率显著低于彩香中学、景范中学,而中下型、低下型(11—12 型)者所占比率又显著高于彩香中学、景范中学。

经过三年的系统教育与训练,明达中学中学学生在个性类型上发生了较明显的变化。表 43 统计数据表明,明达中学初三学生属 1—2 型和 9—10 型所占比率明显上升,而 11—12 型所占比率明显降低。

表 44、表 45 统计数据表明:初三年级学生与初一年级学生相比,初三学生在成就动机、求知欲、意志力、责任感、自我意识、社会适应性等指标的强度上均显著地强于初一学生,性格倾向指标的强度无显著性差异,合作性指标的强度几乎无差异。而强度较强的指标主要反映在意志力、责任感和成就动机上,即初三学生主要是自身内在的这些因素起着调节与支配作用。

另外,从统计数据中也可看出,初中学生的自我意识、社会适应性、合作性等指标的强度是较弱的,这就说明我们的教育在这些方面还存在着较大的问题。

表 44 初一升至初三学生非智力因素比较($\bar{X}\pm S$)

对象	n	成就动机	求知欲	合作性	意志力
明达初一	262	9.21 ±4.55	5.13 ±4.34	6.19 ±4.43	8.46 ±4.23
明达初三	256	10.23 ±5.41	6.45 ±5.49	6.08 ±5.29	10.67 ±6.06
t 检验		2.319*	3.031**	0.256	4.492***

表 45 初一升至初三学生非智力因素比较($\bar{X} \pm S$)

对 象	n	责任感	自我意识	性格倾向	社会适应性
明达初一	262	7.31 ±4.35	1.23 ±3.14	7.26 ±5.06	3.29 ±6.23
明达初三	256	10.54 ±5.91	2.59 ±3.36	8.05 ±4.60	6.48 ±5.04
t 检验		7.071***	4.757***	1.860	6.414***

从表46、表47、表48、表49统计数据来看：基本变化规律同前面所述，不同的是初三男生在求知欲指标的强度上与初一男生无差异，初三女生在成就动机指标的强度上与初一女生无显著性差异。

表 46 初一升至初三学生非智力因素比较($\bar{X} \pm S$)

单 位	n	男		n	女	
		成就动机	求知欲		成就动机	求知欲
明达初一	152	9.45 ±4.64	5.10 ±6.25	110	9.19 ±4.51	6.49 ±6.55
明达初三	142	10.82 ±4.75	5.24 ±5.84	114	9.91 ±4.93	8.24 ±4.97
t 检验		2.499**	0.199		1.141	2.247*

表 47 初一升至初三学生非智力因素比较($\bar{X} \pm S$)

单 位	n	男		n	女	
		合作性	意志力		合作性	意志力
明达初一	152	6.45 ±4.64	8.20 ±6.10	110	5.19 ±4.51	8.49 ±5.55
明达初三	142	6.87 ±4.77	9.74 ±6.14	114	4.71 ±4.63	11.56 ±5.97
t 检验		0.549	2.156*		0.779	3.988***

表 48 初一升至初三学生非智力因素比较($\bar{X} \pm S$)

单 位	n	男		n	女	
		责任感	自我意识		责任感	自我意识
明达初一	152	7.15 ±4.62	1.12 ±3.21	110	7.69 ±4.42	1.49 ±3.53
明达初三	142	9.12 ±6.15	2.24 ±3.44	114	11.91 ±5.73	2.84 ±3.15
t 检验		3.089***	2.88**		6.184***	3.016***

表 49 初一升至初三学生非智力因素比较($\bar{X} \pm S$)

单 位	n	男		n	女	
		性格倾向	社会适应性		性格倾向	社会适应性
明达初一	152	7.45 ±4.42	3.32 ±6.21	110	7.19 ±4.32	3.19 ±6.43
明达初三	142	8.52 ±4.66	6.74 ±6.44	114	7.41 ±4.53	5.34 ±6.65
t 检验		2.017**	5.625***		0.372	2.460**

从表50、表51统计数据来看：初一年级学生除女生合作性指标较男生显著差外，其他各项指标男、女生间均无显著性差异。初三女生在求知欲、意志力、责任感等指标的强度上均显著强于男生，在合作性指标的强度上却显著弱于男生。

表50 初一升至初三学生非智力因素比较($\overline{X} \pm S$)

对 象	n	成就动机	求知欲	合作性	意志力
初一男生	152	9.45 ±4.64	5.10 ±6.25	6.45 ±4.64	8.20 ±6.10
初一女生	110	9.19 ±4.51	6.49 ±6.55	5.19 ±4.51	8.49 ±5.55
t 检验		0.455	1.728	2.205**	0.400
初三男生	142	10.82 ±4.75	5.24 ±5.58	6.87 ±4.77	9.74 ±6.14
初三女生	114	9.91 ±4.93	8.24 ±4.97	4.71 ±4.63	11.56 ±5.97
t 检验		1.492	4.544***	3.660***	2.394**

表51 初一升至初三学生非智力因素比较($\overline{X} \pm S$)

对 象	n	责任感	自我意识	性格倾向	社会适应性
初一男生	152	7.15 ±4.62	1.12 ±3.21	7.45 ±4.42	3.32 ±6.21
初一女生	110	7.69 ±4.42	1.49 ±3.52	7.19 ±4.32	3.19 ±6.43
t 检验		0.958	0.871	0.476	0.164
初三男生	142	9.12 ±6.15	2.24 ±3.44	8.52 ±4.66	6.74 ±6.44
初三女生	114	11.91 ±5.73	2.84 ±3.15	7.41 ±4.53	5.34 ±6.65
t 检验		3.747***	1.454	1.924	1.698

三、问题讨论

（一）初三学生注意集中性为什么较初一学生差

从本文统计数据中可清楚地看到，初三学生在注意集中性指标上非常显著地低于初一年级入学时的水平，尤其是初三女生下降更为明显。对于这一现象的分析，笔者从两方面来论述。其一，从神经系统特别是大脑的发育规律来看，人从出生到十一二岁，其大脑皮质内抑制过程（注意集中性）逐渐发展，并达到相当完善的程度，13 岁以后出现缓慢下降，到青春发育期的中、晚期（15 ~ 16 岁、17 ~ 18 岁），注意集中性下降速度明显加速，尤其是女性下降更为明显。此现象是否与性成熟期性腺活动加强、性激素分泌旺盛引起皮质抑制过程广泛扩散有关，有待进一步研究与探讨。

（二）初中学生推理表象能力与抽象思维能力在性别上的差异

笔者在实验数据统计中发现，初中一年级刚入学时，女生的推理表象能力和抽象思维能力的得分均值、IQ 均值都较明显高于男生，而至初三年级毕业前夕，女生在推理表象能力和抽象思维能力的增长幅度上不如男生大，尤其是抽象思维能力，初三男生明显优于初三女生。

关于推理表象能力、抽象思维能力的性别差异问题，有研究资料认为，女性在推理表象能力、抽象思维能力方面明显不如男生强。而笔者认为，对这个问题我们不能一概而论。在不同的年龄发育阶段，推理表象能力、抽象思维能力发展呈现出不同的特征，在小学五、六年级和初中一年级阶段（11 ~ 13 岁），女生优于男生，而到初三、高二阶段（15 ~ 17 岁），男生优于女生，到成人阶段（18 岁以上），男、女无明显差异。

（三）初中学生运算能力发展及早期开发

实验数据表明，初中阶段学生的运算能力还在不断地发展，但其增长幅度不如其他能力增长幅度大。这说明运算能力的提高较其他能力更困难。笔者认为，运算能力是一般智力的重要组成部分，它与遗传的关系较密切。有研究资料证明，运算能力不是一种单纯的能力，运算能力的发展与推理表象能力、抽象思维能力的发展有着密切的关系。注重对早期（2、3岁）孩子的运算能力的开发与培养，对其推理表象能力和抽象思维能力的发展将起着非常积极的作用。笔者认为，智力的早期开发应该从运算能力的开发入手。

（四）如何加强初中学生非智力因素的培养与训练

非智力因素是针对智力因素而言的。具体来讲，非智力因素的结构包括动机、兴趣、情感、意志、责任感、合作性、自我意识、性格、社会适应性以及信念、理想、世界观等。本文采用苏州大学应用心理学研究所张卿华、王文英教授和冯成志博士设计编制的非智力因素量表，对明达中学初一和升至初三的学生进行了重复测试。从前后两次测试结果来看，经过三年的系统教育与训练，学生在成就动机、责任感、意志力等非智力因素指标上有明显的提高，这也是初三学生在智能和学习成绩上获得大幅度提高的有力的佐证。但从统计数据中我们也发现，初中学生的自我意识、合作性、社会适应性等非智力因素指标得分很低，而这些非智力因素将会影响和制约学生今后的发展和在事业上取得成就。由此，可以认为，学校在教育方案中以及教师在教学过程中，只注重强化学生的学习动机（成就动机）教育、认真负责精神（责任感）教育和意志品质教育，而忽视了学生的自我意识教育、团队精神（合作性）教育和社会适应性教育。

四、结论

盐城明达中学初一年级学生经过三年的创新教育、训练及个人的主观努力，在心理素质发展上得到了显著的提高。

（一）大脑机能能力和综合心理素质得到明显提高

明达中学初三学生在反应灵活性、兴奋集中性、综合心理素质等指标的得分都非常显著地优于入学时的得分（$P<0.001$），其增长幅度明显优于对照组彩香中学、景范中学。

（二）一般能力总智商（IQ）得到明显提高

明达中学初一年级学生入学时一般能力总智商（IQ）值平均为 96.58 ± 11.47，而到初三毕业时，其一般能力总智商（IQ）值平均为 104.73 ± 13.58，即由中等水平提高到中上水平，增长幅度达到非常显著水平（$P<0.001$）。

与江苏省常模数据比较，明达中学初一年级学生入学时8种一般能力，除注意搜寻能力稍好于江苏常模外，其他7种能力均显著低于江苏常模（初一学生）数据。而到初三毕业时，明达中学初三学生的8种能力都明显地优于江苏省常模（初三学生）。

（三）心理素质发展与性成熟期有关

由于女生性成熟期较男生早1～2年，故初一入学时女生各项心理素质指标均优于男生,而到初三毕业时男生各项心理素质指标均超过女生。

男生的综合心理素质分由初一时的 101.18 ± 34.83,增加到初三时的 124.15 ± 30.60。而女生的综合心理素质分由 108.00 ± 34.60 增加到 118.40 ± 27.85,增长幅度非常显著地低于男生。

在一般能力指标上,初一女生 8 项能力指标均优于男生,到初三时,男生在多项能力指标上超过女生。初三男生除注意搜寻能力的增长未能达到显著水平外,其观察能力、概念形成能力、分类判别能力、推理表象能力、抽象思维能力、简单运算能力、判别运算能力等指标的增长幅度均达到非常显著水平,而女生的推理表象能力、简单运算能力、判别运算能力等指标的增长幅度都未能达到显著水平。

(四) 学生的意志力、责任感和成就动机等非智力因素强度得到明显提高

初三年级学生与初一年级学生相比较,初三学生在成就动机、求知欲、意志力、责任感、自我意识、社会适应性等指标的强度上均显著地强于初一学生。强度较强的指标主要反映在意志力、责任感和成就动机上,即初三学生主要是自身内在的这些因素起着调节与支配作用。

初中学生心理素质与学习成绩的相关性研究

■ 张卿华　王文英　张斌涛　张颖澜

学生的学习成绩,就传统的教育模式来说,它只是在一定程度上反映学生掌握知识的程度,或者说是一种显性的学习书本知识的能力。这种学习能力与个人内在的智能潜力、个性特征等心理素质究竟有什么关系呢?有研究资料介绍,一般能力(智商)与学习成绩呈高度相关;但也有研究资料证明,一般能力与学习成绩呈低度相关,甚至不相关。笔者曾对小学高年级(四、五、六年级)学生和大学生进行过实验性研究,小学生多项心理素质指标与学习成绩呈高度相关,而大学生多项心理素质指标与学习成绩呈低度相关或不相关,甚至呈负相关。为了进一步深入探讨心理素质与学习成绩的相关关系,笔者选择了初中学生为研究对象,进行了历时三年的追踪研究。研究方法主要采用的是现场测验法、重复测验法,除采用英国的瑞文推理测验法外,其余的都是采用苏州大学应用心理学研究所张卿华、王文英两位教授编制的80-8神经类型测验量表法和一般能力测验量表法。现将研究结果做如下分析。

一、初中生入学时心理素质与学习成绩的相关分析

笔者于2000年9月在盐城明达中学初中部选择了4个自然班为研究对象,并对这4个班的全体学生进行了多项心理素质测评。学生经过3年的教育、学习与训练,2003年6月笔者又对这4个班的全体学生进行了重复测试。而本文着重对初中生入学时心理素质各项指标与入学时统考学习成绩、毕业时统考学习成绩的相关关系进行分析。

从表1、表2统计数据可看出:初中男生入学时的心理素质指标中,80-8综合分除与入学时语文成绩相关不显著外,与入学时总分及数学、英语成绩达到显著相关水平,与毕业时总分及语文、数学、英语成绩达到显著相关水平;一般能力(总IQ)除与入学时语文成绩相关不显著外,与入学时总分及数学、英语成绩达到显著相关水平,与毕业时总分及语文、数学、英语成绩达到显著相关水平;瑞文推理分与入学时总分及语文、数学、英语成绩和毕业时语文成绩均都达到显著相关水平,而与毕业时总分及数学、英语成绩相关不显著。初中女生入学时心理素质各项指标与入学时成绩、毕业时成绩的相关关系与男生类同,但其相关程度要明显地高于男生。

表 1 初中男生入学时心理素质与学习成绩的相关性($n=93$)

学习成绩	80-8 综合分	总 IQ	瑞文分
入学时总分	0.248*	0.312**	0.261*
入学时语文	0.141	0.151	0.264*
入学时数学	0.238*	0.349***	0.257*
入学时英语	0.250*	0.289**	0.209*
毕业时总分	0.286**	0.405***	0.198
毕业时语文	0.208*	0.280**	0.217*
毕业时数学	0.238*	0.403***	0.151
毕业时英语	0.286**	0.352***	0.185

表 2 初中女生入学时心理素质与学习成绩的相关性($n=92$)

学习成绩	80-8 综合分	总 IQ	瑞文分
入学时总分	0.352***	0.575***	0.285**
入学时语文	0.172	0.411***	0.219*
入学时数学	0.364***	0.572***	0.363***
入学时英语	0.342***	0.509***	0.188
毕业时总分	0.358***	0.617***	0.289**
毕业时语文	0.359***	0.515***	0.208*
毕业时数学	0.347***	0.621***	0.346***
毕业时英语	0.306**	0.544***	0.217*

上述数据表明,80-8 综合分、一般能力(总 IQ)、瑞文推理分 3 项指标比较,一般能力(总 IQ)与学习成绩相关程度更高、更密切,特别是对未来学习成绩的预测性意义更大。

二、神经系统活动的基本特性与学习成绩的相关分析

反映神经系统活动基本特性的指标为神经活动过程的强度、灵活性标准分(K),神经兴奋过程集中性标准分(G)和神经抑制过程集中性标准分(H)。

从表 3、表 4 统计资料来看,初中男生入学时的 K 标准分(神经活动过程的强度、灵活性)除与入学时语文成绩相关不显著外,与入学时总分及数学、英语成绩达到显著相关水平,与毕业时总分及语文、数学、英语成绩达到显著相关水平;G 标准分(神经活动过程的兴奋集中性)除与入学时语文成绩相关不显著外,与入学时总分及数学、英语成绩达到显著相关水平,与毕业时总分及语文、数学、英语成绩达到显著相关水平;H 标准分(神经活动过程的抑制集中性)与入学时总分及语文、数学、英语成绩和毕业时总分及语文、数学、英语成绩均不相关。初中女生入学时 K 标准分指标与入学时成绩、毕业

时成绩的相关关系基本与男生类同，但其相关程度要明显地高于男生。而 *G* 标准分和 *H* 标准分与学习成绩的相关关系基本与男生类同。

表 3 初中男生入学时心理素质与学习成绩的相关性（$n=93$）

学习成绩	*K* 标准分	*G* 标准分	*H* 标准分
入学时总分	0.272**	0.298**	0.052
入学时语文	0.124	0.141	0.022
入学时数学	0.314**	0.273**	0.025
入学时英语	0.248*	0.321**	0.076
毕业时总分	0.363***	0.305**	0.026
毕业时语文	0.243*	0.232*	0.113
毕业时数学	0.372***	0.292**	0.023
毕业时英语	0.309**	0.356***	-0.007

表 4 初中女生入学时心理素质与学习成绩的相关性（$n=92$）

学习成绩	*K* 标准分	*G* 标准分	*H* 标准分
入学时总分	0.403***	0.230*	0.164
入学时语文	0.278**	0.128	0.034
入学时数学	0.398***	0.225*	0.104
入学时英语	0.368***	0.223*	0.231*
毕业时总分	0.435***	0.219*	0.083
毕业时语文	0.407***	0.284**	0.066
毕业时数学	0.433***	0.213*	0.052
毕业时英语	0.371***	0.263*	0.103

上述统计资料表明，神经系统活动过程的强度、灵活性指标，即思维反应的敏捷性、灵活性，是影响学生学习成绩的最重要的生物因素。神经活动过程的兴奋集中性指标，即观察判断、自控性，对学生的学习成绩也有一定程度的影响。而神经活动过程的抑制集中性指标，即注意集中程度、细心程度，对学生学习成绩的影响不大，也就是说，粗心和注意力不够专注并不是影响学习成绩的重要原因。事实也是如此，有许多聪明的孩子，学习成绩不错，就是存在粗心大意的毛病。

三、一般能力（总 IQ）与学习成绩的相关分析

笔者所指一般能力包括观察能力、概念形成能力、分类判别能力、推理表象能力、抽象思维能力、注意搜寻能力、简单运算能力和判别运算能力等。为了探讨一般能力与学生的学习成绩究竟有何种程度的关系，笔者对初中入学学生进行了 8 种一般能力测试，

并对他们的入学时成绩和毕业时成绩做了相关检验。从表5、表6统计资料来看:初中男生入学时的观察能力、概念形成能力、推理表象能力、判别运算能力与入学时成绩和毕业时成绩相关程度最为密切;注意搜寻能力与学习成绩的相关程度最低;分类判别能力与入学时成绩相关不显著,与毕业时的总分及数学、英语成绩达到显著相关水平;简单运算能力与入学时数学成绩达到显著相关水平,与毕业时总分及数学、英语成绩达到显著相关水平。从各科学习成绩来看,初中男生的语文成绩与一般能力的相关程度较低,总分及数学、英语成绩与一般能力的相关程度较高。初中男生的入学时成绩、毕业时成绩分别与一般能力的相关程度比较,毕业时成绩与一般能力的相关程度显著地高。初中女生入学时的一般能力(8种能力)除注意搜寻能力与学习成绩相关程度不显著外,其他7种能力与入学时总分及各科成绩、毕业时总分及各科成绩的相关程度均达到显著水平,并且其相关程度明显高于男生。

表5 初中男生入学时一般能力(总IQ)与学习成绩的相关性($n=93$)

学习成绩	观察	概念形成	分类判别	推理表象	抽象思维	注意搜寻	简单运算	判别运算
入学时总分	0.214*	0.323**	0.124	0.224*	0.220*	0.167	0.185	0.276**
入学时语文	0.137	0.250*	-0.006	0.131	0.085	0.080	0.019	0.109
入学时数学	0.207*	0.335***	0.121	0.193	0.248**	0.254*	0.255*	0.299**
入学时英语	0.206*	0.276**	0.153	0.240*	0.184	0.112	0.164	0.269**
毕业时总分	0.335***	0.310**	0.254*	0.336***	0.288**	0.198	0.283**	0.270**
毕业时语文	0.228*	0.234*	0.137	0.260*	0.303**	0.163	0.120	0.115
毕业时数学	0.344***	0.288**	0.261*	0.333***	0.271**	0.237*	0.272**	0.259*
毕业时英语	0.283**	0.278**	0.226*	0.283**	0.230*	0.130	0.280**	0.266**

表6 初中女生入学时一般能力(总IQ)与学习成绩的相关性($n=92$)

学习成绩	观察	概念形成	分类判别	推理表象	抽象思维	注意搜寻	简单运算	判别运算
入学时总分	0.510***	0.351***	0.535***	0.480***	0.457***	0.083	0.376***	0.517***
入学时语文	0.417***	0.276**	0.385***	0.321**	0.270**	0.133	0.328***	0.327***
入学时数学	0.443***	0.389***	0.522***	0.550***	0.532***	0.082	0.294**	0.504***
入学时英语	0.469***	0.315**	0.483***	0.386***	0.375***	0.044	0.347***	0.485***
毕业时总分	0.519***	0.381***	0.544***	0.545***	0.470***	0.118	0.403***	0.567***
毕业时语文	0.457***	0.301**	0.451***	0.453***	0.289**	0.159	0.359***	0.469***
毕业时数学	0.508***	0.389***	0.537***	0.611***	0.489***	0.138	0.398***	0.519***
毕业时英语	0.462***	0.337***	0.489***	0.424***	0.435***	0.065	0.354***	0.546***

小 结

(1) 初中男、女学生入学时心理素质指标中80-8综合分、一般能力(总IQ)、瑞文推理分与学习成绩的相关关系,从总体上而言,除个别科目外,均达到显著相关水平。而女生心理素质各指标与学习成绩的相关程度均明显高于男生。

80-8综合分、一般能力(总IQ)、瑞文推理分3项指标比较,一般能力(总IQ)与学习成绩相关程度更高、更密切,特别是对未来学习成绩的预测性意义更大。

(2) 初中入学时男、女生神经活动过程的强度、灵活性及兴奋集中性指标,与入学时成绩(语文成绩除外)和毕业时成绩均达到显著相关水平;而抑制集中性指标,与入学时成绩(女生入学时英语成绩除外)和毕业时成绩均不相关。

(3) 初中入学时男、女生观察能力、概念形成能力、推理表象能力、判别运算能力与入学时成绩和毕业时成绩相关程度最为密切,注意搜寻能力与学习成绩的相关程度最低。

男、女生相比较,入学时一般能力各项指标(除注意搜寻能力外)与学习成绩的相关程度,女生明显高于男生。

小学生心理素质发展水平与学习成绩的相关性研究

■ 张卿华 王文英 冯成志 周成军 方卉 贾凤琴 凌光明 王峻 孙志风

学校开展素质教育之宗旨是促进学生身心健康发展,遵循以传授知识与培养能力相并重的原则,培养具有全面素质的建设者和接班人。但学校教育由传统的应试教育转轨于素质教育并不是一蹴而就的事。全面素质教育应包括思想道德素质、科学文化素质、劳动技能素质、身体素质和心理素质教育五个方面的内容。而心理素质教育既是诸种素质教育的基础,又是诸种素质教育的综合反应指标。也可以这样说,心理素质教育是全面素质教育的核心,它像一条主线将诸种素质串联为一个整体。抓住了心理素质教育这条主线,即可带动其他素质教育活动的开展。故心理素质教育是开展全面素质教育的切入口和有效途径。

本课题主要研究和探讨小学生心理素质发展的不同年龄规律,男、女学生心理发展的差异以及与学习成绩的关系等。其意义在于为实施心理辅导提供适用的材料和实践经验,为开展全面素质教育提供心理学理论依据。

一、研究对象与方法

(一) 被试

实验组: 苏州市环秀小学六年级全体学生,有效样本 $n=120$(男 52,女 68)。

对照组: 环秀小学的其他各年级学生及江苏省、全国有关常模样组;其中重点对照组为平江区某小学六(1)班,$n=46$(男 23,女 23)。

(二) 心理测量工具

采用苏州大学应用心理学研究所张卿华、王文英教授编制的 80-8 神经类型测验量表法(简称“80-8 量表法”),主要测定被试的思维灵活性、兴奋集中性、注意集中性和个性特征。

采用苏州大学应用心理学研究所王文英教授编制的一般能力测验量表法,主要测定被试的观察能力、概念形成能力、分类判别能力、推理表象能力、抽象思维能力、注意搜寻能力、简单运算能力和判别运算能力等。

采用英国心理学家瑞文(J. C. Raven)编制的瑞文标准推理测验法,主要测定被试的一般推理能力。

采用苏州大学张卿华、王文英教授编制的投射测验法,主要测定被试的心理健康水平及性格特点。

采用笔者自行编制的非智力因素的调查问卷(分学生、家长两部分),主要了解学生的非智力因素的状况。

效标为三年级和六年级学年终语文、数学、外语、自然等学科的考试成绩。

(三) 实验内容

举行需要、兴趣、动机、理想、情绪情感、自我意识、意志、性格、观察、学习习惯、记忆、思维、想象、能力、创造等16个方面的讲座。

心理辅导活动采用讨论、游戏、讲故事、演小品、竞赛、作品展示等多种形式,寓教于乐,丰富多彩。

(四) 实验步骤

在三年级时,对实验组及重点对照组进行心理测验及学科考试成绩的统计,按心理发展水平的高低分为A、B两组,按学生学习成绩的优劣分为a、b两组,两因素交叉后分成Aa、Ab、Ba、Bb共四个组。

按上述分组进行一学年的集体心理辅导,每周2次,每次2课时。通常情况下,讲授1次,活动2次,记录每次辅导的反应,学生按阶段总结自己的体会。

在小学毕业前夕对实验组和重点对照组进行上述各项心理测验及收集各科考试成绩。

(五) 统计方法

两组得分和差异用t检验,两组错百分率的差异用χ^2检验,各心理指标与学科成绩的关系用积差相关系数等统计方法检验。

二、研究结果与分析

(一) 实验前研究对象的背景资料

为了了解研究对象的心理发展水平和状况,笔者对环秀小学全校1—6年级学生进行了多项基础测试,包括心理机能发育水平、智力发育水平、心理健康水平、个性特点和综合素质水平等,并与苏州市不同类型的几所小学学生的有关资料进行比较。

表1数据表明,环秀小学三至六年级学生大脑机能发育水平(心理机能发育水平)与全国同龄学生相比,9岁组(三年级)差异不显著,10岁组(四年级)低于全国常模,11、12岁组(五、六年级)高于全国常模。

从智力发育水平(瑞文标准推理测验)来看,环秀小学三、四、五年级学生与全国常模比较,均处在三级水平(智力水平中等),六年级学生达到二级水平(智力水平良好)。

表2数据表明,环秀小学全校学生属稳定型、安静型、谨慎型的比例明显高于全国学生常模,而中下型比例明显低于全国学生常模,其他各种类型无明显差异。

表1 环秀小学各年级学生80-8量表法各表得分的比较

班次	n	1号表	2号表	3号表	平均	瑞文得分
三年级	138	45.15±15.93	46.42±11.27	40.39±8.90	43.98±10.35	35.19±7.92
四年级	139	46.22±15.92	44.37±11.00	41.13±9.90	44.91±11.99	39.28±9.28
五年级	145	67.54±25.87	59.46±14.71	49.51±10.53	58.83±19.67	41.14±8.39
六年级	104	73.33±22.92	64.76±12.49	52.95±11.29	63.68±18.44	46.48±7.29

续表

班次	n	1号表	2号表	3号表	平均	瑞文得分
全国常模	9岁	47.35±16.34	44.14±12.29	38.02±11.16	43.17±10.83	25—33—37—43
全国常模	10岁	53.27±18.69	49.68±14.00	42.70±12.32	48.55±12.39	27—35—42—48
全国常模	11岁	59.68±22.53	55.03±15.15	47.72±13.29	54.14±14.11	33—39—43—50
全国常模	12岁	68.31±23.36	62.08±16.42	52.49±14.11	60.95±15.09	37—42—46—50

表2　环秀小学不同年级学生16种神经类型分布(%)比较

对象	n	1	2	3	4	5	6	7	8	9	10	11	12	13	14	15	16
三年级	138	0.0	3.6	10.2	16.0	0.0	3.6	1.4	1.4	7.3	18.1	6.5	10.2	14.5	6.5	0.7	0.0
四年级	139	0.0	2.9	10.8	12.9	1.4	2.9	2.9	3.6	16.5	14.4	12.2	7.2	7.2	2.9	2.2	0.0
五年级	145	1.4	6.9	8.3	9.6	0.7	1.4	2.1	0.7	27.6	13.8	9.0	2.7	10.3	3.4	2.1	0.0
六年级	104	0.0	2.9	7.7	13.5	0	0.9	2.9	1.9	24.0	21.1	10.6	2.9	8.7	2.9	0.0	0.0
环秀	526	0.38	4.18	9.32	12.74	0.57	2.28	2.28	1.90	18.63	16.54	9.51	5.89	10.46	3.99	1.23	0.00
全国	13155	0.42	2.59	5.51	5.94	1.69	2.71	4.47	2.83	19.66	19.67	15.95	6.63	4.74	3.79	2.31	1.09
χ^2检验		4.097*		54.433***		2.924		7.366**		3.673		15.038***		34.996***		2.668	

表3　环秀小学三年级各班学生80-8量表法各表得分比较

班次	n	1号表	2号表	3号表	平均	综合素质分
一班	48	47.38±16.06	46.76±11.72	42.60±8.78	45.58±10.73	110.41±30.10
二班	45	44.97±17.29	46.30±12.20	39.12±10.01	43.46±11.02	102.00±30.57
三班	45	42.94±14.31	46.16±9.99	39.30±7.47	42.80±9.21	108.00±28.09
F检验		0.903	0.036	2.308	0.918	0.984

表4　环秀小学三年级男生80-8量表法各表得分比较

班次	n	1号表	2号表	3号表	平均	综合素质分
一班	25	48.64±17.60	47.92±14.23	44.05±10.07	46.87±12.68	112.80±32.59
二班	21	53.52±15.88	51.88±12.04	43.03±8.64	49.48±7.97	110.95±29.30
三班	20	42.36±18.14	47.33±11.74	39.11±9.05	42.93±11.38	100.00±33.71
F检验		2.156	0.787	1.671	1.842	1.169

表5　环秀小学三年级女生80-8量表法各表得分比较

班次	n	1表	2表	3表	平均	综合素质分
一班	23	46.01±14.51	45.51±18.34	41.02±7.00	44.18±8.17	107.82±27.62
二班	24	37.48±15.08	41.42±10.26	35.70±10.03	38.20±10.73	94.16±30.06
三班	25	43.41±10.71	45.22±8.47	39.46±6.13	42.70±7.29	114.40±21.22
F检验		2.473	1.517	2.836	2.942	3.702*

表3、4、5数据表明,环秀小学三年级(重点实验对象)三个自然班学生的心理机能发育水平及综合素质水平均无明显差异;其中二班男生在心理机能发育水平上略好于其他两个班;而二班女生的心理机能发育水平稍低于其他两个班女生,综合素质水平显著低于其他两个班女生。

根据上述资料提供的情况,笔者又将三年级二班确定为重点研究对象中的重点班。

(二)心理辅导显著提高学生心理素质

1. 提高了学生的心理机能发育水平

实验前,环秀小学三年级学生的心理机能发育水平与全国同龄学生基本无差异,而

经过四年的系统教育、训练，尤其是最后一年的心理辅导后，实验组学生心理机能发育水平显著高于全国同龄学生。（见表6）

表6　实验前后实验组学生80-8量表法各表得分比较

对象	n	1号表	2号表	3号表	平均
环秀三年级	138	45.15 ± 15.93	46.42 ± 11.27	40.39 ± 8.90	43.98 ± 10.35
全国9岁	2688	47.35 ± 16.34	44.14 ± 12.29	38.02 ± 11.16	43.17 ± 10.83
t检验		1.580	2.307*	3.009**	0.895
环秀六年级	127	86.37 ± 27.03	74.72 ± 17.71	63.55 ± 14.88	74.88 ± 17.27
全国12岁	2922	68.31 ± 23.36	62.08 ± 16.42	52.49 ± 14.11	60.95 ± 15.09
t检验		7.410***	7.897***	8.217***	8.943***

表7　实验前后学生神经类型分布(%)比较

对象	n	1	2	3	4	5	6	7	8	9	10	11	12	13	14	15	16
三年级	138	0.0	3.6	10.2	16.0	0.0	3.6	1.4	1.4	7.3	18.1	6.5	10.2	14.5	6.5	0.7	0.0
六年级	127	3.1	13.4	22.0	7.9	1.6	0.0	3.9	1.6	20.5	13.4	3.9	1.6	4.7	1.6	0.8	0.0
χ^2检验		12.461***		0.483		1.079		1.135		9.855**		8.434**		7.132**		3.382	

实验前后，实验组学生在神经类型方面也发生了明显的变化。经过四年的系统教育、训练尤其是最后一年的心理辅导后，其神经类型属于强型的1型、2型、3型、9型（分别称为最佳型、灵活型、稳定型、强中间型）占的比例显著增大，而属于弱型的11型至16型占的比例显著减小。（见表7）此数据说明，小学年龄阶段是人的个性形成与发展的重要时期。

实验组大脑机能能力非常显著地优于对照组学生。（见表8）即实验组学生在完成不同难度的脑力作业时都较对照组效率高。

从心理素质和综合素质指标来看，实验组学生的思维灵活性、兴奋集中性、注意集中性以及综合素质都非常显著地优于对照组学生。（见表9）

表8　实验组与对照组学生80-8量表法各表得分比较

对象	n	1号表	2号表	3号表	平均
环秀六年级	127	86.37 ± 27.03	74.72 ± 17.71	63.55 ± 14.88	74.88 ± 17.27
某小学六年级	132	75.32 ± 23.28	70.67 ± 19.44	57.64 ± 13.46	67.88 ± 16.92
t检验		3.519***	1.754	3.348***	3.294***

表9　实验组与对照组学生80-8量表法各表得分比较

对象	n	思维灵活性	兴奋集中性	注意集中性	综合素质分
环秀六年级	127	3.63 ± 1.15	4.11 ± 1.00	3.73 ± 1.01	127.10 ± 36.38
某小学六年级	132	3.18 ± 1.21	3.47 ± 1.17	3.25 ± 1.20	104.69 ± 37.18
t检验		3.069**	4.738***	3.488***	4.903***

表 10　实验组与对照组学生神经类型分布(%)比较

对象	n	1	2	3	4	5	6	7	8	9	10	11	12	13	14	15	16
实验组	127	3.1	13.4	22.0	7.9	1.6	0.0	3.9	1.6	20.5	13.4	3.9	1.6	4.7	1.6	0.8	0.0
对照组	132	0.0	7.6	17.4	7.6	1.5	0.0	3.0	2.3	15.9	15.2	10.6	8.3	3.0	3.0	3.0	1.5
全国	13155	0.42	2.59	5.51	5.94	1.69	2.71	4.47	2.83	19.66	19.67	15.95	6.63	4.74	2.79	2.31	1.09
χ^2检验		1-4 型				5-8 型				9-12 型				13-16 型			
		—5.224*—				—0.007—				—0.231—				—11.114***—			

从神经类型来看,实验组学生属于强型的 1、2、3、4 型占的比例显著地高于对照组学生,而属于弱型的 11、12、14、15、16 型占的比例非常显著地低于对照组学生。(见表 10)

2. 增强了学生的一般能力

环秀小学三年级二班为重点实验班($n=45$),某小学三年级一班($n=46$)为对照班,实验前后分别对他们进行了一般能力测验量表法 8 种能力指标的测试。统计检验表明,心理辅导显著增强了小学生的一般能力。

(1) 增强了观察能力。

观察能力是构成智力的要素之一,它不是单一的知觉问题,其中包含着理解、思考的成分。培养和锻炼学生的观察能力是有效提高智力水平的重要途径。

表 11 数据表明:实验前,实验组与对照组全体学生观察能力处于同一水平,其中实验组男生观察能力较强,而女生较弱;实验后,实验组全体学生及男生的观察能力略好于对照组男生,而女生仍落后于对照组女生,但其差距明显缩小。

表 11　实验前后学生观察能力(分值)的比较

	男		女		全体	
	前(3)	后(6)	前(3)	后(6)	前(3)	后(6)
实验组	47.07±11.65	88.13±25.23	43.33±14.95	82.39±24.06	45.07±13.49	85.12±24.48
对照组	42.63±19.53	81.26±26.66	48.04±18.85	83.10±18.53	45.39±19.16	82.18±22.72
t 检验	0.900	0.864	0.951	0.111	0.092	0.582

注:(3)表示三年级测得的数据,(6)表示六年级测得的数据。

(2) 增强了概念形成能力。

概念形成能力可以理解为一种学习能力、接受能力、理解能力、领悟能力。从某种意义上讲,人的思维实际上都是抽象的思维,即思维都是借助语言、词、符号为载体来进行的。只有语言、词和符号才能形成概念,才能表达概念,才能更全面地概括事物的本质属性及规律。所以,概念形成的速度(能力)可作为反映一般思维能力的综合指标。

表 12　实验前后学生概念形成能力(分值)的比较

	男		女		全体	
	前(3)	后(6)	前(3)	后(6)	前(3)	后(6)
实验组	37.06±30.44	116.87±36.66	23.45±16.70	94.06±44.06	29.91±24.86	104.93±41.78
对照组	61.54±39.72	68.13±43.55	50.05±30.76	81.37±44.27	55.52±35.32	74.75±43.93
t 检验	2.260*	3.936***	3.706***	0.936	3.978***	3.302**

表 12 的数据表明:实验前,实验组学生概念形成能力很差,非常显著地弱于对照

组学生;实验后发生了很大的变化,实验组学生的概念形成能力非常显著地强于对照组学生。

(3) 增强了分类判别能力。

分析、综合、比较、分类、判别及抽象概括能力是人脑最基本的思维过程,人类认识事物都是从对事物的分析开始的。分析是把整体的事物分解成个别部分,或分出事物的不同特征,或分出不同的联系和关系。综合是把事物的各个部分、个别特征、个别联系和关系联合起来成为一个整体的思维过程。比较是在分析与综合的基础上进行的,是人脑确定事物之间相同点与不同点的思维过程。比较是依一定的标准进行的。只有当某些事物有类似之处时,才能进行比较。分类与判别是人脑根据事物的一定特点,将它们区分为不同种类的思维过程或思维方法。比较是分类与判别的基础,分类与判别是比较的发展。通过比较,判别出事物的共同点和不同点,再根据这些异同点对事物进行分类。人脑就是通过分析、综合、比较、分类、判别及抽象概括的思维过程去认识客观世界和自我,把握事物的本质和规律。

表 13 数据表明: 实验前,实验组学生的分类判别能力与对照组学生差异不显著。实验后,实验组男生的分类判别能力非常显著地强于对照组;实验组女生的分类判别能力仍弱于对照组,但增强的幅度较大。这也表明心理辅导对增强男、女学生分类判别能力有显著效果。

表 13　实验前后学生分类判别能力(分值)的比较

	男		女		全体	
	前(3)	后(6)	前(3)	后(6)	前(3)	后(6)
实验组	45.32 ±22.72	92.89 ±19.34	40.68 ±18.65	78.72 ±33.20	42.95 ±20.62	85.47 ±28.90
对照组	47.83 ±20.54	67.79 ±36.26	45.57 ±18.10	86.68 ±17.56	46.62 ±19.07	77.23 ±29.75
t 检验	0.371	2.771**	0.893	1.013	0.877	1.317

(4) 增强了推理表象能力。

推理是人所具有的一种较高级的思维方法和思维功能,是由已知的事物推断出未知事物的思维过程。表象是一种形象记忆,是人曾感知过的客观事物的形象在头脑中的再现。它是人脑提取信息的一种形式,而每个人在记忆信息的保持和提取的速度、质量方面的水平是有差异的。

表 14 数据表明: 实验组男女合计,其推理表象能力与对照组差异均不显著,但实验前是实验组较弱,而实验后则为实验组略强于对照组。由此可看出,心理辅导对实验组全体学生的推理表象能力的增强是有明显作用的。实验前,实验组男、女学生的推理表象能力均分别弱于对照组学生;实验后,实验组男生的推理表象能力非常显著地强于对照组男生,而实验组女生仍弱于对照组女生。

表 14 实验前后学生推理表象能力(分值)的比较

	男		女		全体	
	前(3)	后(6)	前(3)	后(6)	前(3)	后(6)
实验组	36.73 ± 17.32	90.35 ± 20.90	34.87 ± 17.52	66.94 ± 33.42	35.76 ± 17.25	78.09 ± 30.24
对照组	44.74 ± 23.46	70.82 ± 32.32	40.57 ± 16.51	82.08 ± 17.58	42.56 ± 20.00	76.58 ± 26.18
t 检验	1.259	2.299*	1.142	1.916	1.727	0.249

(5) 增强了抽象思维能力。

抽象思维是思维的一种高级形式,其特点是以抽象的概念、判断和推理作为思维的基本形式,以分析综合、比较分类、抽象概括和具体化作为思维的基本过程,从而揭示事物的本质特征和规律性联系。根据思维的结果是否经过明确的思考步骤和对过程有无清晰的意识,可将思维分为直觉思维和分析思维。本测验属分析思维(逻辑思维),被试根据实验材料进行某种推理、判断,并严格遵循逻辑规律,逐步进行分析与推导,最后得出合乎逻辑的正确答案。

表 15 数据表明:实验组男女合计的抽象思维能力,实验前弱于对照组,实验后强于对照组,虽然差异均不显著,但实验组学生增强的幅度大大超过对照组。实验前,实验组男生的抽象思维能力与对照组无显著性差异,实验组女生的抽象思维能力显著地强于对照组;实验后,实验组男生的抽象思维能力非常显著地强于对照组,实验组女生的抽象思维能力仍弱于对照组,但差距较实验前缩小,不具显著性。这说明经过系统的心理素质教育、训练,实验组学生的抽象思维能力有一定程度的增强。

表 15 实验前后学生抽象思维能力(分值)的比较

	男		女		全体	
	前(3)	后(6)	前(3)	后(6)	前(3)	后(6)
实验组	47.03 ± 22.91	119.15 ± 30.69	31.93 ± 20.26	80.01 ± 42.41	39.48 ± 22.66	98.65 ± 41.83
对照组	43.33 ± 33.39	78.18 ± 48.79	49.73 ± 26.88	98.20 ± 36.53	46.60 ± 30.04	88.19 ± 43.80
t 检验	0.422	3.237**	2.571*	1.534	1.269	1.146

(6) 对注意搜寻能力没有显著影响。

注意是一切心理活动得以顺利进行的必要条件,注意的实质和特征有 6 个方面:① 选择性,选择一部分信息;② 集中性,排除无关刺激;③ 搜寻,从一些对象中寻找某一部分;④ 激活,应付一切可能出现的刺激;⑤ 定势,对特定的刺激予以接受并做出反应;⑥ 警觉,保持较久的注意。

表 16 数据表明:实验前后,实验组与对照组学生在注意搜寻能力方面,均无明显差异。分析其原因:其一,注意搜寻能力与其他各种能力相比而言,具有自身的独立性,与其他各种能力相关程度很小或根本不相关;其二,注意搜寻能力的个体差异明显,个体在成长中及接受心理辅导后所发生的变化是很大的,个体变化幅度参差不齐,致使群体结果的差异不具显著性。

表16　实验前后学生注意搜寻能力(分值)的比较

	男		女		全体	
	前(3)	后(6)	前(3)	后(6)	前(3)	后(6)
实验组	57.88 ±27.83	84.34 ±28.91	51.16 ±27.20	70.47 ±26.90	54.30 ±27.39	77.08 ±28.41
对照组	48.49 ±25.36	80.06 ±43.60	48.00 ±23.45	74.96 ±31.17	48.23 ±24.12	77.45 ±37.41
t 检验	1.157	0.373	0.426	0.516	1.116	0.053

(7) 增强了简单运算能力。

无论是数学思维还是逻辑思维,实质上都是一种思维活动,而运算是逻辑思维的核心概念。早期对儿童进行运算能力训练与开发,对促进儿童抽象思维能力的发展有着极为重要的作用。

表17数据表明:实验前,实验组学生的简单运算能力弱于对照组。实验后,实验组学生的简单运算能力强于对照组,其中实验组男生增强的幅度较大。这表明心理辅导对增强小学生的简单运算能力有显著的作用。

表17　实验前后学生简单运算能力的比较

	男		女		全体	
	前(3)	后(6)	前(3)	后(6)	前(3)	后(6)
实验组	41.86 ±13.32	87.32 ±19.09	39.31 ±13.91	78.76 ±17.77	40.50 ±13.55	82.83 ±18.69
对照组	43.37 ±11.24	77.52 ±19.70	45.24 ±11.91	81.24 ±16.20	44.33 ±11.50	79.38 ±17.93
t 检验	0.402	1.651	1.567	0.490	1.423	0.882

(8) 增强了判别运算能力。

如果说简单运算是反映个体思维的速度,那么判别运算则是反映思维的敏捷性、选择性、灵活性,即反映更高层次的复杂的思维功能。笔者曾对普通学生(包括大、中、小学生)与智力超常学生做过大量的测试,结果显示,普通学生与超常生在简单运算能力方面差异不显著,而在判别运算能力方面超常生显著地强于普通学生,即越是高级复杂的思维活动,其个体间的差异越明显。

表18数据表明:实验前,实验组学生的判别运算能力略弱于对照组,而实验后却非常显著地强于对照组。实验组男生也有同样的变化规律。实验组女生的判别运算能力在实验前比对照组弱,而实验后却较大幅度超过对照组女生,虽然其差异不具显著性意义,但这已足以表明,在小学生年龄阶段,其运算能力具有较大的开发潜力。加强判别运算能力的训练对增强小学生的复杂思维能力有着积极的作用和深远的意义。

表18　实验前后学生判别运算能力比较

	男		女		全体	
	前(3)	后(6)	前(3)	后(6)	前(3)	后(6)
实验组	45.64 ±16.64	89.77 ±25.93	38.70 ±17.69	81.95 ±22.45	41.94 ±17.37	85.68 ±24.20
对照组	46.02 ±16.19	66.36 ±30.14	46.40 ±19.49	68.98 ±29.80	46.22 ±17.79	67.67 ±29.67
t 检验	0.101	2.709*	1.419	1.634	1.155	3.131**

(9) 增强了综合智力。

将一般能力8项分测验得分及其总和的平均分按各自一定的公式转换成IQ值以后,就能彼此进行比较。表19(a)(b)的数据表明:实验前,除注意搜寻能力外,实验组的一般能力的IQ值均低于对照组,其中概念形成能力、抽象思维能力差异显著。而实验后,实验组学生所有分测验的IQ值及综合得分的IQ值均高于对照组,其中概念形成能力、判别运算能力及总的IQ值均非常显著地高于对照组。这些实验数据有力的证明,系统的心理辅导对促进学生智力发展和全面素质的提高有明显的效果。

表19(a) 实验前后实验组与对照组学生各种能力(IQ值)状况的比较

		观察能力	概念形成能力	分类判别能力	推理表象能力	抽象思维能力
实验前	实验组	101.76 ± 14.13	80.99 ± 33.48	94.05 ± 26.84	93.89 ± 21.20	80.45 ± 39.70
	对照组	104.24 ± 18.44	98.68 ± 32.99	99.82 ± 21.41	99.73 ± 22.52	99.68 ± 24.17
	t 检验	0.677	2.38*	1.063	1.194	2.617*
实验后	实验组	108.36 ± 20.34	110.74 ± 19.31	108.88 ± 19.28	105.44 ± 20.15	106.30 ± 18.68
	对照组	105.64 ± 18.66	95.57 ± 19.61	102.56 ± 18.64	99.77 ± 22.44	100.92 ± 18.62
	t 检验	0.623	3.487***	1.491	1.189	1.290

表19(b) 实验前后实验组与对照组学生各种能力(IQ值)状况的比较

		注意搜寻能力	简单运算能力	判别运算能力	总IQ
实验前	实验组	99.84 ± 17.84	95.67 ± 17.04	98.86 ± 17.41	97.21 ± 12.17
	对照组	97.87 ± 14.85	101.65 ± 12.15	100.48 ± 21.70	102.18 ± 11.61
	t 检验	0.537	1.808	0.368	1.868
实验后	实验组	96.67 ± 13.15	105.30 ± 18.39	107.41 ± 18.70	106.14 ± 15.36
	对照组	93.51 ± 23.34	98.76 ± 15.79	91.31 ± 19.01	99.14 ± 13.86
	t 检验	0.746	1.707	3.818***	2.140*

(三) 小学生心理素质发展水平与学习成绩呈中度相关

人的天赋素质是各种能力形成和发展的基础,而后天的环境、教育、训练及自身实践乃是这种天赋素质得以充分发展的重要条件。小学年龄阶段正是儿童心理发育的高峰期,学校教育的主要任务和宗旨都应以有利于促进学生身心健康发展和促进学生智力与能力的增强为目的,而学习成绩只不过是用于评价学生知识掌握的程度。除了常规的课堂知识教育外,实施系统的心理辅导,能使学生智能素质得到快速增长,与此同时,其各学科的考评成绩也能相应提高。

表20数据表明,小学生的总的智力水平与各科学习成绩都具有显著的相关关系。具体分析,在实验前(三年级时)智力与语文、数学、外语、自然成绩的相关程度均有显著性意义。经过系统的教育、训练,随着心理机能的发育与智力水平的提高,六年级男生的智力与各科学习成绩的相关程度均有所提高。而女生的智力与外语成绩的相关程度稍有提高,与其他三门学科成绩的相关程度均有所降低,尤其是与数学的相关程度降低得最为明显。说明女生在小学高年级时,由于教学内容难度增加和学习兴趣的变化,数学学习能力开始分化,部分学生数学学习成绩下降。

表20　实验前后实验组学生一般能力(总IQ)与各科学习成绩的相关性

科目	男		女		合计	
	三年级	六年级	三年级	六年级	三年级	六年级
语文	0.464***	0.646***	0.669***	0.596***	0.469***	0.526***
数学	0.577***	0.585***	0.647***	0.368**	0.581***	0.404***
外语	0.418***	0.515***	0.518***	0.588***	0.325***	0.472***
自然	0.306*	0.468***	0.606***	0.600***	0.406***	0.461***
总IQ	0.703***		0.786***		0.763***	

表21数据表明：从总体而言，实验前后学生的综合心理素质与学习成绩具有显著的相关关系。其中男生综合心理素质与各科学习成绩的相关程度较女生明显地低。在小学年龄阶段，一般情况是女生学习成绩优于男生，这与女生学习比男生认真有关。

在小学年龄阶段，学生的心理机能(智力)发育水平与学习成绩有密切的关系，而且呈现出两者平行发展的规律。一般是在小学低年级学习成绩好者，随其心理发育水平的提高，学习成绩提高的幅度也大；而在低年级学习成绩差者，也会随其自身心理发育水平的提高，学习成绩发生相应的变化。也就是说，六年级学生学习成绩的好、差，其实在三年级时就已经基本表现出来了。(见表22、表23、表24)

表21　实验前后实验组学生综合心理素质分与各科学习成绩的相关

科目	男		女		合计	
	三年级	六年级	三年级	六年级	三年级	六年级
语文	0.411**	0.377**	0.525***	0.482***	0.438***	0.430***
数学	0.514***	0.285*	0.519***	0.362**	0.514***	0.333***
外语	0.283*	0.216	0.391***	0.538***	0.267**	0.389***
自然	0.250	0.234	0.378***	0.500***	0.349***	0.383***
综合素质	0.439***		0.647***		0.564***	

表22　六年级学生与三年级学生各科学习成绩的相关

科目	语文(3)	数学(3)	外语(3)	自然(3)
语文(6)	0.828***	0.716***	0.696***	0.728***
数学(6)	0.462***	0.420***	0.320***	0.442***
外语(6)	0.725***	0.709***	0.615***	0.648***
自然(6)	0.704***	0.680***	0.577***	0.586***

表23　六年级男生与三年级男生各科学习成绩的相关

科目	语文(3)	数学(3)	外语(3)	自然(3)
语文(6)	0.843***	0.584***	0.671***	0.694***
数学(6)	0.688***	0.656***	0.569***	0.518***
外语(6)	0.659***	0.646***	0.518***	0.540***
自然(6)	0.650***	0.631***	0.540***	0.498***

表 24　六年级女生与三年级女生各科学习成绩的相关

科目	语文(3)	数学(3)	外语(3)	自然(3)
语文(6)	0.819***	0.822***	0.702***	0.741***
数学(6)	0.443***	0.354***	0.293*	0.467***
外语(6)	0.779***	0.797***	0.692***	0.741***
自然(6)	0.741***	0.743***	0.578***	0.648***

当然,学生的学习成绩不仅受个体心理机能发育水平、智力因素的影响和制约,同时也受后天的非智力因素的影响和制约。笔者曾做过大量的相关研究,证明学生年龄较小,学习成绩与智力的相关程度越高,而非智力因素起的作用和影响越小;随着年龄的增长,学习成绩与智力的相关程度随之下降,与非智力因素的相关程度在增长;大学生的学习成绩与智力的相关程度很低或根本不相关,而非智力因素与学习成绩有着非常密切的关系。

(四) 小学生心理健康状况分析

心理健康的含义应包括三个方面的内容:一是智力发育正常,二是个性发展正常,三是认知没有缺损。笔者通过画树投射测验的方法,鉴别学生心理健康状况。

1. 从画树结构的完整性鉴别学生的心理健康水平

一棵完整的树其结构应包括根、主干、枝、杈、叶、花、果七个部分,前五个部分为最基本的结构。根据被试所画树的基本结构的完整性程度,将画树的水平划分为六个等级。

笔者在 1995 年的研究资料中报道,一般正常人画树的水平均为一、二、三级,四级为临界水平,画树水平为五、六级的属于心理不健康者(患有严重心理障碍或心理疾病)。

表 25　实验组、对照组学生画树的水平统计(人数,%)

对象	n	一级		二级		三级		四级		五级	六级
实验组	127	2	1.57	7	5.51	109	85.83	9	7.09	0.00	0.00
对照组	132	2	1.52	8	6.06	108	81.82	14	10.61	0.00	0.00
χ^2 检验		0.002		0.036		0.766		0.991			

表 25 数据表明:实验组、对照组学生属于心理健康者(一、二、三级)占 91.12%,属临界水平者(四级树)占 8.88%,心理不健康者无一人。

2. 从画树特点分析学生的个性发展

画树投射测验的最大优点就是具有非结构性、掩蔽性、整体性等特性。通过画树这种行为活动,可以间接了解被试认知的完整性、情感的倾向性和个性特征。小学生正处在个性形成与发展的阶段,深入了解和把握学生个性发展的特点和规律,对于实施全面素质教育无疑是大有帮助的。笔者的统计资料表明,小学六年级学生的个性特征虽然已开始有了明显的分化,但仍处在不稳定、未成熟期,他们对事物的整体性以及各个部分之间的关系的认知尚未达到清晰、具体、完整的程度,故表现为画想象树的人占的比例较大(46.72%)。(见表26)另外,在259人中有一半的人(50.58%),画树时都忽略了一个基本常识,即树的根部必须深深扎入大地土壤之中,他们画的树如空中楼阁,没有坚实的根基,说明在12岁年龄阶段的学生,他们的认知及个性发展均未达到成熟水平。

表26 实验组、对照组学生画树风格统计(人数,%)

对象	n	粗壮树		高耸树		端庄树		想象树		瘦弱树		其他	
实验组	127	19	14.96	10	7.87	21	16.54	62	48.82	8	6.30	7	5.51
对照组	132	23	17.42	13	9.85	20	15.15	59	44.70	6	4.55	11	8.33
χ^2检验			0.289		0.312		0.093		0.442		0.389		0.797
合计	259	42	16.22	23	8.88	41	15.83	121	46.72	14	5.41	18	6.95

从画树种类分析,小学六年级学生画的树主要集中于苹果树、杨柳树、松树、情景树和圣诞树等种类上,其中以画苹果树、杨柳树占的比例更大。(见表27)统计资料说明,这群天真活泼的孩子的内心深处对现实生活和未来发展充满着美好的愿望。春意盎然,生机勃勃,果实累累,青春常在,这就是他们的主导心境。

表27 实验组、对照组学生画树种类统计(人数,%)

对象	n	杨柳树		松树		苹果树		圣诞树		情景树		其他	
实验组	127	33	25.98	7	5.51	58	45.67	7	5.51	12	9.45	10	7.87
对照组	132	28	21.21	20	15.15	41	31.06	12	9.09	15	11.36	16	12.12
χ^2检验			0.919		6.441**		5.850*		1.220		0.254		1.293
合计	259	61	23.55	27	10.42	99	38.22	19	7.33	27	10.04	26	10.39

三、问题讨论

(一)有关心理发育问题

学校教育之宗旨是培养学生成为身心健康、有科学文化知识、高素质的合格人才和接班人。该宗旨如何具体贯彻与实施?笔者仅就当前学校在实施素质教育过程中存在的疑惑、难解的心理发育问题,发表一点看法。

一般来说,人的心理发育要滞后于身体发育。谈到身体发育,人们的认识很统一、很具体,而谈到心理发育则不然。虽然人们对学生的心理发育问题比以往有了进一步的了解和认识,但仍然觉得很抽象、很茫然。

笔者认为,心理发育的诊断应包括心理形态、心理机能和心理能力三个方面的指标。

1. 心理形态指标

心理形态(精神形态)指标虽不像身体形态(物质形态)指标一样测量比较简单、具体,但是它是可以被测量的。心理形态是在个体遗传的基础上,由环境(教育、训练等)的长期作用和影响以及自身不断的实践活动逐渐沉淀下来的较稳固的心理倾向和心理特征。它是个体内在心理活动的外部表征。如人的意识状态、精神状态、情绪状态、意志状态、运动竞赛状态、需要与动机状态、应激与适应状态、价值观念以及性格等,这些心理活动都是以某种形态(现象)表现出来的。因此,我们可以通过一定的手段和工具加以测量与评价。由于这些心理活动倾向和心理特征主要是在后天经过教育、训练习得的,所以有人把它统称为社会心理素质,也有人把它称为非智力因素。笔者认为,从科学概念的界定来看,采用"心理形态"概念较为妥当。

2. 心理机能指标

心理活动是脑的机能,人的一切行为活动(包括心理活动)归根结底都是在大脑的调节、控制下完成的,大脑的机能发育水平与机能特性的差异是决定与影响个体心理活动水平的基础。现有的研究资料已充分证明,大脑机能发育的早期性和阶段性变化特点和规律为心理机能的测量与评价提供了科学的理论依据。由于大脑的机能发育水平及潜力在很大程度上取决于遗传因素的影响,故称之为遗传素质。

3. 心理能力指标

心理能力是指大脑的高级思维能力,它可以概括为一般能力(一般智力)、专门能力、实际能力和创造能力。心理能力的发展受先天遗传因素和后天环境因素的影响和制约,其中一般能力、专门能力受遗传因素影响较大,而实际能力、创造能力与后天的训练、培养和开发关系更为密切。

一般能力(一般智力)也称普通能力,是指适合于广泛实践活动要求的能力,属于一种智能潜力。这种潜在能力必须经过系统的有效的教育、训练和开发才有可能达到相应的水平。一般能力是顺利地完成各种活动所必须具备的基本能力,包括注意力、观察力、记忆力、思维和想象力以及运算能力等,其中抽象思维是智力的核心。一般能力是各种特殊能力和创造能力的形成和发展的基础。学校的教育任务应以训练和开发学生的基本能力为基础,以训练和培养学生的实际能力、创造能力为重点,全面促进学生智能素质的发展与提高。

根据心理发育三项指标的测量与评价,学校可全面地了解教育对象的心理发育水平和特点,有针对性地制订出实施素质教育的方案,并将素质教育不断引向深入。

(二) 个性的可塑性

个性即具有一定倾向性的心理特征的总和。人的个性是在个人先天遗传与后天环境两因素交互作用下逐渐发展而来的,是个体在逐步社会化的过程中所形成的较为稳固的心理特征。笔者认为,人的个性在很大程度上受遗传因素的影响。个性的稳固性是相对的,而可变性是绝对的,其规律是年龄越小,可塑性越大。笔者多年的追踪研究表明,在有目的、有计划的系统教育、训练的影响下,小学生的个性类型发生了不同程度的变化,其变化特点表现为神经活动过程的强度增强,从类型特点来看,原属稳定型、安静型的转变为稳定型、灵活型,原属中下型的转变为中间型。这些变化说明,在小学年龄期,个性仍处在形成与发展阶段,具有较大的可塑性。在此期间,运用科学的手段和方法进行教育、训练，对塑造学生健康的个性有着重要的作用。

（三）差生的心理辅导

由于遗传、环境及个人主观努力程度等方面存在的差异，每个班级都会有少数的差生（学习跟不上、学习成绩差）。差生在以下三个方面的表现较常人差：一是智力发育水平，二是非智力因素，三是学习习惯。较多的差生是因为缺乏学习的兴趣，没有远大的理想，自我意识差，缺乏克服困难的毅力，缺乏自信，所以对学习厌烦，把学习当作一种负担。有部分差生的智力发展水平并不很低，非智力因素也不是很差，而是由于学习习惯不良，例如上课思想开小差，不认真听老师讲解，课后不复习，贪玩，作业马虎等，因而学习成绩一直上不去。大量的教育实践证明，采用常规的教育手段和方法去改变差生的现状收效甚微。

本研究将差生集中在同一组辅导。所采用的教材的内容、深度和教法的特点、所举的事例都比较适合全组学生的水平。组织活动时，3 ~5 人自愿组合在一起，人人都能团结合作，集思广益。分组心理辅导使差生得到了更多的关心和爱护，他们的长处得到了较多的机会展示。他们尝到了成功的喜悦，初步认识到了自我价值，增强了自信心，每个人都有较大的进步。

四、建　议

为了保证素质教育、训练的顺利实施，笔者提出下列建议。

（一）实施素质教育要有组织保证

教育行政部门应设立素质教育、训练处，专司学校的素质教育、训练工作。

（二）实施素质教育要有人员保证

学校应配备自身素质高的专职人员负责学校的素质教育、训练及科研工作。各类学校应以心理素质教育、训练为切入口和突破口，逐步带动全面素质教育的实施。

（三）实施素质教育要有教材保证

实施素质教育涉及各门课程内容、教学形式和教学方法的重大改革。从教材内容来说，小学阶段，素质教育应兼顾知识性、应用性和趣味性三个方面的内容，其基本课程应包括语文知识与应用、数学知识与应用、科学自然常识、日常生活知识与技能、兴趣活动课和心理素质教育、训练课等。这些课程的教材编写需要有关部门精心组织和部署。

（四）实施素质教育要有措施保证

学校应建立和健全学生的素质档案，定期做好学生的身心健康检查与评价、知识与能力考评、综合素质考评等工作，为实施素质教育提供系统的科学资料和实验依据。

小　结

本课题通过横断、纵贯的对比实验性研究，得出如下结论：

（1）实施分组心理辅导的六年级小学生的综合素质及多种能力指标明显地优于对照组学生。

（2）小学生学习成绩与其智力水平具有显著的相关关系，经过系统的心理辅导，其相关程度均有所提高。研究发现上述相关系数,年龄越小,相关程度越高,而大学生相关程度很低,甚至呈负相关。

(3) 小学年龄阶段是心理发育及素质发展的关键时期。在此期间系统地开展心理辅导,对开发学生的智能、塑造健康的个性、提高全面素质能取得事半功倍的效果。

(4) 就如何实施素质教育问题,向有关职能部门提出了四条具体可行的合理化建议。

苏州市实验小学一年级学生心理素质调研报告

■张卿华　王文英　张斌涛　张颖澜

人的素质的发展和不断提高与完善的过程受个体遗传因素和社会环境因素（包括家庭、学校、社会教育、训练和个人实践活动等）两个方面的相互影响和作用。由于人的遗传基因存在不同的差异，个体先天素质的发展也将存在巨大的差异。教育的目的不是采用人为的手段去抹杀或缩小这种差异，而是根据这些客观存在的差异，按照科学的教育规律因材施教。

小学教育阶段（7—12岁）正是少儿身心发育的关键时期，因此，认识与了解少儿心理素质发育的状况及特点，对于明确、端正教育的指导思想，全面实施素质教育，促进学生身心健康发展有着重要的现实意义。

一、研究目的

本课题的研究目的主要是对一年级学生心理素质（包括个性特征、认知能力）存在的差异进行实验性调研，为全面实施素质教育，有针对性地施加教育、训练，促进学生健康个性的形成和各种能力的发展提供实验依据。完成本课题需五六年时间。

二、研究方法

对象：苏州市实验小学一年级学生（男247名，女201名），总计448名。

方法：采用苏州大学张卿华、王文英教授自行设计编制的80-8神经类型测验量表法、一般能力（包括概念形成能力、分类判别能力、简单运算能力、判别运算能力等）测验量表法，对学生的大脑机能能力、智力发展水平以及综合心理素质进行科学客观的评定。

三、调研结果与分析

（一）一年级学生大脑机能发育状况分析

从表1可看出，苏州市实小一年级男生大脑机能发育水平与全国同年龄组平均水平（全国常模）相比较无明显差异，而显著低于全国城市Ⅰ类学校（城Ⅰ常模）及华东区同年龄组平均水平（华东常模）。具体分析：苏州市实小一年级男生大脑机能发育水平与全国同年龄组比较，简单的脑力作业能力（1号表得分）稍强于全国同年龄组水平；较难的脑力作业能力（2号表得分）与全国同年龄组基本相同；难度大的脑力作业能力（3号表得分）稍弱于全国同年龄组水平。苏州市实小一年级男生大脑机能发育水平与城市Ⅰ类学校及华东区同年龄组相比较，简单的脑力作业能力，弱于城市Ⅰ类学校同年龄组，强于华东区同年龄组；而较难的脑力作业能力，特别是难度大的脑力作业能力，却非常显著地弱于城市Ⅰ类学校及华东区同年龄组。

表2数据表明，苏州市实小一年级女生大脑机能发育水平的特点基本与男生类同。

表1 苏州市实小一年级男生大脑机能发育水平状况（80-8测验）

对象	n	1号表得分	2号表得分	3号表得分	平均得分
苏州市实小	247	37.22±15.35	32.04±10.84	27.03±10.17	32.10±10.37
城Ⅰ常模	547	38.30±13.53	35.92±10.30	29.95±10.03	34.52±9.28
华东常模	562	36.16±12.45	33.99±10.81	29.89±9.69	33.34±8.93
全国常模	2379	34.90±12.58	32.08±9.97	27.61±9.36	31.53±8.68
F检验		11.819***	23.788***	16.154***	19.744***

表2 苏州市实小一年级女生大脑机能发育水平状况（80-8测验）

对象	n	1号表得分	2号表得分	3号表得分	平均得分
苏市实小	201	35.40±12.49	31.77±9.46	27.47±8.21	31.55±8.70
城Ⅰ常模	534	38.27±13.47	34.38±9.44	29.22±9.00	33.95±8.59
华东常模	575	35.14±11.49	33.42±8.51	29.17±8.92	32.57±7.62
全国常模	2513	34.69±12.16	31.92±9.19	27.23±9.98	31.28±8.32
F检验		12.529***	13.265***	10.811***	16.964***

（二）一年级各班学生心理素质状况比较

表3数据表明，苏州市实小一年级各班心理素质状况比较，大脑思维反应灵活性、兴奋集中性、注意集中性以及综合心理素质等4项指标经检验，各个班之间均无显著性差异。

表3 苏州市实小一年级各班学生心理素质状况比较（$\overline{X}\pm S$）

对象	n	反应灵活性	兴奋集中性	注意集中性	综合心理素质
1班	45	3.11±1.16	3.53±1.15	3.82±1.18	111.55±33.97
2班	44	3.07±1.36	3.39±1.19	3.48±1.29	103.18±39.51
3班	43	3.12±1.20	3.16±1.10	3.58±1.17	103.48±33.72
4班	44	3.07±1.39	3.57±1.21	3.98±1.18	114.09±38.05
5班	46	3.00±1.23	3.28±1.26	3.72±1.33	105.00±34.88
6班	46	2.89±1.18	3.59±0.99	4.13±0.97	111.08±28.08
7班	44	3.02±1.36	3.16±1.22	3.32±1.33	100.22±42.01
8班	46	3.22±1.23	3.13±1.21	3.70±1.02	104.34±31.66
9班	46	2.78±1.41	3.41±1.26	3.61±1.22	101.52±39.26
10班	44	3.00±1.22	3.43±1.16	3.91±1.08	109.58±38.57
F检验		0.075	0.980	0.424	0.775

表4数据表明，各班男生的心理素质在注意集中性指标上有着明显的差异（$P<0.05$），其中以4班、6班为佳，2班、7班较差。

表4　苏州市实小一年级各班男生心理素质状况比较($\overline{X} \pm S$)

对象	n	反应灵活性	兴奋集中性	注意集中性	综合心理素质
1班	24	3.33±1.18	3.75±1.13	3.92±1.08	118.75±31.80
2班	24	3.08±1.29	3.38±1.22	3.33±1.28	100.41±35.56
3班	24	3.21±1.35	3.46±1.00	3.63±1.25	108.78±35.66
4班	24	3.13±1.45	3.54±1.04	4.17±1.11	117.50±40.02
5班	26	2.88±1.37	3.00±1.41	3.38±1.36	96.15±39.70
6班	25	2.96±1.08	3.40±0.94	4.08±1.06	109.20±25.31
7班	25	2.92±1.41	2.96±1.25	3.12±1.31	93.60±40.60
8班	26	3.12±1.28	2.96±1.26	3.77±0.89	101.15±32.04
9班	25	2.48±1.45	3.20±1.26	3.76±1.14	96.80±40.17
10班	24	3.04±1.27	3.25±1.20	3.79±1.12	106.66±40.82
F检验		0.764	0.699	2.034*	1.417

表5数据表明,各班女生之间,心理素质的各项指标经检验,均无显著性差异。

表5　苏州市实小一年级各班女生心理素质状况比较($\overline{X} \pm S$)

对象	n	反应灵活性	兴奋集中性	注意集中性	综合心理素质
1班	21	2.86±1.08	3.29±1.12	3.71±1.28	103.33±35.26
2班	20	3.05±1.43	3.40±1.16	3.65±1.26	106.50±44.51
3班	19	3.00±0.97	2.79±1.10	3.53±1.04	96.84±30.74
4班	20	3.00±1.30	3.60±1.39	3.75±1.22	110.00±36.12
5班	20	3.15±1.01	3.65±0.91	4.15±1.15	116.50±23.68
6班	21	2.81±1.30	3.81±1.01	4.19±0.85	113.33±31.51
7班	19	3.16±1.27	3.42±1.14	3.58±1.31	108.94±43.31
8班	20	3.35±1.15	3.35±1.11	3.60±1.16	108.50±31.50
9班	21	3.14±1.28	3.67±1.21	3.43±1.29	107.14±38.35
10班	20	2.95±1.16	3.65±1.06	4.05±1.02	113.00±36.43
F检验		0.357	1.294	1.084	0.481

表6数据表明,一年级男、女学生之间,心理素质的各项指标经检验,均无显著性差异。

表6　苏州市实小一年级男、女学生心理素质状况比较($\overline{X} \pm S$)

对象	n	反应灵活性	兴奋集中性	注意集中性	综合心理素质
男生	247	3.06±1.31	3.29±1.22	3.74±1.22	105.99±36.62
女生	201	3.04±1.21	3.47±1.16	3.77±1.20	108.45±35.18
t检验		0.168	1.596	0.261	0.723

(三)一年级各班学生一般能力状况分析

所谓能力是指已经表现出来的实际能力,是智慧(智力)的外显行为特征。而智慧、智力是一种潜在的尚未表现出来的心理能力。这种潜在的心理能力需要通过科学手段和测量工具间接地被测量出来。我们将这种被测量出来的能力称为一般能力，或称为智慧（智力）或传统智力。

人的能力是多方面的，各种能力彼此之间都是相互关联、相互影响、相互制约的，而且，各种能力表现在个体间其发展也是不平衡的。

笔者根据测评对象的一般能力（智力）发育水平，选做了概念形成、分类判别、简单运算和判别运算四项一般能力测验，现将测验结果分析如下：

一年级各班学生除了判别运算能力有明显差异外，其他三项测验结果均无显著性差异。（见表7、8、9、10）总体来说，一年级各班学生在一般能力发育水平上没有明显差异。但四项测验中发生的错误率，各班之间均有显著性差异。产生错误的生理机制是大脑皮质兴奋性占优势，兴奋扩散。错误率高说明判别力、自控力差，错误率低则说明判别力、自控力好。从四项测验总体的错误率来看，3班、4班、6班的错误率较低，而1班、2班、10班的错误率较高。

表7　苏州市实小一年级各班学生概念形成能力比较

对象	n	得分均值	平均错百分率
1班	45	24.53 ± 19.23	46.68 ± 7.44
2班	44	28.52 ± 23.83	36.12 ± 7.24
3班	43	30.90 ± 21.98	35.97 ± 7.32
4班	44	34.23 ± 25.38	26.96 ± 6.69
5班	46	29.18 ± 19.37	35.00 ± 7.03
6班	46	26.30 ± 21.74	41.03 ± 7.25
7班	44	25.99 ± 25.19	32.92 ± 7.08
8班	46	34.47 ± 26.07	30.11 ± 6.76
9班	46	35.39 ± 26.10	31.67 ± 6.86
10班	44	33.09 ± 24.26	31.76 ± 7.02
F检验		1.804	χ^2检验　100.611***

表8　苏州市实小一年级各班学生分类判别能力比较

对象	n	得分均值	平均错百分率
1班	45	20.96 ± 15.54	24.21 ± 6.39
2班	44	19.38 ± 15.33	27.57 ± 6.74
3班	43	31.78 ± 18.26	14.91 ± 5.43
4班	44	23.76 ± 15.73	17.53 ± 5.73
5班	46	24.23 ± 14.39	16.85 ± 5.52
6班	46	25.41 ± 15.28	13.44 ± 5.03
7班	44	20.59 ± 14.77	24.95 ± 6.52
8班	46	22.76 ± 19.69	20.00 ± 5.90
9班	46	21.92 ± 15.43	21.37 ± 6.04
10班	44	23.48 ± 16.57	20.74 ± 6.11
F检验		1.801	χ^2检验　123.454***

表 9　苏州市实小一年级各班学生简单运算能力比较

对象	n	得分均值	平均错百分率
1 班	45	25.51 ±8.53	5.57 ±3.42
2 班	44	22.96 ±9.81	3.95 ±2.94
3 班	43	27.34 ±8.32	4.12 ±3.03
4 班	44	22.99 ±8.40	3.07 ±2.60
5 班	46	24.48 ±10.95	5.89 ±3.47
6 班	46	25.28 ±11.42	3.49 ±2.71
7 班	44	25.02 ±12.09	6.55 ±3.73
8 班	46	27.62 ±11.08	5.68 ±3.41
9 班	46	21.45 ±12.72	10.14 ±4.50
10 班	44	24.32 ±10.91	6.66 ±3.76
F 检验		1.633	χ^2 检验　164.235***

表 10　苏州市实小一年级各班学生判别运算能力比较

对象	n	得分均值	平均错百分率
1 班	45	30.13 ±13.73	18.15 ±5.75
2 班	44	25.36 ±17.10	19.22 ±5.94
3 班	43	38.81 ±15.20	7.14 ±3.93
4 班	44	27.20 ±14.89	17.38 ±5.71
5 班	46	29.58 ±13.85	17.72 ±5.63
6 班	46	29.38 ±18.49	11.84 ±4.76
7 班	44	30.62 ±17.38	25.47 ±6.57
8 班	46	32.25 ±16.21	20.57 ±5.96
9 班	46	26.76 ±17.41	13.61 ±5.11
10 班	44	28.86 ±16.45	24.05 ±6.44
F 检验		2.329*	χ^2 检验　341.718***

一年级各班男、女学生的四项测验结果经 t 检验，除 2 班、9 班在简单运算能力及 2 班在判别运算能力测验项目上有明显差异外，其他各班男、女生之间均无显著性差异。（见表 11、12、13、14）

表 11　苏州市实小一年级各班男、女学生概念形成能力比较

对象	n	男得分	n	女得分	t 检验
1 班	24	24.49 ±20.92	21	24.58 ±17.62	0.015
2 班	24	24.16 ±20.34	20	33.75 ±27.05	1.341
3 班	24	31.76 ±23.26	19	29.81 ±20.82	0.286
4 班	24	29.78 ±24.35	20	39.57 ±26.18	1.283
5 班	26	27.08 ±21.50	20	31.90 ±16.35	0.822
6 班	25	25.84 ±24.34	21	26.85 ±18.78	0.155
7 班	25	25.31 ±29.46	19	26.89 ±18.91	0.204
8 班	26	31.56 ±26.88	20	38.25 ±25.15	0.865
9 班	25	34.20 ±27.38	21	36.81 ±25.08	0.335
10 班	24	28.79 ±25.46	20	38.25 ±22.25	1.299
F 检验		0.490		1.241	

表 12　苏州市实小一年级各班男、女学生分类判别能力比较

对象	n	男得分	n	女得分	t 检验
1 班	24	25.10 ± 16.82	21	16.22 ± 12.72	1.974
2 班	24	16.56 ± 15.70	20	22.77 ± 14.54	1.351
3 班	24	29.01 ± 18.44	19	35.28 ± 17.90	1.122
4 班	24	20.78 ± 13.38	20	27.34 ± 17.85	1.392
5 班	26	22.03 ± 13.97	20	27.10 ± 14.79	1.190
6 班	25	22.22 ± 15.08	21	29.21 ± 14.98	1.571
7 班	25	16.98 ± 12.20	19	25.34 ± 16.77	1.916
8 班	26	19.04 ± 18.85	20	27.59 ± 20.18	1.479
9 班	25	17.82 ± 13.81	21	26.80 ± 16.15	2.033*
10 班	24	23.92 ± 16.40	20	22.96 ± 17.18	0.194
F 检验		1.259		1.518	

表 13　苏州市实小一年级各班男、女学生简单运算能力比较

对象	n	男得分	n	女得分	t 检验
1 班	24	26.86 ± 8.96	21	23.96 ± 7.93	1.142
2 班	24	19.47 ± 10.83	20	27.14 ± 6.47	2.778**
3 班	24	28.40 ± 8.22	19	26.00 ± 8.47	0.938
4 班	24	22.59 ± 8.28	20	23.46 ± 8.74	0.338
5 班	26	24.53 ± 11.10	20	24.40 ± 11.03	0.039
6 班	25	24.97 ± 12.47	21	25.65 ± 10.31	0.199
7 班	25	23.74 ± 13.16	19	26.70 ± 10.62	0.801
8 班	26	19.04 ± 18.85	20	27.59 ± 20.18	1.479
9 班	25	17.82 ± 13.81	21	26.80 ± 16.15	2.033*
10 班	24	23.11 ± 11.67	20	25.77 ± 10.04	0.801
F 检验		1.921*		0.625	

表 14　苏州市实小一年级各班男、女学生判别运算能力比较

对象	n	男得分	n	女得分	t 检验
1 班	24	31.05 ± 13.12	21	29.08 ± 14.64	0.476
2 班	24	19.45 ± 16.11	20	32.46 ± 15.81	2.690*
3 班	24	39.42 ± 15.94	19	38.04 ± 14.61	0.292
4 班	24	27.21 ± 14.32	20	27.20 ± 15.92	0.002
5 班	26	27.94 ± 15.12	20	31.71 ± 12.02	0.914
6 班	25	29.57 ± 19.19	21	29.15 ± 18.09	0.076
7 班	25	27.95 ± 18.27	19	34.12 ± 15.94	1.171
8 班	26	26.62 ± 11.71	20	28.92 ± 10.36	0.694
9 班	25	19.65 ± 11.55	21	23.51 ± 13.93	1.028
10 班	24	26.72 ± 16.35	20	31.43 ± 16.61	0.945
F 检验		0.874		0.967	

从全年级男、女生一般能力发育水平来看(见表 15),女生在概念形成能力、分类判别能力方面均显著地好于男生。说明这个年龄阶段的女生理解能力、领悟能力、学习能力较男生强。

表 15　苏州市实小一年级男、女学生一般能力(智力)比较

对象	n	男得分	n	女得分	t 检验
概念形成能力	247	28.31 ±24.35	201	32.66 ±22.25	1.972*
分类判别能力	247	21.30 ±15.76	201	25.99 ±16.69	3.033**
简单运算能力	247	24.02 ±11.09	201	25.53 ±9.92	1.518
判别运算能力	247	28.71 ±16.81	201	31.30 ±15.70	1.681

四、问题讨论

(一) 从测验结果引发的思考

从本文公布的心理素质测验结果来看,苏州市实小一年级男、女学生大脑机能发育水平与全国同年龄组平均水平(全国常模)相比较,无显著性差异,而显著低于全国城市Ⅰ类学校及华东区同年龄组平均水平,特别是难度大的脑力作业能力,其差异更加显著。

教育的规律是个大课题,笔者不敢多论,但可从具体的实验数据中表明自己的观点。苏州市实小在江南地区是一所久负盛名、颇具特色的重点实验小学,当今一年级学生的大脑机能发育水平仅与全国同年龄组(常模)相当,而20多年前该校作为全国城市Ⅰ类学校抽样的单位,其学生大脑机能发育水平远远优于全国同年龄组的学生。难道这样的客观实验数据所揭示的规律还不值得我们每个教育工作者反思吗?

重点学校、特色学校是在长期的教育、教学实践中,通过名师和校长的不断创造、变革、提升而逐步形成的。名校是什么? 她是无数有思想、有理想、有胆识的教育家智慧的结晶,是国家和民族的最珍贵的精神财富。但现在有人反对办重点学校、特色学校,反对开设重点班、特色班、实验班。对此笔者不能苟同。

(二) 重点学校、特色学校与义务教育相悖吗

教育之目的和宗旨是培养人才,而且,是各种各样的人才,其中包括普通人才、专业人才、特殊人才、杰出人才、奇才等。既然国家需要的人才不是单一的,而是多元的,那么,为什么办学的模式只允许是单一的模式呢? 有人提出,多元的办学模式将会冲击义务教育。这种观点让人费解。

不同地域、不同经济状况、不同观念的人对教育有不同的需求,而多元化的办学模式才能适应和满足各种人的需求。长期以来,各所重点学校(包括大、中、小学校)、特色学校(包括特殊专业、超常教育等)在培养各类优秀的专业人才、特殊人才、杰出人才等方面为国家做出了重大贡献。笔者认为,多元化办学模式将为我国早出人才、多出人才、多出杰出人才、多出高素质人才做出更大的贡献,不会影响和妨碍义务教育国策的实施。

(三) 对小学基础教育的思考

小学基础教育究竟应该教给学生什么知识,给多少知识量? 其实对于这个问题,我国著名的教育家陶行知先生早就有过论述,他提倡的素质教育思想是:“千教万教教人

求真,千学万学学做真人。”学校教育之宗旨,不仅仅是传授知识,更重要的是培养人。陶先生还提出了“生活即教育”“社会即学校”“教学做合一”三大主张。他的这些教育思想,对我们当今的基础教育仍然具有非常重要的现实指导意义。

我们的教育不仅要向学生传授知识,还要教会学生如何运用知识。教育行政管理部门要改变观念,松绑放权。家长也要改变观念,正确地认识自己的孩子,树立正确的成才观,给孩子营造一个快乐学习、健康成长的良好家庭环境。学校还应充分调动、发挥教师的创造性和积极性,充分发挥教师在教学过程中的主导作用。笔者深信,中华民族的振兴,首先是教育的振兴。只要国家和人民达成共识,不久的将来,我们的目标一定能实现!

苏州市实验小学等三校一年级学生心理素质调研报告

■ 张卿华　王文英　张斌涛　张颖澜

一、研究目的

本课题的研究目的主要是对一年级学生心理素质(包括个性特征、认知能力)存在的差异进行实验性调研,为实施因材施教、全方位开展素质教育,有针对性地施加教育、训练,促进学生健康个性的形成和各种能力的发展提供实验依据。

二、研究方法

对象:苏州市实验小学一年级学生(男 220 名,女 173 名),相城实验小学一年级学生(男 136 名,女 94 名),明珠实验小学一年级学生(男 53 名,女 43 名),总计 719 名。

方法:采用苏州大学张卿华、王文英教授自行设计编制的 80-8 神经类型测验量表法、一般能力(包括概念形成能力、分类判别能力、简单运算能力、判别运算能力等)测验量表法,对学生的大脑机能能力、智力发展水平以及综合心理素质进行科学客观的评定。

三、调研结果与分析

(一) 三所实小一年级学生大脑机能发育状况分析

从表 1 可看出:苏州市实小一年级男生的大脑机能发育水平与全国同年龄组平均水平(全国常模)无明显差异;相城实小一年级男生的大脑机能发育水平显著低于全国同年龄组平均水平(全国常模);明珠实小一年级男生的大脑机能发育水平与全国同年龄组平均水平(全国常模)无显著性差异。具体分析:苏州市实小一年级男生与全国同年龄组比较,简单的脑力作业能力(1 号表得分)明显强于全国同年龄组,较难的脑力作业能力(2 号表得分)与全国同年龄组基本相同,难度大的脑力作业能力(3 号表得分)稍弱于全国同年龄组。明珠实小一年级男生与全国同年龄组比较,简单的脑力作业能力(1 号表得分)、较难的脑力作业能力(2 号表得分)与全国同年龄组无显著性差异,难度大的脑力作业能力(3 号表得分)与全国同年龄组具有显著性差异。相城实小与全国同年龄组相比较,1 号表、2 号表、3 号表得分都显著地低于全国同年龄组。

三所实小相比较,1 号表、2 号表、3 号表得分及平均得分,苏州市实小都显著优于明珠实小、相城实小,相城实小显著地差。

表 1　三所实小一年级男生大脑机能发育水平状况（80-8 测验）

对象	n	1 号表得分	2 号表得分	3 号表得分	平均得分
苏州市实小	220	37.30 ± 16.78	32.98 ± 12.22	26.80 ± 11.56	32.36 ± 12.01
相城实小	136	30.12 ± 14.21	26.83 ± 11.40	21.19 ± 9.52	26.05 ± 9.75
明珠实小	53	33.85 ± 14.94	29.51 ± 12.29	23.51 ± 8.83	28.96 ± 10.64
全国常模	2379	34.90 ± 12.58	32.08 ± 9.97	27.61 ± 9.36	31.53 ± 8.68
F 检验		8.605***	12.997***	22.163***	17.836***

表 2 数据表明，三所实小一年级女生的大脑机能发育水平的特点基本与男生类同。

表 2　三所实小一年级女生大脑机能发育水平状况（80-8 测验）

对象	n	1 号表得分	2 号表得分	3 号表得分	平均得分
苏州市实小	173	34.52 ± 13.11	31.97 ± 10.08	26.61 ± 8.91	31.03 ± 8.97
相城实小	94	29.77 ± 11.31	29.35 ± 8.93	22.65 ± 8.41	27.25 ± 7.98
明珠实小	43	34.71 ± 15.87	30.65 ± 10.96	25.37 ± 9.79	30.24 ± 11.24
全国常模	2513	34.69 ± 12.16	31.92 ± 9.19	27.23 ± 9.98	31.28 ± 8.32
F 检验		4.873**	2.567	7.025***	7.117***

（二）三所实小一年级学生心理素质状况比较

表 3 数据表明，三所实小一年级学生的心理素质状况比较：反应灵活性指标，苏州市实小显著优于明珠实小、相城实小，相城实小反应灵活性得分最低；兴奋集中性指标，明珠实小显著优于苏州市实小、相城实小，相城实小得分显著地低；注意集中性指标，明珠实小优于相城实小、苏州市实小，苏州市实小得分最低，但均无显著性差异；综合心理素质分，明珠实小高于苏州市实小、相城实小，相城实小显著地低。

表 3　三所实小一年级学生心理素质状况比较（$\overline{X} \pm S$）

对象	n	反应灵活性	兴奋集中性	注意集中性	综合心理素质
苏州市实小	393	3.09 ± 1.31	3.26 ± 1.19	3.32 ± 1.25	100.48 ± 36.65
相城实小	230	2.43 ± 1.19	3.11 ± 1.25	3.43 ± 1.26	89.56 ± 36.84
明珠实小	96	2.88 ± 1.30	3.63 ± 1.27	3.51 ± 1.22	105.00 ± 43.86
F 检验		19.575***	6.15**	1.157	8.207***

表 4 数据表明，三所实小一年级男生心理素质状况比较：反应灵活性指标，苏州市实小显著优于明珠实小、相城实小，相城实小反应灵活性得分最低；兴奋集中性指标，明珠实小显著优于苏州市实小、相城实小，相城实小得分最低；注意集中性指标，明珠实小优于相城实小、苏州市实小，苏州市实小得分最低，但均无显著性差异；综合心理素质分，苏州市实小与明珠实小无显著性差异，相城实小显著地低。

表4　三所实小一年级男生心理素质状况比较($\overline{X} \pm S$)

对象	n	反应灵活性	兴奋集中性	注意集中性	综合心理素质
苏州市实小	220	3.14 ±1.40	3.20 ±1.22	3.27 ±1.30	100.36 ±39.63
相城实小	136	2.32 ±1.23	2.93 ±1.21	3.38 ±1.31	85.22 ±38.23
明珠实小	53	2.77 ±1.27	3.55 ±1.21	3.51 ±1.13	101.69 ±39.93
F 检验		16.034***	5.28**	0.858	7.025***

表5数据表明,三所实小一年级女生心理素质状况比较:反应灵活性指标,苏州市实小与明珠实小得分基本相同,显著优于相城实小;兴奋集中性指标,明珠实小优于相城实小、苏州市实小,相城实小与苏州市实小基本无差异;注意集中性指标,明珠实小与相城实小得分基本相同,苏州市实小得分最低,但均无显著性差异;综合心理素质分,明珠实小高于苏州市实小、相城实小,相城实小最低,但差异未达到显著性水平。

表5　三所实小一年级女生心理素质状况比较($\overline{X} \pm S$)

对象	n	反应灵活性	兴奋集中性	注意集中性	综合心理素质
苏州市实小	173	3.02 ±1.18	3.33 ±1.15	3.39 ±1.17	100.63 ±32.58
相城实小	94	2.60 ±1.09	3.37 ±1.25	3.52 ±1.17	95.85 ±33.96
明珠实小	43	3.00 ±1.33	3.72 ±1.34	3.51 ±1.32	109.06 ±48.44
F 检验		4.106*	1.826	0.434	2.047

表6数据表明,三所实小一年级男、女学生心理素质状况比较,除兴奋集中性指标女生显著优于男生外,其他三项指标女生均优于男生,但均无显著性差异。

表6　三所实小一年级男、女学生心理素质状况比较($\overline{X} \pm S$)

对象	n	反应灵活性	兴奋集中性	注意集中性	综合心理素质
三所实小男生	409	2.83 ±1.37	3.16 ±1.23	3.34 ±1.29	95.72 ±39.72
三所实小女生	310	2.89 ±1.19	3.40 ±1.22	3.45 ±1.19	100.35 ±35.69
t 检验		0.627	2.603**	1.184	1.640

(三)三所实小一年级男、女学生心理素质状况比较

表7数据表明,苏州市实小一年级男、女学生比较,四项指标(反应灵活性、兴奋集中性、注意集中性、综合心理素质)均无显著性差异。

表7　苏州市实小一年级男、女学生心理素质状况比较($\overline{X} \pm S$)

对象	n	反应灵活性	兴奋集中性	注意集中性	综合心理素质
苏州市实小男生	220	3.14 ±1.40	3.20 ±1.22	3.27 ±1.30	100.36 ±39.63
苏州市实小女生	173	3.02 ±1.18	3.33 ±1.15	3.39 ±1.17	100.63 ±32.58
t 检验		0.925	1.083	0.961	0.074

表8数据表明,相城实小一年级男、女学生比较:反应灵活性指标,女生优于男生,但无显著性意义;兴奋集中性指标,女生显著优于男生;注意集中性指标,男、女学生无

显著性差异;综合心理素质指标,女生显著优于男生。

表 8　相城实小一年级男、女学生心理素质状况比较($\overline{X} \pm S$)

对象	n	反应灵活性	兴奋集中性	注意集中性	综合心理素质
相城实小男生	136	2.32 ±1.23	2.93 ±1.21	3.38 ±1.31	85.22 ±38.23
相城实小女生	94	2.60 ±1.09	3.37 ±1.25	3.52 ±1.17	95.85 ±33.96
t 检验		1.816	2.659**	0.849	2.216*

表 9 数据表明,明珠实小一年级男、女学生比较,反应灵活性、兴奋集中性、注意集中性及综合心理素质四项指标,除注意集中性指标外,其他三项指标女生均优于男生,但均无显著性差异。

表 9　明珠实小一年级男、女学生心理素质状况比较($\overline{X} \pm S$)

对象	n	反应灵活性	兴奋集中性	注意集中性	综合心理素质
明珠实小男生	53	2.77 ±1.27	3.55 ±1.21	3.51 ±1.13	101.69 ±39.93
明珠实小女生	43	3.00 ±1.33	3.72 ±1.34	3.51 ±1.32	109.06 ±48.44
t 检验		0.860	0.645	0.000	0.801

(四) 三所实小一年级各班学生心理素质状况比较

表 10 数据表明,苏州市实小 9 个班比较: 反应灵活性指标,1、7、8、9 班优于其他各班,6 班显著地差;兴奋集中性指标,7、2、1、9 班优于其他各班,3 班较差;注意集中性指标,5、9、7 班优于其他各班,6 班较差;综合心理素质指标,7、1、9、5 班优于其他各班,6 班较差。

表 10　苏州市实小一年级各班学生心理素质状况比较($\overline{X} \pm S$)

对象	n	反应灵活性	兴奋集中性	注意集中性	综合心理素质
1 班	43	3.58 ±1.21	3.37 ±1.01	3.23 ±1.07	107.67 ±30.38
2 班	43	2.88 ±1.26	3.42 ±1.22	3.23 ±1.29	98.60 ±35.89
3 班	43	2.98 ±1.23	2.91 ±1.24	3.30 ±1.27	93.95 ±36.58
4 班	44	2.89 ±1.23	3.18 ±1.32	3.25 ±1.38	97.04 ±39.97
5 班	44	2.89 ±1.21	3.32 ±1.02	3.66 ±1.13	102.95 ±36.38
6 班	44	2.66 ±1.45	3.16 ±1.24	3.07 ±1.14	87.50 ±34.71
7 班	44	3.27 ±1.35	3.59 ±1.05	3.41 ±1.19	108.40 ±39.58
8 班	44	3.25 ±1.33	3.00 ±1.28	3.23 ±1.33	98.63 ±37.45
9 班	44	3.25 ±1.21	3.36 ±1.13	3.41 ±1.25	105.22 ±34.47
F 检验		2.137*	1.451	0.807	1.541

表 11 数据表明,相城实小 6 个班比较: 反应灵活性指标,4、5 班优于其他各班,1 班较差,但无显著性意义;兴奋集中性指标,2、6 班优于其他各班,5 班较差,但无显著性意义;注意集中性指标,6、2 班优于其他各班,5 班显著地差;综合心理素质指标,6、2、4 班优于其他各班,5 班较差,但无显著性意义。

表 11 相城实小一年级各班学生心理素质状况比较($\overline{X} \pm S$)

对象	n	反应灵活性	兴奋集中性	注意集中性	综合心理素质
1 班	39	2.13 ±1.28	3.18 ±1.06	3.46 ±1.17	85.38 ±32.75
2 班	38	2.26 ±0.88	3.37 ±1.29	3.61 ±1.25	93.68 ±35.21
3 班	38	2.32 ±1.08	3.16 ±1.29	3.24 ±1.16	85.78 ±36.80
4 班	39	2.72 ±1.22	3.08 ±1.16	3.33 ±1.16	91.02 ±37.40
5 班	37	2.70 ±1.25	2.57 ±1.35	2.86 ±1.23	80.81 ±42.38
6 班	39	2.36 ±1.25	3.31 ±1.16	3.95 ±1.22	97.94 ±34.88
F 检验		1.635	2.045	3.554**	1.115

表 12 数据表明,明珠实小 3 个班比较:反应灵活性指标,2 班占优,3 班较差;兴奋集中性指标,3 个班级间无显著性意义;注意集中性指标,2 班占优,1 班显著地差;综合心理素质指标,2 班占优,3 班较差,但无显著性意义。

表 12 明珠实小一年级各班学生心理素质状况比较($\overline{X} \pm S$)

对象	n	反应灵活性	兴奋集中性	注意集中性	综合心理素质
1 班	35	2.89 ±1.33	3.71 ±1.14	3.14 ±1.20	100.85 ±42.17
2 班	36	3.11 ±1.24	3.69 ±1.31	3.92 ±0.95	114.16 ±37.82
3 班	25	2.44 ±1.30	3.36 ±1.32	3.36 ±1.38	94.00 ±50.99
F 检验		2.013	0.682	4.186*	1.765

(五)三所实小一年级学生一般能力状况分析

笔者根据测评对象的一般能力(智力)发育水平,选做了概念形成、分类判别、简单运算和判别运算四项一般能力测验,现将测验结果分析如下。

表 13、表 14、表 15、表 16 数据表明:三所实小一年级学生概念形成能力、分类判别能力、简单运算能力、判别运算能力的得分均值比较,苏州市实小显著占优,相城实小显著地低。概念形成能力测验的平均错百分率以苏州市实小显著地低,相城实小显著地高;分类判别能力测验的平均错百分率以明珠实小显著地低,苏州市实小显著地高;简单运算能力测验的平均错百分率三所实小无显著性差异;判别运算能力测验的平均错百分率以相城实小显著地低。

表 13 三所实小一年级学生概念形成能力比较

对象	n	得分均值	平均错百分率
苏州市实小	393	32.25 ±25.47	30.02 ±2.31
相城实小	230	18.60 ±19.18	47.14 ±3.29
明珠实小	96	29.59 ±25.23	38.72 ±4.97
F 检验		24.677***	χ^2 检验 276.841***

表 14　三所实小一年级学生分类判别能力比较

对象	n	得分均值	平均错百分率
苏州市实小	393	25.34 ± 14.80	27.57 ± 2.25
相城实小	230	20.23 ± 13.68	25.68 ± 2.88
明珠实小	96	24.03 ± 12.88	22.96 ± 4.29
F 检验		9.456***	χ^2 检验　23.913***

表 15　三所实小一年级学生简单运算能力比较

对象	n	得分均值	平均错百分率
苏州市实小	393	23.39 ± 10.65	8.42 ± 1.40
相城实小	230	17.59 ± 10.57	9.18 ± 1.90
明珠实小	96	19.98 ± 10.09	7.56 ± 2.70
F 检验		22.520***	χ^2 检验　10.202**

表 16　三所实小一年级学生判别运算能力比较

对象	n	得分均值	平均错百分率
苏州市实小	393	30.25 ± 15.53	17.04 ± 1.90
相城实小	230	23.76 ± 14.65	9.15 ± 1.90
明珠实小	96	26.05 ± 14.09	17.56 ± 3.88
F 检验		14.055***	χ^2 检验　233.375***

表 17 数据表明，三所实小一年级男、女学生概念形成能力比较，得分均值男、女学生无显著性差异，平均错百分率女生显著低于男生。

表 17　三所实小一年级男、女学生概念形成能力比较

对象	n	得分均值	平均错百分率
三所实小男生	409	26.52 ± 24.36	37.11 ± 2.39
三所实小女生	310	28.86 ± 24.36	34.18 ± 2.69
t 检验		1.276	χ^2 检验　10.776***

表 18 数据表明，三所实小一年级男、女学生分类判别能力比较，得分均值女生显著高于男生，平均错百分率女生显著低于男生。

表 18　三所实小一年级男、女学生分类判别能力比较

对象	n	得分均值	平均错百分率
三所实小男生	409	21.88 ± 13.84	28.73 ± 2.24
三所实小女生	310	25.71 ± 14.80	23.71 ± 2.42
t 检验		3.533***	χ^2 检验　59.750***

表19数据表明,三所实小一年级男、女学生简单运算能力比较,得分均值男、女学生无显著性差异,平均错百分率男、女学生无显著性差异。

表19 三所实小一年级男、女学生简单运算能力比较

对象	n	得分均值	平均错百分率
三所实小男生	409	20.45 ±10.81	8.29 ±1.36
三所实小女生	310	21.91 ±10.90	8.79 ±1.61
t 检验		1.785	χ^2 检验 2.561

表20数据表明,三所实小一年级男、女学生判别运算能力比较,得分均值女生显著高于男生,平均错百分率女生显著低于男生。

表20 三所实小一年级男、女学生判别运算能力比较

对象	n	得分均值	平均错百分率
三所实小男生	409	26.19 ±15.30	16.18 ±1.82
三所实小女生	310	29.49 ±15.20	13.74 ±1.96
t 检验		2.875**	χ^2 检验 28.079***

(六)三所实小各班男、女生一般能力状况分析

表21数据表明,苏州市实小一年级各班男、女学生概念形成能力比较:各班男生以3、5、8班为优,7、9、4班较差;各班女生以3、2、9、1班为优,4、7班较差;各班男、女学生相比较均无显著性差异。

表21 苏州市实小一年级各班男、女学生概念形成能力比较

对象	n	男得分	n	女得分	t 检验
1班	24	35.07 ±24.60	19	36.50 ±25.54	0.185
2班	24	31.10 ±23.22	19	37.75 ±24.53	0.904
3班	24	37.61 ±31.34	19	38.31 ±29.99	0.075
4班	24	23.27 ±25.70	20	20.78 ±22.39	0.343
5班	25	36.74 ±24.75	19	34.55 ±22.24	0.250
6班	24	34.41 ±20.65	20	35.74 ±20.97	0.211
7班	25	27.32 ±26.45	19	19.09 ±21.30	1.130
8班	24	36.62 ±27.92	20	34.15 ±32.26	0.269
9班	26	25.76 ±24.32	18	37.65 ±25.60	1.546
F 检验		1.070		1.656	

表22数据表明,苏州市实小一年级各班男、女学生分类判别能力比较:各班男生以8、9、1、4班为优,3、5班较差;各班女生以8、1、2班为优,4、5班较差;各班(2班除外)男、女学生相比较均无显著性差异。

表 22　苏州市实小一年级各班男、女学生分类判别能力比较

对象	n	男得分	n	女得分	t 检验
1 班	24	26.49 ±13.91	19	30.73 ±15.38	0.936
2 班	24	20.52 ±13.62	19	30.28 ±14.38	2.336*
3 班	24	18.47 ±16.45	19	26.31 ±15.37	1.610
4 班	24	26.03 ±15.34	20	23.51 ±14.42	0.561
5 班	25	17.87 ±12.92	19	23.00 ±10.90	1.427
6 班	24	22.37 ±12.21	20	27.40 ±12.67	1.333
7 班	25	25.97 ±11.99	19	27.09 ±15.42	0.262
8 班	24	29.63 ±13.21	20	30.74 ±19.96	0.213
9 班	26	26.21 ±16.37	18	27.30 ±17.12	0.211
F 检验		2.040*		0.690	

表 23 数据表明，苏州市实小一年级各班男、女学生简单运算能力比较：各班男生以 8、5、9 班为优，3、1 班较差；各班女生以 8、7、6、2 班为优，1、4 班较差；各班(4 班除外)男、女学生相比较均无显著性差异。

表 23　苏州市实小一年级各班男、女学生简单运算能力比较

对象	n	男得分	n	女得分	t 检验
1 班	24	20.47 ±9.06	19	22.53 ±7.71	0.805
2 班	24	23.24 ±7.76	19	26.11 ±10.20	1.016
3 班	24	20.66 ±13.69	19	24.75 ±13.24	0.991
4 班	24	22.28 ±11.98	20	14.06 ±11.03	2.367*
5 班	25	24.26 ±9.06	19	23.95 ±7.48	0.106
6 班	24	23.42 ±9.69	20	26.40 ±10.03	0.997
7 班	25	21.34 ±11.99	19	26.89 ±12.40	1.492
8 班	24	24.83 ±9.58	20	27.99 ±9.61	1.088
9 班	26	24.08 ±11.82	18	25.78 ±7.94	0.571
F 检验		0.557		3.334***	

表 24 数据表明，苏州市实小一年级各班男、女学生判别运算能力比较：各班男生以 5、1、6、8 班为优，9、3 班较差；各班女生以 8、7、2、5 班为优，6、4 班较差；各班(8 班除外)男、女学生相比较均无显著性差异。

表 24　苏州市实小一年级各班男、女学生判别运算能力比较

对象	n	男得分	n	女得分	t 检验
1 班	24	31.84 ±13.37	19	33.90 ±11.50	0.543
2 班	24	27.84 ±13.37	19	35.79 ±12.66	1.995
3 班	24	24.03 ±18.59	19	29.07 ±17.86	0.902
4 班	24	28.23 ±16.43	20	19.60 ±14.48	1.851
5 班	25	34.59 ±14.34	19	34.35 ±12.17	0.060

续表

对象	n	男得分	n	女得分	t 检验
6 班	24	30.60 ± 13.11	20	28.68 ± 15.49	0.439
7 班	25	28.14 ± 19.08	19	36.78 ± 14.54	1.705
8 班	24	29.50 ± 14.03	20	37.83 ± 12.86	2.053*
9 班	26	25.97 ± 16.92	18	31.81 ± 17.56	1.101
F 检验		0.989		2.990**	

表 25 数据表明，相城实小一年级各班男、女学生概念形成能力比较：各班男生以 6、3、4 班为优，5、2 班较差；各班女生以 6、1、4 班为优，2、3 班较差；各班男、女学生相比较均无显著性差异。

表 25　相城实小一年级各班男、女学生概念形成能力比较

对象	n	男得分	n	女得分	t 检验
1 班	24	15.66 ± 14.73	15	24.00 ± 19.23	1.437
2 班	23	12.20 ± 14.86	15	16.24 ± 19.45	0.685
3 班	24	18.87 ± 17.66	14	16.07 ± 14.85	0.522
4 班	21	18.78 ± 18.79	18	22.79 ± 23.20	0.587
5 班	22	13.84 ± 22.43	15	20.30 ± 23.00	0.847
6 班	22	20.82 ± 20.41	17	27.41 ± 20.73	0.991
F 检验		0.748		0.749	

表 26 数据表明，相城实小一年级各班男、女学生分类判别能力比较：各班男生以 2、6 班为优，1 班较差；各班女生以 3、2 班为优，1、5 班较差；各班男、女生相比较均无显著性差异。

表 26　相城实小一年级各班男、女学生分类判别能力比较

对象	n	男得分	n	女得分	t 检验
1 班	24	15.94 ± 10.31	15	19.59 ± 13.97	0.874
2 班	23	23.19 ± 12.16	15	24.36 ± 14.44	0.259
3 班	24	18.36 ± 16.54	14	25.92 ± 15.67	1.405
4 班	21	17.87 ± 14.49	18	23.32 ± 13.00	1.238
5 班	22	17.45 ± 13.87	15	18.52 ± 14.13	0.228
6 班	22	19.19 ± 11.18	17	23.24 ± 14.53	0.952
F 检验		0.800		0.592	

表 27 数据表明，相城实小一年级各班男、女学生简单运算能力比较：各班男生以 6 班为优，5、1 班较差；各班女生以 6、5 班为优，4、1、3 班较差；各班男、女学生相比较均无

显著性差异。

表 27　相城实小一年级各班男、女学生简单运算能力比较

对象	n	男得分	n	女得分	t 检验
1 班	24	15.31 ±7.18	15	16.05 ±10.21	0.245
2 班	23	17.39 ±9.45	15	19.02 ±8.00	0.571
3 班	24	17.18 ±14.88	14	15.06 ±10.14	0.521
4 班	21	17.79 ±14.36	18	16.20 ±11.05	0.390
5 班	22	16.70 ±9.95	15	20.34 ±10.37	1.066
6 班	22	20.07 ±8.42	17	20.55 ±10.13	0.158
F 检验		0.451		0.876	

表 28 数据表明，相城实小一年级各班男、女学生判别运算能力比较：各班男生以 6、2、3 班为优，以 5、1 班较差；各班女生以 5、6 班为优，3、1、4 班较差；各班男、女学生相比较均无显著性差异。

表 28　相城实小一年级各班男、女学生判别运算能力比较

对象	n	男得分	n	女得分	t 检验
1 班	24	19.35 ±9.13	15	23.71 ±11.34	1.256
2 班	23	23.85 ±13.69	15	27.79 ±10.13	1.018
3 班	24	23.19 ±18.35	14	19.19 ±15.97	0.704
4 班	21	21.24 ±16.29	18	24.21 ±14.26	0.607
5 班	22	18.33 ±16.25	15	30.43 ±20.66	1.902
6 班	22	27.55 ±11.67	17	29.84 ±11.82	0.603
F 检验		1.191		1.332	

表 29 数据表明，明珠实小一年级各班男、女学生概念形成能力比较：各班男生以 2 班为优，以 3 班较差；各班女生以 3 班为优，2 班较差；各班男、女学生相比较均无显著性差异。

表 29　明珠实小一年级各班男、女学生概念形成能力比较

对象	n	男得分	n	女得分	t 检验
1 班	20	27.27 ±25.84	15	29.83 ±25.26	0.294
2 班	21	34.16 ±24.19	15	28.06 ±17.50	0.878
3 班	12	24.04 ±27.77	13	32.38 ±33.34	0.681
F 检验		0.692		0.098	

表 30 数据表明，明珠实小一年级各班男、女生分类判别能力比较：各班男生以 1 班为优，3 班较差；各班女生以 2 班为优，3 班较差；各班男、女学生相比较均无显著性

差异。

表 30　明珠实小一年级各班男、女学生分类判别能力比较

对象	n	男得分	n	女得分	t 检验
1 班	20	23.08 ± 9.41	15	25.34 ± 15.22	0.516
2 班	21	22.98 ± 12.89	15	29.71 ± 10.11	1.754
3 班	12	20.27 ± 13.95	13	22.03 ± 16.17	0.292
F 检验		0.248		1.068	

表 31 数据表明，明珠实小一年级各班男、女学生简单加算能力比较：各班男生以 3 班为优，2 班较差；各班女生以 2 班为优，3 班较差；各班（2 班除外）男、女学生相比较均无显著性差异。

表 31　明珠实小一年级各班男、女学生简单加算能力比较

对象	n	男得分	n	女得分	t 检验
1 班	20	19.64 ± 8.38	15	19.16 ± 9.39	0.157
2 班	21	17.23 ± 9.05	15	27.50 ± 10.93	2.982**
3 班	12	20.26 ± 10.43	13	16.94 ± 11.04	0.773
F 检验		0.548		4.083*	

表 32 数据表明，明珠实小一年级各班男、女学生判别运算能力比较：各班男生以 1 班为优，3 班较差；各班女生以 2 班为优，3 班较差；各班男、女学生相比较均无显著性差异。

表 32　明珠实小一年级各班男、女学生判别运算能力比较

对象	n	男得分	n	女得分	t 检验
1 班	20	26.80 ± 12.86	15	27.23 ± 14.39	0.245
2 班	21	24.96 ± 12.78	15	29.83 ± 14.09	1.062
3 班	12	21.33 ± 13.42	13	25.30 ± 18.80	0.611
F 检验		0.670		0.293	

（七）苏州市实小一年级男、女生 2012、2013 年心理素质测评比较

表 33 数据表明，2012、2013 年苏州市实小一年级男生大脑机能发育水平基本类同，经检验无显著性差异。

表 33　2012、2013 年苏州市实小一年级男生大脑机能发育水平状况

对象	n	1 号表得分	2 号表得分	3 号表得分	平均得分
2012 年男生	247	37.22 ± 15.35	32.04 ± 10.84	27.03 ± 10.17	32.10 ± 10.37
2013 年男生	220	37.30 ± 16.78	32.98 ± 12.22	26.80 ± 11.56	32.36 ± 12.01
t 检验		0.054	0.875	0.227	0.249

表34数据表明,2012、2013年苏州市实小一年级女生大脑机能发育水平基本类同,经检验无显著性差异。

表34　2012、2013年市实小一年级女生大脑机能发育水平状况

对象	n	1号表得分	2号表得分	3号表得分	平均得分
2012年男生	201	35.40 ±12.49	31.77 ±9.46	27.47 ±8.21	31.55 ±8.70
2013年男生	173	34.52 ±13.11	31.97 ±10.08	26.61 ±8.91	31.03 ±8.97
t检验		0.662	0.197	0.965	0.567

表35数据表明,2012、2013年苏州市实小一年级男生心理素质状况比较：反应灵活性指标得分均值,2013年高于2012年,但无显著性差异;注意集中性指标得分均值,2013年显著低于2012年,说明2013年入学的一年级男生注意力集中程度、细心踏实程度明显不如2012年同期的一年级男生;兴奋集中性指标、综合心理素质指标得分均值,亦是2013年低于2012年,但无显著性差异。

表35　2012、2013年苏州市实小一年级男生心理素质状况比较

对象	n	反应灵活性	兴奋集中性	注意集中性	综合心理素质
2012年男生	247	3.06 ±1.31	3.29 ±1.22	3.74 ±1.22	105.99 ±36.62
2013年男生	220	3.14 ±1.40	3.20 ±1.22	3.27 ±1.30	100.36 ±39.63
t检验		0.635	0.796	4.014***	1.588

表36数据表明,2012、2013年苏州市实小一年级女生心理素质状况比较：反应灵活性、兴奋集中性指标得分均值均为2013年低于2012年,但均无显著性差异;注意集中性指标得分均值,2013年显著低于2012年,说明2013年入学的一年级女生注意力集中程度、细心踏实程度明显不如2012年同期的一年级女生;综合心理素质指标得分均值,亦是2013年显著低于2012年。

表36　2012、2013年苏州市实小一年级女生心理素质状况比较

对象	n	反应灵活性	兴奋集中性	注意集中性	综合心理素质
2012女	201	3.04 ±1.21	3.47 ±1.16	3.77 ±1.20	108.45 ±35.18
2013女	173	3.02 ±1.18	3.33 ±1.15	3.39 ±1.17	100.63 ±32.58
t检验		0.162	1.169	3.095**	2.230*

表37数据表明,2012、2013年苏州市实小一年级男生四项一般能力指标均无显著性差异。

表37　2012、2013年苏州市实小一年级男生一般能力比较

对象	n	2012年	n	2013年	t检验
概念形成	247	28.31 ±24.35	220	31.93 ±25.62	1.560
分类判别	247	21.30 ±15.76	220	23.73 ±14.36	1.743
简单运算	247	24.02 ±11.09	220	22.74 ±10.59	1.275
判别运算	247	28.71 ±16.81	220	28.97 ±15.74	0.173

表38数据表明,2012、2013年苏州市实小一年级女生四项一般能力指标均无显著性差异。

表38 2012、2013年苏州市实小一年级女生一般能力比较

对象	n	2012年	n	2013年	t检验
概念形成	201	32.66±22.25	173	32.65±25.36	0.040
分类判别	201	25.99±16.69	173	27.37±15.15	0.838
简单加算	201	25.53±9.92	173	24.22±10.68	1.222
判别运算	201	31.30±15.70	173	31.89±15.14	0.369

四、问题讨论

(一)分析与思考

1. 苏州市实小学生心理素质测评结果,基本情况依旧,个别指标上显示弱势

从2012、2013年心理素质测验结果来看,苏州市实验小学一年级男、女学生大脑机能发育水平与全国同年龄组平均水平(全国常模)相比较,均无显著性差异。

2012、2013年心理素质状况比较,男生在注意集中性指标上,女生在注意集中性和综合心理素质得分指标上,均是2013年入学的一年级男、女学生均显著低于2012年同期入学的男、女生。为什么会出现这种状况,值得我们分析与思考。

2. 明珠实小学生心理素质测评结果,进步很快

明珠实小一年级学生心理素质测评结果显示,男、女学生大脑机能发育水平接近苏州市实小,显著优于相城实小。在兴奋集中性、注意集中性、综合心理素质指标上,均都显著优于苏州市实小、相城实小。

从一般能力四项指标测评的结果来看,明珠实小均优于相城实小。

这些数据有力地说明,明珠实小的教育方式肯定有独到之处。

(二)多元化办教育

教育之目的和宗旨是培养人才,而且是各种各样的人才,其中包括普通人才、专业人才、特殊人才、杰出人才、奇才等。既然国家需要的人才不是单一的,而是多元的,那么,为什么办学的模式只允许是单一的模式呢?

不同地域、不同经济状况、不同观念的人对教育有不同的需求,而多元化的办学模式才能适应和满足各种人的需求。

长期以来,各所重点学校(包括大、中、小学校)、特色学校(包括特殊专业、超常教育等)在培养各类优秀的专业人才、特殊人才、杰出人才等方面为国家做出了重大贡献。笔者认为,多元化办学模式将为我国早出人才、多出人才、多出杰出人才、多出高素质人才做出更大的贡献。

心理素质调研报告

——苏州市实验小学等三所学校2013—2016学生心理素质发展状况分析

■ 张卿华　王文英　张斌涛　张颖澜

一、研究目的

本课题的研究目的主要是对一年级学生心理素质(包括个性特征、认知能力)存在的差异进行实验性调研,为实施因材施教、全方位开展素质教育,有针对性地施加教育、训练,促进学生健康个性的形成和各种能力的发展提供实验依据。

二、研究方法(采用纵向、横向跟踪比较研究法)

(一) 对象

第一次测评:2013年12月对苏州市实验小学一年级学生(男220名,女173名)、相城实验小学一年级学生(男136名,女94名)、明珠实验小学一年级学生(男53名,女43名),总计719名,按自然班进行了现场测评。

第二次重复测评:2016年1月对原一年级升为三年级的苏州市实小学生(男215名,女167名)、相城实小学生(男123名,女80名)、明珠实小学生(男73名,女63名),总计722名,按自然班进行了现场测评。

(二) 方法

采用苏州大学张卿华、王文英教授自行设计编制的80-8神经类型测验量表法、一般能力测验量表法(一年级测验内容:概念形成能力、分类判别能力、简单运算能力、判别运算能力。三年级测验内容:概念形成能力、分类判别能力、推理表象能力、抽象思维能力),对学生的大脑机能能力、智力发展水平以及综合心理素质进行科学客观的评定。

三、调研结果与分析

(一) 三所学校一年级学生与升至三年级学生心理素质发育状况比较分析

表1数据表明,2013年三所学校一年级学生的心理素质发育状况比较:反应灵活性指标,苏州市实小显著优于明珠实小、相城实小,相城实小得分最低;兴奋集中性指标,明珠实小显著优于苏州市实小、相城实小,相城实小得分显著地低;注意集中性指标,明珠实小优于相城实小、苏州市实小,苏州市实小得分最低,但均无显著性差异;综合心理素质指标,明珠实小优于苏州市实小、相城实小,相城实小得分显著地低。

表1 2013年市三所学校一年级学生心理素质状况比较($\overline{X} \pm S$)

对象	n	反应灵活性	兴奋集中性	注意集中性	综合心理素质
苏州市实小	393	3.09 ±1.31	3.26 ±1.19	3.32 ±1.25	100.48 ±36.65
相城实小	230	2.43 ±1.19	3.11 ±1.25	3.43 ±1.26	89.56 ±36.84
明珠实小	96	2.88 ±1.30	3.63 ±1.27	3.51 ±1.22	105.00 ±43.86
F 检验		19.575***	6.15**	1.157	8.207***

表2数据表明,经过近三年的教育与训练,学生的心理素质发育水平有了显著提高,三所学校的学生的进步幅度和特点有了明显的分化:反应灵活性指标,苏州市实小仍占优势,而相城实小的进步幅度相当大,明珠实小的进步幅度相对较小;兴奋集中性指标,相城实小显著优于苏州市实小、明珠实小,明珠实小得分显著地低;注意集中性指标,苏州市实小优于明珠实小、相城实小,但均无显著性差异;综合心理素质指标,苏州市实小、相城实小明显优于明珠实小,相城实小的进步尤为显著。

表2 2015年三所学校三年级学生心理素质状况比较($\overline{X} \pm S$)

对象	n	反应灵活性	兴奋集中性	注意集中性	综合心理素质
苏州市实小	383	3.73 ±1.17	3.59 ±1.15	3.69 ±1.21	120.60 ±39.03
相城实小	203	3.66 ±1.14	3.76 ±1.04	3.55 ±1.22	119.01 ±36.28
明珠实小	136	3.45 ±1.20	3.35 ±1.17	3.60 ±1.30	111.61 ±37.55
F 检验		2.8875*	5.4195**	0.9220	2.8385*

表3数据表明,2013年三所学校一年级男生心理素质状况比较:反应灵活性指标,苏州市实小显著优于明珠实小、相城实小,相城实小得分最低;兴奋集中性指标,明珠实小显著优于苏州市实小、相城实小,相城实小得分最低;注意集中性指标,明珠实小优于相城实小、苏州市实小,苏州市实小得分最低,但均无显著性差异;综合心理素质指标,苏州市实小与明珠实小无显著性差异,相城实小显著地低。

表3 2013年三所学校一年级男生心理素质状况比较($\overline{X} \pm S$)

对象	n	反应灵活性	兴奋集中性	注意集中性	综合心理素质
苏州市实小	220	3.14 ±1.40	3.20 ±1.22	3.27 ±1.30	100.36 ±39.63
相城实小	136	2.32 ±1.23	2.93 ±1.21	3.38 ±1.31	85.22 ±38.23
明珠实小	53	2.77 ±1.27	3.55 ±1.21	3.51 ±1.13	101.69 ±39.93
F 检验		16.034***	5.28**	0.858	7.025***

表4数据表明,2016年三所学校三年级男生心理素质发育水平较三年前均显著提高,各项指标比较,苏州市实小稍优于相城实小、明珠实小,相城实小进步幅度较显著。

表4　2016年三所学校三年级男生心理素质状况比较($\overline{X} \pm S$)

对象	n	反应灵活性	兴奋集中性	注意集中性	综合心理素质
苏州市实小	216	3.74±1.21	3.51±1.18	3.72±1.23	120.60±40.86
相城实小	123	3.64±1.20	3.60±1.05	3.50±1.22	115.69±36.93
明珠实小	73	3.34±1.27	3.32±1.18	3.66±1.28	109.72±39.08
F检验		2.9431	1.3831	1.2492	2.2088

表5数据表明,2013年三所学校一年级女生心理素质状况比较：反应灵活性指标,苏州市实小与明珠实小得分基本相同,显著优于相城实小;兴奋集中性指标,明珠实小优于相城实小、苏州市实小,相城实小与苏州市实小基本无差异;注意集中性指标,相城实小与明珠实小得分基本相同,苏州市实小得分最低,但均无显著性差异;综合心理素质指标,明珠实小优于苏州市实小、相城实小,相城实小得分最低,但差异未达到显著性水平。

表5　2013年三所学校一年级女生心理素质状况比较($\overline{X} \pm S$)

对象	n	反应灵活性	兴奋集中性	注意集中性	综合心理素质
苏州市实小	173	3.02±1.18	3.33±1.15	3.39±1.17	100.63±32.58
相城实小	94	2.60±1.09	3.37±1.25	3.52±1.17	95.85±33.96
明珠实小	43	3.00±1.33	3.72±1.34	3.51±1.32	109.06±48.44
F检验		4.106*	1.826	0.434	2.047

表6数据表明,2016年三所学校三年级女生心理素质发育水平较三年前均显著提高,特别是相城实小女生在兴奋集中性指标上非常显著地优于苏州市实小、明珠实小,其综合心理素质指标也优于苏州市实小、明珠实小。

表6　2015年三所学校三年级女生心理素质状况比较($\overline{X} \pm S$)

对象	n	反应灵活性	兴奋集中性	注意集中性	综合心理素质
苏州市实小	167	3.72±1.10	3.69±1.11	3.65±1.18	120.59±36.66
相城实小	80	3.68±1.02	4.01±0.90	3.63±1.21	124.12±34.88
明珠实小	63	3.57±1.09	3.40±1.16	3.54±1.31	113.80±35.89
F检验		0.4429	5.8082**	0.1895	1.4744

（二）三所学校一年级学生与升至三年级学生智力发育状况比较分析

表7数据表明：三所学校一年级学生横向比较,其概念形成能力以苏州市实小、明珠实小非常显著地优于相城实小,升至三年级后,虽然苏州市实小仍显著优于相城实小、明珠实小,但差距明显缩小。纵向自身比较,相城实小三年级学生的概念形成能力有了非常显著地增强,而苏州市实小、明珠实小三年级学生的概念形成能力进步幅度不大。

表7　三所学校一、三年级学生概念形成能力比较

对象	n	一年级(IQ值)	n	三年级(IQ值)	t检验
苏州市实小	393	111.98±21.04	383	109.18±17.61	2.012*
相城实小	230	100.89±15.88	203	106.29±16.54	3.454**
明珠实小	96	109.80±20.86	136	105.40±17.89	1.677
F检验		23.8331***		3.2880*	

表8数据表明：三所学校一年级学生横向比较，其分类判别能力以苏州市实小、明珠实小非常显著地优于相城实小，升至三年级后，分类判别能力经检验，三所学校之间无明显差异。纵向自身比较，相城实小三年级学生的分类判别能力进步幅度最大，苏州市实小、明珠实小三年级学生的进步幅度明显滞后。

表8　三所学校一、三年级学生分类判别能力比较

对象	n	一年级(IQ值)	n	三年级(IQ值)	t检验
苏州市实小	393	103.06±14.65	383	101.24±16.14	1.644
相城实小	230	98.08±13.54	203	99.88±14.74	1.317
明珠实小	96	101.73±12.65	136	99.07±15.49	1.436
F检验		9.1700***		1.1534	

表9数据表明：三所学校一年级学生横向比较，其智力(总IQ值)发育水平以苏州市实小、明珠实小非常显著地优于相城实小，升至三年级后，其智力发育水平，苏州市实小优于相城实小、明珠实小，但均无显著性差异。纵向自身比较，相城实小三年级学生的智力发育水平提高的幅度最大，苏州市实小、明珠实小三年级学生提高的幅度明显滞后。其原因值得进一步探讨。

表9　三所学校一、三年级学生智力发育水平(总IQ值)比较

对象	n	一年级(IQ值)	n	三年级(IQ值)	t检验
苏州市实小	393	104.50±13.54	383	99.88±14.82	4.530***
相城实小	230	96.69±11.50	203	98.00±12.07	1.152
明珠实小	96	101.31±12.05	136	97.55±13.47	2.229*
F检验		27.2409***		2.0346	

四、小　结

(一) 三所学校2013年一年级学生心理素质测评结果

反应灵活性指标，苏州市实小明显优于明珠实小、相城实小，相城实小的得分最低。兴奋集中性、注意集中性及综合心理素质等项指标，均是明珠实小优于苏州市实小、相城实小，相城实小相对较差。

从智力发育水平来看，无论是单项IQ值还是总IQ值，苏州市实小、明珠实小均明

显优于相城实小。

（二）三所学校2016年三年级学生心理素质测评结果

反应灵活性指标，苏州市实小仍占优势，而相城实小进步幅度相当大，明珠实小进步幅度相对较小。兴奋集中性指标，相城实小显著优于苏州市实小、明珠实小，明珠实小得分显著地低。注意集中性指标，苏州市实小优于明珠实小、相城实小，但均无显著性差异。

综合心理素质指标，苏州市实小、相城实小明显优于明珠实小，相城实小的进步尤为显著。

从智力发育水平来看，三所学校之间横向比较，三年级学生智力发育水平，苏州市实小优于相城实小、明珠实小，但均无显著性差异。纵向自身比较，苏州市实小、明珠实小三年级学生智力发育水平提高的幅度明显滞后。其原因值得进一步探讨。

五、问题讨论与建议

（一）分析与思考

为什么相城实小三年级学生心理素质指标及智力发育水平进步幅度显著提高，而苏州市实小、明珠实小三年级学生各项指标进步的幅度相对较小或显著滞后，这是值得我们深入思考并认真分析的问题。笔者坚持认为，任何事物当具有一定的数量时，经过数理统计与检验，就能反映其内在规律和本质属性。如果认同这个观点，那我们就要从教育理念，教育方案，教育手段与方法，教学与训练的内容、形式、创意、激发点，特别是教师的素质和能力所发挥的主导作用以及学校的管理、环境的熏陶等方面，去分析、挖掘那些真正对教育起作用的东西，然后客观地加以验证。

（二）学校应建立学生身心健康发育数据库

由于长期以来的应试教育，学校只重视学生的考分与学习成绩，而反映学生的身心发育水平及状况的系统数据可以说是一个空白。学校教育的根本宗旨不仅仅是传授知识，而更重要的是培养身心健康、全面发展的人才。而建立学生身心健康发育数据库，科学地采集数据、储存数据、整理数据、分析数据、运用数据，能大大提高科学管理水平，对教育起到事半功倍的作用。

（三）建立一支具有高素质、创新意识和高度敬业精神的骨干教师队伍

在小学阶段，教师对学生行为习惯的养成，个性的发展，身心健康的发育，以及人生观、世界观的形成等都起着非常重要的作用。由此看来，建立一支具有高素质和高度敬业精神的骨干教师队伍是多么的重要。建议学校成立教育科学研究机构，定期组织骨干教师队伍进行专业的科学研究理论与方法的培训、课题研究讨论与训练以及数理统计知识学习，以提高教师的科研素质、研究能力及创新意识。总之，办一流的学校，首先必须要有一流的教师队伍。

附件：

（一）三所学校三年级各班学生心理素质状况

表 10　苏州市实小三年级各班学生心理素质状况比较（$\overline{X} \pm S$）

对象	n	反应灵活性	兴奋集中性	注意集中性	综合心理素质
1 班	43	3.77 ±1.24	3.42 ±0.99	3.88 ±1.08	119.76 ±30.82
2 班	40	3.79 ±0.89	3.74 ±1.21	3.84 ±1.35	128.42 ±42.19
3 班	43	3.35 ±1.34	3.44 ±1.04	3.44 ±1.15	108.37 ±39.09
4 班	43	3.65 ±1.12	3.86 ±1.13	3.70 ±1.37	125.58 ±45.63
5 班	43	3.53 ±1.02	3.49 ±1.15	3.84 ±1.10	117.67 ±34.21
6 班	43	3.63 ±1.10	3.56 ±1.13	3.44 ±1.08	113.95 ±32.81
7 班	43	3.95 ±1.10	3.65 ±1.10	3.81 ±1.13	126.74 ±40.80
8 班	43	4.02 ±0.98	3.84 ±1.12	3.60 ±1.26	127.44 ±33.02
9 班	42	3.76 ±1.27	3.98 ±1.06	3.71 ±1.28	126.90 ±44.19
F 检验		1.4267	1.4250	0.8436	1.4571

表 11　相城实小三年级各班学生心理素质状况比较（$\overline{X} \pm S$）

对象	n	反应灵活性	兴奋集中性	注意集中性	综合心理素质
1 班	34	3.50 ±1.12	3.74 ±0.98	3.65 ±1.17	118.52 ±35.51
2 班	34	3.71 ±0.82	3.74 ±0.95	3.29 ±1.15	114.07 ±29.97
3 班	34	3.56 ±1.01	3.91 ±1.15	3.65 ±1.23	120.88 ±34.49
4 班	35	3.77 ±1.15	4.03 ±0.77	3.83 ±1.21	127.14 ±36.90
5 班	32	3.84 ±1.15	3.97 ±0.68	3.38 ±1.22	121.87 ±37.45
6 班	34	3.29 ±1.30	3.82 ±1.15	3.56 ±1.22	114.11 ±39.85
F 检验		1.1387	0.5383	0.9185	0.6720

表 12　明珠实小三年级各班学生心理素质状况比较（$\overline{X} \pm S$）

对象	n	反应灵活性	兴奋集中性	注意集中性	综合心理素质
1 班	37	3.43 ±1.17	3.54 ±1.13	3.62 ±1.32	113.51 ±37.05
2 班	37	4.05 ±1.11	3.57 ±1.05	3.57 ±1.41	122.16 ±39.66
3 班	37	3.19 ±0.98	2.86 ±1.02	3.30 ±1.16	95.94 ±23.85
A 班	25	2.92 ±1.23	3.88 ±1.18	4.08 ±1.13	119.20 ±42.02
F 检验		6.1095***	5.1312***	1.8838	3.8402*

（二）三所学校三年级各班学生一般能力状况

1. 苏州市实小三年级各班学生一般能力（IQ 值）状况

表 13　苏州市实小三年级各班学生概念形成能力（IQ 值）比较

对象	n	男（IQ 值）	n	女（IQ 值）	n	全体（IQ 值）
1 班	24	108.42 ± 17.39	19	120.95 ± 16.66	43	113.96 ± 18.01
2 班	21	104.97 ± 14.92	19	114.19 ± 18.65	40	109.35 ± 17.22
3 班	23	100.48 ± 20.26	19	110.92 ± 18.30	42	105.21 ± 19.87
4 班	24	107.04 ± 17.87	19	113.02 ± 15.11	43	109.68 ± 16.78
5 班	25	100.57 ± 12.84	18	104.69 ± 11.83	43	102.30 ± 12.45
6 班	23	102.64 ± 10.55	20	110.10 ± 15.68	43	106.11 ± 13.55
7 班	24	101.75 ± 20.24	19	111.70 ± 19.98	43	106.15 ± 20.51
8 班	26	109.31 ± 16.09	17	122.42 ± 19.34	43	114.49 ± 18.40
9 班	25	111.04 ± 15.93	17	121.99 ± 16.03	42	115.47 ± 16.68
F 检验		1.4246		2.3144*		3.1019**

表 14　苏州市实小三年级各班学生分类判别能力（IQ 值）比较

对象	n	男（IQ 值）	n	女（IQ 值）	n	全体（IQ 值）
1 班	24	97.39 ± 17.73	19	103.11 ± 17.50	43	99.92 ± 17.65
2 班	21	101.44 ± 11.48	19	109.61 ± 11.53	40	105.32 ± 12.08
3 班	23	90.60 ± 18.50	19	100.51 ± 16.57	42	95.09 ± 18.14
4 班	24	102.25 ± 18.88	19	112.73 ± 10.31	43	106.88 ± 16.39
5 班	25	101.07 ± 16.47	18	107.63 ± 12.60	43	103.82 ± 15.16
6 班	23	91.34 ± 12.56	20	97.96 ± 13.03	43	94.42 ± 13.06
7 班	24	97.11 ± 19.12	19	106.39 ± 18.27	43	101.21 ± 18.27
8 班	26	100.53 ± 14.28	17	107.16 ± 13.09	43	103.15 ± 14.05
9 班	25	99.98 ± 19.19	17	103.84 ± 10.52	42	101.54 ± 15.95
F 检验		1.5514		2.0384*		3.0768**

表 15　苏州市实小三年级各班学生推理表象能力（IQ 值）比较

对象	n	男（IQ 值）	n	女（IQ 值）	n	全体（IQ 值）
1 班	24	93.23 ± 18.99	19	96.01 ± 20.28	43	94.46 ± 19.38
2 班	21	94.22 ± 12.48	19	95.61 ± 14.17	40	94.88 ± 13.16
3 班	23	89.82 ± 14.82	19	90.30 ± 18.32	42	90.04 ± 16.29
4 班	24	94.71 ± 19.19	19	95.21 ± 14.60	43	94.93 ± 17.12
5 班	25	93.80 ± 15.26	18	94.66 ± 15.47	43	94.16 ± 15.17
6 班	23	89.20 ± 12.48	20	92.37 ± 17.35	43	90.68 ± 14.84

续表

对象	n	男(IQ 值)	n	女(IQ 值)	n	全体(IQ 值)
7 班	24	90.04 ± 18.85	19	92.41 ± 17.72	43	91.09 ± 18.18
8 班	26	91.80 ± 14.39	17	95.17 ± 14.74	43	93.14 ± 14.45
9 班	25	93.16 ± 14.05	17	89.69 ± 14.63	42	91.76 ± 14.22
F 检验		0.3989		0.3750		0.6124

表 16　苏州市实小三年级各班学生抽象思维能力(IQ 值)比较

对象	n	男(IQ 值)	n	女(IQ 值)	n	全体(IQ 值)
1 班	24	104.81 ± 18.14	19	102.78 ± 17.43	43	103.92 ± 17.80
2 班	21	94.48 ± 15.91	19	95.59 ± 21.60	40	95.01 ± 18.59
3 班	23	92.43 ± 17.84	19	95.59 ± 18.36	42	93.86 ± 17.92
4 班	24	101.45 ± 19.59	19	97.25 ± 16.14	43	99.59 ± 18.07
5 班	25	97.77 ± 14.92	18	98.48 ± 16.48	43	98.07 ± 15.40
6 班	23	91.25 ± 13.67	20	97.20 ± 18.99	43	94.02 ± 16.43
7 班	24	89.10 ± 17.25	19	95.04 ± 21.69	43	91.72 ± 19.33
8 班	26	98.52 ± 16.26	17	103.36 ± 18.80	43	100.43 ± 17.26
9 班	25	101.96 ± 19.73	17	95.11 ± 13.09	42	99.19 ± 17.51
F 检验		2.3333		0.5487		2.1006*

2. 相城实小三年级各班学生一般能力(IQ 值)状况

表 17　相城实小三年级各班学生概念形成能力(IQ 值)比较

对象	n	男(IQ 值)	n	女(IQ 值)	n	全体(IQ 值)
1 班	19	108.53 ± 16.68	15	120.05 ± 16.68	34	113.61 ± 15.76
2 班	21	100.98 ± 16.56	13	108.07 ± 18.52	34	103.69 ± 17.41
3 班	22	100.78 ± 16.95	12	114.63 ± 09.14	34	105.66 ± 16.00
4 班	23	103.30 ± 13.97	12	113.35 ± 15.02	35	106.68 ± 14.90
5 班	19	99.77 ± 16.88	13	106.14 ± 20.41	32	102.36 ± 18.35
6 班	19	103.51 ± 14.31	15	108.03 ± 17.27	34	105.50 ± 15.60
F 检验		0.7680		1.4846		1.9460

表 18　相城实小三年级各班学生分类判别能力(IQ 值)比较

对象	n	男(IQ 值)	n	女(IQ 值)	n	全体(IQ 值)
1 班	19	95.44 ± 11.48	15	111.10 ± 09.89	34	102.35 ± 13.25
2 班	21	99.92 ± 13.10	13	109.77 ± 11.40	34	103.69 ± 13.23
3 班	22	94.11 ± 14.74	12	97.37 ± 12.79	34	95.26 ± 13.98
4 班	23	98.09 ± 12.89	12	104.12 ± 18.49	35	100.16 ± 15.05
5 班	19	95.24 ± 11.08	13	101.13 ± 20.47	32	97.63 ± 15.56
6 班	19	99.10 ± 14.95	15	101.22 ± 18.93	34	100.04 ± 16.59
F 检验		0.6689		1.5429		1.4828

表 19 相城实小三年级各班学生推理表象能力(IQ 值)比较

对象	n	男(IQ 值)	n	女(IQ 值)	n	全体(IQ 值)
1 班	19	88.23 ± 10.98	15	92.09 ± 11.03	34	89.93 ± 11.00
2 班	21	92.53 ± 13.26	13	93.17 ± 14.74	34	92.77 ± 13.62
3 班	22	87.40 ± 14.72	12	82.67 ± 08.85	34	85.73 ± 13.01
4 班	23	93.53 ± 14.29	12	94.24 ± 15.25	35	93.78 ± 14.40
5 班	19	90.38 ± 11.20	13	90.68 ± 16.17	32	90.50 ± 13.19
6 班	19	90.10 ± 12.86	15	87.52 ± 12.72	34	88.96 ± 12.67
F 检验		0.7146		1.3008		1.6593

表 20 相城实小三年级各班学生抽象思维能力(IQ 值)比较

对象	n	男(IQ 值)	n	女(IQ 值)	n	全体(IQ 值)
1 班	19	88.93 ± 11.44	15	105.72 ± 20.45	34	96.34 ± 17.90
2 班	21	101.04 ± 15.75	13	100.46 ± 17.70	34	100.82 ± 16.26
3 班	22	89.25 ± 11.45	12	97.02 ± 14.02	34	92.00 ± 12.77
4 班	23	93.08 ± 14.89	12	103.15 ± 23.81	35	96.53 ± 18.72
5 班	19	96.49 ± 16.38	13	98.03 ± 20.80	32	97.12 ± 18.00
6 班	19	86.56 ± 10.74	15	95.68 ± 21.75	34	90.58 ± 16.87
F 检验		3.1957**		0.5207		1.6499

3. 明珠实小三年级各班学生一般能力(IQ 值)状况

表 21 明珠实小三年级各班学生概念形成能力(IQ 值)比较

对象	n	男(IQ 值)	n	女(IQ 值)	n	全体(IQ 值)
1 班	20	110.28 ± 12.87	17	113.82 ± 18.71	37	111.90 ± 15.69
2 班	23	100.82 ± 17.57	14	111.11 ± 20.12	37	104.71 ± 18.99
3 班	17	96.71 ± 20.05	20	109.43 ± 16.30	37	103.59 ± 18.98
A 班	13	95.39 ± 13.07	12	103.92 ± 17.41	25	99.48 ± 15.59
F 检验		3.0313*		0.7308		2.7910*

表 22 明珠实小三年级各班学生分类判别能力(IQ 值)比较

对象	n	男(IQ 值)	n	女(IQ 值)	n	全体(IQ 值)
1 班	20	104.47 ± 10.93	17	104.25 ± 14.64	37	104.37 ± 12.58
2 班	23	98.21 ± 13.50	14	104.21 ± 14.34	37	100.48 ± 13.94
3 班	17	90.08 ± 16.09	20	101.22 ± 12.57	37	96.10 ± 15.17
A 班	13	89.82 ± 19.35	12	97.53 ± 19.83	25	93.52 ± 19.57
F 检验		4.0378*		0.5951		3.2222*

表 23　明珠实小三年级各班学生推理表象能力(IQ 值)比较

对象	n	男(IQ 值)	n	女(IQ 值)	n	全体(IQ 值)
1 班	20	88.13 ± 10.86	17	87.00 ± 11.73	37	87.61 ± 11.12
2 班	23	92.29 ± 12.49	14	95.51 ± 18.22	37	93.51 ± 14.75
3 班	17	87.42 ± 20.10	20	92.94 ± 14.02	37	90.40 ± 17.06
A 班	13	80.11 ± 08.61	12	86.16 ± 17.93	25	83.01 ± 13.92
F 检验		2.1893		1.2893		2.8754*

表 24　明珠实小三年级各班学生抽象思维能力(IQ 值)比较

对象	n	男(IQ 值)	n	女(IQ 值)	n	全体(IQ 值)
1 班	20	95.73 ± 17.74	17	94.70 ± 18.08	37	95.26 ± 17.65
2 班	23	102.32 ± 19.38	14	105.66 ± 20.21	37	103.58 ± 19.49
3 班	17	93.51 ± 17.47	20	95.62 ± 16.72	37	94.65 ± 16.86
A 班	13	93.11 ± 18.91	12	89.14 ± 14.94	25	91.21 ± 16.89
F 检验		1.0654		2.0349		2.8684*

提高劳动者素质，加速科技、经济和社会发展

——现代人才心理素质测评系统应用性研究

■ 张卿华　王文英

本文根据笔者对不同群体数以万计的人员所进行的心理素质测评结果，论述了不同群体人员心理素质的显著差异，并分析了引起差异的原因；80-8 神经类型测验量表法（简称“80-8 量表法”）、一般能力测验量表法（简称“一般能力量表法”）在特殊岗位人员的选拔、配置，干部的招聘，运动员的选材，超常教育班的招生等方面的应用实效；还根据当代科技迅猛发展对劳动者心理素质要求越来越高的形势，论述了加强人的心理素质测评研究的重大意义。

一、不同群体人员的心理素质的差异

笔者采用 80-8 量表法间接地评定被试的大脑机能水平、皮质活动的机能特性及综合心理素质。所测得的大量数据，经统计检验发现，不同群体人员间各种心理素质的差异非常显著。（见表 1）

表 1　不同群体人员心理素质比较

对象	n	反应灵活性	兴奋集中性	注意集中性	综合心理素质
超常班学生	537	4.69 ±0.65	4.22 ±0.86	3.60 ±1.20	144.3 ±23.13
大学生	859	3.31 ±1.09	3.79 ±1.17	3.64 ±0.99	117.8 ±29.50
招干复试者	1167	3.32 ±1.12	3.83 ±0.99	3.42 ±1.16	114.2 ±27.62
驾驶学兵	910	2.80 ±1.11	3.10 ±1.23	2.95 ±1.59	90.4 ±28.86
工人	164	2.88 ±1.20	3.38 ±1.19	2.55 ±1.12	92.6 ±30.00
F 检验		292.324***	106.969***	60.836***	308.321***

表 1 中的反应灵活性、兴奋集中性、注意集中性等指标均分为 5、4、3、2、1 五个等级，即优、良、中、下、差，由计算机根据测试数据自动计算评定，表明被试该项心理素质在人群中所处的水平；综合心理素质是根据三项心理素质的等级及其对应的标准分数和神经类型等综合评定，最高分可达 200 分以上，最低为 10 分。

笔者从 20 世纪 90 年代以来，对全国许多超常教育实验班学生进行了心理素质测评，积累了较完整的科学资料，并多次参与部分学校超常教育实验班学生的选拔工作，为超常生的招生与选拔提供了科学客观的实验数据，取得了显著的社会效益。

根据笔者的统计资料，在 13 岁前各年龄阶段，智力超常生的皮质细胞工作强度显著强，兴奋过程和抑制过程的集中程度均非常好，认知能力迅速发展，其年龄越小，较普

通学生发展水平越高。研究结果表明，智力是否超常，一般在14岁前就明显地表现出来了，年龄越小其超常程度表现越明显。(见表2)

表2　超常教育实验班学生心理素质比较

对象	n	年龄	反应灵活性	兴奋集中性	注意集中性	综合心理素质
北京八中	69	11.55 ±1.22	4.78 ±0.64	4.23 ±0.83	3.72 ±1.10	149.1 ±30.03
北京八中	40	12.55 ±0.60	4.23 ±0.95	4.25 ±0.78	4.15 ±0.92	144.0 ±30.09
北京八中	50	10.34 ±0.69	4.68 ±0.55	4.46 ±0.58	4.32 ±0.89	161.6 ±29.20
沈阳育才	26	10.42 ±0.90	4.92 ±0.27	4.50 ±0.71	4.04 ±1.04	166.9 ±32.21
沈阳育才	46	10.63 ±0.80	4.41 ±0.72	3.98 ±0.83	4.28 ±0.96	145.7 ±30.32
沈阳育才	74	11.39 ±1.16	4.85 ±0.39	4.69 ±0.68	3.81 ±1.02	159.6 ±25.59
苏州中学	22	13.18 ±0.96	4.91 ±0.29	4.55 ±0.67	3.36 ±1.26	150.0 ±20.07
南师附中	70	14.74 ±0.79	4.93 ±0.31	4.17 ±0.82	2.77 ±1.19	134.0 ±25.57
南大少部	82	17.44 ±1.56	4.83 ±0.41	3.84 ±1.00	2.95 ±1.22	128.4 ±25.51
科大少00班	58	17.60 ±1.51	4.22 ±0.97	3.91 ±0.98	3.38 ±1.18	136.5 ±31.19
F检验		357.858***	10.938***	7.207***	14.452***	13.177***

不同专业大学生心理素质比较，从总体上看，理科专业学生的心理素质显著地好于文科学生，特别是化学系学生在反应灵活性、注意集中性及综合心理素质等指标方面，明显地优于其他各系学生。(见表3)

表3　不同专业大学生心理素质比较

对象	n	反应灵活性	兴奋集中性	注意集中性	综合心理素质
数学系学生	239	3.29 ±1.03	3.79 ±0.96	4.03 ±0.98	118.3 ±29.32
化学系学生	183	3.95 ±0.99	3.78 ±1.05	4.12 ±0.82	126.2 ±28.47
物理系学生	56	3.43 ±1.08	3.79 ±1.23	3.88 ±0.95	117.1 ±28.85
财经系学生	82	3.63 ±1.00	3.89 ±1.04	3.79 ±1.01	121.6 ±27.10
法学系学生	40	3.45 ±1.06	3.58 ±1.08	3.93 ±0.92	115.8 ±28.07
体育系学生	56	3.18 ±1.16	3.71 ±1.29	3.66 ±1.15	112.9 ±30.50
中文系学生	71	2.75 ±1.05	3.99 ±0.87	3.75 ±0.71	110.6 ±25.55
政治系学生	75	2.89 ±0.99	3.44 ±1.42	3.57 ±1.08	102.0 ±27.76
历史系学生	57	3.29 ±1.19	3.35 ±1.18	3.80 ±1.00	111.2 ±38.64
F检验		4.203***	3.789**	7.789***	7.702***

从20世纪90年代开始，苏州市人事局招干就将心理素测评列为人员甄选的一项重要内容，心理素质合格者才能进入最后的面试。历年参加公开竞争的应试者，不仅具有较高的文化素质(大专以上学历)和较好的专业技能，而且，相对来讲，一般都具有较好的心理素质。

招干复试者这个群体，其反应灵活性、兴奋集中性、注意集中性等心理素质显著优于一般人群，特别是综合心理素质更为突出地优于一般人群。(见表4)

表4　国家机关招干复试者心理素质比较

对象	n	反应灵活性	兴奋集中性	注意集中性	综合心理素质
90苏州市招干	164	2.88±1.13	3.79±0.96	3.25±1.14	112.1±25.59
92苏州市招干	101	2.95±1.15	3.88±0.88	4.18±0.92	118.0±25.16
93苏州市招干	104	3.78±0.99	3.48±1.25	3.10±1.11	110.0±32.29
94苏州市招干	448	3.42±1.10	3.83±1.02	3.31±1.19	111.0±27.70
95苏州市招干	60	3.50±1.07	4.13±0.75	3.82±0.97	119.8±25.50
96苏州市招干	82	3.56±0.99	4.10±0.88	3.65±0.87	118.2±22.83
苏州工业园区	97	3.77±0.96	4.01±0.91	3.95±0.94	126.4±26.14
国家建设部	111	3.41±1.03	3.80±0.89	3.46±1.09	112.0±28.62
F检验		10.542***	3.742***	13.275***	5.763***

本研究中的部队驾驶学兵来自华东地区六省份，这部分测试数据主要反映这个地区一般人（绝大多数来自农村）的心理素质水平。83110部队、83423部队、苏州消防支队和南京军区基地的驾驶学兵，其心理素质水平显著较其他部队高。（见表5）

表5　驾驶学兵（选拔）心理素质比较

对象	n	反应灵活性	兴奋集中性	注意集中性	综合心理素质
83011部队	110	2.65±1.09	2.70±1.27	2.65±1.14	81.5±28.64
83110部队	118	3.11±1.06	3.05±1.17	3.07±1.25	95.0±28.85
83423部队	122	2.73±1.20	3.33±1.30	3.22±1.28	95.6±30.14
83426部队	61	2.67±1.00	2.93±1.09	2.49±1.10	81.6±22.24
83428部队	134	2.78±1.14	2.84±1.19	2.83±1.28	86.4±29.90
南京军区基地	200	2.69±1.11	3.30±1.27	3.13±2.45	91.9±29.92
苏州消防支队	165	2.95±1.09	3.28±1.13	2.92±1.21	93.9±26.68
F检验		2.958**	5.433***	2.786*	4.858***

表6统计资料表明，不同工种的工人，其心理素质水平也存在着明显的差异，实际上反映出不同职业、不同工种需要具有不同心理素质水平的人相匹配。

80-8量表法不仅可反映个性特征，而且可反映一般能力的发育水平。表7数据表明，不同群体在一般能力发育水平上存在着非常显著性差异。

表6　不同工种工人心理素质比较

对象	n	反应灵活性	兴奋集中性	注意集中性	综合心理素质
光学仪器厂装配工人	44	3.34±1.10	3.70±1.02	2.75±1.14	103.0±29.75
某合资厂招工应试者	53	2.58±1.22	3.70±1.20	2.38±1.10	91.3±25.53
自行车厂装配工人	67	2.82±1.17	2.93±1.15	2.57±1.12	86.7±32.24
F检验		5.202***	9.228***	1.343	4.096*

表7　不同群体人员心理素质比较

单位	n	一般能力(思维反应敏捷性、灵活性)				综合素质
		1号表	2号表	3号表	平均	
苏州市技校	201	124.93±30.84	97.37±20.60	77.01±17.17	99.77±19.78	98.45±34.30
三星电子职员	20	118.01±32.48	91.41±14.65	73.40±13.84	94.27±18.29	123.00±28.85
工业园区招干	97	123.23±28.27	95.63±20.58	77.55±17.15	98.81±18.46	120.92±33.69
企业经理人员	95	127.23±34.62	97.85±22.13	80.04±16.73	101.71±21.61	132.63±25.69
葛兰素威康	32	120.55±32.50	89.25±23.95	73.87±18.81	94.56±22.93	120.93±30.30
苏州市机关招干	60	123.79±29.68	92.50±19.90	73.74±17.40	96.68±19.55	121.17±22.77
苏州市公安招干	82	119.00±26.93	93.31±17.86	74.07±14.95	95.46±17.03	118.41±22.41
苏州市供电局	59	125.68±23.85	99.13±17.80	83.20±16.58	102.67±16.24	127.29±33.47
苏大化工学院	183	136.15±29.04	106.85±21.95	86.59±19.03	109.86±20.27	126.17±28.47
北京工大2000班	68	135.08±26.24	109.11±17.03	90.23±19.09	111.48±16.43	127.79±28.01
中国科大2000班	84	143.65±24.17	114.95±19.40	93.86±15.73	117.48±17.17	131.79±34.30
中科大少年班	76	136.10±27.26	111.02±19.90	88.91±15.28	112.01±18.19	134.34±29.09
F检验		6.012***	17.761***	12.793***	11.385***	14.658***

二、神经类型测评的应用实效

不同群体人员,不仅在智能方面存在着显著的差异,而且在群体特征方面也具有各自的特点(见表8)。

表8　不同群体人员神经类型分布(%)比较

对象	n	1—2型	3—4型	5—6型	7—8型	9—10型	11—12型	13型	14—16型
超常学生	537	40.22	10.62	1.30	13.78	32.96	0.37	0.56	0.19
大学生	859	5.59	32.60	4.77	3.03	22.47	15.72	12.10	3.72
招干复试者	1167	6.60	25.62	1.11	10.45	32.65	10.97	8.40	4.20
驾驶学兵	910	2.09	12.20	2.75	7.03	33.74	27.58	7.36	7.25
工人	164	3.05	9.15	0.61	14.63	32.32	25.61	4.27	10.36
χ^2检验		588.845***	135.719***	22.790***	41.515***	16.569**	225.272***	54.183***	51.193***

自1984年11月国家体委在上海举办全国运动员科学选材训练班以来,80-8量表法在体育系统内得到广泛地推广与应用,全国各省市在运动员选材中将神经类型作为必测指标,并根据运动项目特点选拔相应的神经类型者。

三、80-8 量表法与一般能力量表法联合测试的实效性

任何一项心理测验都只能在某个维度、某个层次上反映并揭示某种心理活动现象和规律,也就是说,每项心理测验都有它的局限性,而不同方法的联合测验就能较全面地反映一个人的心理素质问题。笔者从 1993 年底开始,在人才心理素质测评方面,采用 80-8 量表法与一般能力量表法(部分方法)进行联合测试,取得了良好的实效,受到了用人单位的一致好评。现将部分测评资料介绍如下。

表 9　不同群体人员一般能力测验成绩比较

单位	n	观察能力	错百分率	概念形成能力	错百分率
苏州市技校	201	104.48 ±36.99	1.79 ±1.29	92.51 ±38.74	16.11 ±2.59
三星电子职员	20	110.85 ±20.86	1.25 ±2.55	118.98 ±39.36	12.95 ±7.70
工业园区招干	97	105.45 ±28.24	0.77 ±0.99	111.15 ±37.54	6.67 ±2.53
企业经理人员	94	111.39 ±24.69	1.54 ±1.29	111.74 ±35.89	10.00 ±3.09
葛兰素威康	32	102.23 ±24.14	1.31 ±2.27	119.11 ±38.52	5.78 ±4.67
苏州市供电局	59	127.83 ±36.22	1.26 ±1.46	117.72 ±31.99	7.18 ±3.36
苏大化工学院	183	117.97 ±35.59	1.19 ±0.81	124.60 ±32.40	6.56 ±1.85
浙江大学 2000 班	136	124.52 ±32.19	0.62 ±0.67	137.31 ±29.46	7.01 ±2.19
北京工大 2000 班	68	148.42 ±40.16	0.56 ±0.90	162.87 ±28.37	6.46 ±2.98
中国科大 2000 班	84	155.04 ±37.30	1.05 ±1.11	154.00 ±33.28	8.16 ±2.99
中科大少年班	76	148.56 ±46.44	0.79 ±1.01	157.81 ±30.49	6.17 ±2.76
F 检验		22.391***		63.642***	

表 10　不同群体人员一般能力测验成绩比较

单位	n	分类判别能力	错百分率	推理表象能力	错百分率
苏州市技校	201	87.59 ±27.02	9.54 ±2.07	84.66 ±29.20	22.90 ±2.98
三星电子职员	20	107.33 ±21.72	3.67 ±4.32	97.75 ±32.65	13.88 ±7.97
工业园区招干	97	106.32 ±21.16	3.96 ±2.21	104.43 ±23.76	11.26 ±3.58
企业经理人员	94	107.67 ±24.87	4.44 ±2.14	98.03 ±32.67	13.97 ±3.58
葛兰素威康	32	108.97 ±38.82	5.97 ±4.74	99.99 ±42.67	10.90 ±6.23
苏州市供电局	59	107.46 ±22.99	4.84 ±2.82	112.25 ±27.99	12.53 ±4.31
苏大化工学院	183	113.91 ±21.84	5.62 ±1.72	115.71 ±26.46	12.50 ±2.47
浙江大学 2000 班	136	120.65 ±19.27	4.46 ±1.77	124.64 ±25.91	10.77 ±2.66
北京工大 2000 班	68	126.31 ±26.95	6.40 ±2.97	119.02 ±27.59	17.03 ±4.56
中国科大 2000 班	84	128.82 ±23.78	5.32 ±2.45	129.91 ±28.40	13.34 ±3.71
中科大少年班	76	126.87 ±21.22	4.83 ±2.46	132.22 ±28.76	12.50 ±3.79
F 检验		55.987***		54.386***	

表 11　不同群体人员一般能力测验成绩比较

单位	n	抽象思维能力	错百分率	注意搜寻能力	错百分率
苏州市技校	201	85.95 ±36.35	26.23 ±3.12		
三星电子职员	20	97.77 ±33.21	12.72 ±7.64	95.31 ±35.58	3.95 ±4.47
工业园区招干	97	102.29 ±34.48	12.09 ±3.31		
企业经理人员	94	93.86 ±36.06	13.35 ±3.51	95.58 ±30.96	2.61 ±1.66
葛兰素威康	32	90.12 ±40.34	11.49 ±6.38		
苏州市供电局	59	120.90 ±34.38	10.83 ±4.05	109.10 ±30.54	2.99 ±2.22
苏大化工学院	183	118.46 ±32.20	11.17 ±2.35	105.37 ±36.28	1.94 ±1.26
浙江大学 2000 班	136	136.87 ±32.01	7.98 ±2.32	112.08 ±32.11	2.23 ±1.27
北京工大 2000 班	68	150.21 ±34.54	7.23 ±3.14		
中国科大 2000 班	84	145.33 ±34.46	10.91 ±3.40		
中科大少年班	76	155.57 ±42.90	8.08 ±3.13		
F 检验		64.905***		3.311***	

表 12　不同群体人员一般能力测验成绩比较

单位	n	简单运算能力	错百分率	判别运算能力	错百分率
苏州市技校	201	95.03 ±19.39	2.38 ±1.08	83.52 ±32.34	15.26 ±2.55
三星电子职员	20	109.20 ±15.55	2.12 ±3.31	109.06 ±20.28	9.42 ±6.70
工业园区招干	97	103.51 ±17.96	1.69 ±1.20	108.09 ±21.57	6.86 ±2.57
企业经理人员	94	106.30 ±18.41	1.78 ±1.36	106.37 ±24.12	8.26 ±2.84
葛兰素威康	32	96.34 ±22.25	1.37 ±2.32	99.88 ±24.45	5.62 ±4.70
苏州市供电局	59	109.54 ±16.68	2.32 ±1.96	113.44 ±21.75	7.40 ±3.41
苏大化工学院	183	107.53 ±16.54	2.00 ±1.04	112.89 ±19.91	7.42 ±1.95
浙江大学 2000 班	136	113.34 ±16.54	1.25 ±0.95	119.78 ±19.33	7.24 ±2.22
北京工大 2000 班	68	116.57 ±17.58	1.73 ±1.58	126.04 ±24.14	7.59 ±3.21
中国科大 2000 班	84	113.77 ±16.89	1.89 ±1.49	121.62 ±19.30	7.60 ±2.89
中科大少年班	76	109.24 ±16.07	1.98 ±1.60	118.86 ±20.78	7.49 ±3.02
F 检验		35.624***		60.800***	

四、加强人的心理素质测评研究意义重大

加强人的心理素质测评研究，深入了解人员的天赋才能、认知能力、思维特点、情绪稳定性、气质类型及其内在潜力等，对提高劳动人事部门科学管理水平是极为重要的。

社会各行各业的人员需求千差万别，而且都在不断地变化发展中。加强人的心理素质测评研究，有利于形成人才之间和单位之间的竞争，促进用人单位和人才双方相互

选择；有利于促进各类人才努力挖掘自身的潜力，在择业中成为竞争的优胜者；有利于促使各用人单位改善人才管理方法和用人环境，使位得其才，才得其用；有利于政府部门预先规划人力资源和职业发展的需要，进行必要的超前研究和足够的投资，实现人才与生产资料的最佳配置，提高劳动生产力。

实现科学技术现代化的关键是提高劳动者的素质。相信不久的将来，在全国各地将会出现各级有关人才素质测评的权威机构，大批有志于从事人才素质测评的研究者将经过专业培训、严格的资格考核而上岗，有关人才素质测评的学术研究将硕果累累。

消防官兵心理素质发展状况调查与分析

■ 张卿华　王文英　张颖澜

消防员是一种特殊职业群体,他们应具备与一般群体不同的心理素质。作为一名合格的消防员,应具有足以应付各种特殊情况和突发事件的心理素质,这样才能在灭火和社会抢险救援战斗中有效地发挥人的主观能动作用,把握有利时机,最大限度地减少人员伤亡和财产损失。但是,在消防部队灭火和抢险救援现场,消防员往往因身心受到高强度的刺激(超出生理范围的劣刺激),导致神经系统的正常功能下降,甚至发生紊乱,而表现出心理过度紧张、认知缺损、判断失误、战斗行动变形,影响了行动的正常展开。因此,消防员的神经系统必须具有承受高强度、高压力、超负荷刺激的能力。

笔者曾对平江大队57名官兵进行过一次心理素质测评,目的是通过科学的手段了解消防官兵的心理素质水平及特征,为建立一支特别能战斗的高素质的消防部队提供理论依据和实验数据。

一、测评项目及测评工具

(一) 测评项目

(1) 神经系统类型测定(测定其神经系统的强度、灵活性、平衡性及神经类型)。

(2) 一般能力测定(测定其概念形成能力、分类判别能力、推理表象能力、抽象思维能力、简单运算能力和判别运算能力等)。

(3) 心理健康水平。

(二) 测评工具

测评均采用苏州大学应用心理学张卿华、王文英教授自行研发的HYRC心理素质测评系统(包括80-8神经类型测验量表法、一般能力测验量表法、投射测验法等)。

二、测评结果与分析

(一) 消防官兵的心理素质状况分析

表1统计数据表明:大学生群体的综合心理素质水平及其他各项指标都非常显著地优于其他群体。消防官兵的综合心理素质水平稍高于普通工人和驾驶学兵,兴奋集中性、注意集中性两项指标得分均高于普通工人和驾驶学兵,而反应灵活性指标的得分却低于普通工人和驾驶学兵。

表1 不同群体人员心理素质比较($\overline{X}\pm S$)

对象	n	反应灵活性	兴奋集中性	注意集中性	综合心理素质
大学生	859	3.31 ±1.09	3.79 ±1.17	3.64 ±0.99	117.8 ±29.50
消防官兵	57	2.61 ±1.22	3.42 ±1.13	3.42 ±1.10	94.9 ±34.12
驾驶学兵	910	2.80 ±1.11	3.10 ±1.23	2.95 ±1.59	90.4 ±28.86
普通工人	164	2.88 ±1.20	3.38 ±1.19	2.55 ±1.12	92.6 ±30.00
F 检验		***	***	***	***

如果我们将消防部队干部与战士的测评结果分别进行统计(见表2),可清楚地看出,消防干部的综合心理素质水平及其他各项指标都非常显著地优于消防战士。

表2 消防部队官、兵的心理素质比较($\overline{X}\pm S$)

对象	n	反应灵活性	兴奋集中性	注意集中性	综合心理素质
消防干部	22	3.00 ±1.11	3.90 ±1.06	3.68 ±0.99	110.00 ±33.09
消防战士	35	2.48 ±1.22	3.11 ±1.07	3.14 ±1.19	85.71 ±33.97
t 检验		***	***	***	***

(二)消防官兵的神经类型分布状况分析

从表3统计数据可看出:1—2型(最佳型—灵活型),各群体间无显著性差异;3—4型(稳定型—安静型),大学生占的比例最高,消防干部次之,普通工人最低;5—6型(兴奋型—亚兴奋型),各群体间无显著性差异;7—8型(易扰型—亚易扰型)工人占的比例最高;9—10型(强中间型—中间型),驾驶学兵、普通工人占的比例最高,消防战士、消防干部次之,大学生最低;11—16型(弱型),消防战士占的比例最高(45.71%),驾驶学兵(占42.19%)、普通工人(占40.24%)、消防干部(占36.37%)次之,大学生最低(占31.54%)。

一般人群中,如果抽取的样本足够大,其神经类型的分布大致为强型、中间型、弱型各占1/3。显然,消防战士神经类型弱型的比例远远高于一般人群。众所周知,根据消防职业的特殊性,一名合格的消防员应具备头脑冷静、反应敏捷、胆量过人,以及能承受巨大心理压力等良好心理素质。据国外相关研究资料报道,消防员应具备强型的神经类型,而其中灵活、稳定、安静型者更符合消防职业的需求。

表3 不同群体人员神经类型分布(%)比较

对象	n	1—2型	3—4型	5—6型	7—8型	9—10型	11—12型	13型	14—16型
大学生	859	5.59	32.60	4.77	3.03	22.47	15.72	12.10	3.72
消防干部	22	9.09	22.73	0.00	4.55	27.27	13.64	13.64	9.09
消防战士	35	2.86	17.14	2.86	2.86	28.57	28.57	8.57	8.57
驾驶学兵	910	2.09	12.20	2.75	7.03	33.74	27.58	7.36	7.25
普通工人	164	3.05	9.15	0.61	14.63	32.32	25.61	4.27	10.36
χ^2 检验			***		*	**	**	**	*

（三）消防官兵的一般能力（智商）状况分析

所谓智力，是一种潜在的尚未表现出来的心理能力，需要通过科学手段和测量工具间接地被测量出来。我们将这种被测量出来的能力称为一般能力或称为一般智力，通常用智商（IQ值）来表示。

人的智力发育水平与遗传因素有较密切的关系。在正常人群中，人的智力水平一般呈正态分布，即智力水平很高和很低的人占的比例较小，属于中等智力水平的人占的比例较大。

从表4、表5、表6统计数据可看出：消防干部的一般能力发展水平总体上高于苏州技校生，而低于园区招干。具体分析，消防干部的概念形成能力、简单运算能力和判别运算能力较强，推理表象能力、抽象思维能力较弱。而消防战士的一般能力发展水平较明显地低于其他群体。

表4　消防官兵与其他群体人员一般能力测验成绩比较

单位	n	概念形成能力	错百分率	分类判别能力	错百分率
园区招干	97	111.15 ±37.54	6.67 ±2.53	106.32 ±21.16	3.96 ±2.21
苏州技校生	201	92.51 ±38.74	16.11 ±2.59	87.59 ±27.02	9.54 ±2.07
消防干部	22	111.66 ±36.31	9.55 ±6.27	93.05 ±32.87	6.22 ±5.27
消防战士	35	84.78 ±49.06	17.82 ±6.47	77.31 ±26.59	7.16 ±4.36
F 检验		***		***	

表5　消防官兵与其他群体人员一般能力测验成绩比较

单位	n	推理表象能力	错百分率	抽象思维能力	错百分率
园区招干	97	104.43 ±23.76	11.26 ±3.58	102.29 ±34.48	12.09 ±3.31
苏州技校生	201	84.66 ±29.20	22.90 ±2.98	85.95 ±36.35	26.23 ±3.12
消防干部	22	77.10 ±27.21	14.43 ±7.67	80.21 ±36.03	13.85 ±3.35
消防战士	35	75.23 ±31.66	16.61 ±6.29	67.16 ±42.75	22.50 ±7.06
F 检验		***		***	

表6　消防官兵与其他群体人员一般能力测验成绩比较

单位	n	简单运算能力	错百分率	判别运算能力	错百分率
园区招干	97	103.51 ±17.96	1.69 ±1.20	108.09 ±21.57	6.86 ±2.57
苏州技校生	201	95.03 ±19.39	2.38 ±1.08	83.52 ±32.34	15.26 ±2.55
消防干部	22	101.83 ±23.46	2.41 ±3.35	96.79 ±29.48	7.02 ±5.58
消防战士	35	86.79 ±17.99	2.26 ±2.51	80.79 ±23.95	8.90 ±4.81
F 检验		***		***	

我们从智力的等级分布情况来看（见表7），消防干部的智力发展水平显著地优于消防战士。

表7　消防官兵智力发展水平等级(%)比较

	优秀	良好	中上	中等	中下	较差
消防干部22	9.09	9.09	13.64	40.91	27.27	0.00
消防战士35	2.86	2.86	20.00	14.29	54.26	5.71
χ^2检验	**	**	**	***	***	*

(四) 消防官兵的心理健康状况分析

由于消防职业的特殊性,消防官兵长期处在神经高度紧张、高度应激的状态下工作。过度的神经能量的消耗和巨大的心理压力,使他们身心感到非常疲惫,心理健康受到一定程度的损害。通过此次调研采用的画树投射测验法,在57名调研对象中有16人被划为心理亚健康水平,占28.07%,而一般正常人群中心理亚健康水平的比例仅占5%~10%。这个数字显然说明,消防官兵的心理健康水平大大地低于一般常人的水平。

三、建议

鉴于此次调研提供的科学实验数据和结果分析资料,为了进一步提高消防官兵的快速反应、有效施救、正确指挥的能力,改善和提高消防官兵的心理素质水平和心理健康水平,我们提出如下建议:

(1) 消防人员选拔工作必须按照科学选拔程序,采用综合心理素质测评,选拔出基本符合职业要求的人员,然后对其实施特殊的职业训练。

(2) 由于消防职业的特殊性,消防人员易出现各种心理问题。消防部队应配备经验丰富的专职或兼职的心理专家、心理医生,专门开展消防人员的心理健康教育、心理咨询服务工作。

(3) 由于此次调研的样本量太小,反映的问题还不够全面,说服力还不够强,故请有关领导大力支持,尽量扩大样本含量,以反映规律性的内容。

在特殊环境下人的大脑机能及情绪稳定性研究

■ 张卿华　王文英　冯成志

"火星—500"实验在位于俄罗斯莫斯科郊外的一处地面模拟实验舱中进行。实验舱由生活舱、医疗舱、公共活动舱、火星着陆舱模拟器、轻型充气火星表面模拟舱等五个部分组成。"火星—500"实验是多国参与的国际大型试验。实验的主要任务是探索"人与环境"相互作用,了解在长期密闭环境下乘组的健康状态及工作能力状况,特别是获取超长飞行时间、完全自主控制、资源有限、无法实施身体及心理特殊治疗、完成火星表面出舱活动等条件下的相关数据。

一、研究目的

本项目着重研究"火星—500"实验者在长达520天的模拟太空特殊环境状态下大脑机能状态变化及情绪稳定性变化的特点和规律。

二、研究对象与方法

对象:经过基本条件选拔、医学选拔、心理选拔等多轮筛选,最终确定的来自中国(1名)、俄罗斯(3名)、法国(1名)、意大利(1名)的6名志愿者。

方法:采用苏州大学应用心理学研究所张卿华、王文英教授自行设计编制的80-8神经类型测验量表法(简称"80-8量表法")。

试验设计:按实验方案的规定和要求,6名实验者在不同时间段进行80-8量表法的重复团体测试,即进舱前测试(2010.05.11)、舱内第1次测试(2010.11.29)、舱内第2次测试(2011.04.01)、出舱后测试(2011.11.11)。

三、研究结果与分析

(一)"火星—500"实验者个性类型分布

进舱前,6名实验者的80-8量表法测试结果:稳定型3名(5001、5004、5006号),其综合心理素质分均为160分;安静型1名(5003号),其综合心理素质分为140分;中间型1名(5002号),其综合心理素质分为110分;中下型1名(5005号),其综合心理素质分为90分。

上述测试数据说明,此次入选的试验者个性类型以稳定型、安静型占相当大的比例(占66.67%),而这两种类型的人其个性特征表现为大脑机能活动能力较强、兴奋与抑制过程的集中程度高、平衡性好,即思维反应速度较快、观察判断准确、情绪稳定、注意力集中、办事细心踏实、具有较强的忍耐力。无疑,这些良好的基本心理素质是一个合格的航天员所必须具备的天赋条件。

从入选的6名实验者的综合心理素质分来看,3名达到优秀水平,1名达到良好水平,1名达到中上水平,1名达到中等水平。由此可说明,“火星—500”实验项目在人员的选拔程序和方法上基本是成功的。

(二)“火星—500”实验者不同状态下综合心理素质分变化

从表1数据可看出,在进舱后不同时间段进行的两次舱内测验中,有4名实验者的大脑机能活动能力(综合素质分)较进舱前出现减弱的变化,有2名出现增强的变化。

具体分析如下:

5001号舱内第1次测试,应激性反应能力明显增强,大脑机能活动能力明显增强(综合心理素质分由160分增加到190分),但舱内第2次测验其综合心理素质分下降到90分。说明该试验者较长时间处于高应激状态,造成过多的神经能量消耗,导致大脑机能活动能力明显减弱。直到出舱后大脑机能活动能力也未恢复到进舱前的水平。

表1 “火星—500”实验者不同状态下80-8量表测验综合心理素质分

测试时间	5001	5002	5003	5004	5005	5006
进舱前测试	160	110	140	160	90	160
舱内测试1	190	100	—	210	60	200
舱内测试2	90	80	—	210	90	200
出舱后测试	120	—	—	210	140	210

5002号舱内两次测试,综合心理素质分较进舱前有所降低,说明其对舱内特殊环境长期不能产生适应性功能,导致大脑机能活动能力减弱。而出舱后,其身体机能状态可能仍旧处于低潮,因而放弃实验。

5003号除完成进舱前的测试外,不知为何,均无心正常地按计划完成实验(舱内两次和出舱后测试,均不按测验规则和方法进行测试,或胡乱涂写,或放弃测试,故测验结果均作废卷处理)。分析其原因,可能是对舱内特殊环境长期不能产生适应性功能,身体机能下降,导致产生焦虑不安、情绪低落,以致产生抗拒的行为,或因其他心理因素拒绝完成测验。

5005号是6名试验者中大脑机能活动能力较弱的,在舱内两次测试基本呈现减弱的趋势,说明其对舱内特殊环境的适应性能力较差,产生适应性反应的时间较长。直到出舱后大脑机能活动能力才有所提高。

5004号、5006号试验者在不同状态下的测试结果表现最佳,舱内两次测试及出舱后测试结果均呈现上升趋势,说明他们对舱内特殊环境具有良好的适应性能力,其大脑机能活动能力的潜力得到充分的调动。

(三)“火星—500”实验者80-8量表测验三项指标等级分变化

三项指标分别为:反应灵活性、兴奋集中性、注意集中性。每项指标均分为五个等级,即5(优秀)、4(良好)、3(中等)、2(中下)、1(较差)。

表2数据表明:

5001号进舱前测试,3项指标等级分为反应灵活性4分(良好水平)、兴奋集中性5分(优秀水平)、注意集中性5分(优秀水平);舱内第1次测试,反应灵活性等级分提高了;舱内第2次测试,表现出兴奋集中性等级分和注意集中性等级分明显下降,即大脑的分析判断能力、情绪稳定性、自控能力和注意力等均明显减弱;出舱后其大脑机能活动能力未能完全恢复。

表2 "火星—500"实验者不同状态下80-8量表测验3项指标等级分

测试时间	5001	5002	5003	5004	5005	5006
进舱前测试	455	353	355	455	243	455
舱内测试1	555	334	—	555	222	555
舱内测试2	423	224	—	555	243	555
出舱后测试	335	—	—	555	454	555

5002号在舱内两次测试中主要表现为反应灵活性和兴奋集中性等级分下降,说明其大脑分析判断能力、情绪稳定性、自控能力明显减弱。

5005号在舱内测试中主要表现为大脑分析判断能力、情绪稳定性、自控能力和注意力明显减弱。

5004号、5006号在舱内测试中,其三项指标都达到优秀水平,其大脑反应灵活性等级分较进舱前明显提高。

(四)"火星—500"实验者兴奋集中性程度的分析

兴奋集中性指标是以测验中实验者出现的错百分率来表示的,错百分率越高,表示大脑皮质兴奋过程集中性程度越低,兴奋过程扩散程度越高,兴奋过程占优势,表现为观察、分析、判断不准确,情绪稳定性和自控能力减弱,行为发生错误。

从表3数据可看出:5001号进舱前的兴奋集中性程度很高,标准分为0.865分,达到优秀水平。而舱内两次测试以及出舱后测试,均呈现出兴奋集中性程度明显下降,即兴奋扩散程度提高,标准分明显下降,说明该实验者在舱内特殊环境影响、作用下,观察、分析、判断的准确性下降,情绪稳定性下降,自控能力下降,错误率增多。

表3 "火星—500"实验者5001号在不同状态下兴奋集中性(错百分率)程度及标准分情况

测试时间	1表	2表	3表	标准分
进舱前测试	0.32	0.00	0.00	0.865
舱内测试一	0.21	0.00	0.75	0.778
舱内测试二	12.43	0.00	0.82	-0.273
出舱后测试	0.00	0.00	7.09	-0.015

从表4数据可看出:5002号舱内两次测试均呈现出兴奋集中性程度明显下降,兴奋扩散程度提高,标准分明显下降,说明该实验者在舱内特殊环境影响、作用下,观察、

分析、判断的准确性和情绪的稳定性、自控能力下降，错误率增多。

表 4 “火星—500”实验者 5002 号在不同状态下兴奋集中性(错百分率)程度及标准分情况

测试时间	1 表	2 表	3 表	标准分
进舱前测试	0.40	0.65	0.47	0.727
舱内测试一	0.45	0.69	4.78	0.167
舱内测试二	0.49	0.00	7.94	-0.167
出舱后测试	—	—	—	—

从表 5 数据可看出：5004 号进舱前兴奋集中性程度很高，一个错都没有，标准分为 0.893 分，达到最优水平。而舱内两次测试均呈现出兴奋集中性程度有所下降，标准分分别为 0.775 分、0.837 分，说明该实验者在舱内特殊环境影响、作用下，其观察、分析、判断的准确性和情绪稳定性、自控能力还是有所下降，错误率稍有增多。而出舱后其兴奋集中性程度又恢复到进舱前水平，一个错都没有，标准分为 0.893 分。

表 5 “火星—500”实验者 5004 号在不同状态下兴奋集中性(错百分率)程度及标准分情况

测试时间	1 表	2 表	3 表	标准分
进舱前测试	0.00	0.00	0.00	0.893
舱内测试一	1.12	0.19	0.00	0.775
舱内测试二	0.18	0.00	0.30	0.837
出舱后测试	0.00	0.00	0.00	0.893

从表 6 数据可看出：5005 号舱内两次测试均呈现出兴奋集中性程度明显下降，兴奋扩散程度提高，标准分明显下降，说明该实验者在舱内特殊环境影响、作用下，观察、分析、判断的准确性下降，自控能力下降，错误率增多。

表 6 “火星—500”实验者 5005 号在不同状态下兴奋集中性(错百分率)程度及标准分情况

测试时间	1 表	2 表	3 表	标准分
进舱前测试	0.32	0.50	0.76	0.713
舱内测试一	0.00	7.98	2.31	-0.255
舱内测试二	0.00	1.63	1.74	0.494
出舱后测试	0.26	0.75	0.00	0.789

从表 7 数据可看出：5006 号进舱前兴奋集中性程度很高，标准分为 0.893 分，达到优秀水平。而舱内两次测试均呈现出兴奋集中性程度有所下降，标准分分别为 0.830、0.793 分，说明该实验者在舱内特殊环境影响、作用下，观察、分析、判断的准确性和情绪稳定性、自控能力还是有所下降，错误率稍有增多。而出舱后测试表现为兴奋集中性程度继续下降，标准分为 0.763 分，说明其大脑机能活动能力尚未恢复到最佳状态。

表7 “火星—500”实验者5006号在不同状态下兴奋集中性(错百分率)程度及标准分情况

测试时间	1表	2表	3表	标准分
进舱前测试	0.34	0.00	0.00	0.863
舱内测试一	0.00	0.24	0.28	0.830
舱内测试二	0.00	0.24	0.56	0.793
出舱后测试	0.14	0.40	0.57	0.763

(五)“火星—500”实验者注意集中性程度的分析

注意集中性程度是以测验中实验者出现的漏百分率来表示的,漏百分率越高,表示大脑皮质抑制过程集中性程度越低,抑制过程扩散程度越高,抑制过程占优势,表现为注意力分散、对捕捉的目标视而不见、粗心大意、工作能力起伏不定。

从表8数据可看出:5001号进舱前注意集中性程度很高,标准分为1.704分,达到优秀水平。而舱内两次测试均呈现出注意集中性程度明显下降,即抑制扩散程度提高,标准分(分别为1.347分、-0.167分)明显下降,说明该实验者在舱内特殊环境影响、作用下,注意力集中程度明显下降,耐受性下降,焦虑度上升,遗漏率增大。出舱后其注意集中性程度仍未恢复到进舱前的水平。

表8 “火星—500”实验者5001号在不同状态下注意集中性(漏百分率)程度及标准分情况

测试时间	1表	2表	3表	标准分
进舱前测试	1.29	6.55	0.00	1.704
舱内测试一	2.54	11.25	6.06	1.347
舱内测试二	50.94	9.58	6.66	-0.167
出舱后测试	10.38	4.54	5.40	1.381

从表9数据可看出:5002号在不同状态下,注意集中性程度均较低,表明其注意力较分散,耐受性下降,较粗心。

表9 “火星—500”实验者5002号在不同状态下注意集中性(漏百分率)程度及标准分情况

测试时间	1表	2表	3表	标准分
进舱前测试	33.87	22.66	18.86	-0.107
舱内测试一	12.28	8.21	11.32	1.036
舱内测试二	13.46	9.09	13.15	0.923
出舱后测试	—	—	—	—

从表10数据可看出:5004号进舱前注意集中性程度很高,标准分为1.862分,达到优秀水平。而舱内两次测试均呈现出注意集中性程度稍有下降,标准分(分别为1.723分、1.646分)稍有下降,说明舱内特殊环境对该实验者注意力集中程度的影响甚微,其表现出稳定的、良好的心理素质。

表 10 “火星—500”实验者 5004 号在不同状态下注意集中性(漏百分率)程度及标准分情况

测试时间	1 表	2 表	3 表	标准分
进舱前测试	0.00	0.00	1.81	1.862
舱内测试一	2.25	2.36	2.46	1.723
舱内测试二	7.51	2.36	1.25	1.646
出舱后测试	3.20	2.58	1.96	1.713

从表 11 数据可看出：5005 号进舱前注意集中性程度较低，标准分为 0.229 分，而舱内两次测试，其注意集中性程度处于较低水平，标准分分别为 -0.687 分、0.318 分，说明该实验者在舱内特殊环境影响、作用下，注意力难以集中，耐受性明显下降，遗漏率增大。出舱后其注意集中性程度有所改善。

表 11 “火星—500”实验者 5005 号在不同状态下注意集中性(漏百分率)程度及标准分情况

测试时间	1 表	2 表	3 表	标准分
进舱前测试	21.51	22.00	17.64	0.229
舱内测试一	19.76	36.36	34.09	-0.687
舱内测试二	19.76	8.69	27.27	0.318
出舱后测试	11.57	17.91	18.00	0.555

从表 12 数据可看出：5006 号进舱前注意集中性程度较高，标准分为 1.262 分，达到优秀水平。而舱内两次测试及出舱后测试均呈现注意集中性程度上升的趋势，标准分分别为 1.412 分、1.343 分、1.351 分，说明该试验者在舱内特殊环境下，能充分调动自身的潜力和主观能动性，认真负责、细心踏实地完成每项测验，表现出良好的心理素质。

表 12 “火星—500”实验者 5006 号在不同状态下注意集中性(漏百分率)程度及标准分情况

测试时间	1 表	2 表	3 表	标准分
进舱前测试	12.50	7.14	5.35	1.262
舱内测试一	7.31	6.93	4.54	1.412
舱内测试二	6.95	6.93	6.81	1.343
出舱后测试	6.50	4.03	9.30	1.351

(六)“火星—500”实验者脑力作业工作绩效分析

一般情况下，随着脑力作业的难度增大，工作绩效也随之下降。而下降的梯度越小，则说明其大脑功能越强，心理稳定性越好。

从表 13 数据可看出：5001 号进舱前 1 号表(相对简单的脑力作业)的工作绩效为 40.67%，2 号表(相对难度较大的脑力作业)、3 号表(难度最大的脑力作业)的工作绩效分别为 29.90%、29.42%。在舱内第 1 次测试中，大脑机能活动能力的增强主要是依赖于 1 号表工作绩效(45.73%)的提高来实现的，而 3 号表的工作绩效(24.95%)却明显下降。舱内第 2 次测试中，1 号表的工作绩效为 34.72%，2 号表的工作绩效

(35.55%)提高了,说明进入工作状态的时间延长了。而在出舱后测试中,3 号表的工作绩效(20.10%)下降得非常明显,说明大脑机能活动能力明显减弱。

表 13 “火星—500”实验者 5001 号每张表的工作绩效(%)及平均得分情况

测试时间	1 号表	2 号表	3 号表	平均得分
进舱前测试	40.67	29.90	29.42	96.55
舱内测试一	45.73	29.31	24.95	130.62
舱内测试二	34.72	35.55	29.71	99.26
出舱后测试	42.23	37.66	20.10	87.88

从表 14 数据可看出:5002 号进舱前 1 号表的工作绩效为 30.44%,2 号表的工作绩效为40.52%,3 号表的工作绩效为29.03%,说明进入工作状态的时间较长。在舱内第 1 次测试中,脑力作业的工作绩效(分别为 30.79%、40.72%、28.48%)的特点与进舱前类同。在舱内第 2 次测试中,1 号表的工作绩效为 32.93%,2 号表的工作绩效(43.62%)显著提高,而 3 号表的工作绩效(23.44%)下降得非常明显,说明进入工作状态的时间长,大脑机能活动能力明显减弱。

表 14 “火星—500”实验者 5002 号每张表的工作绩效(%)及平均得分情况

测试时间	1 号表	2 号表	3 号表	平均得分
进舱前测试	30.44	40.52	29.03	82.21
舱内测试一	30.79	40.72	28.48	87.02
舱内测试二	32.93	43.62	23.44	73.37
出舱后测试	—	—	—	—

从表 15 数据可看出:5004 号进舱前 1 号表的工作绩效为 39.09%,2 号表的工作绩效为33.11%,3 号表的工作绩效为27.78%。这个随着脑力作业难度的增加,其工作绩效逐渐适度下降的规律,符合一般人群正常的变化规律。在舱内第 1 次和第 2 次测试中,其大脑机能活动能力的增强主要是依赖于 1 号表、2 号表工作绩效的提高来实现的,而 3 号表的工作绩效(分别为 23.73%、24.02%)却明显下降,说明舱内特殊环境的影响和作用对其完成较复杂的脑力作业的工作绩效还是有一定影响。而在出舱后的测试中,1 号表、2 号表、3 号表的工作绩效的比例关系恢复到常态水平(41.56%、30.98%、27.45%)。

表 15 “火星—500”实验者 5004 号每张表的工作绩效(%)及平均得分情况

测试时间	1 号表	2 号表	3 号表	平均得分
进舱前测试	39.09	33.11	27.78	96.12
舱内测试一	38.93	37.33	23.73	167.50
舱内测试二	38.12	37.84	24.02	165.45
出舱后测试	41.56	30.98	27.45	183.66

从表 16 数据可看出:5005 号在不同状态下均表现出大脑机能活动能力较弱,80-8

测验平均得分值处于较低水平,特别是完成较复杂的脑力作业时,其工作绩效很低。

表 16 "火星—500"实验者 5005 号每张表的工作绩效(%)及平均得分情况

测试时间	1 号表	2 号表	3 号表	平均得分
进舱前测试	48.29	30.58	21.12	69.62
舱内测试一	47.73	31.10	21.15	77.41
舱内测试二	48.62	28.28	23.08	76.00
出舱后测试	46.03	30.81	23.14	95.04

从表 17 数据可看出: 5006 号进舱前 1 号表、2 号表的工作绩效分别为 35.35%、35.75%,几乎相同,而 3 号表的工作绩效也达到 28.88%,说明该实验者在脑力作业难度逐渐增大的情况下,其工作绩效不下降或下降梯度很小,这表明其大脑机能活动能力强,心理稳定性好。但在出舱后的测试中,可能由于受多种因素的影响,心理上有放松之念,心理稳定性出现下降的情况,1、2、3 号表的工作绩效下降的梯度明显增大,特别是 3 号表的脑力作业的工作绩效仅为 22.34%。

表 17 "火星—500"实验者 5006 号每张表的工作绩效(%)及平均得分情况

测试时间	1 号表	2 号表	3 号表	平均得分
进舱前测试	35.35	35.75	28.88	93.33
舱内测试一	39.38	32.14	28.46	144.25
舱内测试二	37.87	33.20	28.92	144.79
出舱后测试	44.54	33.10	22.34	187.49

四、研究结论

(1) 在不同状态下 6 名实验者 80-8 量表法测试结果表明,个性类型为稳定型者,心理稳定,具有良好的心理素质。故航天员的选拔应重视个性类型的测定。

(2) 在舱内第 1、2 次测试中,实验者均在不同程度上表现出兴奋集中性和注意集中性程度下降的情况,两者相比较而言,兴奋集中性程度下降得更为明显。说明在舱内特殊环境影响下,其大脑的分析能力、判断能力、情绪稳定性、自控能力和注意力均有下降。

(3) 在舱内第 1、2 次测试中,除个别实验者(5006 号)外,其他实验者的大脑机能活动能力均有所减弱,主要表现为脑力作业的工作绩效在不同程度上均有下降,特别是难度较大的 3 号表的工作绩效下降得更明显。说明舱内特殊环境的影响和作用对完成较复杂的脑力作业的工作绩效有较大的影响。

(4) 本研究项目通过翔实的实验数据揭示了航天员在舱内特殊环境中较长时间地工作和生活,其大脑机能活动能力会产生不同程度的减弱,情绪稳定性也会产生不同程度的变化。而这种变化程度存在着个体差异,实验数据表明,心理稳定、心理素质良好者受环境的影响较小。由此得出结论: 必须重视航天员的科学选材,一个合格的航天员必须具备优秀的心理素质。

五、问题与讨论

(一) 80-8 量表法的科学性、实效性

80-8 量表法与国内外同类测评量表法相比较,其优越性是:

(1) 实验设计机理的科学性。80-8 量表法是根据神经系统活动的规律及原理而设计的。

(2) 采用现场实验法(接近常态生活、工作环境)。80-8 量表法是在人们常态的生活、学习、工作环境中组织施测的,要求被试在完全听懂了实验目的、规则、方法及要求后在严格规定的时间内独立完成脑力作业,并以客观、量化的指标对被试的测试结果进行评定。

(3) 规范化、标准化、程序化测验。测验都是严格按照规范化、标准化、程序化的要求施测,即严格控制实验的刺激量、强度,严格控制实验时间,要求每位被试发挥个人的最大潜力来完成每项实验。

(4) 排除了主观性、随意性、虚假性和文化背景等因素的影响,可进行跨文化研究。目前,国内外采用的多数心理测量方法,包括各类问卷法(自述法)、专家系统、情景模拟等,都难以排除主观性、随意性、虚假性和文化背景因素的影响。而 80-8 量表法在最大限度上克服了文化背景、价值观念、个人经验的影响,克服了主观性、随意性、虚假性的弊端。

(二) 关于航天员的选拔问题

我国的航天员来源是从空军部队中选拔出的驾龄长、飞行时数多、飞行经验丰富的优秀飞行员。这种实战、经验选材法有它的实效性。但它的不足之处在于,一是航天员的年龄偏大,二是不能体现航天员与空军飞行员个性的不同特点。航天员应选拔神经系统类型为稳定型者,空军飞行员应选拔神经系统类型为灵活型者。

我国的空军选拔是非常严格的,其测量指标包括身体形态、生理机能、运动能力、心理素质以及飞行知识与飞行技能等,但基本上是沿用欧美的一些方法或经改良的方法,特别是在心理测验方面,还未见到科学、客观、指标量化、实效性高的测验方法。

由苏州大学应用心理研究所张卿华、王文英教授设计编制的 HYRC 心理素质测评系统(包括 80-8 神经类型测验量表法、一般能力测验量表法、HS 投射测验法等)能对人的神经系统类型、智能潜力以及心理健康水平等方面做出较全面的客观评价。如果该测评系统能在选飞这个环节上使用,无疑将对提高我国空军的心理素质水平起到积极的作用。

532 名重刑罪犯神经类型研究(摘要)

■张卿华　王文英　薛全虎

犯罪是一种危害社会的违法行为。特别是那些重刑罪犯对社会的破坏性、危害性极大。为了维护社会秩序的稳定和人民的生命、财产安全,有效地防止犯罪现象和改造罪犯,许多学者从各个方面开展了研究。

笔者认为,人的一切行为活动的产生都是由刺激开始的,包括来自外部环境的(自然的、社会的、文化的)刺激和自身内部的(生理的、心理的)的刺激。而人的各种犯罪行为活动也不例外。所以,有理由认为,犯罪行为活动的产生是由于受到社会环境因素、生物遗传因素和心理因素等多种因素的相互作用、相互影响所致。出于此种认识,笔者运用现场的实验测量法,对 532 名重刑罪犯进行了个性心理特征研究,目的是试图探讨其犯罪的生理、心理及社会因素的影响和作用,为有效地教育、改造罪犯,矫治犯罪行为,防止犯罪现象,提供客观的实验依据。

一、研究对象和方法

研究对象为江苏省苏州监狱的各种重刑(刑期在 10 年以上)罪犯,共计 532 名,年龄在 20—60 岁间,平均年龄为 33.71 ±7.99 岁。对照组为正常人群(企业管理干部 505 名,普通人群 822 名)。

研究采用苏州大学应用心理学研究所张卿华、王文英编制的 80-8 神经类型测验量表法。

二、结果与分析

1. 罪犯群体综合心理素质显著低于正常人群

表 1 统计数据表明,罪犯群体的综合心理素质分显著低于企业管理干部和普通人群。从反映高级神经系统活动特征的具体指标(神经活动过程的强度、灵活性、动力性及平衡性等)做深入的分析,罪犯群体的反应灵活性、兴奋集中性、注意集中性等指标的得分均显著低于管理干部和普通人群。

表 1　罪犯与常人心理素质比较($\bar{X} \pm S$)

对象	n	反应灵活性	兴奋集中性	注意集中性	综合心理素质
管理干部	505	3.66 ±1.05	4.14 ±0.82	3.92 ±0.95	125.24 ±28.31
普通人群	822	2.96 ±1.25	3.34 ±1.22	3.37 ±1.21	98.10 ±33.62
罪犯群体	532	2.20 ±1.02	3.26 ±1.21	3.27 ±1.20	84.53 ±32.33
F 检验		143.180***	79.314***	33.459***	146.658***

2. 罪犯群体较正常人神经类型属弱型的比例显著地高

表2、表3的统计数据表明，罪犯群体神经类型属弱型的比例占64.10%，显著高于普通人群和管理干部。如果再做进一步分析，可以明显地看出，罪犯群体属安静、稳定型和强中间型的比例显著低于普通人群和管理干部，而属中下、低下、泛散、抑制、模糊型的比例显著高于普通群体和管理干部。

表2 罪犯群体与正常人群神经类型强型、弱型分布状况

对象	n	强型		弱型	
		人数	百分率	人数	百分率
管理干部	505	429	84.95	76	15.05
普通人群	822	504	61.31	318	38.69
罪犯群体	532	191	35.90	341	64.10
χ^2检验			66.195***		116.144***

测试数据揭示了罪犯群体神经系统活动的强度弱、灵活性差、反应迟钝，兴奋易扩散和转移，自控力、自制力差等特征，而这些生理、心理特征在个体自我意识、社会认知、道德规范以及法规意识的形成等方面都将产生影响和制约。当然，神经系统活动特征存在某些弱点和缺陷可能只是产生犯罪的原因和条件之一。

表3 罪犯与常人群神经类型分布(%)比较

对象	n	1—2型	3—6型	5—8型	7—8型	9—10型	11—12型	13型	14—16型
管理干部	505	14.85	39.01	0.99	4.75	25.35	5.74	7.72	1.58
普通人群	822	4.62	17.88	2.07	6.08	30.66	21.90	9.61	7.18
罪犯群体	532	0.75	14.66	1.88	3.01	15.60	38.35	15.79	9.96
χ^2检验		94.32***	107.01***	2.26	4.05	137.40***	159.45***	19.80***	31.39***

3. 不同类型罪犯心理素质有一定的差异

表4统计数据表明，伤害犯、流氓犯、经济犯的综合心理素质分高于其他类型罪犯，其中贩毒犯、诈骗犯的综合心理素质分最低。

表4 不同类型罪犯心理素质比较($\overline{X}\pm S$)

对　象	n	反应灵活性	兴奋集中性	注意集中性	综合心理素质
经济犯	39	2.20±0.83	3.25±1.25	3.41±1.20	87.43±29.17
盗窃犯	180	2.18±0.96	3.33±1.16	3.22±1.20	84.38±31.66
抢劫犯	124	2.30±1.09	3.10±1.29	3.23±1.28	84.59±35.02
伤害犯	67	2.38±1.20	3.31±1.20	3.47±1.03	89.85±32.12
诈骗犯	43	1.86±0.99	2.95±1.29	3.09±1.21	73.48±32.06
流氓犯	29	2.37±1.08	3.44±1.08	3.20±1.08	87.93±31.21
强奸犯	26	2.11±0.90	3.46±1.02	3.30±1.35	85.38±30.88
贩毒犯	24	1.70±0.75	3.54±1.21	3.54±1.21	80.41±30.85
F检验		*	***	***	*

4. 不同类型罪犯神经类型比例有一定差异

表5统计数据表明,神经类型为兴奋型、亚兴奋型的比例,流氓犯最高,盗窃犯、贩毒犯最低;强中间型的比例,流氓犯、伤害犯最高,贩毒犯、诈骗犯最低;中下型的比例,经济犯最高,强奸犯最低。

表5　不同类型罪犯神经类型分布(%)状况

对象	n	1—2 型	3—4 型	5—6 型	7—8 型	9—10 型	11—12 型	13 型	14—16 型
经济犯	39	0.00	15.38	2.56	2.56	15.38	46.15	12.82	5.13
盗窃犯	180	0.56	12.22	0.56	2.78	18.89	41.67	14.44	8.89
抢劫犯	124	0.81	16.94	3.23	2.42	15.32	34.68	17.74	8.87
伤害犯	67	1.49	19.40	2.99	1.49	19.40	32.84	13.43	8.96
诈骗犯	43	0.00	9.30	2.33	6.98	2.33	41.86	16.28	20.93
流氓犯	29	3.45	13.79	6.90	6.90	20.69	31.03	17.24	0.00
强奸犯	26	0.00	19.23	3.85	3.85	11.54	26.92	19.23	15.38
贩毒犯	24	0.00	12.50	0.00	0.00	4.17	41.67	20.83	20.83
χ^2检验		4.282	3.059	4.874	4.949	8.899	2.662	1.357	11.464

5. 根据罪犯的神经类型,针对性地做好改造工作

统计数据表明,半数以上的罪犯神经类型属弱型,因此,对罪犯进行教育、改造时,切莫粗暴训斥,要根据其神经类型特点,讲究方式、方法,做到有的放矢、耐心细致、谆谆诱导、以理服人。

三、问题讨论

1. 人为什么会犯罪?

人为什么会犯罪?

从社会学的观点来看,犯罪是后天习得的,不良的环境因素(包括家庭环境、教育环境、社会环境)是引起犯罪行为的主要原因。外界环境因素对人的个性形成与发展的影响和作用不能低估。

笔者认为,人是社会化的高等动物,人既是社会存在物,又是一个特定的自然存在物,人的个性表现出人的社会性与自然性(生物性)的辩证统一的关系。我们把人的个性形成与发展过程概括为三个部分:

(1)本我。本我是原始的我,是遗传下来的本能。生物体为了维持其正常的生命活动,必须满足自身的最基本的生理需要,如觅食、饮水、防御以及性需要等。这些生物性的本能冲动及需要是在潜意识和无意识状态下就能实现的活动。年龄越小、文化素养越低,本我的特征表现得越明显、越强烈。本我(私欲)无限制的膨胀是导致越轨行为和犯罪行为的主要原因。

(2)自我。自我是个体在与环境的接触中由本我发展而来的。在本我阶段,因为个体的原始性冲动及需要得到满足,就必须与周围的现实世界相接触,以满足新的需

要。例如,当人的基本生存需要、安全需要得到满足后,就会产生新的需求。随着年龄的增长,个体在与周围人的交往中,逐渐把他人的看法和评价内化为自己的判断与评价,即自我认识、自我评价,从而产生了自我形象的认识,自我性格的认识,自我能力的认识,自我优点与缺点的认识,以及自尊、自信等自我意识。于是在与他人交往中有了友谊的需要、爱的需要、尊重的需要、名誉的需要、信任的需要等。一个人能否正确地认识自我、评价自我、调节自我,即自我意识水平的高低,是判断一个人心理是否成熟的标志。

在自我认识上,有两个误区:一个是自大,一个是自卑。有的人由于自我意识水平低,不能正确认识自我、评价自我和调节自我,很容易步入这两个误区,就很可能导致犯罪行为的发生。

(3)超我。超我在个性结构中居于最高层次,对个人发展生涯具有管制和导向的功能。超我是在正确地认识自我、评价自我的基础上发展、升华起来的一种精神需求。作为一个社会的人,如果只是为了生物本能的欲望而活着,那么他与动物没有本质的区别,或称为低级人格的人;如果只是为了自我的生存与发展而活着,那么他是一个极端自私自利的人,或称之为人格不健全的人。而自身的存在能给他人带来欢乐和幸福,能帮助他人解决困难和痛苦,将为他人服务、为社会做贡献看成是人生最大的乐趣和精神上的满足,这样的人就是超凡脱俗的人。超我具有一种超凡脱俗的崇高的精神境界。具有这种思想境界的人,就是一个纯洁、脱离了低级趣味、高尚、有利于人民的人,也是一个个性健康、人格健全的人。

有理由认为,犯罪行为是由于受到社会环境因素、生物遗传因素和心理因素等多种因素的相互作用、相互影响而产生的。因此,笔者认为,作为一个整体的人,对各种刺激也都是以整体的综合反应来应答的,故对犯罪行为产生的原因的研究,重点应是对罪犯的个性心理进行整体的综合性研究。

2. 强化自我意识,自觉矫正犯罪行为

一种犯罪行为的产生,固然可以找出许多客观原因。但是外因只是事物变化的条件,内因才是事物变化的根据。

对于犯罪分子而言,首先,要强化自我意识,重新地认识自我、评价自我,自觉寻找与分析自身犯罪的原因,自觉做到认罪、服罪,痛改前非。其次,必须充分地认识到犯罪行为的顽固性及改造的艰难性,要对自我改造充满恒心和信心,自觉、主动地接受教育与改造。

心理素质测评理论的概括

■ 张卿华　王文英

笔者自1979年开始致力于心理素质测评的理论与应用性研究工作,经过30多年的研究与应用,积累了大量的实验数据和资料,想借此机会,对心理素质测评工作做一个理论上的概括与小结,较为系统、简明扼要地阐明笔者的测评理论与观点。

一、前言

凡是客观存在的事物(包括物质的和精神的)都是可以被测量的。对于人体的测量,包括身体形态的测量(如身高、体重、肢体围度等)、身体素质的测量(如力量、速度、耐力、灵巧、柔韧素质等)、身体机能的测量(如心、肺功能、肝功能、肾功能等)、心理素质的测量。

测量的科学性、客观性、可靠性(信度、效度)、精准性取决于测量方法的科学性、客观性和测量工具的先进性以及测量指标的实效性。笔者始终不渝地致力于以科学、客观的量化指标为基础的心理素质测验法的设计、编制工作。笔者认为,不同的研究对象应采用不同的研究方法。

笔者还坚持认为,对人的心理素质的测量与评价必须具有足够大的、代表性好的样本含量及不同年龄、不同性别的评价标准(常模),这样才能获得可靠性和实效性强的测评数据。

二、心理素质测评的三维论

人的心理素质测评是对人的本质属性即与遗传关系较为密切的心理机能进行间接的测量与评价。人与人之间存在的差异是多方面的(包括身体形态、生理机能、心理素质、思维方式以及行为活动特点等),而这些差异无不打上遗传的烙印。关于人与人之间存在着巨大差异的问题,众说纷纭。有人说,从生理学上讲,人与人之间的差异是很小的,差异来自人的后天。有人说,人的巨大差异主要来自先天遗传因素。受这两种观点的影响,社会上出现了许多不科学的说法:有人说,无论是普通学生还是超常孩子,其成功要素都是20%智商+80%情商;还有人说,一个人的成才与成功,99%靠后天个人的勤奋努力;等等。这些一般性推论都缺乏科学性。

笔者的观点是,人与人之间的巨大差异主要取决于遗传因素的影响和作用,个体的生理、心理及行为等一切活动都是在遗传的基础上发展起来的。而后天的环境、教育、机遇及个体的实践活动(勤奋努力)等因素能起到催化、挖潜、补拙和改变人生方向(命运)的作用。笔者既不赞同夸大遗传作用的唯天才论的观点,也不赞同可以将一个普通孩子培养成超常生的教育万能论。笔者始终认为，只有通过认真的、严谨的调查研究、实验研究获得大量的客观数据才有真正的发言权。笔者积大半个世纪对心理素质测评的理论及应用性研究工作的探索与思考，提出了心理素质测评的三维理论。

(1) 心理素质测评的遗传维度理论。人的一切行为活动(包括心理活动)都是脑的机能，人的一切意识活动都是在大脑皮质的调节控制下实现的，即按照 S—X—R 的模式(以信号刺激开始—以心理活动为中继—以行为活动而告终)而建立起来的各种各样的条件反射活动。测验给被试呈现出的刺激物或称为信号刺激物必须越简单越好，因为越是简单的事物越能反映与遗传关系密切的本质问题；要尽量排除、减少后天学习因素、文化因素的影响。测验操作流程应做到规范化、标准化、程序化，尽量减少实验条件误差。被试在测验全过程中的行为反应活动的测量指标都应是量化的。

(2) 心理素质测评的元成分维度理论。笔者所提出的元成分概念是指反映人的心理本质属性的成分即个性的元成分(神经活动过程的强度、灵活性、平衡性等)和智力的元成分(观察能力、记忆能力、概念形成能力、推理表象能力、抽象思维能力、运算能力等)即一般能力成分。心理素质的元成分具有稳定性、持久性、潜在性和预测性等特性。元成分是一种基本的信息加工过程，它是在以符号刺激物(信号刺激)为表征的基础上进行操作的。这种过程可以把一个或多个感觉输入冲动转化为一个概念的表征(心理能力)，也可以把一个概念的表征(心理能力)转化为一个运动的输出信息，最后产生有意识、有目的的行为活动，即“视—动条件反射活动”。

(3) 心理素质测评的经验维度理论。之所以说人类具有智慧的大脑，就是因为人具有凡是经历过、体验过的事情再重复去做时，其完成任务活动的效率和质量都将明显提高的这种学习能力。而且，在一定的范围内重复次数与完成任务活动的绩效成正相关的关系。但是，当同一件事情(同一种操作)经过多次重复，达到非常熟练的程度，达到自动化程度(巩固的动力定型)时，其完成任务活动的绩效就不再提高了，反而可能会出现绩效下降的现象。

根据上述论述的规律和原理，我们将经验视为一个连续体，从无经验到有经验，到熟练经验，再到自动化程度(动力定型)。笔者认为，只有在这个连续体的两端即无经验或自动化阶段时，对人的心理机能，包括大脑机能能力(智力)、个性等进行测量才能得到真实的、有效的数据。只有在这种情况下(在同一个起点上)测量出来的差异，才能在很大程度上反映出是遗传因素所致的结果。

笔者根据心理素质测评的三维理论的思想，原创设计、编制出非文字的、以符号为特征的 80-8 神经类型测验量表法和一般能力测验量表法(系列)。

三、思考

文化考试也是一种测评方法，它以考试成绩作为评价一个人学习能力优劣的指标。但是，应该承认，人的能力是多方面、多层次的，其发展也是极不平衡的。就其能力的结构而言，可分为一般能力、特殊能力、操作能力、创造能力、潜在能力等，而学习文化知识的能力仅与一般能力中的某些成分有关，如观察力、记忆力、概念形成能力等。因此，考分高只能反映其掌握的书本知识量多。但考分不等于智力,更不能代表一个人的能力。而且,考分受多种因素的影响(特别是人为因素),具有不确定性、偶然性、不稳定性等特征。

而心理素质测评所测得的智力,也只是属于一般能力的成分。一般能力是遗传赋予的基本能力(能力的元成分),是后天各种能力发展的基础,是人人都具有的基本能力。可以说它是一种潜在能力,而且这种潜力在个体间存在巨大的差异。这种能力必须通过科学的手段,采用某种测量工具对其进行测量。这种能力具有普遍性、稳定性、持久性、预测性等特征。

笔者认为,人的能力的发展和才能的发挥与人的个性(神经类型)特质有着密切的内在联系,即良好的个性特质是人的才能形成和发展乃至在事业上取得成功的重要的生理、心理基础。因此,将文化考分测评与心理素质测评二者结合起来,能更为科学、客观地对人的知识水平、能力以及个性进行评价,对人才的选拔及人才未来的发展具有更大的实效性。